ZHONGGUO TEGAOYA
JIAOLIU SHUDIAN GONGCHENG

中国特高压交流输电工程

（2006～2021）

韩先才◎编著

中国电力出版社
CHINA ELECTRIC POWER PRESS

内 容 提 要

1000kV 特高压交流输电是当今世界上电压等级最高、技术水平最先进的交流输电技术，目前只有中国完全拥有并规模化应用这项先进技术，截至 2021 年累计建成了 31 个单项工程，带动我国电力科技和电工装备制造业实现了跨越式发展，在国际高压输电领域实现了“中国创造”和“中国引领”。

本书从记录历史的角度出发，全面介绍了每个单项工程的建设背景、工程概况、建设历程和主要成果，作为中国发展特高压的重要史料，可以帮助读者简要地了解中国特高压创新成果的整体情况，对于电网领域及其他行业技术和管理人员都具有重要的参考和借鉴价值。

图书在版编目（CIP）数据

中国特高压交流输电工程：2006～2021 / 韩先才编著．—北京：中国电力出版社，2022.2（2022.8 重印）
ISBN 978-7-5198-6360-9

Ⅰ．①中…　Ⅱ．①韩…　Ⅲ．①特高压输电–交流输电–输电工程–建设–概况–中国–2006–2021
Ⅳ．①TM723

中国版本图书馆 CIP 数据核字（2021）第 273588 号

出版发行：中国电力出版社
地　　址：北京市东城区北京站西街 19 号（邮政编码 100005）
网　　址：http://www.cepp.sgcc.com.cn
责任编辑：刘　薇
责任校对：黄　蓓　郝军燕
装帧设计：张俊霞
责任印制：石　雷

印　　刷：北京博海升彩色印刷有限公司
版　　次：2022 年 2 月第一版
印　　次：2022 年 8 月北京第二次印刷
开　　本：787 毫米×1092 毫米　16 开本
印　　张：29
字　　数：518 千字
印　　数：2001—2500 册
定　　价：168.00 元

序

1000kV 特高压交流输电是当今世界上电压等级、技术水平最高的交流输电技术，具有输电容量大、输送距离长、输电损耗低、节约土地资源等突出优势。我国从 1986 年开始启动特高压输电技术研究，2005 年全面开展特高压输电前期论证、关键技术研发、试验示范工程建设等工作，截至 2021 年，已累计建成 31 项工程，在华北、华东、华中地区初步建成了特高压交流电网骨干网架。这些工程提升了区域电网内部电力交换能力，有效促进了能源资源大范围的优化配置，支撑了经济社会可持续发展。

回顾过往，方知未来向何行。十五年的特高压交流输电工程建设开创了我国电网建设史的多项第一，凝聚了一代工程建设者的智慧和经验，清晰记录这些工程，以资后来借鉴，具有非常重要的意义。

韩先才同志在电网工程建设领域从事技术和管理工作近四十年。2008~2015 年，我和他在国家电网公司特高压建设部、交流建设部共事七年，熟知其勤奋、认真、务实、注重积累、善于总结的工作作风，作为特高压交流输电工程建设全过程的参与者和实践者，特别适合编著一本介绍我国特高压交流输电工程建设历程的专著。

得知本书付梓，我很为之高兴，先睹为快。韩先才同志从一个工程建设管理者的角度出发，全面地介绍了每一个工程的立项背景、工程概况、建设历程和主要成果，记载了大量的一手资料，使读者能够清楚、全面地了解工程情况。本书不仅是我国特高压交流输电工程的阶段性重要史料，也是其创新成果的全景式呈现载体。我相信，本书的出版对于广大电网建设技术人员和管理人员十分有益。

当今世界正经历百年未有之大变局，新一轮科技革命和产业变革蓬勃兴起，打好关键核心技术攻坚战，加速科技成果向现实生产力转化，是建设社会主义现代化强国的必由之路。我国特高压输电技术的研发历程，总结出了一套产学研用协同合作、凝聚力量办大事、重大技术自主可控的成功经验，相信本书的出版，对于其他行业希望了解特高压输电创新实践经验的读者，也具有重要的借鉴价值。

陈维江

中国科学院院士

2022年1月

前 言

写这本书的目的，是为了记录历史。

1983 年夏季，我从大学毕业进入电力行业，那时候中国 500kV 电网建设刚刚起步。1984 年春天，我第一次前往工程现场，就是位于武汉近郊的 500kV 凤凰山变电站。这是中国第一个 500kV 输电工程——平武工程的受端变电站，1981 年 12 月建成投运，当时站内一个 220kV 扩建工程正在施工中。我们这一代电力人，有幸赶上了中国电网大发展的时代。我本人参与了不少重点工程的建设，例如，中国第一个直流输电工程——葛洲坝—上海 ±500kV 直流输电工程，长达 932km 的西电东送工程——500kV 天生桥—广东 I 回输变电工程，三峡输变电工程的第一个送出项目——长寿—万县输变电工程和后续的多个 500kV 交直流输电工程，以及中国第一个特高压工程——1000kV 晋东南—南阳—荆门特高压交流试验示范工程及后续的多项特高压交流输电工程……

工作过程中，因为各种原因，免不了需要查阅一些历史上重要工程的资料，结果常常不能令人满意，因为系统性的、准确的工程资料并不容易找到。由此想到，中国的特高压工程，这个中国乃至世界电网发展史上的伟大里程碑，应该被清晰地记录下来——后来人如果有兴趣，可以由此及彼地查阅到这些工程的具体细节。从这里，中国电网技术实现了跨越式发展——从长期跟随世界上的发达国家，到实现"中国创造"和"中国引领"。

中国 1986 年开始涉足特高压技术研究，2005 年全面开展特高压输电前期论证、关键技术研究、试验示范工程建设工作。2009 年 1 月 6 日中国首个具有完全自主知识产权的特高压交流输电工程——1000kV 晋东南—南阳—荆门特高压交流试验示范工程建成投运，这也是中国的首个特高压工程。截至 2021 年底，中国累计建成投运了 31 个特高压交流输电单项工程（按照核准文件统计），共计 32 座特高压交流变电站和 1 座串补站，特高压交流输电线路总长度超过 14 000km，覆盖了 15 个省、直辖市、自治区。

中国特高压交流输电工程创新发展，从总体上看可以分为技术突破、规模化建设、完善提升三个阶段。技术突破阶段以特高压交流试验示范工程及其扩建工程、皖电东送工程为标志，重点是技术研发；规模化建设阶段以浙北—福州工程、淮南—南京—上海工程、平圩电厂三期送出工程、锡盟—山东工程、蒙西—天津南工程、榆横—潍坊工程为标志，重点是检验技术成熟度、批量设备质量稳定性和规模化建设能力；完善提升阶段则包括其后的锡盟—胜利工程、北京西—石家庄工程、山东—河北环网工程、蒙西—晋中工程、驻马店—南阳工程、张北—雄安工程、南昌—长沙工程、南阳—荆门—长沙工程、荆门—武汉工程、驻马店—武汉工程等，泰州变电站扩建主变压器等变电站扩建工程，临沂换流站—临沂变电站等特高压直流配套工程，榆能横山电厂送出等电源接入工程，重点是特高压交流网架的完善、特高压输电技术和建设管理水平的改进提升。从记录历史的角度出发，本书客观描述了每个单项工程的建设背景、工程概况、参建单位、建设历程和主要成果，希望能够帮助读者简要而全面地了解工程实际情况。作为这些工程项目的直接参与者和见证者，我将竭尽全力展示工程原貌。本书中介绍的工程项目，只包含截至 2021 年底已建成投运的和已核准的在建特高压交流输电工程。

本书附录中收录了获得第二十届全国企业管理现代化创新成果一等奖的论文《用户（业主）主导的特高压交流输电工程创新管理》，以及发表于《中国电机工程学报》2020 年第 14 期（总第 649 期）的论文《中国特高压交流输电工程技术发展综述》，读者可以从管理和技术两个方面了解中国特高压交流输电工程创新成果的总体情况。如果读者有进一步的兴趣，建议参阅国家电网有限公司编写的《中国特高压交流输电创新实践》丛书。

本书编写过程中，韩彬同志帮助绘图，许多同志提供工程图片等资料，在此一并表示衷心的感谢。同时特别感谢中国科学院陈维江院士为本书作序。

书中不足之处，欢迎大家批评指正。

作　者

2022 年 1 月

目　录

第一章

1000kV 晋东南—南阳—荆门特高压交流试验示范工程

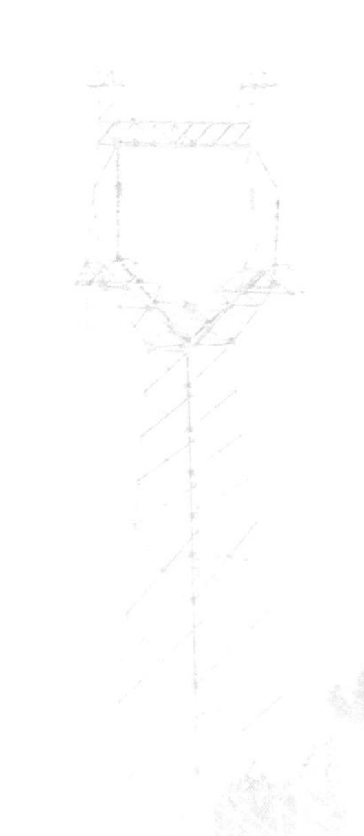

一、工程背景

1935 年，中国地理学家胡焕庸先生在《中国人口之分布》论文中提出了我国第一张人口密度图，他从黑龙江的瑷珲（今黑河）到云南的腾冲画一条线，将中国划分为西北部和东南部。这条线后来被称为“胡焕庸线”，其东南部面积为国土总面积的 36%，居住着全国人口总数的 96%。1987 年，胡焕庸先生根据中国内地 1982 年人口普查数据，得出东南部国土面积占比 42.9%，人口占比 94.4%。根据 2000 年第五次全国人口普查数据进行精确计算，东南部国土面积占比 43.8%，人口占比 94.1%。近百年过去了，“胡焕庸线”揭示的中国人口分布规律基本没有发生变化，只是人口总量大大地增加了。

中国的东南部以平原、河网、丘陵为主要地理结构，气候湿暖，自古以农耕为经济基础，比较适合人类居住，因而人口稠密，经济社会发展水平较高。西北部以草原、沙漠、雪域高原为主要地理特征，气候干冷，自古是游牧民族的天下，人烟稀少，发展相对落后。这就是中国的基本国情，人口和经济中心主要集中在东南部，而且一直没有发生显著变化。

能源和电力工业既是现代经济社会发展的重要基础，又是发展水平的重要标志。我国的能源资源赋存基本情况为：煤炭储量为世界第三，水能蕴藏量世界第一，油气相对贫乏，风电和太阳能开发潜力巨大，铀开发利用程度较低。从能源资源分布和消费角度看，中国的国情呈现两大特点：一是能源基地与消费中心呈现逆向分布的特点，我国能源资源主要分布在西部，能源消费则集中在中东部人口稠密、经济社会发达地区，二者之间的距离为 1000～3000km，具体而言，2/3 以上的煤炭资源分布在西北部，80%的水能资源分布在西南部，西部和“三北”地区适合大规模开发风能、太阳能资源，而 70%的用电负荷则集中在中东部地区，而且将来的发展趋势仍然如此；二是电力需求长期保持高速增长，自 1949 年新中国成立以来，特别是 1978 年改革开放以来，我国电力需求随着经济社会发展长期高速增长，2020 年发电量是 1949 年的 1725 倍、1978 年的 29 倍，中东部一直是电力负荷中心。1949 年以来部分年份全国发电装机容量和发电量见表 1-1。

表 1-1　　1949 年以来部分年份全国发电装机容量和发电量

时间	1949 年	1978 年	2004 年	2020 年
发电装机容量（MW）	1849	57120	442390	2200580
发电量（亿 kWh）	43	2566	21944	74170

从电力消费水平来看，2020 年中国人均用电量为 5317kWh，高于全球平均水平 3194kWh，低于 OECD 国家水平 7725kWh，发展空间仍然较大，能源电力需求还将在较长时期内保持增长趋势。从“胡焕庸线”揭示的规律看，未来的中东部依然是负荷中心。由此可见，基于这样的国情，中国从西向东大规模的能源输送是必然的，未来依然存在较大的增长空间。

从能源发展方式角度来看，我国经济社会发展水平的不断提高，客观上对进一步优化发展方式提出了更高的要求。纵观我国电力发展史，由于早期的技术性约束，我国核电、新能源起步晚，西部水电开发程度较低，能源消费长期以煤为主，而且输电技术不够先进（远距离大容量输电能力不足），因此电力发展采用就地平衡模式，哪里缺电就在哪里建设电厂，因此发电厂主要位于中东部，能源输送方式主要依靠输煤。随着中东部经济社会不断发展和电力需求不断增长，燃煤电厂越来越密集，相应带来的不利影响，形成对这种发展方式的制约因素越来越凸显。中东部地区土地资源和环保容量越来越紧张，大规模长距离的煤炭运输导致运力也越来越紧张，并且引起煤价攀升。我国西部地广人稀，煤炭、水能和风电、太阳能资源丰富，土地资源和环保容量空间较大，在西部能源基地建设大型发电厂，再通过远距离、大容量的西电东送输送到中东部，改变过度依赖输煤的现象，提高输电比例，成为我国能源发展战略的新选择。实际上，我国很早就提出了西电东送战略，并在 20 世纪 80 年代开始实施准备。1999 年，党中央、国务院做出了西部大开发重大决策，为西电东送大规模实施提供了历史机遇。2000 年，第一批电力项目开工建设，标志着西电东送工程全面启动。2001 年 3 月，全国人大九届四次会议通过“十五计划”，提出了四大标志性工程，即西气东输、西电东送、南水北调、青藏铁路，其中明确了“建设西电东送的北、中、南三条大通道，推进全国联网。”特高压输电是指交流 1000kV 及以上、直流 ±800kV 及以上电压等级的输电，具有输电容量大、输送距离长、输电损耗低、节约土地资源的突出优势，是适合中国国情的先进输电技术，是实施“西电东送”战略的重要手段。综合统筹发展特高压交直流输电，一方面发挥其强大的资源配置能力，实现远距离大容量输送电力；另一方面，构建坚强平台，提升受端电网接受大规模区外来电的能力和电网安全稳定水平。当前我国进入新发展阶段，未来要建设新型电力系统，依然需要特高压输电发挥重要作用。

20 世纪 70 年代，苏联、美国、意大利、日本、巴西和加拿大等国，出于各自的需要，先后建立了 1000～1500kV 特高压输电的试验站，启动了特高压输电的技术基础和工程应用研究，但是由于需求变化等因素，大都未实现工程应用，只有苏联建成了完整工程。苏联于 1985 年 8 月建成投运 1150kV 特高压输电线路和 3 座特高压变电站，是世界上第一个实际运行的特高压输电工程，间断运行 5 年后，1992 年 1 月降压为 500kV 运行。90 年代后特高压交流输电技术研究在国际上热潮不再，因此技术发展上并不成熟。2004 年底中国提出发展特高压输电之时，世界上没有商业运行的工程，没有成熟的技术和设备，也没有相应的标准和规范。我国对国际特高压技术的跟踪始于 20 世纪 80 年代，1986 年水电部下达“关于远距离输电方式和电压等级论证”课题，“七五”“八五”期间国务院重大装备办公室先后下达“特高压输电技术前期研究”远距离输电方式和电压等级论证”两项国家科技项目。其后，在原武汉高压研究所建设了试验研究线段（见图 1-1），开展了一些专题研究，在特高压输电技术领域进行了初步探索。

图 1-1　1996 年建成的武汉高压研究所特高压试验线段

2004 年 12 月，国家电网公司根据我国经济社会发展对电力需求不断增长以及能源资源与消费逆向分布的基本国情，提出了研究特高压骨干网架方案、建设示范工程、发展特高压输电技术的战略构想。2005 年 1 月 10 日，国家电网公司成立特高压电网工程领导小组和顾问小组，联合电力、机械等相关行业的科研、设计、制造等单位以及协会、高校，提出了“科学论证、示范先行、自主创新、扎实推进”的基本原则，全面开展了特高压输电前期论证研究。

2005 年 1 月 12 日，国家电网公司向国家发展和改革委员会就我国发展特高压的必要性、紧迫性、技术可行性、发展框架方案、示范工程选择做了专题汇报，建议加快前期工作。2005 年 2 月 16 日，国家发展和改革委员会印发《国家发展改革委办公厅关于开展百万伏级交流、±80 万伏级直流输电技术前期研究工作的通知》（发改办能源〔2005〕282 号），决定启动我国特高压输电技术前期研究工作。2005 年 3 月，曾培炎副总理在听取国家电网公司关于发展特高压电网工作的汇报后，要求进一步研究论证，抓紧推进各项前期工作（网架规划、试验示范线路、输变电设备国产化等），提出实施意见。2005 年 6 月，国务院办公厅印发《今明两年能源工作要点》，要求“通过科学论证，制定好特高压输变电试验示范线路建设和输变电设备等方案，在示范工程技术成熟的基础上，研究提出特高压输变电网架规划。”

按照国家统一部署，国家电网公司组织了国外特高压前期研究经验的调研考察，开展了我国 500kV 和 750kV 电网建设运行经验、1986 年以来“七五”“八五”“十五”特高压科技攻关成果的全面总结，会同国内各行业、高校、有关部门和单位等方面，针对发展特高压输电的必要性、技术可行性、关键技术原则、设备国产化方案、示范工程选择和远景规划等重大问题进行了全面、系统、深入的研究论证。国家发展改革委 2005 年 6 月 21～23 日在北戴河主持召开特高压输电技术研讨会（见图 1-2），10 月 31 日在北京主持召开特高压座谈会，社会各界达成广泛共识，认为我国发展特高压输电十分必要、技术可行，赞成试验示范先行、在成功的基础上发展改进。此后，发展特高压输电先后列入了《国家中长期科学和技术发展规划纲要（2006-2020 年）》《国家自主创新基础能力建设“十一五”规划》《国家科技支撑计划“十一五”发展纲要》《中国应对气候变化国家方案》《装备制造业调整和振兴规划》，国民经济和社会发展“十一五规划”“十二五规划”“十三五规划”“十四五规划”，《能源发展“十二五”规划》《能源发展“十三五”规划》《国家能源科技“十二五”规划》《电力发展“十三五”规划》等一系列国家重大发展战略之中。

图 1-2　2005 年 6 月北戴河特高压输电技术研讨会

在开展前期论证的同时，特高压示范工程方案也在同步研究。2005 年 1 月下旬，国家电网公司组织召开了特高压工程可行性研究启动会议。按照“自主创新、标准统一、安全可靠、规模适中”的原则，在广泛咨询论证和深入优化比选的基础上，5 月根据“陕北—武汉”和“淮南—上海”两个示范工程方案的选站、选线成果，决定推荐 1000kV 晋东南—南阳—荆门输变电工程作为特高压示范工程。2005 年 6 月 8~9 日，中国电力工程顾问集团公司在武汉召开了工程选线、选站评审会议。2005 年 9 月 22~23 日，1000kV 晋东南—南阳—荆门特高压交流试验示范工程可行性研究在北京通过评审。2005 年 10 月 19 日，国家电网公司向国家发展和改革委员会上报《关于晋东南至荆门特高压试验示范工程可行性研究报告的请示》(国家电网发展〔2005〕691 号)，同时按照国家有关法规开展了水土保持方案、环境影响评价、用地预审以及文物、地质灾害、压覆矿产、地震安全性等专题评估，并且全部在 2005 年内取得了批复。

2006 年 6 月 13~14 日，国家发展和改革委员会在北京组织召开了特高压输变电设备研制工作会议，在一年多调查研究成果的基础上，讨论形成了特高压设备研制与供货方案。2006 年 6 月 20 日，国家发展和改革委员会印发《国家发展改革委办公厅关于开展交流 1000 千伏、直流 ±800 千伏特高压输电试验、示范工程前期工作的通知》(发改办能源〔2006〕1264 号)。2006 年 6 月 30 日，国家电网公司向国家发展和改革委员会上报《关于晋东南至荆门特高压交流试验示范工程项目核准的请示》(国家电网发展〔2006〕502 号)。2006 年 8 月 9 日，国家发展和改革委员会印发《国家发展改革委关于晋东南至荆门特高压交流试验示范工程项目核准的批复》（发改能源〔2006〕1585 号）。

这是中国第一个特高压工程。国家核准文件中指出，我国资源、生产力分布不均衡，尽快研发实施输电容量大、线损小、适于长距离大容量输电的特高压输变电技术很有必要，同时可提高我国输变电设备制造企业的自主创新能力、提升国内设备制造水平。文件中强调，我国发展交流特高压的主要任务是研发适于我国国情的大容量、低线损、长距离的更高一级电压等级输变电技术，提高国内装备制造能力，全面试验验证特高压输变电系统和国产设备的性能和运行可靠性。晋东南至荆门特高压交流试验示范工程是我国发展特高压输电技术的起步工程，也是中国高压输电技术从长期落后到领先世界、实现跨越式发展进步的标志性工程，对于研发特高压输电技术和装备、全面考核验证特高压输电技术的可行性和优越性、提升中国电网技术水平和国内电工装备制造能力、为后续工程建设储备人才和技术、实现电网发展方式转变、提高在更大范围内实现资源优化配置能力等具有十分重要的意义。

二、工程概况

（一）核准建设规模

新建 1000kV 晋东南变电站、1000kV 南阳开关站、1000kV 荆门变电站，新建晋东南—南阳 1000kV 线路 362km（含黄河大跨越 3.72km）、南阳—荆门 1000kV 线路 283km（含汉江大跨越 2.96km），建设相应的通信和无功补偿及二次系统设备，见图 1-3。工程动态总投资 58.57 亿元，由国家电网公司出资建设。

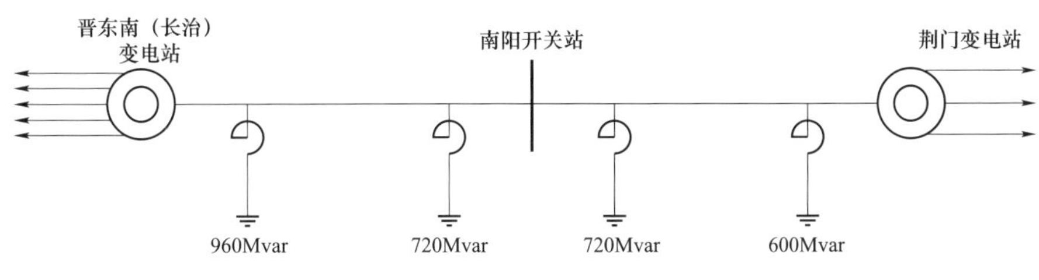

图 1-3　晋东南—南阳—荆门工程系统接线示意图

（二）建设内容

1. 晋东南变电站工程

晋东南 1000kV 变电站位于山西省长治市长子县石哲镇。安装变压器 1×3000MVA（1号主变压器）；1000kV 采用户外 GIS 组合电器设备，本期 1 线 1 变，双元件双断路器接线，安装 2 台断路器，出线 1 回（至南阳开关站），装设高压并联电抗器 1×960Mvar；500kV 采用户外 HGIS 组合电器设备，出线 5 回（至久安变电站 3 回、晋城变电站 2 回）；主变压器低压侧装设 110kV 低压电抗器 2×240Mvar 和低压电容器 4×210Mvar，见图 1-4。本期工程用地面积 8.66 公顷（围墙内 7.78 公顷）。调度命名为“1000 千伏特高压长治站”。

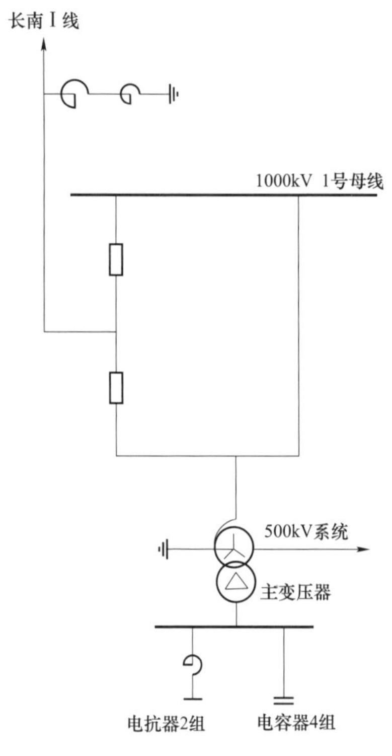

图 1-4 晋东南（长治）变电站电气接线示意图

2. 南阳开关站工程

南阳 1000kV 开关站位于河南省南阳市方城县赵河镇。1000kV 采用户外 HGIS 组合电器设备，双元件双断路器接线，安装 2 台断路器，出线 2 回（至晋东南站、荆门站各 1 回），每回出线各装设高压并联电抗器 1×720Mvar，见图 1-5。本期工程用地面积 11.36 公顷（围墙内 8.16 公顷）。调度命名为“1000 千伏特高压南阳站”。

3. 荆门变电站工程

荆门 1000kV 变电站位于湖北省荆门市沙洋县沈集镇。安装变压器 1×3000MVA（1号主变压器）；1000kV 采用户外 HGIS 组合电器设备，本期 1 线 1 变，双元件双断路器接线，安装 2 台断路器，出线 1 回（至南阳开关站），装设高压并联电抗器 1×600Mvar；500kV 采用户外 HGIS 组合电器设备，出线 3 回（至斗笠变电站）；主变压器

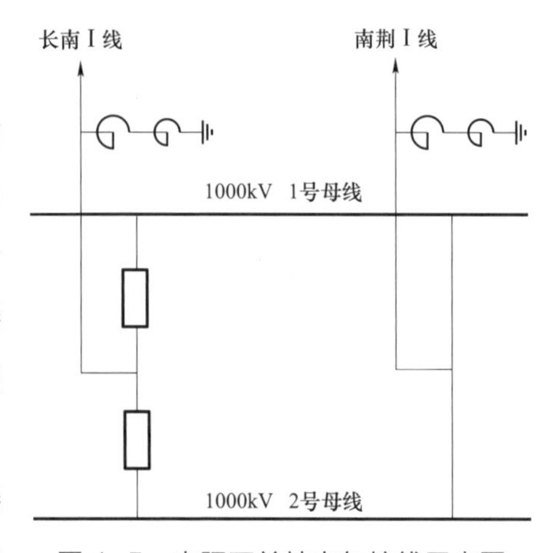

图 1-5 南阳开关站电气接线示意图

低压侧装设 110kV 低压电抗器 2×240Mvar 和低压电容器 4×210Mvar，见图 1-6。本期工程用地面积 16.35 公顷（围墙内 11.45 公顷）。调度命名为“1000 千伏特高压荆门站”。

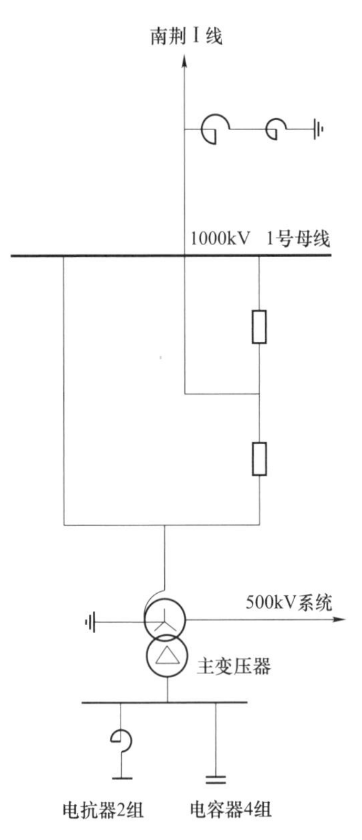

图 1-6　荆门变电站电气接线示意图

4. 输电线路工程

新建晋东南—南阳—荆门 1000kV 线路，途经山西省长子县、沁水县、泽州县，河南省沁阳市、博爱县、温县、孟州市、巩义市、偃师市、伊川县、汝州市、宝丰县、鲁山县、南召县、方城县、宛城县、社旗县、唐河县，湖北省枣阳市、襄阳区、宜城市、钟祥市、沙洋县，全线单回路架设，总长度 639.8km（晋东南—南阳段 358.541km，南阳—荆门段 281.306km），其中一般线路 633.24km，黄河大跨越 3.651km，汉江大跨越 2.956km。全线铁塔 1284 基，其中一般线路 1275 基，黄河大跨越 5 基，汉江大跨越 4 基。平均塔高 77.2m，平均塔重 70.5t。工程沿线平地 33%，河网 8%，丘陵 26%，山地 19%，高山大岭 14%。海拔 100～1380m。全线设计覆冰 10mm。最大设计风速为平丘段 27m/s、山区段 30m/s。

一般线路导线采用 8×LGJ-500/35 钢芯铝绞线，其中太行山国家级猕猴保护实验区采用 8×LGJ-630/45 钢芯铝绞线（3.945km）。大跨越导线采用 6×AACSR/EST-500/230 特高强钢芯铝合金绞线。一般线路 2 根地线中，1 根为 JLB20A-170 铝包钢绞线，另 1 根为 OPGW-175 光缆。大跨越 2 根地线中，1 根为 JBL20-240 铝包钢绞线，另 1 根为 OPGW-24B1-254 光缆。

黄河大跨越位于河南省孟州市化工镇附近，采用耐—直—直—直—耐的跨越方式，铁塔 5 基，见图 1-7。耐张段总长 3.651km。档距为 450m—1220m—995m—986m。直线跨越塔采用酒杯型钢管塔，呼高 112m，全高 122.8m，重 460t。耐张塔采用干字型角钢塔，呼高 38m，全高 68m。

汉江大跨越位于湖北省钟祥县伍家庙乡李家台村（北岸）、文集镇沿山头村（南岸），采用耐—直—直—耐的跨越方式，铁塔 4 基，见图 1-8。耐张段总长 2.956km。档距为 706m—1650m—600m。直线跨越塔采用酒杯型钢管塔，

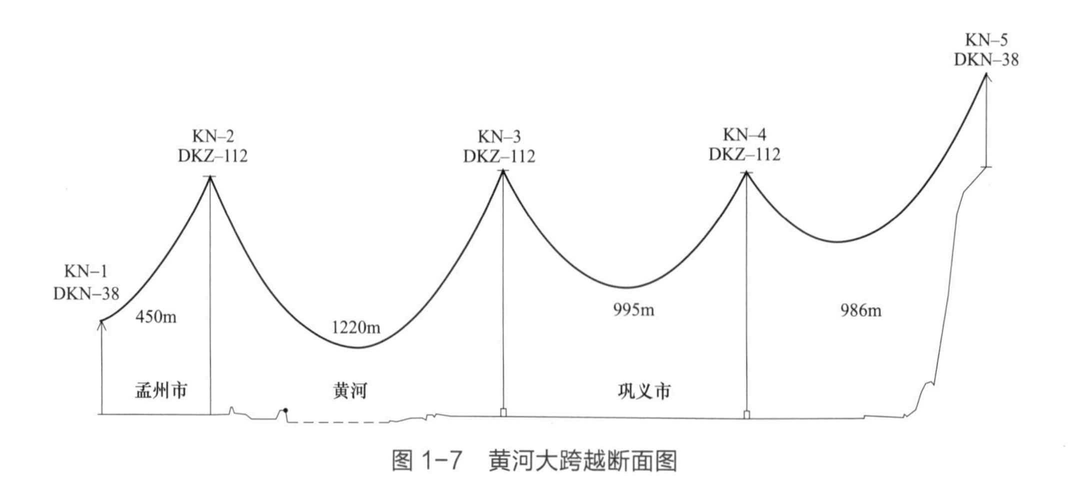

图 1–7　黄河大跨越断面图

呼高 168m，全高 181.8m，重 990t。耐张塔采用干字型角钢塔，呼高 40m，全高 72m。

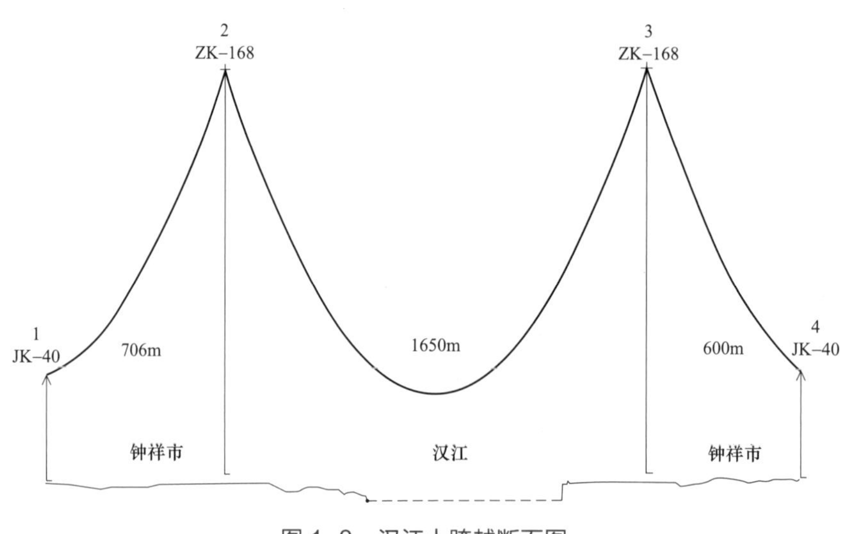

图 1–8　汉江大跨越断面图

5. 系统通信工程

新建三条光通信通道：

（1）直达第一通道：新建晋东南—巩西—南阳—东津—荆门电路。其中巩西、东津为通信中继站。随特高压线路全线架设 1 根 OPGW 光缆，芯数为 24 芯。改造首阳山—巩西变 220kV 线路 OPGW 光缆复合地线以接入巩西站，芯数为一进一出共 48 芯。改造东津—韩岗 220kV 线路 OPGW 光缆复合地线以接入东津站，芯数为一进一出共 48 芯。

（2）迂回第二通道：利用部分现有光缆，新建晋东南—潞城—邯东、晋东南—

久安、晋城光通信电路，将晋东南变电站接入华北地区现有光通信网络。新建南阳—白河光通信电路，改造郑州变—白河变 500kV 线路 OPGW 光缆复合地线，芯数为 24 芯，将南阳开关站接入华中地区现有光通信网络。新建荆门—斗笠光通信电路，将荆门变电站接入华中地区现有光通信网络。

（3）检修应急第三通道：利用现有设备建设晋东南—辛安—祥符—南阳—荆门特高压站光通信电路。

三、工程建设情况

（一）工程管理

2006 年 6 月 7 日，国家电网公司成立特高压试验示范工程建设领导小组，办公室设在特高压办公室（后为特高压建设部），负责确定试验示范工程建设总体目标，决定工程重大事项，审查重大方案和成果，指导、协调、监督工程建设各项工作。2006 年 11 月 17 日成立特高压试验示范工程建设专家委员会（见图 1-9），加强对重大问题的咨询工作。为了在较短时间内突破特高压交流输电创新难题，满足能源电力发展的迫切需要，国家电网公司提出了“科研为先导、设计为龙头、设备为关键、建设为基础”的工作方针和“基础研究—工程设计—设备研制—试验验证—系统集成—工程示范”的技术路线。

图 1-9 2006 年 11 月专家委员会成立

2006 年 9 月，国家电网公司向国家标准化管理委员会递交《关于设立特高压交流输电标准化技术工作委员会的请示》（国家电网特函〔2006〕175 号）。2006 年 10 月，国家标准化委员会函复国家电网公司《关于支持开展特高压交流输电标准化工作的函》（标委办高新函〔2006〕91 号）指出，配合国家特高压交流试验示范工程积极开展标准化工作，能够引领特高压输电技术进步，提高我国在国际特高压输电标准领域的地位。在试验示范工程建设领导机构下成立特高压交流输电标准化技术工作委员会，紧密结合工程实际需要，开展相关标准化工作，有利于科研、工程、标准同步，将标准化工作落到实处。2007 年 2 月，国家电网公司印发《关于成立特高压交流输电标准化技术工作委员会的通知》（特交流〔2007〕18 号）。标委会的主要职责是结合试验示范工程建设推动特高压交流标准化工作，建立特高压系统标准体系，积极推动我国特高压交流输电标准向国际标准转化。2007 年 4 月 4 日，特高压交流输电标委会成立大会暨第一次工作会议召开，见图 1-10。

图 1-10　2007 年 4 月特高压交流输电标委会成立大会暨第一次工作会议召开

2006 年 8 月 9 日，中国首个特高压工程——晋东南至荆门特高压交流试验示范工程获得国家发展改革委核准。9 月，国家电网公司总部成立特高压建设部。12 月，国家电网公司印发《1000kV 晋东南—南阳—荆门特高压交流试验示范工程建设管理纲要（试行）》（特交流〔2006〕93 号）。明确了试验示范工程目标、组织体系、制度体系、工作计划和工作要求等，以指导科研攻关、技术咨询、工程设计、设备研制、工程建设、生产准备等各项工作。2007 年 6 月，印发《1000kV 晋东南—南阳—荆门特高压交流试验示范工程建设管理纲要（2007 年版）》（国家电网特〔2007〕455 号），进行了进一步的修订完善。

建设管理纲要中提出了试验示范工程建设目标体系，建立了集约管控的三级组织体系、系统全面的三级制度体系和贯穿全流程的工作机制。

工程总体目标是：全面掌握 1000kV 交流输电系统的关键技术，建设“安全可靠、自主创新、经济合理、环境友好、国际一流”的优质精品工程，创建国家优质工程，争创国家科技进步奖。而且具体明确了安全文明施工目标、质量目标、环境保护目标、进度目标、投资目标和科技创新目标。其中，进度目标为“力争 2008 年、确保 2009 年建成投产”；科技创新目标中包含“关键技术研究取得一批拥有自主知识产权的国内领先国际一流的技术成果”“形成 1000kV 交流输变电工程设计、设备制造、施工调试、运行维护、建设管理等方面一系列标准规范”。

试验示范工程建设的指挥机构是特高压试验示范工程建设领导小组。下设办公室，负责组织实施具体事项。下设专家委员会，对工程建设中的关键技术问题、重大技术方案提供咨询意见。下设特高压交流输电标准化技术工作委员会，负责组织标准化体系的建立工作。建设领导小组之下分别成立山西省、河南省、湖北省建设领导小组，负责领导、组织、协调职责范围内的有关工作；三个分省建设领导小组之下，分别对应成立晋东南现场指挥部、南阳现场指挥部、荆门现场指挥部，具体负责工程现场的组织实施工作。

特高压建设部代表国家电网公司行使项目法人职能，负责工程建设全过程的总体管理和监督，建设运行部负责生产准备和运行维护管理工作，发展策划部、科技部、基建部、招投标管理中心、国家电力调度通信中心等其他有关部门按照部门职责行使各自的归口管理职能。电力建设工程质量监督总站负责工程质量监督工作。中国电力工程顾问集团公司受委托负责初步设计评审。

山西省电力公司、河南省电力公司、湖北省电力公司分别负责属地范围内与工程建设有关的用地手续办理等有关涉及外部的地方协调工作。山西省电力公司、湖北省电力公司分别负责晋东南变电站、荆门变电站的 500kV 配套工程建设。国网建设公司（后为国网交流建设公司）负责变电站工程和输电线路工程现场建设管理。国电通信中心负责系统通信工程现场建设管理。国网运行公司负责三个变电站的运行维护工作，输电线路运行维护工作分别由山西省电力公司、河南省电力公司、湖北省电力公司负责。

三级制度体系为“建设管理纲要”“专项工作大纲”和“实施方案”。“建设管理纲要”是工程建设管理的总体策划，是指导工程建设各项工作的总纲，由特高压建设部编制，建设领导小组审定。“专项工作大纲”是覆盖工程建设有关单项工作的指导性文件（包含科研攻关、初步设计、设计监理、设备监造、计划管理、财务管理、现场建设管理、系统通信建设管理、生产准备、工程档案管理、系统调试），由项目法人或其委托单位编制，特高压建设部审定。“实施方案”是有关参建单位的具体工作策划，完成编制后，报其上级管理单位审定，最后报特高压建设部备案。

围绕科研攻关、工程设计、设备研制、现场建设、生产准备、启动调试和工程后期各环节工作，“建设管理纲要”中都提出了针对性的安排和要求。

试验示范工程建设之初，世界上没有商业运行的特高压工程，没有成熟的特高压技术和设备，也没有相应的特高压标准和规范，工程建设各方面的技术原则都必须建立在科研攻关成果的基础之上。因此提出了“科研为先导”，最大程度集中相关行业产学研用各方面的资源和力量，分批制定了由 180 项课题组成的，覆盖工程全过程规划、系统、设计、设备、施工、调试、试验、调度和运行 9 大方面的特高压交流输电关键技术研究框架，提出并贯彻科研攻关“三结合”思想：一是自主创新与咨询交流相结合，在国内全面技术攻关的同时，开展与日本、俄罗斯等国际技术交流活动，以吸收国外特高压技术成果和经验；二是专题审查与公司级审查相结合，组织专家团队，对科研攻关成果进行专题审查，结合工程实践反复论证，重大技术原则提高级别实行公司级审查，以确保研究成果的质量和水平；三是关键技术研究与工程设计专题相结合，关键技术研究是针对关键技术难题开展研究得出基本结论，设计专题研究是以关键技术研究的结论为基础、结合工程应用转化形成工程技术原则和工程方案，二者之间建立紧密的逻辑关系图，均实行分步评审和分级评审，研究过程中强化二者之间的互动迭代，强化不同课题之间、相同课题不同承担单位之间的互动印证，以保障质量和进度，相关会议场景见图 1-11 和图 1-12。

工程设计是科研攻关成果转化为工程应用的关键环节，发挥着重要的系统集成作用。因此提出了“设计为龙头”，以其统领科研攻关、设备研制和建设实施。采用“联合设计、集中攻关、专题研究、分步分级评审”工作模式，成立设计工作组，全面负责工程设计管理和协调工作；打破各设计院独立设计的传统模式，抽调技术骨干集中工作，研究提出关键设计技术原则和重大方案，审定后由各设计院直接应用到工程设计中，最大限度地集中优质设计资源和智慧；工程主要设计原则和重大方案分解成 21 个变电工程设计专题和 22 个线路工程设计专题，与关键技术科研攻关课题形成呼应，关键技术研究成果为工程设计提供理论依据，设计专题研究将科研

图 1-11　2006 年 9 月，召开关键技术研究成果和设计专题第四次审查会议

图 1-12　工程单项研究专题验收会议

成果转化为安全可靠、经济合理的设计原则；改变一次集中评审的传统模式，制订设计与科研的配合计划，采取分步分级评审，通过分专题、分阶段审查逐步审定各专题的科研/设计中间成果和最终成果，逐一逐步确定工程方案和技术原则，根据技术专题的难度和重要性实行分级审查（中国电力工程顾问集团公司组织设计专题报告内审、重要技术原则采用专家评审、重大设计原则由国家电网公司组织公司级评审），相关会议场景见图 1-13 和图 1-14。

图 1-13　2006 年 9 月，召开变电站及线路大跨越工程初步设计审查会议

图 1-14　2006 年 11 月，召开线路工程初步设计评审会议

试验示范工程建设之初，国内 500kV 电网工程设备及关键原材料、组部件仍主要依赖进口。基于我国相对薄弱的基础工业水平，自主研发一个全新的、最高电压等级所需的全套设备极具挑战和风险。因此提出了“设备为关键”，实施“依托工程、业主主导、专家咨询、质量和技术全过程管控的产学研用联合”的开放式创新模式，打破技术壁垒、集中资源和力量组织关键共性技术联合攻关，将安全可靠第一的原

则落实到设备选型与采购、技术路线选择与产品设计、制造供货、安装试验的每个环节，从设计源头抓设备质量，组织产品设计审查和校核，严格过程控制，实施“设备研制与监造三结合”机制（国内监造和国外监造相结合、驻厂监造与专家组重点检查相结合、全过程监造与关键点监督见证相结合），采用严格的型式试验、出厂试验、样机带电考核（武汉特高压交流试验基地）和现场交接试验，严把试验验证关口。相关会议场景见图 1-15～图 1-17。图 1-18 和图 1-19 分别为特高压交流变压器和开关设备的型式试验场景。

图 1-15　2007 年 3 月设备研制与监造工作会议

图 1-16　特高压开关设备设计方案审查会议

图 1-17　特高压交流变压器和电抗器设计方案审查会议

图 1-18　特高压交流变压器型式试验

图 1-19　特高压开关设备型式试验

作为首个特高压工程，试验示范工程的建设和运行也同样面临着全新的挑战。变电站特高压设备“高、大、柔、重”，输电线路铁塔“基基都是大跨越”，施工难度大，工艺要求严，试验技术高，设备特性和系统特性的掌握欠缺经验。因此提出了“建设为基础’，大力开展工程管理创新和施工技术创新，坚持运行、调度全过程介入原则，促进工程有序推进。工程建设方面，采用专业化和属地化相结合发挥各方优势，形成系统的建设管理制度体系，引入 A/B 角项目经理制、A/B 角总监制和交接试验监督制，研发专用施工机械、工器具和试验设备，开展一系列施工技术、启动竣工验收规程、系统调试方案、线路参数测试方案等专题研究。运行、调度管理方面，提前介入科研、设计、设备研制和工程建设全过程，高标准组建运行维护队伍，开展特高压交流运行检修技术研究和生产准备，开展运维技能培训、专用工器具研制，制定特高压运行检修规程、规范、标准和调度运行规程规定及技术标准，深化细化运行方式分析与校核，依托仿真系统和实际电网试验，对联网系统运行方式、联络线功率控制、无功电压控制等进行了全面系统研究。相关会议场景见图 1-20。

图 1-20　2006 年 8 月特高压工程施工技术创新工作研讨会

围绕特高压技术攻关和工程建设实施，各方面都开展了卓有成效的工作，最大限度地集中了资源和智慧，取得了丰富成果，为试验示范工程的成功建设和运行打下了坚实的基础。

（二）主要参建单位

1. 科研单位

在总结国内外前期研究成果的基础上，结合试验示范工程需要，组织产学研用联合攻关，开展了覆盖工程规划、系统、设计、设备、施工、调试、试验、调度和运行 9 大方面的 180 项研究课题。其中关键技术研究 93 项，工程单项研究专题 71 项，“十一五”国家科技支撑计划重大项目 16 项。

主要承担单位为中国电力科学研究院、国网北京电力建设研究院、国网电力科学研究院、国网武汉高压研究院、中国电力工程顾问集团公司、中国电机工程学会、中国机械工业联合会、国网交流建设公司、国网北京经济技术研究院、国网运行公司、华北电力设计院、中南电力设计院、清华大学、华北电力大学、西安交通大学、上海交通大学、东南大学、合肥工业大学、华北电力试验研究院、湖北省电力试验研究院、河南省电力试验研究院、山西省电力试验研究院、郑州机械所、西安高压电器研究所、沈阳沈变所电气工程有限公司、吉林省电力公司、江苏省电力公司、湖北省电力公司、河南省电力公司、山西省电力公司、西安电力机械制造公司、保定天威保变电气股份有限公司、西安西电变压器有限公司、北京四方继电保护自动化公司、国电南瑞科技股份有限公司、洛斯达航测有限公司、湖南电力建设监理咨询有限公司。

2. 工程设计单位

国家电网公司特高压建设部负责工程建设全过程的总体设计管理，组织设计工作组全面负责工程设计管理和协调，审定工程主要技术原则和重大方案。中国电力工程顾问集团公司是工程设计牵头和协调单位，组织研究提出主要设计原则。

（1）变电工程。

晋东南变电站主体设计院（主体院是负责方）是北京国电华北电力工程有限公司，参加设计院是西北电力设计院，设计监理是西南电力设计院。

南阳开关站主体设计院是华东电力设计院，参加设计院是东北电力设计院，设计监理是西北电力设计院。

荆门变电站主体设计院是中南电力设计院，参加设计院是西南电力设计院，设计监理是东北电力设计院。

（2）线路工程。

北京国电华北电力工程有限公司是晋东南—南阳段主体设计院（设计牵头单位、

主体设计院共同研究提出全线设计原则），同时承担晋东南站—汝州市段约 253km（含黄河大跨越）设计任务；西北电力设计院承担汝州市—鲁山县段约 51km 设计任务；华东电力设计院承担鲁山县—南阳站段约 57km 设计任务。

中南电力设计院是南阳—荆门段主体设计院，同时承担荆门站—湖北/河南省界约 182km（含汉江大跨越）设计任务；东北电力设计院承担南阳站—桐寨铺段约 52km 设计任务；西南电力设计院承担桐寨铺—河南/湖北段约 49km 设计任务。

黄河大跨越设计监理是湖南省电力设计院，汉江大跨越设计监理是江苏省电力设计院，一般线路山西段设计监理是山西省电力设计院，一般线路河南段设计监理是河南、山东、浙江省电力设计院，一般线路湖北段设计监理是湖北省电力设计院。

（3）系统通信工程。

中南电力设计院总牵头，同时负责荆门站、南阳站及荆门—南阳段设计；北京国电华北电力工程有限公司负责晋东南站及晋东南—南阳段设计；各站主体设计院承担站内部分及与系统通信接口的配合设计；各线路工程设计单位具体负责相应段 OPGW 光缆线路工程设计。

3. 设备研制供货单位

（1）晋东南变电站。

天威保变电气股份有限公司（1000kV 主变压器）、西电变压器有限责任公司（1000kV 高压并联电抗器 4×320Mvar）、平高电气股份有限公司（1100kV GIS 开关设备）、西安电力机械制造公司（1000kV 避雷器）、桂林电力电容器有限责任公司（1000kV 电容式电压互感器、110kV 电容器）、湖南长高高压开关集团股份公司（1100kV 接地开关）、北京电力设备总厂（110kV 电抗器）、西安电力机械制造公司（110kV 专用开关）、常熟市铁塔有限公司（1000kV 钢构支架）、NGK 唐山电瓷有限公司（1000kV 盘形绝缘子）、湖北兴和铝业有限公司（1000kV 铝管母线）、特变电工山东鲁能泰山电缆有限公司（1000kV 扩径型耐热铝合金绞线）、辽宁锦兴电力金具科技股份有限公司（1000kV 金具）。

国电南瑞科技股份有限公司（综合自动化系统）、南京南瑞继保电气有限公司（1000kV 断路器保护、1000kV 变压器第一套保护、1000kV 线路分相电流差动保护）、许继集团有限公司（1000kV 电抗器第一套保护）、深圳南瑞科技有限公司（1000kV 电抗器第二套保护）、国电南京自动化股份有限公司（1000kV 变压器第二套保护）、北京四方继保自动化股份有限公司（1000kV 线路光纤距离保护）。

（2）南阳开关站。

西电变压器有限责任公司（1000kV 高压并联电抗器 7×240Mvar）、新东北电气（沈阳）高压开关有限公司（1100kV HGIS 开关设备）、廊坊电科院东芝避雷器有限责任公司（1000kV 避雷器）、西安电力机械制造公司（1000kV 电容式电压互感器、1100kV 接地开关）、抚顺电瓷制造有限公司（1000kV 户外棒形支柱绝缘子）、南京大吉铁塔制造有限公司（1000kV 钢构支架）、NGK 唐山电瓷有限公司（1000kV 盘形绝缘子）、湖北兴和铝业有限公司（1000kV 铝管母线）、特变电工山东鲁能泰山电缆有限公司（1000kV 扩径型耐热铝合金绞线）、四平线路器材厂（1000kV 金具）。

北京四方继保自动化股份有限公司（综合自动化系统、1000kV 线路光纤距离保护、1000kV 线路分相电流差动保护）、许继集团有限公司（1000kV 电抗器第一套保护）、深圳南瑞科技有限公司（1000kV 电抗器第二套保护）、南京南瑞继保电气有限公司（1000kV 断路器保护、1000kV 线路分相电流差动保护、1000kV 线路光纤距离保护）。

（3）荆门变电站。

特变电工股份有限公司（1000kV 变压器、1000kV 高压并联电抗器 4×200Mvar）、西安西开高压电气股份有限公司（1100kV HGIS 开关设备）、抚顺电瓷制造有限公司（1000kV 避雷器）、湖南长高高压开关集团股份公司（1100kV 接地开关）、上海 MWB 互感器有限公司（1000kV 电容式电压互感器、110kV 电抗器）、西安电力机械制造公司（1000kV 户外棒形支柱绝缘子）、北京 ABB 高压开关设备有限公司（110kV 专用开关）、西安 ABB 电力电容器有限公司（110kV 电容器）、浙江盛达铁塔有限公司（1000kV 钢构支架）、NGK 唐山电瓷有限公司（1000kV 盘形绝缘子）、湖北兴和铝业有限公司（1000kV 铝管母线）、特变电工山东鲁能泰山电缆有限公司（1000kV 扩径型耐热铝合金绞线）、南京线路器材厂（1000kV 金具）。

南京南瑞继保电气有限公司（综合自动化系统、1000kV 断路器保护、1000kV 变压器第二套保护、1000kV 线路光纤距离保护）、国电南京自动化股份有限公司（1000kV 变压器第一套保护）、许继集团有限公司（1000kV 电抗器第一套保护）、深圳南瑞科技有限公司（1000kV 电抗器第二套保护）、北京四方继保自动化股份有限公司（1000kV 线路分相电流差动保护）。

（4）线路铁塔。

一般线路铁塔供货厂家为浙江盛达铁塔有限公司、青岛武晓集团有限公司、南京大吉铁塔制造有限公司、常熟市铁塔有限公司、安徽宏源电力铁塔制造股份合作公司、重庆顺泰铁塔制造有限公司、潍坊长安铁塔股份有限公司、宝鸡铁塔厂、武汉铁塔厂、温州泰昌铁塔制造有限公司、吉林省梨树铁塔制造有限公司、江苏电力装备有限公司、河南送变电建设公司、成都铁塔厂、江苏华电铁塔制造有限公司、江苏振光电力设备制造有限公司、青岛东方铁塔股份有限公司、山东鲁奥钢构件制造有限公司。黄河大跨越为浙江盛达铁塔有限公司，汉江大跨越为潍坊长安铁塔股份有限公司。

（5）线路绝缘子。

盘式绝缘子为大连电瓷有限公司、NGK 唐山电瓷有限公司、自贡塞迪维尔钢化玻璃绝缘子有限公司。复合绝缘子为东莞市高能实业有限公司（含黄河大跨越）、淄博泰光电力器材厂、襄樊国网合成绝缘子股份有限公司（含汉江大跨越）。

（6）线路导地线和光缆。

一般线路导线（钢芯铝绞线）为远东电缆有限公司、河北电力中兴线缆有限责任公司、无锡华能电缆有限公司、青岛汉缆集团有限公司、河南通达电缆有限公司、绍兴电力设备有限公司、江苏广源电线电缆有限公司、武汉电缆集团有限公司。黄河大跨越、汉江大跨越导线（特强钢芯高强度铝合金绞线）为上海中天铝线有限公司。地线（铝包钢绞线）为江苏中天科技股份有限公司（含黄河大跨越）、新华金属制品股份有限公司（含汉江大跨越）。OPGW 为中天日立光缆有限公司（晋东南—南阳段含黄河大跨越）、江苏通光信息有限公司（南阳—荆门段含汉江大跨越）。

（7）线路金具。

南京线路器材厂（含黄河大跨越）、江苏捷凯电力器材有限公司、广州鑫源恒业电力线路器材有限公司、成都电力金具总厂、辽宁锦兴电力金具科技股份有限公司、四平线路器材厂、上海宝翔机械有限公司、北京国电富通双汇电气设备有限公司（含汉江大跨越）、上海电力线路器材有限公司。

（8）监造单位。

中国电科院负责特高压开关设备、晋东南变电站变压器、晋东南变电站和南阳开关站高压并联电抗器（简称高抗）、线路复合绝缘子，国网武汉高压研究院参加；国网武汉高压研究院负责荆门变电站变压器和高抗、特高压避雷器、CVT、盘式绝缘子，中国电科院参加；国网北京电力建设研究院负责铁塔、导地线、金具、光缆，中国电科院参与光缆部分；中国电科院负责控制保护系统，国网武汉高压研究院负责低压电容器、电抗器；工程属地山西省电力科学研究院、河南省电力试验研究院、湖北省电力试验研究院相应参加有关工作。荷兰 KEMA 公司承担特高压开关设备关键点咨询监督，意大利 CESI 公司承担特高压变压器、高抗关键点咨询监督，俄罗斯 VEI 研究院为特高压变压器、高抗提供技术咨询。

4. 现场建设有关单位

（1）晋东南变电站。

山东诚信工程建设监理有限公司（监理 A 角）、河南立新监理有限公司（监理 B 角）、山西省电力建设四公司（场平工程、建筑工程）、湖南省送变电建设公司（电气安装工程）、山西省电力科学研究院（常规交接试验监督、部分特殊交接试验监督、部分特殊交接试验）、武汉高压研究院（部分特殊交接试验监督、部分特殊交接试验）、中国电科院（计量试验、系统调试）。

（2）南阳开关站。

中国超高压输变电建设公司（监理 A 角）、湖北鄂电建设监理公司（监理 B 角）、河南三建集团公司（场平工程）、安徽送变电工程公司（建筑工程）、河南送变电建设公司（电气安装工程）、河南电力试验研究院（常规交接试验监督、部分特殊交接试验监督、部分特殊交接试验）、武汉高压研究院（部分特殊交接试验监督、部分特殊交接试验）、中国电科院（计量试验、系统调试）。

（3）荆门变电站。

湖南电力建设监理咨询有限公司（监理 A 角）、北京中达联监理公司（监理 B 角）、武警水电二总队（场平工程）、山东送变电工程公司（建筑工程）、湖北省输变电工程公司（电气安装工程）、湖北省电力试验研究院（常规交接试验监督、部分特殊交接试验监督、部分特殊交接试验）、武汉高压研究院（部分特殊交接试验监督、部分特殊交接试验）、中国电科院（计量试验、系统调试）。

（4）线路工程。

监理单位从北到南依次为黑龙江电力监理公司（山西段）、河南立新监理公司（河南段 1）、安徽电力监理公司（黄河大跨越）、湖北鄂电监理公司（河南段 2）、山东诚信监理公司（河南段 3）、江苏宏源监理公司（湖北段 1）、湖南电力监理公司（湖北段 2）、江西诚达监理公司（汉江大跨越）。

一般线路施工单位从北到南依次为东北电业管理局送变电工程公司、山西供电工程承装公司、山西送变电工程公司（山西境内），上海送变电工程公司（山西、河南境内），吉林送变电工程公司、黑龙江送变电工程公司、江苏送变电工程公司、山东送变电工程公司、陕西送变电工程公司、河北送变电工程公司、河南送变电建设公司、湖南送变电建设公司、安徽送变电工程公司（河南境内），浙江送变电工程公司、江西送变电工程公司、北京送变电工程公司、湖北输变电工程公司、甘肃送变电工程公司、华东送变电工程公司（湖北境内）。黄河大跨越施工单位为安徽送变电工程公司，汉江大跨越施工单位为湖南送变电建设公司。

（5）系统通信工程。

监理单位为吉林通信工程建设监理有限公司、湖北鄂电建设监理有限责任公司、河南立新电力建设监理有限公司。施工单位为山西益通电网保护自动化有限责任公司、河南电力通信自动化公司、湖北民源信息通信科技有限公司、北京中电飞华通信股份有限公司、襄电集团、河南送变电公司、郑州祥和集团电力工程有限公司。光缆熔接单位为北京送变电公司、湖南送变电公司、河南送变电公司、华东送变电公司。系统调测单位为北京中电飞华通信股份有限公司。

（三）建设历程

2005 年 1 月 25 日，特高压工程可行性研究正式启动。

2005 年 2 月 16 日，国家发展和改革委员会办公厅印发《关于开展百万伏级交流、±80 万伏级直流输电技术前期研究工作的通知》（发改办能源〔2005〕282 号）。

2005 年 3 月 21 日，曾培炎副总理听取国家电网公司关于特高压工作的汇报，同意启动发展特高压电网的工作。

2005 年 3 月 30 日～4 月 8 日，国家电网公司会同中国机械工业联合会开展特高压输变电设备国产化的调研。

2005 年 4 月 18 日，中国电机工程学会、中国机械工业联合会、中国电力工程顾问集团公司联合组织召开专家研讨会，明确了我国交流特高压标称电压为 1000kV，设备最高电压为 1100kV；直流特高压额定电压为 ±800kV，并提交全国电压电流等级和频率标准化技术委员会审定。

2005 年 6 月 21～23 日，国家发展和改革委员会在北戴河主持召开特高压输电技术研讨会，来自政府机构、电网企业、制造厂商、科研机构和高等院校的 130 多名专家代表参加了会议。与会专家对我国发展特高压输电技术及实施试验示范工程达成共识，同时提出大量有益建议。

2005 年 9 月 1 日，国家电网公司向国家发展和改革委员会报送《关于推荐晋东南—南阳—荆门作为交流特高压试验示范工程的请示》（国家电网发展〔2005〕591 号）。

2005 年 9 月 22～23 日，1000kV 晋东南—南阳—荆门特高压交流试验示范工程可行性研究总报告通过评审。

2005 年 10 月 19 日，1000kV 晋东南—南阳—荆门特高压交流试验示范工程可研报告正式上报国家发展和改革委员会（国家电网发展〔2005〕691 号）。

2005 年 10 月 19～20 日，召开 1000kV 晋东南—南阳—荆门特高压交流试验示范工程主设备技术规范书审查会。

2005 年 10 月 31 日，国家发展和改革委员会主持召开特高压座谈会，特邀相关行业的院士专家和老领导出席，国家电网公司、中国机械工业联合会的代表参加。会议一致认为，中国能源和发展的不均衡性决定了发展特高压输电的必要性，一致赞同建设试验示范工程，为特高压技术大规模应用积累实际工程经验，要求国家电网公司加强试验示范工程方案比选的论证，尽快落实工程有关前期工作。

2005 年 11 月 25 日，水利部批复试验示范工程水土保持方案。

2006 年 2 月 24 日，国家发展和改革委员会再次组织特高压座谈会，邀请能源电力行业老领导及相关专家人士出席，国家电网公司参加，研讨我国发展特高压的必要性和实施措施，重点讨论试验示范工程的选择。会议认为我国发展特高压输电十分必要；同意国家电网公司提出的试验示范工程选择方案；指出为了在电力高速增长阶段最有效地利用特高压输电技术，需尽快开始工程建设。

2006 年 2 月 28 日，国家环境保护总局批复试验示范工程环境影响报告书。

2006 年 4 月 6～7 日，试验示范工程变电站“四通一平”设计通过审查。

2006 年 5 月 29～30 日，试验示范工程线路工程路径方案通过审查。

2006 年 6 月 13～14 日，国家发展和改革委员会组织召开特高压设备研制工作会议，研究部署设备研制等有关特高压工程建设的具体工作。

2006 年 6 月 20 日，国家发展和改革委员会正式发出《国家发展改革委办公厅关于开展交流 1000 千伏、直流 ±800 千伏特高压输电试验、示范工程前期工作的通知》（发改办能源〔2006〕1264 号）。

2006 年 6 月 30 日，国土资源部批复晋东南变电站、南阳开关站、荆门变电站用地预审。

2006 年 6 月 30 日，国家电网公司向国家发展和改革委员会上报《关于晋东南至荆门特高压交流试验示范工程项目核准的请示》（国家电网发展〔2006〕502 号）。

2006 年 8 月 9 日，国家发展和改革委员会印发《国家发展改革委关于晋东南至荆门特高压交流试验示范工程项目核准的批复》（发改能源〔2006〕1585 号）。

2006 年 8 月 19、20 日和 26 日，晋东南变电站、南阳开关站和荆门变电站先后举行奠基仪式。

2006 年 9 月 11～13 日，变电站及线路大跨越工程初步设计通过审查。

2006 年 10 月 10 日，特高压交流试验基地在武汉奠基。

2006 年 10 月 30 日，试验示范工程建设誓师动员大会召开，明确了工程建设的总体目标和工作安排。

2006 年 11 月 8～9 日，试验示范工程一般线路工程初步设计通过审查。

2006 年 11 月 10 日，国家发展和改革委员会印发《国家发展改革委办公厅关于晋东南至荆门 1000 千伏特高压交流试验示范工程设备国产化方案和招标方式的复函》（发改办工业〔2006〕2550 号）。

2006 年 12 月 27 日，主设备合同签字仪式在国家电网公司总部举行。

2006 年 12 月 27、28 日和 29 日，荆门变电站、晋东南变电站、南阳开关站土建工程相继开工。

2006 年 12 月 26、28 日，黄河、汉江大跨越工程相继开工。

2007 年 2 月 8 日，试验示范工程建设专家委员会第一次会议在北京召开。

2007 年 4 月 26 日，线路工程开工动员暨施工合同签字仪式大会在太原召开。

2007 年 5 月 10 日，汉江大跨越基础工程完工。

2007 年 6 月 15 日，荆门变电站电气安装工程开工。

2007 年 6 月 30 日，黄河大跨越基础工程完工。

2007 年 7 月 4 日，晋东南变电站电气安装工程开工。

2007 年 7 月 6 日，南阳开关站电气安装工程开工。

2007 年 10 月，特高压避雷器、CVT、支柱绝缘子及变电金具的带电考核工作启动。

2007 年 10 月 15 日，黄河大跨越组塔工程开工。

2007 年 10 月 18 日，汉江大跨越组塔工程开工。

2007 年 10 月 29 日，一般线路组塔工程开工。

2007 年 10 月 31 日～11 月 1 日，特高压交流设备工作会议在北京召开，设备研制进入攻坚阶段。

2007 年 12 月 28 日，黄河大跨越组塔工程完工。

2007 年 12 月 31 日，一般线路基础工程完工。

2008 年 1 月 5 日，汉江大跨越组塔工程完工。

2008 年 2 月 13 日，西变首台 240Mvar 特高压高抗通过型式试验。

2008 年 3 月 9 日，西变首台 320Mvar 特高压高抗通过型式试验。

2008 年 4 月 8 日，新东北电气研制的首台特高压 HGIS 通过型式试验。

2008 年 4 月 10 日，一般线路架线工程开工。

2008 年 5 月 8 日，一般线路组塔工程完工。

2008 年 5 月 10 日，黄河大跨越架线工程开工。

2008 年 5 月 18 日，特变电工衡变研制的首台 200Mvar 特高压电抗器通过型式试验。

2008 年 5 月 29 日，汉江大跨越架线工程开工。

2008 年 5 月 30 日，试验示范工程启动验收委员会第一次会议在北京召开。

2008 年 6 月，河南平高电气研制的特高压 GIS 通过型式试验。

2008 年 6 月 18 日，黄河大跨越架线工程完工。

2008 年 7 月 15 日，汉江大跨越架线工程完工。

2008 年 7 月 16 日，特变电工沈变研制的首台特高压变压器通过型式试验。

2008 年 7 月 19 日，天威保变研制的首台特高压变压器通过型式试验。

2008 年 7 月 31 日，试验示范工程启动验收委员会第二次会议召开，安排部署工程验收和启动调试有关工作。

2008 年 8 月 5 日，国家电网公司在山西长治主持召开“特高压奋战一百天”动员会。

2008 年 8 月 20 日，线路工程全线架通。

2008 年 8 月 30 日，西电公司研制的特高压 HGIS 通过型式试验。

2008 年 9 月 16~18 日，完成线路工频参数测试。

2008 年 10 月 7 日，在日内瓦召开的国际电工委员会（IEC）/国际大电网委员会（CIGRE）特高压联合工作组第三次会议上，确定以中国标准 1100kV 基准电压作为 IEC 标准电压，标志着我国特高压交流电压等级标准成为国际标准。

2008 年 10 月 14 日，晋东南变电站 500kV 系统通过竣工验收。

2008 年 10 月 15 日，荆门变电站 500kV 系统通过竣工验收。

2008 年 10 月 18 日，试验示范工程启动验收委员会第三次会议召开，安排启动第一阶段 500kV 系统调试工作。

2008 年 10 月 25 日、11 月 12 日，荆门变电站和晋东南 500kV 系统先后完成启动调试投运。

2008 年 10 月 29 日，电力建设工程质量监督总站完成线路工程质量监检工作。

2008 年 11 月 6、7 日和 10 日，分别完成山西省、河南省、湖北省境内线路工程竣工验收。

2008 年 11 月 13 日，国家电网公司召开会议，审查通过了试验示范工程启动及竣工验收规程。

2008 年 11 月 18 日，南阳开关站通过竣工验收。

2008 年 11 月 26 日，晋东南变电站通过竣工验收。

2008 年 11 月 28 日，荆门变电站通过竣工验收。

2008 年 12 月 5 日，试验示范工程启动验收委员会第四次会议召开，决定启动第二阶段 1000kV 系统启动调试。

2008 年 12 月 8～30 日，顺利完成系统调试，包括两端零起升压试验、设备投切试验、联网运行试验三大类 15 项试验，以及 14 项测试项目。在联网运行试验阶段，在南阳开关站两侧分别开展了人工短路试验，大负荷试验时最大输送功率达到 2830MW（工程设计输送容量 2400MW，最大输送能力 2800MW）。

2008 年 12 月 30 日，开始 168h 试运行。

2009 年 1 月 6 日 22 时，顺利完成 168h 试运行考核，试验示范工程正式投入运行。

2009 年 2 月 11 日，水利部组织召开水土保持设施竣工验收会议。会议场景见图 1-21。3 月 2 日，水利部办公厅印发《关于印发 1000 千伏晋东南—南阳—荆门特高压交流试验示范工程水土保持设施验收鉴定书的通知》（办水保函〔2009〕130 号），工程水土保持设施验收合格。

图 1-21　2009 年 2 月召开水土保持设施竣工验收会议

2009 年 2 月 23～24 日，受国家科技部委托，国家电网公司组织召开了“十一五”国家科技支撑计划“特高压输变电系统开发与示范”项目 16 项特高压交流研究课题的验收会议。验收意见认为，课题已全面完成，实现了重大技术突破，全面提升了我国输变电工程科研、设计和设备制造水平，项目研究成果整体处于国际领先水平。

2009 年 3 月 22 日，国家电网公司组织召开了科研成果总验收会，对所开展的 180 项特高压交流输变电研究成果进行了总体验收，认为项目研究成果整体处于国际领先水平，具备推广应用的条件。会议场景见图 1-22。

图 1-22 2009 年 3 月召开科研成果总验收会议

2009 年 3 月 24 日，国家电网公司组织工程初步验收。会议场景见图 1-23。验收意见认为：国家电网公司全面完成了国家确定的试验示范工程建设任务，全面验证了特高压输电的技术可行性、设备可靠性、系统安全性和环境友好性。

2009 年 3 月 25 日，环境保护部组织召开竣工环保验收调查报告审查会议。会议场景见图 1-24。4 月 15 日，环境保护部印发《关于 1000kV 晋东南—南阳—荆门特高压交流试验示范工程竣工环境保护验收意见的函》(环验〔2009〕101 号)，竣工环境保护验收合格。

图 1-23　2009 年 3 月召开国家电网公司初步验收工作会议

图 1-24　2009 年 3 月召开环境保护验收会议

2009 年 3 月 30 日，国家能源局和中国机械工业联合会组织召开设备国产化验收会议。专家组现场检查工作场景见图 1-25。4 月 13 日，中国机械工业联合会向国家发展和改革委员会、国家能源局报送《关于报送特高压交流试验示范工程设备国产化专项验收意见和国产化工作总结的函》（中机联重〔2009〕162 号）。验收委员会认为，示范工程的设备国产化工作取得了巨大成功，达到了原定的目标要求。工程设备综合国产化率达到 90%。

图 1-25　2009 年 3 月设备国产化验收专家组现场检查

2009 年 4 月 8～10 日，国家档案局组织工程档案验收工作。会议场景见图 1-26。4 月 10 日，国家档案局印发《1000kV 晋东南—南阳—荆门特高压交流试验示范工程档案验收意见》（档函〔2009〕96 号），认为“符合国家重大建设项目档案管理的要求，对今后特高压工程档案具有示范作用”，同意通过验收。

图 1-26　2009 年 4 月召开工程档案验收会议

2009 年 7 月 7～8 日，国家验收专家组在北京召开国家验收终验汇报会，听取了国家电网公司的初验汇报，以及水利部、环保部、国家档案局、中机联的专项验收汇报，之后前往工程现场进行了实地检查，图 1-27 为专家组现场检查后合影。2010 年 9 月 8 日，国家发展和改革委员会印发《国家发展改革委关于晋东南至荆门特高压交流试验示范工程验收有关意见的批复》（发改能源〔2010〕2062 号），认为试验示范工程取得了显著成绩，提高了国内输变电设备制造水平，掌握了特高压交流输电核心技术，工程质量优良，工程建设运行满足环保标准，同意工程通过验收。

图 1-27　国家验收专家组现场检查

2011 年 6 月 14 日，国家科技部在北京组织了国家"十一五"科技支撑计划重大重点项目"特高压输变电系统开发与示范"的验收，对项目完成成果给予了高度评价。专家认为我国全面掌握了 1000kV 交流和 ±800kV 直流关键技术和设备制造核心技术，占领了世界特高压技术的制高点，为我国自主研发、设计和建设的特高压交流和特高压直流试验示范工程的顺利投运提供了全面支撑，实现了我国在远距离、大容量、低损耗的特高压输变电核心技术和设备国产化上的重大技术突破，全面提升了我国输变电工程科研、设计和设备制造水平。

四、建设成果

2006 年 8 月 9 日项目核准后，国家电网公司组织协调集中各方力量，立足国内、自主创新，经过 29 个月的攻坚克难，全面完成了国家确定的特高压交流试验示范工程建设任务，成功建成了世界上运行电压最高、技术水平最先进、我国具有完全自主知识产权的交流输电工程，验证了特高压输电的技术可行性、设备可靠性、系统安全性和环境友好性。依托试验示范工程实践，我国建成了世界一流的特高压试验研究体系，全面掌握了特高压交流输电的核心技术，成功研制了代表世界最高水平的全套特高压交流设备，在世界上首次建立了由 7 大类 77 项国家标准和行业标准组成的特高压交流输电技术标准体系，探索提出并成功实践了以依托工程、用户主导、自主创新、产学研用联合攻关为基本特征的、支撑在较短时间内完成世界级重大创新工程建设的“用户主导的创新管理”模式，创造了具有鲜明时代特色的特高压精神（忠诚报国的负责精神、实事求是的科学精神、敢为人先的创新精神、百折不挠的奋斗精神和团结合作的集体主义精神）。试验示范工程的成功建设，大幅提升了我国电网技术水平和自主创新能力，实现了国内电工装备制造业的产业升级，对于推动我国电力工业的科学发展，保障国家能源安全和电力可靠供应具有重大意义。

特高压交流试验示范工程创新成果得到了国内外高度评价和充分肯定，先后获得了一系列重要奖项和荣誉：2009 年新中国成立 60 周年百项经典暨精品工程，2009 年国家重大工程标准化示范，2009 年中国机械工业科学技术奖特等奖，2010 年中国电力优质工程奖，2010 年电力行业工程优秀设计一等奖，2010 年中国标准创新贡献奖一等奖，2010 年国家优质工程金质奖，2010 年中国电力科学技术奖一等奖，2011 年第二届中国工业大奖，2011 年国家优质工程奖 30 年经典工程，2012 年全国建设项目档案管理示范工程，2012 年国家科学技术进步奖特等奖，2013 年第二十届国家级企业管理现代化创新成果一等奖，2019 年庆祝中华人民共和国成立 70 周年经典工程。国际大电网委员会（CIGRE）等国际组织认为，这是“一个伟大的技术成就”，是“世界电力工业发展史上的重要里程碑”。

（1）建成了代表世界最高水平的交流输电工程。在国家统一领导下，国家电网公司严格执行国家有关法律法规和基本建设程序，立足自主创新，攻坚克难，仅用 29 个月时间，全面建设完成了世界上运行电压最高、技术水平最先进、我国具有完全自主知识产权的输电工程。这是世界电力发展史上的重要里程碑，是我国能源基础研究和建设领域取得的重大自主创新成果。建成的工程面貌如图 1-28～图 1-35 所示。

图 1-28　1000kV 长治变电站

图 1-29　1000kV 南阳开关站

图 1-30　1000kV 荆门变电站

图 1-31 黄河大跨越

图 1-32 汉江大跨越

图 1-33 输电线路平丘段

图 1-34　输电线路山区段

图 1-35　输电线路限高区门型塔

（2）全面掌握了特高压交流输电核心技术。坚持自主创新原则，实现了关键技术研究原始创新、集成创新和引进消化吸收再创新的有机结合。研究内容全面系统，覆盖了工程建设各个方面的需求；研究结论先进实用，在特高压系统电压标准的确定、过电压控制、潜供电流抑制、绝缘配合、外绝缘配置、电磁环境控制、工程设计和施工、试验和调试、运维检修和大电网运行控制等方面取得重大突破，掌握了达到国际领先水平的特高压交流输电核心技术，为试验示范工程建设提供了强有力支撑。相关场景见图 1-36～图 1-55。

图 1-36　真型塔放电特性试验

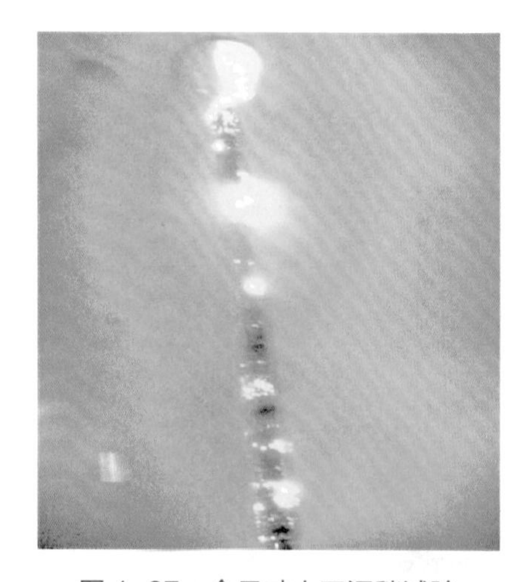

图 1-37　全尺寸人工污秽试验

图 1-38　电磁环境试验线段

图 1-39　变电站构架模型试验

图 1-40　输电线路杆塔真型试验

图 1-41　变电站进线段 3 地线防雷设计

图 1-42　煤矿采空区分体式耐张塔

图 1-43　特高压设备大件运输

图 1-44　变电站 1000kV 配电装置构架组立

图 1-45　特高压 GIS 现场安装

图 1-46　特高压电抗器套管吊装

图 1-47　特高压变压器安装就位

图 1-48　特高压 GIS 现场交接试验

图 1-49　落地抱杆组塔作业

图 1-50 内悬浮外拉线抱杆组塔

图 1-51 黄河大跨越铁塔组立

图 1-52 “一牵 8”张力放线

图 1-53 “2×一牵 4”张力放线

图 1-54 “八牵 8”张力放线

（3）自主创新成功研制了全套特高压交流设备。国家电网公司主导，立足国内，自主创新，研制成功了代表世界最高水平的全套特高压交流设备，指标优异，性能稳定，经过全面严格试验验证和运行考核，创造了一大批世界纪录，设备综合国产化率达到90%，全面实现了国产化目标，掌握了特高压设备制造的核心技术，具备了特高压交流设备的批量生产能力。

图 1-55　人工短路接地试验

1）在世界上首次研制成功额定电压1000kV、额定容量 1000MVA（单柱电压1000kV、单柱容量 334MVA）的单体式单相变压器，性能指标国际领先。见图 1-56和图 1-57。

图 1-56　长治变电站特高压变压器（天威保变）

2）在世界上首次研制成功额定电压 1100kV、额定容量 320Mvar 的高压并联电抗器，性能指标国际领先，见图 1-58～图 1-60。

图 1-57　荆门变电站特高压变压器（特变电工）

图 1-58　长治变电站 320Mvar 特高压电抗器（西变）

图 1-59　南阳开关站 240Mvar 特高压电抗器（西变）

图 1-60　荆门变电站 200Mvar 特高压电抗器（特变电工）

3）成功研制了额定电压 1100kV、额定电流 6300A、额定开断电流 50kA（时间常数 120ms）的 SF_6 气体绝缘金属封闭组合电器，代表了世界同类产品的最高水平，见图 1-61～图 1-63。

图 1-61　长治变电站特高压 GIS（平高电气）

图 1-62　南阳开关站特高压 HGIS（新东北电气）

图 1-63　荆门变电站特高压 HGIS（西开电气）

4）在世界上首次研制成功特高压瓷外套避雷器，性能指标国际领先，见图 1-64。

5）在世界上首次研制成功特高压棒形悬式复合绝缘子、复合空心绝缘子及套管，以及用于中等和重污秽地区的特高压支柱绝缘子、电容式电压互感器、接地开关（敞开式）和油纸绝缘瓷套管，性能指标国际领先，见图 1-65~图 1-69。

图 1-64　特高压瓷外套避雷器

图 1-65　特高压电容式电压互感器

图 1-66　特高压复合空心绝缘子 HGIS 套管（荆门变电站）

图 1-67　特高压支柱绝缘子

图 1-68　特高压接地开关

图 1-69　特高压棒形复合绝缘子

6）在世界上首次研制成功关合 210Mvar 超大容量电容器组的 110kV 断路器，以及 110kV 干式并联电抗器，性能指标国际领先，见图 1-70 和图 1-71。

图 1-70　110kV 电抗器和电容器组

7）在世界上首次研制成功特高压工程全套数字型控制保护系统，动模试验场景见图 1-72，性能指标国际领先。

图 1-71　110kV 专用断路器

图 1-72　特高压数字型继电保护装置动模试验

（4）建成了世界一流的高电压、强电流试验检测中心和工程试验站。建成了特高压交流试验基地、高海拔试验基地、开关试验中心、工程力学试验基地和工厂试验站（见图 1-73～图 1-78），建成了特高压电网综合仿真系统和仿真计算数据平台（见图 1-79），创造了世界最高参数的高电压、强电流试验条件，成功完成了世界最高参数的全套特高压设备型式试验、工厂试验和现场试验（见图 1-80 和图 1-81），获取了宝贵的试验数据，有效检验了科研成果，严格考核了工程设备，综合研究试验能力跃居国际前列，为工程建设和后续研究奠定了坚实的实证基础。

图 1-73　武汉特高压交流试验基地

图 1-74　西藏高海拔试验基地

图 1-75　强电流试验中心（西高院）

图 1-76　北京良乡工程力学试验基地

图 1-77　河北霸州特高压杆塔试验基地

图 1-78　电力系统动模试验室

图 1-79　电力系统仿真数据中心

图 1-80　特高压并联电抗器型式试验

（5）建立了特高压交流输电标准体系。在试验示范工程建设伊始，基于创新成果规模化应用的需要，提出“科研攻关、工程建设和标准化工作同步推进”的原则，结合科研攻关成果和工程实践，在世界上首次系统地提出了由七大类 77 项国家标准和能源行业标准构成的特高压交流技术标准体系（2014 年优化为六大类 79 项，2021 年拓展为 108 项），全面涵盖系统集成、工程设计、设备制造、施工安装、调试试验和运行维护等各方面内容。2009 年 12 月被国家标准化委员会授予以“工程实践与

图 1-81　特高压 GIS 出厂试验

标准化的有效结合，科研、工程建设与标准化的同步发展为内容的国家重大工程标准化示范”称号。为特高压输电的规模应用创造了条件，提高了我国在世界电力技术领域的影响力。我国的特高压标准电压被国际电工委员会、国际大电网组织推荐为国际标准电压。2013 年，国家电网公司代表中国在 IEC 主导发起成立 TC122“特高压交流输电系统”技术委员会，并承担主席工作，主导编制出版国际标准 8 项（截至 2021 年底）。

（6）形成了用户主导的创新管理模式。国家电网公司作为特高压交流输电创新链的发起者、组织者、参与者和决策者，主导整合了国内电力、机械等相关行业的科研、设计、制造、施工、试验、运行单位和高校的资源和力量，探索提出并成功实践了以依托工程、用户主导、自主创新、产学研用联合攻关为基本特征的，支撑在较短时间内完成世界级重大创新工程建设的“用户主导的创新管理”新模式，形成了巨大创新合力。采用这一创新模式，我国用不到 4 年时间全面攻克了特高压交流输电技术难关，在特高压交流输电技术和装备制造领域取得重大创新突破，占领了国际高压输电技术制高点，并迅速在特高压交流同塔双回路输电、高端输变电设备制造等高新技术领域取得一系列重大创新成果，进一步巩固、扩大了我国在高压输电技术开发、装备制造和工程应用领域的国际领先优势。《用户（业主）主导的特高压交流输电工程创新管理》荣获“第二十届国家级企业管理现代化创新成果一等奖”，特高压交流输电的创新实践对于我国工业领域其他行业的跨越式创新发展具有重要借鉴意义。

（7）带动了我国电力技术进步和电工装备制造产业升级。通过特高压交流输电自主创新，我国电力科技水平和创新能力显著增强，电工基础研究水平迈上新台阶，在特高压交流输电领域形成技术优势，国际话语权和影响力大幅提升。通过特高压交流输电自主创新，我国输变电设备制造企业实现了产业升级，研发设计、生产装备、质量控制、试验检测能力达到国际领先水平，形成核心竞争力，彻底扭转了长期跟随国外发展的被动局面，不仅占据了国内市场的主导地位，而且全面进军国际市场，特高压交流工程业绩已成为我国电工设备制造企业打开国际市场的金色名片。

第二章

1000kV 晋东南—南阳—荆门
特高压交流试验示范工程扩建工程

一、工程背景

1000kV 晋东南—南阳—荆门特高压交流试验示范工程成功投运后，实现了华北电网与华中电网通过特高压联络线的同步互联，发挥了重要的送电和联网功能，扩大了电力资源优化配置范围。但是作为以验证特高压输电技术可行性、设备可靠性为主要目标的试验示范工程，仅在工程两端变电站各配置了一组 3000MVA 主变压器。受主变压器容量规模制约，最大输电能力为 2800MW。国家发展和改革委员会在工程验收意见中提出“建议你公司进一步完善试验示范工程，使送电能力达到大容量输送的要求。”

为了进一步考核试验示范工程送电能力，提高电网运行安全可靠水平，充分发挥华北—华中特高压通道的作用，满足晋东南煤电基地外送和华中地区电力负荷增长需要，国家电网公司启动了试验示范工程加强工程的前期研究工作。2009 年 11 月 4 日，国家电网公司向国家能源局报送《关于申请开展晋东南、南阳、荆门特高压变电站（开关站）扩建工程前期工作的请示》（国家电网发展〔2009〕1207 号）。2010 年 6 月 17 日，国家电网公司再次向国家能源局报送《关于申请开展晋东南、南阳、荆门特高压变电站（开关站）扩建工程前期工作的请示》（国家电网发展〔2010〕809 号）。2010 年 8 月 12 日，国家能源局印发《国家能源局关于同意国家电网公司开展晋东南、荆门特高压变电站和南阳开关站扩建工程前期工作的函》（国能电力〔2010〕239 号）。2010 年 8 月 18 日，国家电网公司向国家发展和改革委员会上报《关于晋东南—南阳—荆门交流特高压试验示范工程扩建项目核准的请示》（国家电网发展〔2010〕1095 号）。2010 年 9 月 10 日，国家能源局以《国家能源局关于委托开展晋东南—南阳—荆门特高压交流试验示范工程扩建项目咨询评估的函》（国能电力〔2010〕307 号）委托中国工程院，就系统方案、输电能力、设备研制、对两端电网安全性的影响、工程经济性等方面进行咨询评估。2010 年 10 月 29 日，中国工程院向国家能源局报送《关于晋东南—南阳—荆门交流特高压试验示范工程扩建项目咨询评估意见的函》（中工发〔2010〕94 号），同意扩建工程的方案。2010 年 12 月 29 日，国家发展和改革委员会印发《国家发展改革委关于晋东南—南阳—荆门特高压交流试验示范工程扩建项目核准的批复》（发改能源〔2010〕3056 号）。

二、工程概况

（一）核准建设规模

扩建晋东南1000kV 变电站、南阳1000kV 开关站、荆门1000kV 变电站，建设配套线路改造工程，建设相应无功补偿装置和通信、二次系统工程，见图 2-1。工程动态总投资 44.29 亿元，由国网山西省电力公司（晋东南变电站）、国网河南省电力公司（南阳变电站）、国网湖北省电力公司（荆门变电站）共同出资建设。

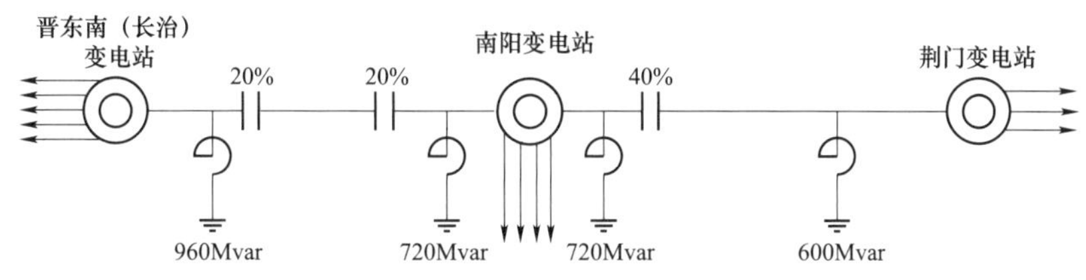

图 2-1　晋东南（长治）—南阳—荆门工程扩建后系统接线示意图

（二）建设内容

1. 晋东南变电站扩建工程

扩建主变压器 1×3000MVA（2 号主变压器）；1000kV 采用 3/2 接线，本期安装 3 台断路器，1 线 2 变构成 1 个完整串和 1 个不完整串，至南阳线路侧安装 1 组 1000kV 串补（串补度 20%，容量 1500Mvar，单平台布置）。2 号主变压器低压侧装设 110kV 低压电抗器 2×240Mvar 和低压电容器 4×210Mvar。扩建串补区与已建变电站分开建设，相距 31m，之间通过地下通道和电缆隧道连接。本期工程用地面积 5.46 公顷（围墙内 4.87 公顷）。

出线改造工程方面，拆除铁塔 1 基（1 号），拆除“变电站构架—1 号塔—2 号塔”之间的线路 696m；新建铁塔 1 基（GN1），补强铁塔 1 基（2 号），新建“变电站构架—GN1—2 号塔”之间的单回线路 600m。扩建后晋东南（长治）变电站电气接线示意图见图 2-2。

2. 南阳变电站扩建工程

扩建主变压器 2×3000MVA（1 号和 2 号主变压器）；1000kV 采用 3/2 接线，本期安装 5 台断路器，2 线 2 变构成 1 个完整串和 2 个不完整串，至晋东南线路侧安装 1 组 1000kV 串补（串补度 20%，容量 1500Mvar，单平台布置），至荆门线

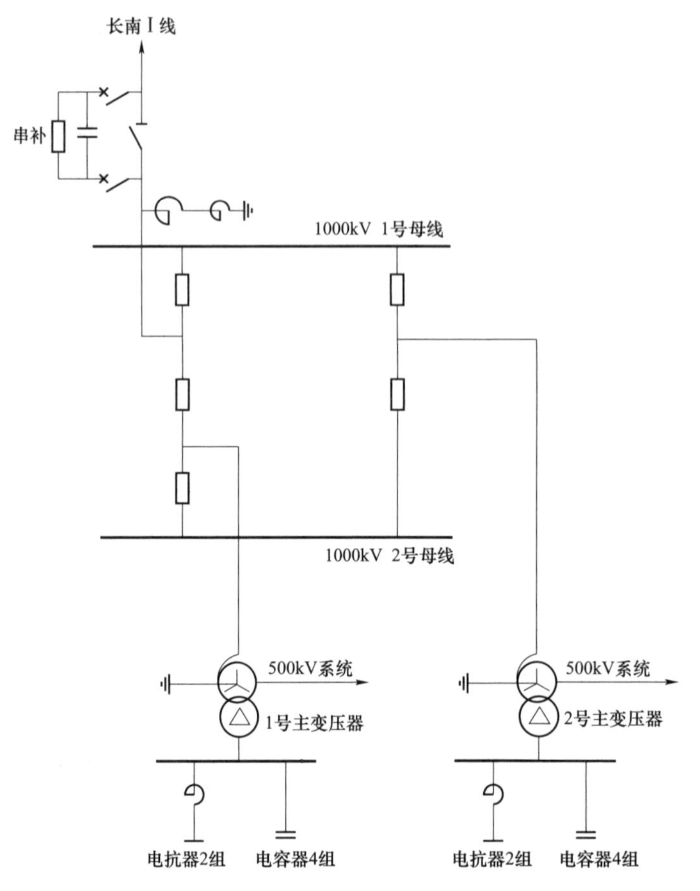

图 2-2 本期工程扩建后晋东南（长治）变电站电气接线示意图

路侧安装 1 组 1000kV 串补（串补度 40%，容量 2×1144Mvar，双平台布置）。每组主变压器低压侧装设 110kV 低压电抗器 2×240Mvar 和低压电容器 4×210Mvar。500kV 采用户外 HGIS 组合电器设备，出线 4 回（至香山、白河各 2 回）。本期工程用地面积 9.30 公顷（围墙内 9.12 公顷）。

出线改造工程方面，至晋东南出线侧拆除铁塔 2 基、单回线路 634m，新建铁塔 2 基、单回线路 390m；至荆门出线侧拆除铁塔 2 基、单回线路 582m，新建铁塔 2 基、单回线路 500m。扩建后南阳变电站电气接线示意图见图 2-3。

3. 荆门变电站扩建工程

扩建主变压器 1×3000MVA（2 号主变压器）；1000kV 采用 3/2 接线，本期安装 3 台断路器，1 线 2 变构成 1 个完整串和 1 个不完整串。2 号主变压器低压侧装设 110kV 低压电抗器 2×240Mvar 和低压电容器 4×210Mvar。本期工程用地面积 1.19 公顷（围墙内 1.24 公顷）。扩建后荆门变电站电气接线示意图见图 2-4。

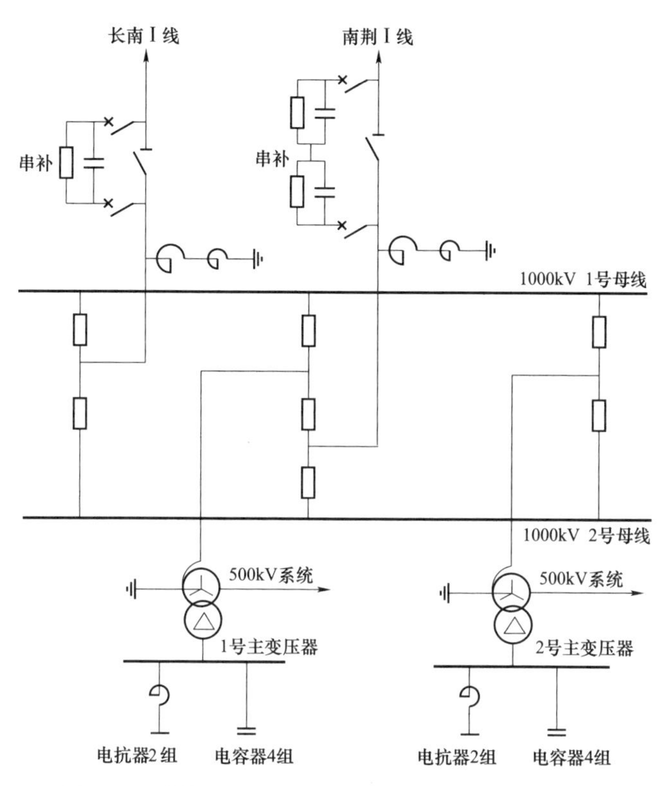

图 2-3　本期工程扩建后南阳变电站电气接线示意图

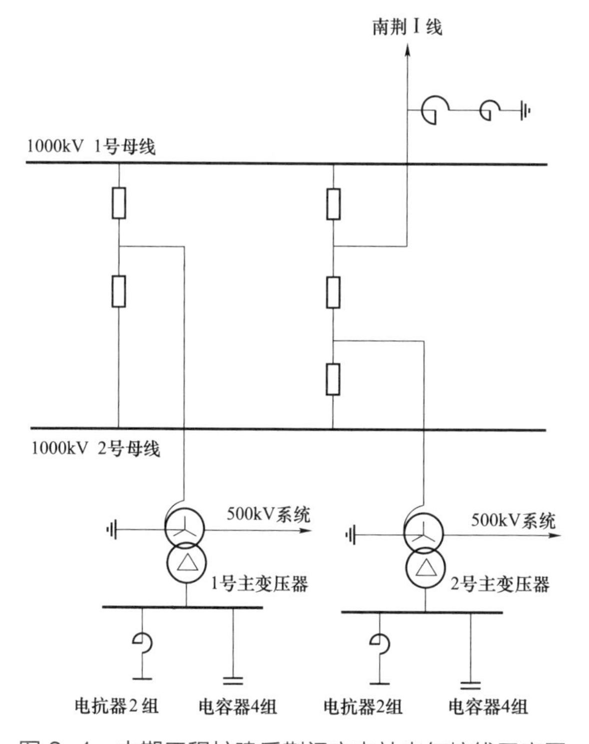

图 2-4　本期工程扩建后荆门变电站电气接线示意图

三、工程建设情况

（一）工程管理

2010 年 9 月 6 日，国家电网公司印发《特高压交流试验示范工程扩建工程建设管理原则分工》（国家电网特〔2010〕1242 号），明确了工程管理模式和相关单位职责。2011 年 1 月 21 日，国家电网公司印发《1000kV 晋东南（长治）—南阳—荆门特高压交流试验示范工程扩建工程建设管理纲要》（国家电网特〔2011〕96 号），进一步明确了工程目标、组织体系、制度体系、工作计划和工作要求等。

建设管理纲要中提出，坚持“集团化运作、集约化协调、集约化管理、标准化建设”的总体思路，坚持“六统一”（规划设计、技术标准、建设管理、招标采购、资金管理、调试验收）的基本原则，坚持“科研为先导、设计为龙头、设备为关键、建设为基础”的工作方针，坚持“安全可靠、自主创新、经济合理、环境友好、国际一流的精品工程”目标，采用国网总部统筹管理和集约协调、专业化和属地化相结合的建设管理模式，建立工程建设领导小组、分省建设领导小组、现场指挥部三级组织体系和建设管理纲要、专项工作大纲、实施方案三级制度体系，统一指挥、集约管控、协调推进工程建设。2011 年底建成投运。

国家电网公司特高压建设部履行项目法人职能，总部相关部门（办公厅、发展部、财务部、生产部、基建部、物资部、国调中心等）负责归口管理；山西省电力公司、河南省电力公司、湖北省电力公司负责属地范围地方工作协调；国网交流建设分公司、国网信通公司分别负责变电工程和系统通信工程现场建设管理；国网物流中心负责物资催交、催运和现场服务；国网运行公司负责生产准备；中国电科院负责系统调试；国网经研院协助特高压部开展设计管理；中国电力工程顾问集团公司负责初步设计评审；电力建设工程质量监督总站组织山西、河南、湖北电力工程质量监督中心站开展质量监督工作。

（二）主要参建单位

1. 科研单位

围绕特高压串补研发和 500 万 kW 大负荷试验运行技术两大方面的核心问题，以及以确保安全性、提高经济性、掌握技术规律、提升技术水平为目的开展特高压交流输电技术深化研究，试验示范工程扩建工程开展了两批共 73 项研究课题。

主要承担单位为中国电力科学研究院、国网电力科学研究院、中电普瑞科技有限公司、保定天威保变公司、西安高压电器研究院、河南平高电气公司、新东北电气集团公司、西安西电开关电气股份公司、清华大学、华北电力大学、西安交通大学、重庆大学、同济大学、中国地质大学、华北电力科学研究院、山西省电力科学研究院、河南省电力试验研究院、湖北省电力试验研究院、郑州机械研究所、中国电力工程顾问集团公司、华北电力设计院有限公司、中南电力设计院、西南电力设计院、西北电力设计院、南京南瑞继保电气公司、国电南瑞科技股份公司、国网信息通信有限公司、国网经济技术研究院、国网交流建设分公司、山西省送变电工程公司、北京送变电公司、陕西省电力试验研究院、青海省电力试验研究院、宁夏电力试验研究院、甘肃省电力试验研究院。

2. 工程设计单位

国家电网公司特高压建设部负责工程建设全过程总体设计管理。中国电力工程顾问集团公司是工程设计的总体牵头和协调单位。国网经研院协助特高压建设部开展设计管理，组织设计监理工作。成立工程设计领导小组，指导、决策设计重大事项。设计工作组具体负责设计组织协调，组织评审技术原则和重大方案。设计监理工作组负责监督和检查。专家组负责提出咨询意见。

晋东南（长治）变电站设计单位是华北电力设计院，设计监理是山西省电力勘测设计院。

南阳开关站设计单位是华东电力设计院，设计监理是河南省电力勘测设计院。

荆门变电站设计单位是中南电力设计院，设计监理是湖北省电力勘测设计院。

3. 设备研制供货单位

（1）晋东南变电站。

天威保变电气股份有限公司（1000kV 主变压器）、平高电气股份有限公司（1100kV GIS 开关设备）、中电普瑞科技有限公司（1000kV 串补）、西电避雷器有限公司（1000kV 避雷器）、桂林电力电容器有限责任公司（1000kV 电容式电压互感器、110kV 电容器）、唐山高压电瓷有限公司（1000kV 户外棒形支柱绝缘子）、北京电力设备总厂（110kV 电抗器）、西安西电高压开关有限公司（110kV 专用开关）。

南京南瑞继保工程有限公司（1000kV 断路器保护、1000kV 变压器保护）、国电南京自动化股份有限公司（1000kV 变压器保护）、北京四方继保工程有限公司（1000kV 母线保护）、许继电气股份有限公司（1000kV 母线保护）。

（2）南阳变电站。

特变电工股份有限公司（1000kV 主变压器 4 台）、西电变压器有限责任公司（1000kV 主变压器 4 台）、新东北电气（沈阳）高压开关有限公司（1100kV HGIS 开关设备）、中电普瑞科技有限公司（1000kV 串补）、廊坊电科院东芝避雷器有限责任公司（1000kV 避雷器）、西安西电高压开关有限公司（1100kV 接地开关）、西安西电电力电容器有限公司（1000kV 电容式电压互感器）、抚顺电瓷制造有限公司（1000kV 户外棒形支柱绝缘子）、新东北电气（锦州）电力电容器有限公司（110kV 电容器）、北京电力设备总厂（110kV 电抗器）、北京宏达日新电机有限公司（110kV 专用开关）。

南京南瑞继保工程有限公司（1000kV 断路器保护、1000kV 变压器保护）、国电南京自动化股份有限公司（1000kV 变压器保护）、北京四方继保工程有限公司（1000kV 母线保护）、许继电气股份有限公司（1000kV 母线保护）。

（3）荆门变电站。

特变电工股份有限公司（1000kV 变压器）、西安西开高压电气股份有限公司（1100kV HGIS 开关设备）、南阳金冠电气有限公司（1000kV 避雷器）、湖南长高高压开关集团股份公司（1100kV 接地开关）、桂林电力电容器有限责任公司（1000kV 电容式电压互感器）、上海 MWB 互感器有限公司（110kV 电抗器）、西安西电电力电容器有限公司（110kV 电容器）、北京 ABB 高压开关设备有限公司（110kV 专用开关）。

南京南瑞继保工程有限公司（1000kV 断路器保护、1000kV 变压器保护）、国电南京自动化股份有限公司（1000kV 变压器保护）、北京四方继保工程有限公司（1000kV 母线保护）、许继电气股份有限公司（1000kV 母线保护）。

（4）监造单位。

中国电科院负责开关设备和天威保变公司、西电变压器公司生产的变压器，国网电科院、山西电科院、河南试研院和湖北试研院参加；国网电科院负责特变电工有限公司生产的变压器，中国电科院、山西电科院、河南试研院和湖北试研院参加；中国电科院负责特高压串补，国网电科院同时并行负责其中的电容器和支柱绝缘子；国网电科院负责避雷器、CVT、棒形支柱绝缘子，中国电科院参加；国网电科院负责 110kV 电抗器和电容器，中国电科院、山西电科院、河南试研院和湖北试研院参加；中国电科院负责控制保护系统，山西电科院、河南试研院和湖北试研院参加。

4．现场建设有关单位

（1）晋东南变电站。

山东诚信工程建设监理有限公司（监理）、山西省电力建设四公司（场平工程）、山西省送变电工程公司（建筑和电气安装工程）、山西省电力科学研究院（常规交接试验监督、部分特殊交接试验监督、部分特殊交接试验）、国网电科院（部分特殊交接试验监督、部分特殊交接试验）、中国电科院（串补特殊交接试验和分系统调试、计量试验、系统调试）。

（2）南阳变电站。

中国超高压输变电建设公司（监理）、南阳飞龙集团公司（场平工程）、安徽送变电工程公司（建筑工程）、河南送变电建设公司（电气安装工程）、河南电力试验研究院（常规交接试验监督、部分特殊交接试验监督、部分特殊交接试验）、国网电科院（部分特殊交接试验监督、部分特殊交接试验）、中国电科院（串补特殊交接试验和分系统调试、计量试验、系统调试）。

（3）荆门变电站。

湖南电力建设监理咨询有限公司（监理）、湖北荆能电力有限公司（场平工程）、湖北省输变电工程公司（建筑和电气安装工程）、湖北省电力试验研究院（常规交接试验监督、部分特殊交接试验监督、部分特殊交接试验）、国网电科院（部分特殊交接试验监督、部分特殊交接试验）、中国电科院（计量试验、系统调试）。

（三）建设历程

2009 年 11 月 4 日，国家电网公司向国家能源局报送《关于申请开展晋东南、南阳、荆门特高压变电站（开关站）扩建工程前期工作的请示》（国家电网发展〔2009〕1207 号）。

2010 年 3 月 8 日，国家电网公司特高压建设部召开 63kA 特高压开关研制工作会议。

2010 年 6 月 17 日，国家电网公司向国家能源局报送《关于申请开展晋东南、南阳、荆门特高压变电站（开关站）扩建工程前期工作的请示》（国家电网发展〔2010〕809 号）。

2010 年 6 月 18 日，国家电网公司特高压建设部召开特高压串联补偿装置研制工作协调会议。

2010 年 7 月 6～7 日，中国电力工程顾问集团公司在北京主持召开晋东南—南阳一荆门交流特高压试验示范工程扩建可行性研究报告评审会议，7 月 15 日以电顾规划〔2010〕697 号文件印发评审意见，8 月 11 日以电顾规划〔2010〕771 号文件印发补充评审意见。

2010 年 8 月 12 日，国家能源局印发《国家能源局关于同意国家电网公司开展晋东南、荆门特高压变电站和南阳开关站扩建工程前期工作的函》（国能电力〔2010〕239 号）。

2010 年 8 月 18 日，国家电网公司向国家发展和改革委员会上报《关于晋东南一南阳一荆门交流特高压试验示范工程扩建项目核准的请示》（国家电网发展〔2010〕1095 号）。

2010 年 8 月 20 日，国家电网公司特高压建设部组织召开建设启动工作会议。

2010 年 8 月 25 日，国家电网公司特高压建设部组织召开预初步设计启动会。

2010 年 9 月 2～3 日，中国电力工程顾问集团公司在北京主持初步设计原则及“四通一平”设计方案评审会，9 月 6 日以电顾电网〔2010〕834 号印发评审意见。

2010 年 9 月 26 日，国家电网公司特高压建设部组织召开特高压交流试验示范工程扩建工程建设协调会议，安排部署建设准备重点工作。

2010 年 9 月 26～27 日，中国电力工程顾问集团公司在北京主持预初步设计评审会，10 月 18 日以电顾电网〔2010〕936 号印发评审纪要。

2010 年 12 月 2 日，国家电网公司向国家能源局上报《关于 1000 千伏晋东南一南阳一荆门特高压交流试验示范工程扩建完善有关情况的报告》（国家电网发展〔2010〕1595 号）。

2010 年 12 月 29 日，国家发展和改革委员会印发《国家发展改革委关于晋东南一南阳一荆门特高压交流试验示范工程扩建项目核准的批复》（发改能源〔2010〕3056 号）。

2010 年 12 月 31 日，荆门变电站扩建工程开工。

2011 年 1 月 1 日，晋东南变电站扩建工程开工，南阳开关站扩建工程开工。

2011 年 1 月 6 日，国家电网公司召开特高压交流试验示范工程扩建工程建设动员大会。

2011 年 1 月 13 日，中国电力工程顾问集团公司主持初步设计评审会，1 月 17 日以电顾电网〔2011〕38 号印发评审意见（技术部分）；2011 年 3 月 2 日，国家电网公司印发《关于晋东南一南阳一荆门特高压交流试验示范工程扩建项目初步设计技术方案的批复》（国家电网基建〔2011〕280 号）。2011 年 12 月 28 日，中国电力工程顾问集团公司印发《关于国家电网晋东南—南阳—荆门特高压交流试验示范工程扩建工程初步设计的评审意见》（电顾电网〔2011〕1108 号）；2011 年 12 月 31 日，国家电网公司印发《关于晋东南—南阳—荆门特高压交流试验示范工程扩建项目初步设计概算的批复》（国家电网基建〔2011〕2035 号）。

2011 年 1 月 20～21 日，在北京召开设备工作会议。

2011 年 2 月 28 日～3 月 1 日，国家电网公司在河南省郑州市召开 2011 年特高压工程建设工作会议。

2011 年 3 月 15 日～5 月 15 日，完成 1000kV 系统第一阶段停电施工。

2011 年 4 月 7 日，国家电网公司组织召开特高压交流试验示范工程扩建工程串联补偿装置公司级审查会议，审定了关键技术原则和技术方案。

2011 年 5 月 30 日，扩建工程建设协调会议召开。

2011 年 6 月 24 日，国家电网公司组织召开启动验收委员会第一次会议，审定系统调试大纲。

2011 年 7 月 5 日，扩建工程建设和运行工作协调会议在北京召开，讨论了有关工作接口，安排了生产准备、竣工验收和启动调试工作。

2011 年 8 月 31 日，110kV 投切电容器组专用开关电寿命试验专题会议召开，围绕负荷开关、断路器、“断路器+选相装置”安排部署科研攻关。

2011 年 9 月 1 日～11 月 4 日，完成 1000kV 系统第二阶段停电施工。

2011 年 9 月 26 日，国家电网公司组织召开启动验收委员会专题会议，审定工程系统调试方案和 500kV 系统启动调试方案。

2011 年 10 月 9～12 日、17～23 日，晋东南变电站分别完成第一阶段 500kV 系统、第二阶段全站竣工验收；9 月 30 日～10 月 13 日、10 月 22～30 日，南阳变电站分别完成第一阶段 500kV 系统、第二阶段全站竣工验收；10 月 8～17 日，荆门变电站完成竣工验收。10 月 31 日，启委会竣工验收组在北京召开会议，通过了三站单项工程竣工验收报告，形成验收意见，确认工程具备启动调试条件。

10 月 14、17、18 日，长治变电站、南阳变电站、荆门变电站 500kV 系统先后完成启动调试。

2011 年 10 月 22 日，系统调试实施方案、启动调试调度方案通过专家会议审查。

2011 年 11 月 3 日，国家电网公司召开启动验收委员会第二次会议，安排部署启动调试工作。

2011 年 11 月 7 日，开始系统调试。11 月 25 日，在各项性能指标成功通过考核后，工程投入 168h 试运行。12 月 7～9 日，在山西左权电厂新建 1 号机组并网后，工程进行了 500 万 kW 大负荷试验。至此，顺利完成三大部分（新投运常规设备、1000kV 串补装置、串补投运后系统调试）共 12 类 39 项试验，以及常规测试项目、特殊测试项目共 11 类。调试期间，在串补全部投运、长南 I 线华北送华中 1900MW 条件下，分别在南阳开关站两侧串补线路侧各进行了 1 次人工短路试验（见图 2-5 和图 2-6）；圆满完成了长南 I 线 4500MW 和 5000MW 正常大负荷试验及全线 5000MW 特殊大负荷试验，最高输送功率达到 572 万 kW。

图 2-5　串补正常运行工况下人工短路试验

图 2-6　串补火花间隙准确动作放电

2011 年 12 月 16 日，国家电网公司举行工程投运仪式。国家能源局、国务院国资委、国家电监会、湖北省政府、山西省政府、河南省政府、国家电网公司等有关负责同志参加会议。

2012 年 12 月 26 日，环境保护部印发《关于晋东南—南阳—荆门交流特高压试验示范工程竣工环境保护验收意见的函》(环验〔2012〕307 号)。

2013 年 3 月 5 日，水利部印发《水利部办公厅关于印发晋东南—南阳—荆门交流特高压试验示范工程扩建水土保持设施鉴定书的函》(办水保函〔2013〕144 号)。

四、建设成果

(1) 全面完成了工程建设任务。立足国内，自主创新，仅用不到 12 个月时间，完成了重大科研攻关和新设备研制任务，建成了试验示范工程扩建工程，实现了稳定输送 500 万 kW 电力的目标，进一步验证了特高压交流输电大容量、远距离、低损耗的优势。工程建成后的面貌如图 2-7～图 2-9 所示。

图 2-7　二期工程建成后 1000kV 长治变电站

图 2-8　二期工程建成后 1000kV 南阳变电站

图 2-9　二期工程建成后 1000kV 荆门变电站

（2）实现了特高压交流输电技术的新突破。在特高压输电系统的串联补偿技术、过电压控制技术、特快速暂态过电压测量与控制技术、潜供电流、电磁环境、大型复杂电极操作冲击放电特性、大型电力设备抗地震技术、大电网运行控制技术等方面取得新突破，进一步巩固、扩大了我国在国际高压输电领域的领先优势。

1）建立了世界上首套特高压系统综合仿真研究平台（中国电力科学研究院，如图 2-10 所示），可开展特高压系统的电磁暂态、控制保护和带串补互联系统运行特性的仿真分析。平台仿真计算结果与工程实际测试结果高度吻合，可指导工程设计和装备研发。

图 2-10　国家电网仿真中心

2）建立了世界首套特高压 GIS 设备 VFTO 试验平台（在武汉特高压交流试验基地建立，见图 2-11）及 252kV GIS 设备 VFTO 电弧特性研究平台，开展了大规模仿真计算和试验研究，在世界上率先掌握了特高压系统 VFTO 的幅值水平、概率分布和波形特征，以及 VFTO 作用下隔离开关的击穿规律、弧阻特性和熄弧规律。

图 2-11　特高压 GIS 设备 VFTO 试验平台

3）在世界上首次进行了大型复杂电极长波前操作冲击放电试验研究（在北京特高压直流试验基地建立特高压串补真型平台，见图 2-12），获得了串补平台真型电极相间、相地空气间隙在 1000μs 长波前操作冲击电压下的放电特性曲线。

图 2-12　特高压串补真型平台电晕试验（北京特高压直流试验基地）

4）开展了变电站全场域电场计算分析，结合真型设备电晕试验，掌握了大型复杂电极的电晕特性，严格控制了电极表面场强和变电站空间场强，实现了环境友好目标。

5）开展了变电站抗地震性能联合计算，在世界上率先进行了特高压避雷器、支柱绝缘子、旁路开关等设备的真型抗地震试验，整体工程实现了 7 度设防目标。

（3）创造了国际高压输变电设备的新纪录。国家电网公司主导，立足国内，组织产学研用联合攻关，成功研制了特高压串补、大容量特高压开关、双柱特高压变压器等代表世界最高水平的特高压交流新设备，指标优异，性能稳定，经过了全面严格的试验考核，刷新了主要输变电设备的世界纪录。

1）在世界上率先研制成功的特高压串补成套装置（见图 2-13）、旁路开关等关键设备均为世界首次研制，性能指标达到国际同类设备的最高水平。在世界上率先实现了旁路开关 30ms 的快速合闸，稳定达到 6300A 通流能力，实现了 160kA 高频电流可靠关合、10kA 容性电流无重击穿开断，达到世界同类开关最高水平。在世界上首次研制成功 1000kV 串联补偿装置旁路隔离开关，转换电流开合能力高达 6300A、7000V。在世界上首次研制成功短时耐受电流高达 63kA、峰值耐受电流高达 170kA 的火花间隙，开展了绝缘恢复特性真型试验与仿真计算，掌握了火花间隙技术规律。在世界上首次研制特高压串补用 MOV（限压器），参数指标世界领先，非线性电阻片单位能耗 300J/cm^3，成功控制 MOV 整组电流分布不均匀系数在 1.05 以内。创新电容器设计，严控薄膜和铝箔质量，进行极限电压耐受、1000h 老化等特殊试验，电容器预期年故障率从常规产品的千分之三降低到万分之三以内，达到国际同类设备的最高水平。在世界上首次研制成功 10m、16kN 特高压等径支柱绝缘子，等效直径世界最大（367mm），抗弯负荷世界最高（25.9kN），经过了真型弯曲破坏负荷试验考核。

图 2-13　特高压串联补偿装置（中电普瑞）

2）在世界上首次研制成功额定容量 1000MVA 的双柱特高压变压器（见图 2-14），创造了世界纪录，局部放电等主要性能指标国际领先，优于常规 500kV 变压器的高水平。

图 2-14　双柱特高压变压器（西变）

3）平高、西开、新东北电气在世界上首次研制成功电压等级最高（1100kV）、电流最大（6300A）、电流开断能力最强（63kA）的特高压开关（见图 2-15），实现了国际高压开关制造和试验技术的重大突破。

图 2-15　63kA 特高压开关

4）在世界上首次研制成功电气寿命 5000 次的投切电容器组专用 110kV 开关（见图 2-16），攻克了开关领域的世界级难题。南阳变电站投切低容的 110kV 开关采用了短路电流和负荷电流分别投切的创新方案，从设计源头大幅提高了开关频繁投切低容的能力。

图 2-16　110kV 投切电容器、电抗器组的负荷开关 HGIS（南阳变电站）

第三章

皖电东送淮南—上海特高压交流输电示范工程

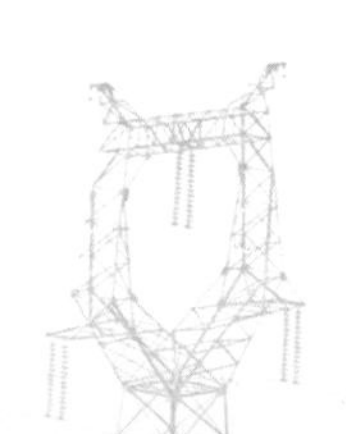

一、工程背景

2004 年底，国家电网公司提出了发展特高压输电技术、建设坚强国家电网的战略目标。2005 年 2 月 16 日，国家发展和改革委员会印发《国家发展改革委办公厅关于开展百万伏级交流、±80 万伏级直流输电技术前期研究工作的通知》（发改办能源〔2005〕282 号）。针对研究内容之一“示范工程的选择”，国家电网公司提出了陕北—武汉（中线方案）、淮南—上海（东线方案）2 个示范工程方案，开展了可行性研究工作，通过综合比选，最终确定了中线方案。

2007 年 9 月 26 日，国家发展和改革委员会印发《国家发展改革委办公厅关于国家电网公司开展跨区联网工程及“上大压小”配套电网工程项目前期工作的通知》（发改办能源〔2007〕2340 号），要求抓紧开展皖电东送淮南至上海输变电工程的前期工作。2009～2011 年，结合电网发展情况和特高压技术攻关成果，国家电网公司组织对皖电东送淮南至上海 1000kV 交流输变电工程可行性研究报告进行了持续的补充研究和优化。

2011 年 7 月 28 日，国家电网公司向国家发展和改革委员会上报《关于皖电东送淮南至上海特高压交流工程项目核准的请示》（国家电网发展〔2011〕1085 号）。2011 年 9 月 27 日，国家发展和改革委员会印发《国家发展改革委关于皖电东送淮南至上海特高压交流输电示范工程项目核准的批复》（发改能源〔2011〕2095 号），这是世界上首个同塔双回路特高压交流输电工程。建设本工程，对于促进淮南煤电基地开发和外送，构建华东负荷中心接受区外电力的大规模网络平台，满足经济社会发展不断增长的电力需求，解决超高压电网短路容量大面积超标问题，促进土地资源高效利用和环境保护，推动特高压输电技术的发展进步，具有十分重要的意义。

二、工程概况

（一）核准建设规模

新建淮南 1000kV 变电站、皖南 1000kV 变电站、浙北 1000kV 变电站、沪西 1000kV 变电站，新建淮南—皖南—浙北—沪西双回 1000kV 交流线路 2×656km（包括淮河大跨越 2×2.42km、长江大跨越 2×3.18km），建设相应的无功补偿和通信、二次系统工程，皖电东送淮南至上海工程系统接线示意图见图 3-1。工程动态总投资 191.01 亿元，由国网安徽省电力公司（淮南变电站）、浙江省电力公司（皖南变电站、浙北变电站，输电线路工程）、上海市电力公司（沪西变电站）共同出资建设。

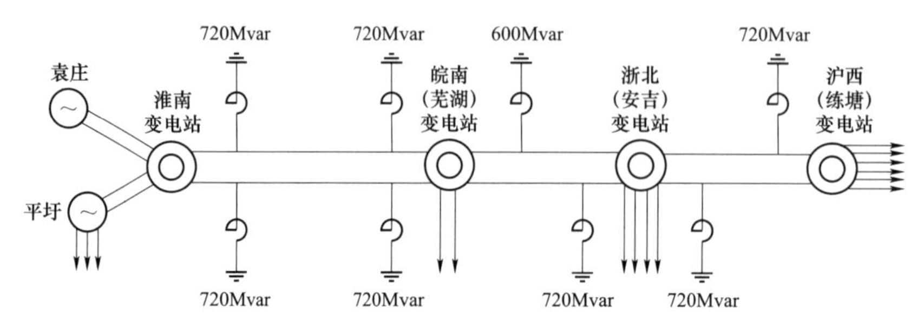

图 3-1　皖电东送淮南一上海工程系统接线示意图

（二）建设内容

1. 淮南变电站工程

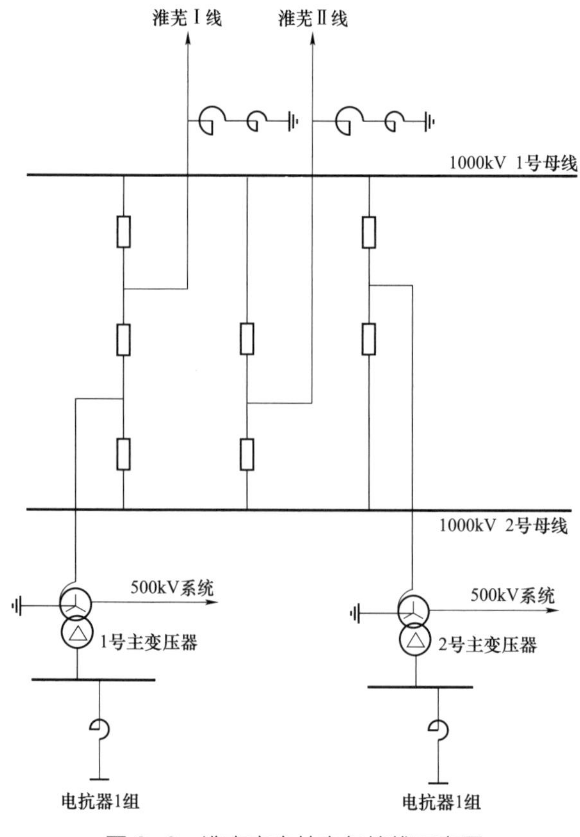

图 3-2　淮南变电站电气接线示意图

淮南 1000kV 变电站位于安徽省淮南市潘集区平圩镇。安装变压器 2×3000MVA（1 号和 2 号主变压器）；1000kV 采用户外 GIS 组合电器设备，3/2 接线，本期 2 线 2 变，组成 1 个完整串和 2 个不完整串，安装 7 台断路器，出线 2 回（至皖南），每回线路装设高压并联电抗器 1×720Mvar；500kV 采用户外 GIS 组合电器设备，出线 4 回（至平圩、袁庄各 2 回）；每组主变压器低压侧装设 110kV 低压电抗器 1×240Mvar，淮南变电站电气接线示意图见图 3-2。本期工程用地面积 10.59 公顷（围墙内 9.57 公顷）。调度命名为“1000 千伏特高压淮南站”。

2. 皖南变电站工程

皖南 1000kV 变电站位于安徽省芜湖市芜湖县红杨镇。安装变压器 1×3000MVA（1 号主变压器）；1000kV 采用户外 GIS 组合电器设备，3/2 接线，本期 4 线 2 变，组成 1 个完整串和 3 个不完整串，安装 9 台断路器，出线 4 回（至淮南、浙北各 2 回），至淮南 2 回线每回各装设高压并联电抗器 1×720Mvar，至浙北 I 线装设高压并联电抗器 1×600Mvar；500kV 采用户外 GIS 组合电器设备，出线 2 回（至楚城）；110kV 侧安装低压电抗器 2×240Mvar 和低压电容器 4×210Mvar，皖南（芜湖）变电站电气接线示意图见图 3-3。变电站总用地面积 13.95 公顷（围墙内 12.36 公顷）。调度命名为“1000 千伏特高压芜湖站”。

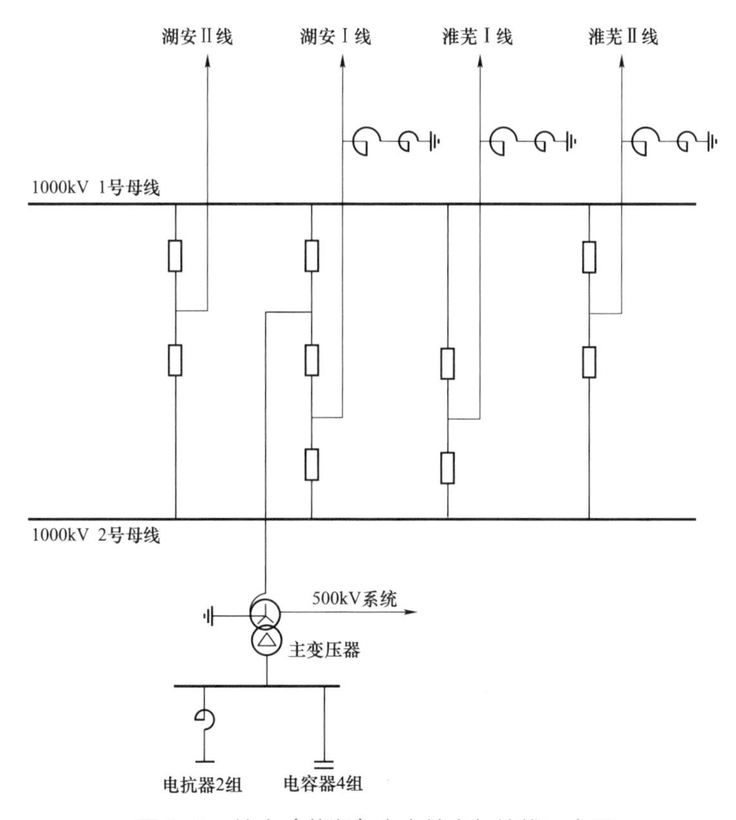

图 3-3　皖南（芜湖）变电站电气接线示意图

3. 浙北变电站工程

浙北 1000kV 变电站位于浙江省湖州市安吉县梅溪镇。安装变压器 2×3000MVA（2 号和 4 号主变压器）；1000kV 采用户外 GIS 组合电器设备，3/2

接线，本期4线2变，组成2个完整串和2个不完整串，安装10台断路器，出线4回（至皖南、沪西各2回），至皖南 II 线和沪西 II 线各装设高压并联电抗器 1×720Mvar；500kV 采用户外 GIS 组合电器设备，出线4回（至妙西、仁和各2回）；每组主变压器低压侧装设 110kV 低压电抗器 1×240Mvar 和低压电容器 2×210Mvar，浙北（安吉）变电站电气接线示意图见图 3-4。变电站总用地面积 18.88 公顷（围墙内 13.67 公顷）。调度命名为“1000 千伏特高压安吉站”。

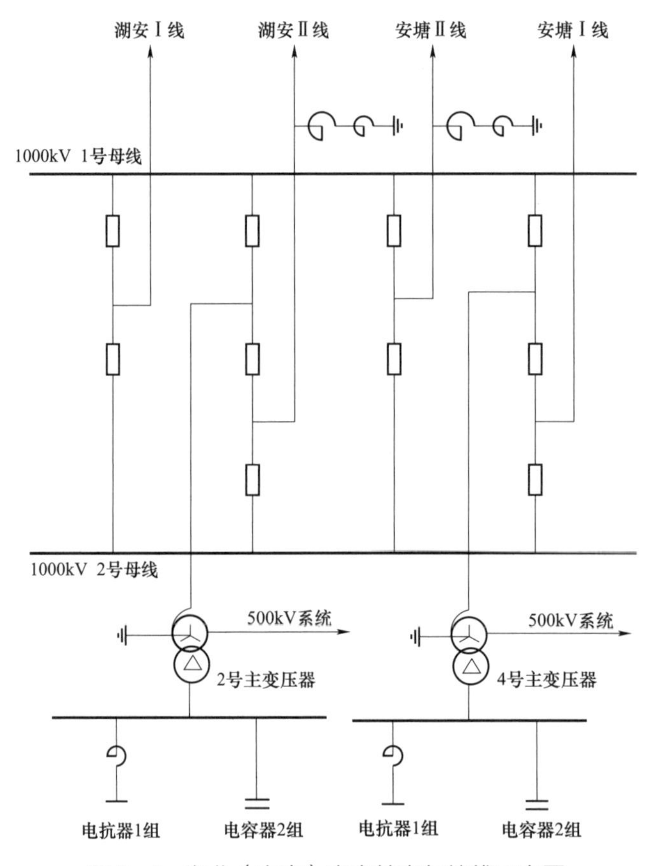

图 3-4 浙北（安吉）变电站电气接线示意图

4. 沪西变电站工程

沪西 1000kV 变电站位于上海市青浦区练塘镇。安装变压器 2×3000MVA（2号和4号主变压器）；1000kV 采用户外 GIS 组合电器设备，3/2 接线，本期2线2变，组成1个完整串和2个不完整串，安装7台断路器，出线2回（至浙北），至浙北 I 线装设高压并联电抗器 1×720Mvar；主变压器 500kV 侧接入已建 500kV 练塘变电站；每组主变压器低压侧装设 110kV 低压电抗器 1×240Mvar 和低压电容器 2×210Mvar，沪西（练塘）变电站电气接线示意图见图 3-5。变电站总用地面积 9.59 公顷（围墙内 8.98 公顷）。调度命名为“1000 千伏特高压练塘站”。

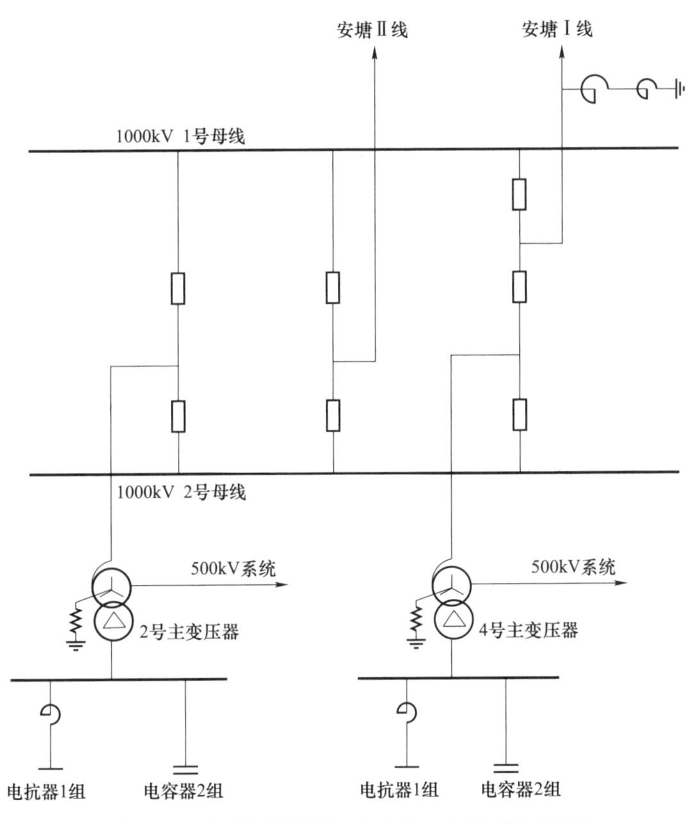

图 3-5 沪西（练塘）变电站电气接线示意图

5. 输电线路工程

新建淮南—皖南—浙北—沪西双回 1000kV 交流线路，途经安徽省、浙江省、江苏省、上海市，全长 2×648.3km（包括淮河大跨越 2×2.445km、长江大跨越 2×3.18km），其中一般线路 642.7km（安徽境内 442.27km，浙江境内 176.71km，江苏境内 6.73km，上海境内 16.99km）。全线同塔双回路架设，全部采用钢管塔（平均塔高 110m、平均塔重 180t），铁塔共 1421 基，其中一般线路 1409 基，淮河大跨越 6 基，长江大跨越 6 基。工程沿线平地 35.76%，河网泥沼 28.78%，丘陵 26.29%，山地 9.17%。海拔低于 500m。设计覆冰 10mm（局部 15mm）。设计基本风速分别为 27、30、32m/s（100 年一遇离地 10m 高 10 分钟平均最大风速）。

一般线路，导线采用 8×LGJ-630/45 钢芯铝绞线，在华东院设计的浙北—沪西段约 27.8km 试用 8×JL1/LHA1-465/210 铝合金芯铝绞线。一根地线采用 OPGW-240，另一根采用 JLB20A-240 铝包钢绞线。

淮河大跨越位于安徽省淮南市东北闸口村附近，采用“耐—直—直—耐”方式，铁塔 6 基，见图 3-6。耐张段长度 2445m，档距为 530m—1300m—615m。直线跨越塔呼高 131m，全高 197.5m，重 1378t。导线采用 6×AACSR/EST- 640/290 特强钢芯铝合金绞线，2 根地线采用 OPGW-350 光缆。耐张塔采用干字型单回路塔，直线塔采用双回路伞形塔。直线塔安装攀爬机作为主要登塔设施。

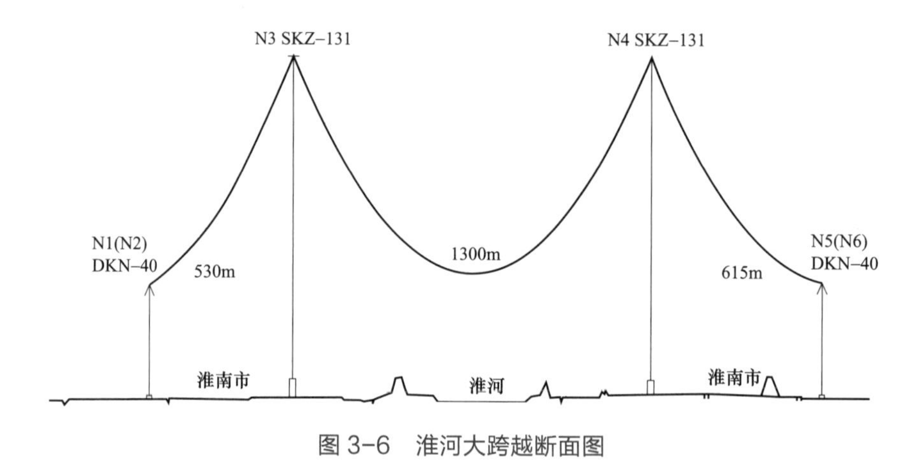

图 3-6　淮河大跨越断面图

长江大跨越位于安徽省无为县高沟镇群英村（北岸）与铜陵市东联乡复兴村（南岸），采用“耐—直—直—耐”方式，铁塔 6 基，见图 3-7。耐张段长度 3180m，档距为 710m—1817m—653m。直线跨越塔呼高 206m，全高 277.5m，重 2609t。导线采用 6×AACSR/EST-640/290 特强钢芯铝合金绞线，2 根地线采用 OPGW-350 光缆。耐张塔采用干字型单回路塔，直线塔采用双回路伞形塔。直线塔安装井筒式电梯作为主要登塔设施。

6. 系统通信工程

沿新建淮南—皖南—浙北—沪西 1000kV 一般线路架设 1 根 OPGW 光缆，沿淮河、长江大跨越段线路架设 2 根 OPGW 光缆，光缆芯数均为 24 芯。淮南—皖南之间设置 1 个光通信中继站（500kV 肥西变电站内）。

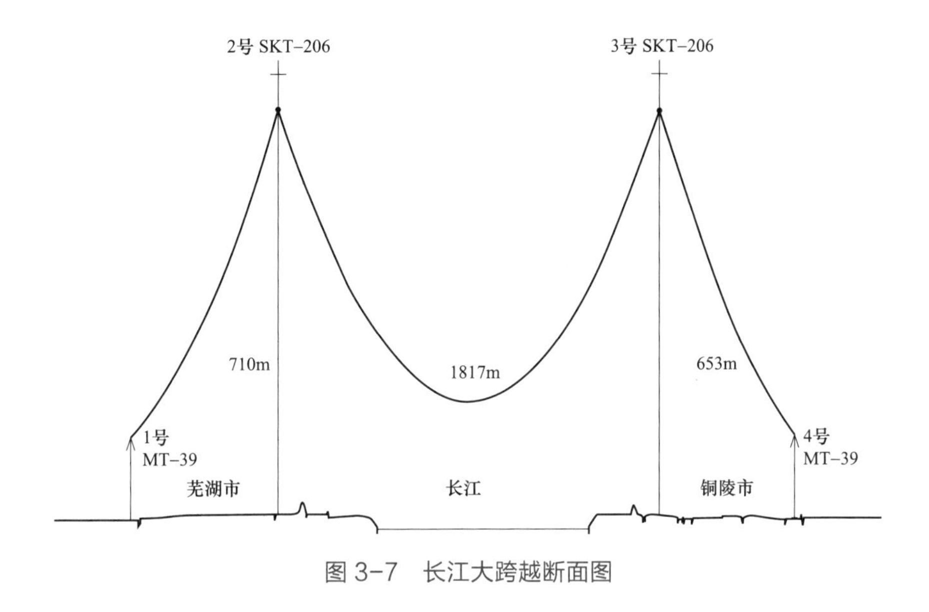

图 3-7　长江大跨越断面图

利用新建 1000kV 线路 OPGW 光缆和现有 500kV 线路光缆建设光通信电路，接入国网光纤通信电路（形成电路 1 和电路 2）、华东电网光通信电路、安徽电网光纤通信电路、浙江电网光纤通信电路。

三、工程建设情况

（一）工程管理

2011 年 10 月 13 日，国家电网公司印发《皖电东送淮南至上海特高压交流输电示范工程建设管理纲要》（国家电网特〔2011〕1481 号），明确了工程管理模式和相关单位职责，以及工程目标、组织体系、制度体系、工作计划和工作要求等。计划 2013 年底前建成投产。

国家电网公司特高压建设部履行项目法人职能，负责工程建设全过程统筹协调和关键环节（科研、设计、设备、启动验收）集约管控，总部相关部门负责归口管理，华东分部按照总部和分部一体化运作有关规定参与工程建设工作；国网交流建设分公司负责变电站、输电线路本体工程现场建设管理，国网信通公司负责系统通信工程现场建设管理；安徽省电力公司、浙江省电力公司、上海市电力公司负责工程属地范围内的地方工作协调和变电站“四通一平”建设管理，江苏省电力公司负责属地范围内的地方工作协调；国网经研院协助特高压部开展设计管理；国网物流中心负责物资催交、催运和现场服务；属地省公司负责生产准备；中国电科院承担系统调试方案编制和实施；中国电力工程顾问集团公司负责初步设计评审；电力建设工程质量监督总站组织属地电力工程质量监督中心站开展质量监督工作。

（二）主要参建单位

1. 科研单位

本工程是世界上首个同塔双回路特高压交流输电工程，研发掌握特高压同塔双回路关键技术是工程建设的基础。围绕系统技术、设计技术、施工技术，以及特高压设备技术、钢管塔应用和特高压交流输电技术深化研究等内容，共开展了109项研究课题。

主要承担单位为中国电力科学研究院、国网电力科学研究院、、西安西电变压器有限公司、河南平高电气公司、廊坊东芝避雷器有限公司、北京电力设备总厂、清华大学、华北电力大学、上海交通大学、西安交通大学、合肥工业大学、华中科技大学、安徽电力科学研究院、浙江电力科学研究院、河南电力科学研究院、上海电力科学研究院、郑州机械研究所、华北电力设计院、中南电力设计院、东北电力设计院、华东电力设计院、西南电力设计院、西北电力设计院、河南省电力勘测设计院、北京洛斯达公司、国网经济技术研究院、国网交流建设分公司、国网信息通信有限公司、浙江省电力公司、福建省电力公司、安徽省电力公司、重庆市电力公司、浙江送变电公司、江苏送变电公司、安徽送变电公司、山东送变电公司、河南送变电公司、湖北输变电公司、甘肃送变电公司、四川送变电公司、四平线路器材厂、北京国网富达科技有限公司、北京博超时代软件有限公司、上海电力建筑工程公司。

2. 工程设计单位

成立工程设计领导小组，指导、决策设计重大事项。成立工程设计工作组，具体负责设计组织、协调和检查，采取联合设计、集中攻关、分步评审方式，在关键技术研究成果的基础上开展设计专题研究，逐一确定技术原则和重大方案。成立线路工程专家组，负责提出咨询意见。国家电网公司特高压建设部负责工程建设全过程总体设计管理，中国电力工程顾问集团公司是工程设计的总体牵头和协调单位，国网经研院协助特高压建设部开展设计管理。

（1）变电工程。

淮南变电站主体设计院（主体院是负责方）是北京国电华北电力工程有限公司，参加设计院是安徽省电力设计院，设计监理是浙江省电力设计院。

皖南变电站设计院是中南电力设计院，设计监理是西北电力设计院。

浙北变电站主体设计院是东北电力设计院，参加设计院是浙江省电力设计院，设计监理是西南电力设计院。

沪西变电站设计院是华东电力设计院，设计监理是安徽电力设计院。

（2）线路工程。

一般线路工程分成淮南—皖南段、皖南—浙北段、浙北—沪西段三段。主体设计院牵头研究提出设计原则，审定后落实到初步设计和施工图设计中。其他参与的设计单位，负责院从初步设计开始承担设计任务，参加院按照审定的设计原则和初步设计开展施工图设计。

华北电力设计院是淮南—皖南段主体设计院，同时负责淮南站—安徽长丰县段约 110km 设计任务（含淮河大跨越），安徽省电力设计院参加其中的淮河大跨越施工图设计，河南省电力勘测设计院承担末端约 30km 一般线路施工图设计，设计监理单位是西北电力设计院（淮河大跨越）和河南院（一般线路）。西北电力设计院负责安徽合肥市—巢湖市段约 106km 设计任务，山东电力工程咨询院承担设计监理任务及首端约 30km 一般线路施工图设计。安徽无为县—皖南站段，中南电力设计院负责其中的一般线路约 110km 设计任务，安徽院承担设计监理任务及末端一般线路约 34km 施工图设计；华东电力设计院负责其中的长江大跨越设计任务，设计监理单位是西南电力设计院。

西南电力设计院是皖南—浙北段主体设计院和负责院，东北电力设计院是设计监理单位。东北电力设计院和江苏省电力设计院分别承担其中末端一般线路 30km 和 35km 施工图设计。

华东电力设计院是浙北—沪西段主体设计院和负责院，浙江省电力设计院是设计监理单位，并承担其中首端一般线路 40km 施工图设计。

（3）系统通信工程。

华东电力设计院负责全线系统通信工程初步设计，各主体设计院负责与系统通信接口的配合设计。

3. 设备研制供货单位

（1）淮南变电站。

天威保变电气股份有限公司（1000kV 主变压器）、平高电气股份有限公司（1100kV GIS 开关设备）、西电变压器有限责任公司（1000kV 电抗器）、南阳金冠电气有限公司（1000kV 避雷器）、西安西电电力电容器有限责任公司（1000kV 电容式电压互感器）、上海 MWB 互感器有限公司（110kV 电抗器）、西安西电高压开关有限公司（110kV 专用开关）、北京 ABB 高压开关有限公司（110kV 专用开关）。

国电南瑞科技股份有限公司（监控系统）、南京南瑞继保工程有限公司（1000kV 线路保护、1000kV 变压器保护、1000kV 电抗器保护、1000kV 断路器保护）、北京四方继保工程有限公司（1000kV 线路保护、1000kV 电抗器保护）、许继电气股份有限公司（1000kV 变压器保护、1000kV 母线保护、1000kV 断路器保护）、长园深瑞继保自动化有限公司（1000kV 母线保护）。

（2）皖南变电站。

西电变压器有限责任公司（1000kV 主变压器、1000kV 电抗器）、西安西电开关电气有限公司（1100kV GIS 开关设备）、西安西电避雷器有限责任公司（1000kV 避雷器）、桂林电力电容器有限责任公司（1000kV 电容式电压互感器）、新东北电气（锦州）电力电容器有限公司（110kV 电容器）、上海 MWB 互感器有限公司（110kV 电抗器）、西安西电高压开关有限公司（110kV 专用开关）、北京宏达日新电机有限公司（110kV 专用开关）。

南京南瑞继保工程有限公司（监控系统、1000kV 线路保护、1000kV 电抗器保护、1000kV 断路器保护）、北京四方继保工程有限公司（1000kV 线路保护、1000kV 变压器保护、1000kV 电抗器保护）、国电南京自动化股份有限公司（1000kV 变压器保护）、许继电气股份有限公司（1000kV 母线保护、1000kV 断路器保护）、长园深瑞继保自动化有限公司（1000kV 母线保护）。

（3）浙北变电站。

特变电工股份有限公司（1000kV 变压器、1000kV 电抗器）、新东北电气（沈阳）高压开关有限公司（1100kV GIS 开关设备）、东芝（廊坊）避雷器有限公司（1000kV 避雷器）、桂林电力电容器有限责任公司（1000kV 电容式电压互感器）、西安 ABB 电力电容器有限公司（110kV 电容器）、北京电力设备总厂（110kV 电抗器）、西安西电高压开关有限公司（110kV 专用开关）、北京 ABB 高压开关设备有限公司（110kV 专用开关）。

许继电气股份有限公司（监控系统、1000kV 变压器保护、1000kV 母线保护、1000kV 断路器保护）、南京南瑞继保工程有限公司（1000kV 线路保护、1000kV 变压器保护、1000kV 电抗器保护、1000kV 断路器保护）、北京四方继保工程有限公司（1000kV 线路保护、1000kV 电抗器保护）、长园深瑞继保自动化有限公司（1000kV 母线保护）。

（4）沪西变电站。

西安西电变压器有限责任公司（1000kV 变压器 4 台）、山东电力设备有限公司（1000kV 变压器 4 台）、保定天威保变电气股份有限公司（1000kV 电抗器）、平高电气股份有限公司（1100kV GIS 开关设备）、抚顺电瓷制造有限公司（1000kV 避雷器）、西安西电电力电容器有限责任公司（1000kV 电容式电压互感器）、上海思源电力电容器有限公司（110kV 电容器）、北京电力设备总厂（110kV 电抗器）、西安西电高压开关有限公司（110kV 专用开关）、北京宏达日新电机有限公司（110kV 专用开关）。

北京四方继保工程有限公司（监控系统、1000kV 线路保护、1000kV 变压器保护、1000kV 电抗器保护）、南京南瑞继保工程有限公司（1000kV 线路保护、1000kV 电抗器保护、1000kV 断路器保护）、国电南京自动化股份有限公司（1000kV 变压器保护）、许继电气股份有限公司（1000kV 母线保护、1000kV 断路器保护）、长园深瑞继保自动化有限公司（1000kV 母线保护）。

（5）钢管塔。

一般线路钢管塔供货厂家为潍坊长安铁塔股份有限公司、青岛武晓集团有限公司、安徽宏源铁塔有限公司、江苏华电铁塔制造有限公司、河南鼎力杆塔股份有限公司、江苏电力装备有限公司、江苏振光电力设备制造有限公司、温州泰昌铁塔制造有限公司、青岛豪迈钢结构有限公司、河北宁强光源有限公司、青岛东方铁塔股份有限公司、南京大吉铁塔制造有限公司、常熟风范电力设备股份有限公司、湖州飞剑杆塔制造有限公司、浙江盛达铁塔有限公司。淮河大跨越钢管塔供货商为潍坊长安铁塔股份有限公司，长江大跨越钢管塔供货商为安徽宏源铁塔有限公司。

（6）线路绝缘子。

盘式绝缘子为大连电瓷集团股份有限公司、NGK 唐山电瓷有限公司，塞迪维尔玻璃绝缘子（上海）有限公司、南京电气（集团）有限责任公司、浙江金利华电气股份有限公司。复合绝缘子为襄樊国网合成绝缘子股份有限公司（含淮河大跨越）、新疆新能天宁电工绝缘材料有限公司、淄博泰光电力器材厂、江苏祥源电气设备有限公司、大连电瓷集团股份有限公司（含长江大跨越）、广州市迈克林电力有限公司。

（7）线路导地线和光缆。

一般线路导线供货商为无锡华能电缆有限公司、特变电工山东鲁能泰山电缆有限公司、远东电缆有限公司、河南科信电缆有限公司、江苏通光强能输电线科技有限公司、江苏南瑞淮胜电缆有限公司、江苏新远东电缆有限公司、江苏南瑞银龙电缆有限公司、杭州电缆股份有限公司、青岛汉缆股份有限公司、上海中天铝线有限公司。淮河大跨越、长江大跨越导线为上海中天铝线有限公司。地线为河南科信电缆有限公司、江苏中天科技股份有限公司、江西新华金属制品股份有限公司。OPGW为中天日立光缆有限公司（含淮河大跨越、长江大跨越）、江苏通光光缆有限公司、深圳市特发信息股份有限公司。

（8）线路金具。

江苏双汇电力发展股份有限公司、湖南景明电力器材有限责任公司、浙江泰昌实业有限公司、南京线路器材厂、辽宁锦兴电力金具科技股份有限公司、西安创源电力金具有限公司、河南电力器材公司、成都电力金具总厂、江苏捷凯电力器材有限公司、四平线路器材厂。

（9）线路避雷器。

平高东芝（廊坊）避雷器有限公司。

（10）监造单位。

国网电科院武汉南瑞有限责任公司负责浙北变电站特高压变压器（特变电工沈变）、1000kV 特高压电抗器（特变电工衡变），中国电科院负责淮南、皖南、浙北、沪西变电站其余所有设备，包括开关设备、变压器、电抗器、二次系统等在内的全部特高压专有设备（含 110kV 电容器、电抗器、专用开关），以及 1000kV 构支架、常规变电一次和二次设备，属地安徽电科院、浙江电科院、上海电科院参加。

中国电科院负责线路工程钢管塔、导地线、OPGW、金具、绝缘子。

4. 现场建设有关单位

（1）淮南变电站。

中国超高压输变电建设公司（监理）、安徽电力建设第二工程公司（场平工程、建筑工程）、华东送变电工程公司（电气安装工程）、安徽电科院（常规交接试验监督、特殊交接试验）、中国电科院（特殊交接试验监督、计量试验、系统调试）。

（2）皖南变电站。

浙江电力建设监理有限公司（监理）、安徽送变电工程公司（场平工程、建筑工程、电气安装工程）、安徽电科院（常规交接试验监督、特殊交接试验）、中国电科院（特殊交接试验监督、计量试验、系统调试）。

（3）浙北变电站。

安徽省电力工程监理有限责任公司（监理）、中国水利水电第十二工程局有限公司（场平工程）、上海送变电工程公司（建筑工程）、浙江省送变电工程公司（电气安装工程 A 包）、湖北省输变电工程公司（电气安装工程 B 包）、浙江电科院（常规交接试验监督、特殊交接试验）、国网电科院（特殊交接试验监督）、中国电科院（计量试验、系统调试）。

（4）沪西变电站。

湖南电力建设监理咨询有限责任公司（监理）、上海送变电工程公司（场平工程、电气安装工程）、上海电力建筑工程公司（建筑工程）、上海电科院（常规交接试验监督、特殊交接试验）、中国电科院（特殊交接试验监督、计量试验、系统调试）。

（5）线路工程。

一般线路监理单位从西到东依次为江西诚达工程咨询监理公司（施工 1～4 标段）、江苏省宏源电力建设监理有限公司（施工 5～10 标段）、河南立新电力建设监理有限公司（施工 11～15 标段）、山东诚信工程建设监理有限公司（施工 16～21 标段）。大跨越监理单位分别为黑龙江电力建设监理有限责任公司（淮河大跨越）、北京华联电力工程监理公司（长江大跨越）。

一般线路施工单位依次为河南送变电建设公司（1 标段）、山西送变电工程公司（2 标段）、陕西送变电工程公司（3 标段）、湖北输变电工程公司（4 标段）、甘肃送变电工程公司（5 标段）、山西供电工程承装公司（6 标段）、湖南送变电建设公司（7 标段）、北京送变电工程公司（8 标段）、华东送变电工程公司（9 标段）、安徽送变电工程公司（10 标段）、江西送变电工程公司（11 标段）、吉林送变电工程公司（12 标段）、河北送变电工程公司（13 标段）、黑龙江送变电工程公司（14 标段）、浙江送变电工程公司（15 标段）、福建送变电工程公司（16 标段）、北京电力工程公司（17A 标段）、青海送变电工程公司（17B 标段）、山东送变电工程公司（18 标段）、四川送变电工程公司（19A 标段）、广东输变电工程公司（19B 标段）、江苏送变电工程公司（20 标段）、上海送变电工程公司（21 标段）。大跨越施工单位分别为江苏送变电工程公司（淮河大跨越）、安徽送变电工程公司（长江大跨越）。

（6）系统通信工程。

监理单位为吉林通信工程建设监理有限公司。施工单位为江苏永源电力安装有限公司、北京中电飞华通信股份有限公司、安徽送变电工程公司、合肥科瑞特机房工程有限公司、北京国电通网络技术有限公司。系统调测单位为北京中电飞华通信股份有限公司。

（三）建设历程

2007 年 9 月 26 日，国家发展和改革委员会印发《国家发展改革委办公厅关于国家电网公司开展跨区联网工程及“上大压小”配套电网工程项目前期工作的通知》（发改办能源〔2007〕2340 号）。

2007 年 12 月 6～7 日，受国家电网公司委托，中国电力工程顾问集团公司在北京组织召开皖电东送淮南—上海 1000kV 交流输变电工程可行性研究报告评审会议。

2008 年 5 月 12 日,国家电网公司特高压建设部在上海组织召开设计启动会议。

2008 年 6 月 10 日，国家电网公司在北京组织召开钢管塔应用工作会议。

2008 年 6 月 12 日，变电站初步设计原则及线路大跨越技术方案评审会在合肥召开。

2009 年 4 月 29 日，国家电网公司特高压建设部在北京组织召开首次工程建设工作例会，通过了《1000kV 淮南—上海（皖电东送）输变电工程建设管理有关意见》。

2008 年 12 月 3～4 日，工程规模调整后的可行性研究报告通过评审，12 月 18 日中国电力工程顾问集团公司以电顾规划〔2008〕1245 号文件印发了评审意见；在此基础上，国家电网公司组织设计院进行了主设备增设备用相的研究；2009 年 3 月 24 日，中国电力工程顾问集团公司印发《关于皖电东送淮南至上海 1000kV 输变电工程补充可行性研究核定的意见》（电顾规划〔2009〕220 号）。之后，国网经济技术研究院对皖电东送工程系统方案进行优化调整，完成了《皖电东送特高压工程优化研究》报告，设计单位据此进行了补充设计。2010 年 2 月 9～10 日，工程补充可行性研究报告再次通过评审，3 月 1 日完成收口。4 月 19 日中国电力工程顾问集团公司以电顾规划〔2010〕429 号文件印发评审纪要。

2011 年 3 月 24 日，国家电网公司特高压建设部在北京组织召开 1000kV 淮南—浙北—上海特高压交流输电工程第一次建设协调会议，安排部署工程建设准备工作。

2011 年 7 月 20 日，再次经过补充优化设计的工程可行性研究报告通过评审，7 月 26 日中国电力工程顾问集团公司以电顾规划〔2011〕650 号文件印发评审意见。

2011 年 7 月 28 日，国家电网公司向国家发展和改革委员会上报《关于皖电东送淮南至上海特高压交流工程项目核准的请示》（国家电网发展〔2011〕1085 号）。

2011 年 8 月 29 日，受国家电网公司委托，中国电力工程顾问集团公司在合肥主持变电站“四通一平”设计原则评审会议，9 月 5 日以电顾电网〔2011〕768 号文件印发会议纪要。

2011 年 8 月 29 日，国家电网公司特高压建设部在合肥组织召开皖电东送淮南至上海特高压交流工程开工准备协调会议，审定了建设管理纲要。

2011 年 9 月 15～16 日，受国家电网公司委托，中国电力工程顾问集团公司在北京主持召开工程预初步设计评审会议，之后以电顾电网〔2011〕841 号文件印发会议纪要。

2011 年 9 月 27 日，国家发展和改革委员会印发《国家发展改革委关于皖电东送淮南至上海特高压交流输电示范工程项目核准的批复》（发改能源〔2011〕2095 号）。

2011 年 9 月 29 日，国家电网公司特高压建设部在北京组织召开皖电东送淮南至上海特高压交流输电示范工程开工准备协调会议。

2011 年 10 月 10～11 日，受国家电网公司委托，中国电力工程顾问集团公司在北京主持工程初步设计评审会议，10 月 17 日以电顾电网〔2011〕863 号文件印发评审意见（技术部分），同时以电顾电网〔2011〕864 号文件印发会议纪要。2012 年 2 月 3 日，国家电网公司印发《关于皖电东送淮南至上海特高压交流输电示范工程初步设计技术方案的批复》（国家电网基建〔2012〕146 号）。2012 年 9 月 24 日和 2013 年 3 月 14 日，召开了工程概算收口会议。2013 年 7 月 19 日，电力规划设计总院、中国电力工程顾问集团公司印发《关于皖电东送淮南至上海特高压交流输电示范工程初步设计的评审意见》（电规电网〔2013〕682 号）。2013 年 9 月 10 日，国家电网公司印发《国家电网公司关于皖电东送淮南至上海特高压交流输电示范工程初步设计的批复》（国家电网基建〔2013〕1316 号）。

2011 年 10 月 13 日，国家电网公司印发《皖电东送淮南至上海特高压交流输电示范工程建设管理纲要》（国家电网特〔2011〕1481 号）。

2011 年 10 月 18 日，国家电网公司特高压建设部主持召开施工技术汇报会议。

2011 年 10 月 19 日，皖电东送淮南至上海特高压交流输电示范工程建设动员大会在北京召开。

2011 年 10 月 10 日，浙北变电站“四通一平”工程开工。2012 年 6 月 27 日，土建工程开工。10 月 8 日，电气安装工程开工。2013 年 7 月 31 日，完成 500kV

竣工预验收。8月3日，500kV系统一次启动成功。8月22日，完成1000kV竣工预验收。

2011年10月19日，皖南变电站“四通一平”工程开工。12月15日，土建工程开工。2012年7月1日，电气安装工程开工。2013年7月22日，完成500kV竣工预验收。7月30日，完成1000kV竣工预验收。7月31日，500kV系统一次启动成功。

2011年11月2日，淮南变电站“四通一平”工程开工。2012年2月12日，土建工程开工。9月5日，电气安装工程开工。2013年7月10~31日，淮南变电站开展竣工预验收。8月5日，淮南变电站500kV系统一次启动带电成功。

2011年11月19日，沪西变电站“四通一平”工程开工。12月28日，土建工程开工。2012年7月18日，电气安装工程开工。2013年6月30日，500kV系统一次启动成功投运。8月9日，完成1000kV竣工预验收。

2011年10月30日，线路工程首基试点在10标段F65号基础现场举行，标志着线路工程正式开工，安徽省电力设计院设计，安徽送变电工程公司施工。2012年4月18日，钢管塔组立首基试点在10标段K47号塔现场举行，塔型为SZ322-60，全高103.6m，总重150.8t，4月28日完成组立，华东电力设计院设计，浙江盛达铁塔公司制造，山东送变电公司施工。2013年1月7日，首档放线施工试点在21标段开展，上海送变电公司施工，7月31日全线施工完成。

2011年11月6日，长江大跨越基础工程开工，2012年6月7日完成；2012年6月22日，组塔工程开工，2013年1月18日完成；2013年2月25日，架线工程开始，7月4日完成。2012年6月22日，淮河大跨越开始铁塔组立，12月22日完成；2012年12月27日，架线施工开始，2013年1月6日完成。

2012年2月6日，国家电网公司召开会议听取皖电东送工程钢管塔工作汇报。2月8日，召开线路施工装备配置专题会议，研究部署钢管塔运输、组立重大施工装备配置工作。

2012年2月9日，皖电东送工程钢管塔监造工作会议在北京召开。

2012年4月10日，皖电东送工程钢管塔施工方案汇报会在北京召开。

2012年4月17~18日，皖电东送工程设备工作会议在北京召开。

2013年2月27日，皖电东送工程现场建设动员会在北京召开。

2013年4月25日，皖电东送工程启动验收委员会第一次会议在北京召开，宣布成立工程启委会，审议通过了 6 大类 38 项系统调试项目，明确按照模块化、分阶段组织工程启动调试。

2013 年 7 月 5 日，皖电东送工程启动验收委员会专题会议在北京召开，审定了系统调试方案和重点工作安排。

2013 年 7 月 26～29 日，8 月 1～4 日，先后完成了浙北—沪西段、淮南—皖南段和皖南—浙北段线路参数测试。

2013 年 8 月 10 日，淮南变电站工程通过竣工验收。

2013 年 8 月 11 日，沪西变电站工程通过竣工验收。

2013 年 8 月 12 日，皖南变电站工程通过竣工验收。

2013 年 8 月 12 日，系统通信工程通过竣工验收。

2013 年 8 月 12 日，浙江、江苏及上海境内线路工程通过竣工验收。

2013 年 8 月 13 日，安徽境内线路工程通过竣工验收。

2013 年 8 月 14 日，启委会验收组在北京召开会议，工程整体通过竣工验收。

2013 年 8 月 15 日，皖电东送工程启动验收委员会第二次会议在北京召开，审议通过了竣工验收报告、启动调度方案和系统调试工作安排。

2013 年 8 月 19 日，工程启动验收现场指挥部召开第一次电视电话会议，确认皖南、淮南、沪西变电站以及淮南至皖南线路具备启动带电条件，宣布开始第一阶段系统调试。

2013 年 8 月 24 日，浙北变电站工程通过竣工验收。

2013 年 8 月 27 日，工程启动验收现场指挥部在浙北变电站现场召开会议，审议通过浙北变电站和浙江、江苏及上海境内线路工程竣工验收报告，确认浙北变电站具备启动带电条件，宣布开始浙北变电站启动调试。

2013 年 8 月 29 日，工程启动验收现场指挥部召开第二次电视电话会议，确认皖南至浙北、浙北至沪西线路工程具备启动带电条件，宣布开始皖南、浙北、沪西变电站间系统调试。

2013 年 9 月 8 日，工程启动验收现场指挥部召开第三次电视电话会议，确认人工接地短路和合环送电试验具备试验条件，宣布人工短路接地及合环送电试验正式启动。11 时 15 分，人工单相瞬时短路接地试验成功通过。短路试验共做了三次，第一次为淮芜线双回运行，第二次为淮芜 I 线运行、淮芜 II 线检修，第三次为淮芜 I 线运行、淮芜 II 线冷备用。9 月 8 日 18 时 30 分至 9 日 18 时 30 分，完成全线合环送电试验，试验期间皖浙断面输送功率 300 万 kW。至此，工程全部启动调试项目已经完成，成功通过全面严格的试验考核。

2013 年 9 月 18 日，工程启动验收现场指挥部召开第四次电视电话会议，宣布皖电东送工程 2013 年 9 月 18 日 9 时 29 分正式开始 168h 试运行，华东分部、皖南、淮南、浙北、沪西五个现场指挥部参加会议。

2013 年 9 月 25 日，皖电东送工程投产仪式举行。主会场设在国家电网公司总部，上海市、浙江省、安徽省有关政府负责人分别在国网上海、浙江、安徽电力分会场出席会议。

2014 年 6 月 17 日，水利部印发《水利部办公厅关于印发皖电东送淮南至上海特高压交流输电示范工程水土保持设施验收鉴定书的函》（办水保函〔2014〕591 号）。

2014 年 7 月 16 日，国家档案局印发《皖电东送淮南至上海特高压交流输电示范工程档案验收意见》（档函〔2014〕145 号）。

2015 年 5 月 28 日，环境保护部印发《关于皖电东送淮南至上海特高压交流输电示范工程竣工环境保护验收意见的函》（环验〔2015〕122 号）。

四、建设成果

从 2011 年 9 月 27 日项目核准，到 2013 年 9 月 25 日正式投运，国家电网公司组织协调各方力量，历经 24 个月的攻坚克难，全面完成了国家确定的工程建设任务。皖电东送工程由我国自主设计、制造和建设，是世界上首个商业化运行的同塔双回路特高压交流输电工程，是世界电力发展史上的又一个重要里程碑，代表了国际高压交流输电技术研究、装备制造和工程应用的最高水平。工程的成功建设和运行，进一步验证了特高压交流输电大容量、远距离、低损耗、省占地的优势，进一步巩固、扩大了我国在高压输电技术研发、装备制造和工程应用领域的领先优势，对于推动我国电力工业和装备制造业的发展进步，保障国家能源安全和电力可靠供应具有重要意义。

皖电东送淮南至上海特高压交流输电示范工程建成投运后，先后获得了一系列重要奖项和荣誉：2014 年度国家电网公司科技进步特等奖，中国电力规划设计协会“2013 年度电力行业工程优秀设计一等奖”，中国电力建设企业协会“2014 年度中国电力优质工程奖”，中国工程建设焊接协会“2014 年度全国优秀焊接工程特等奖”，中国施工企业管理协会“2013～2014 年度国家优质工程金质奖”，中国电力企业联合会 2015 年“中国电力创新一等奖”，中国投资协会“2016～2017 年度国家优质投资项目奖”。

皖电东送工程在试验示范工程成功实践的基础上，以“确保安全性、提高经济性、掌握技术规律、提升技术水平”为目标，立足国内、自主创新，取得 3 大创新成果：全面掌握同塔双回路特高压交流输电核心技术，推动国际高压交流输电技术实现新突破；实现国产特高压设备技术升级和大批量稳定制造，推动我国电工装备制造水平达到新高度；成功建成世界首个同塔双回路特高压交流输电工程并通过全面严格试验考核、运行稳定，推动我国输变电工程建设水平迈上新台阶。工程建成后面貌如图 3-8～图 3-15 所示。

图 3-8　1000kV 淮南变电站

图 3-9　1000kV 芜湖变电站

图 3-10　1000kV 安吉变电站

图 3-11　1000kV 练塘变电站

图 3-12　淮河大跨越

图 3-13　长江大跨越

图 3-14　一般线路平丘段

图 3-15　一般线路山区段

1. 系统技术方面

（1）过电压深度抑制。采用高抗、断路器合闸电阻和高性能避雷器联合控制特高压系统过电压，同时采用高性能避雷器抑制500kV侧的传递过电压，成功实现过电压深度抑制目标，进一步提高了特高压变电站的整体安全性。

（2）潜供电弧控制。采用高抗及中性点小电抗控制潜供电流和恢复电压，成功解决了同塔双回特高压输电线路潜供电流电弧抑制这一世界难题，实现1.0s内单相重合闸。

（3）特快速暂态过电压（VFTO）测量与控制。基于真型试验及工程实测结果，成功研制性能指标国际领先的VFTO测量系统，提出变电站VFTO仿真计算方法，部分取消特高压隔离开关阻尼电阻，提高了可靠性，降低了成本。

（4）雷电防护。综合利用雷电定位系统观测数据及“海拉瓦”地形参数，采用电气几何模型法与先导法对全线1421基杆塔逐基、逐段进行防雷计算研究，全面优化设计，雷击跳闸率设计预期值不超过0.1次/（百公里·年），与单回特高压线路（平均塔高77m）相当，优于常规500kV工程的水平。成功解决长线路、高杆塔（平均高108m）雷电防护世界级难题。

（5）电磁环境控制。基于试验示范工程运行特性的长期观测、同塔双回试验线段及电晕笼（见图3-16）的大量实验，掌握了特高压交流线路在各种天气条件下的可听噪声特性，提出计算修正公式，为各电压等级线路优化设计创造了条件。

图3-16　特高压交流试验基地电晕笼

（6）空气间隙绝缘。基于典型电极放电试验和真型铁塔、构架试验，掌握了特高压双回路杆塔及变电站的空气间隙放电技术规律，获得了完整空气间隙放电特性曲线。

（7）污秽外绝缘。基于真型试验（见图3-17），全面掌握了特高压复合绝缘子的耐污闪、耐冰闪技术规律，在提高综合性能的同时将结构高度由9.75m优化至9.0m。采用污耐压法进行外绝缘设计，实现特高压线路悬垂串绝缘子全复合化。

图 3-17　复合绝缘子串冰闪试验

2. 设备技术方面

（1）特高压有载调压变压器。在世界上首次研制成功 1000kV、3000MVA 有载调压变压器（见图 3-18），并通过实际工程调压试验，为特高压电网运行提供了灵活的电压控制手段。

（2）额定容量 240Mvar 的单柱特高压高抗。在世界上首次研制成功 1000kV、240Mvar 单柱并联电抗器（见图 3-19），实现无局部放电设计，温升、损耗、噪声、振动等关键指标国际领先。

图 3-18　特高压有载调压变压器（皖南变电站，西变）

图 3-19　240Mvar 单柱特高压高抗（沪西变电站，天威保变）

（3）特高压钢管塔。首次采用带颈锻造法兰作为主要连接节点，采用单条一级环焊缝与钢管连接，攻克了薄壁钢管加工与超声探伤难题，降低焊接工作量 60%以上，提高加工效率 3 倍以上。特高压钢管塔的大规模研究和应用推动了我国钢管塔设计、加工、检测技术的跨越式发展，综合产能提升了近 5 倍，全面实现产业升级、达到国际先进水平。第一基双回路钢管塔真型试验见图 3-20。

图 3-20 第一基双回路钢管塔真型试验

（4）特高压盆式绝缘子（见图 3-21）。全面攻克掌握特高压盆式绝缘子设计、制造和试验检测核心技术难题，成功实现盆式绝缘子国产化，机电强度和质量稳定性国际领先，失效概率降至万分之一的水平，整体可靠性大幅提高，打破了国外垄断。

图 3-21 平高、西开、新东北电气研制的盆式绝缘子

（5）特高压瓷套式避雷器及 CVT。研制成功新型高机械强度瓷套式避雷器及 CVT，在国际上首次进行了真型抗弯试验及抗震试验，安全可靠，可兼作支柱绝缘子使用。

（6）特高压线路避雷器（见图 3-22）。在世界上首次研制成功并示范使用特高压交流线路避雷器，作为防止特殊塔位落雷密度异常导致频繁雷击跳闸的备用技术手段。

（7）1000kV GIS 设备用罐式电容式电压互感器（见图 3-23）。在世界上首次研制成功 1000kV 罐式电容式电压互感器，关键性能指标达到同类产品最高水平。

图 3-22　1100kV 线路避雷器

图 3-23　国网电科院研制的罐式 CVT 在淮南变电站挂网试运行

（8）投切电容器组专用 110kV 开关（见图 3-24）。在世界上首次采用带选相合闸装置的 110kV 开关设备，经试验验证的电寿命可达 5000 次，满足频繁投切 210Mvar 低压并联电容器和 240Mvar 电抗器组的要求，提高了工程运行的可靠性。

（9）特高压升压变压器。研制成功额定电压 1100kV、三相额定容量 1200MVA 交流升压变压器（沈变、西变、天威保变、山东电力设备公司），指标优异、性能稳定，代表了国际同类设备制造的最高水平，为发电厂建立与特高压电网的“直

图 3-24　110kV 专用开关

升通道”奠定了技术基础，可减少输电中间环节，提高了电源送出通道的输送能力。

（10）关键组部件国产化。天威保变制造的淮南变电站变压器，其中 1 台首次采用宝钢生产的硅钢片。西变制造的淮南变电站高抗，其中 1 台首次采用泰州新源公司生产的高压出线装置（见图 3-25）。保变制造的沪西变电站高抗，其中 1 台首次采用常州英中公司生产的高压出线装置。西变制造的皖南变电站高抗，其中 1 台首次采用西电西套公司生产的高压套管（备用相，见图 3-26）。平高、西开、新东北电气全自主特高压开关分别在工程中应用 1 间隔。西开制造的皖南变电站特高压 GIS 套管全部采用南通神马公司生产的特高压复合外套（15 支）。

图 3-25 国产化联合研制的 C1000 标准出线装置

图 3-26 国产化油纸绝缘套管（西电西套）

3. 设计技术方面

（1）绝缘子串长优化。通过复合绝缘子串污闪及冰闪、线路电磁环境特性等深化研究，结合采用新型金具，减少复合绝缘子串长约 1.5m，减少横担长度 2～3m，降低塔高 4～6m，为优化设计、降低投资奠定了基础。

（2）杆塔结构优化（见图 3-27）。综合应用绝缘子串长优化成果，结合塔型精细化设计，取消上下相邻导线相间水平位移限制，将塔型由常规鼓型塔调整为伞形塔，提高了防雷水平，减少塔重 13%，降低混凝土用量 5%，节省了投资。

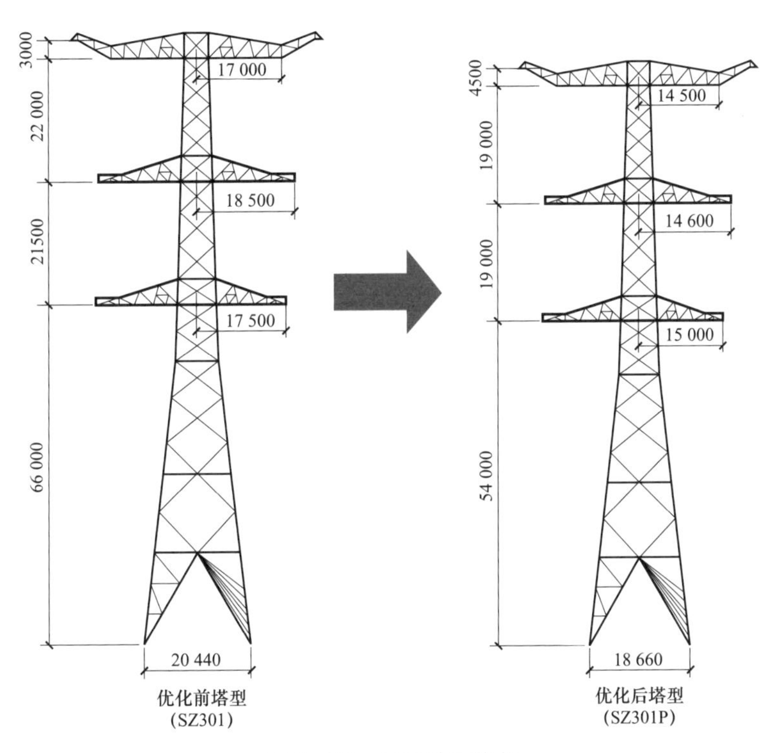

图 3-27　杆塔结构优化

（3）变电站设备抗震。进行变电站全场域联合抗震计算分析，创造条件开展设备及连接回路真型抗震试验，优化结构设计，提升设备能力。试验结果表明，优化的特高压设备联合系统能够满足 8 度地震（0.2g）的设防要求，抗震能力大幅提升。

（4）变电站布置优化。高抗回路创新采用“4 元件”设计方案（见图 3-28），与试验示范工程“9 元件”方案比较，减少 1 组接地开关、1 组避雷器和 9 个支柱绝缘子，压缩纵向尺寸 32m。优化淮南、皖南、沪西变电站构架柱截面，将出线构架宽度由 54m 优化至 53m 和 53.5m，主变压器进线构架高度优化为 43m；浙北变电站构架采用钢管人字柱创新方案，出线构架宽度优化为 51m；优化 GIS 母线避雷器用量，优化特高压隔离开关设计。变电站节省占地 3.7 公顷，减少钢耗 25%，节省了工程投资。

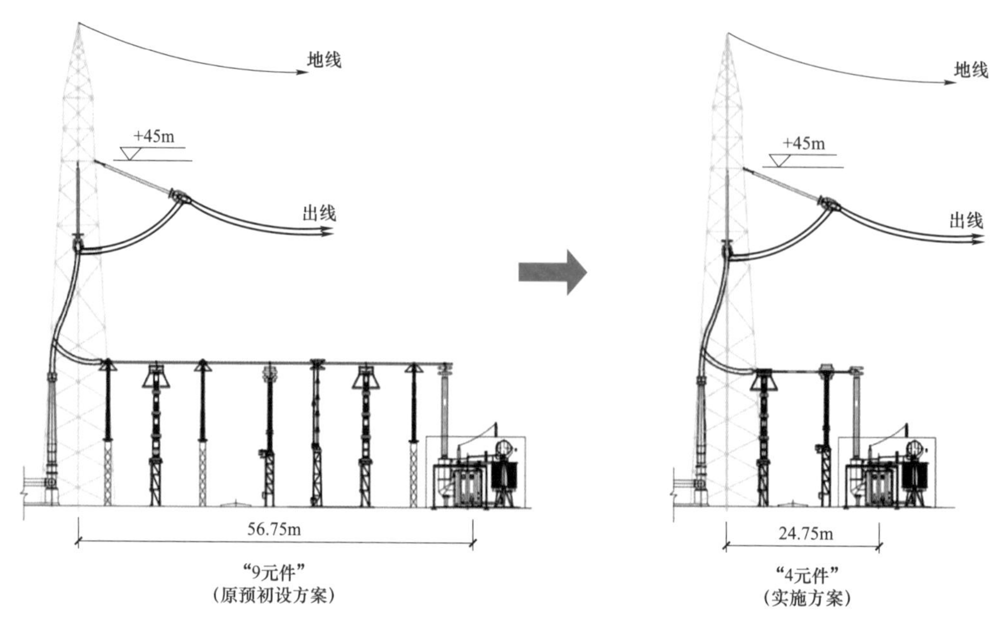

图 3-28 高抗回路“4 元件”设计方案

（5）钢管插入式新型基础。提出了钢管插入式新型基础（见图 3-29），有效降低了基础立柱承受的水平力和弯矩，减少了基础尺寸和配筋，较常规基础可节约造价 8%~10%。

图 3-29 钢管插入式基础浇制

（6）扩径导线应用。首次成功研制 $725mm^2$ 扩 $900mm^2$ 的大截面疏绞型扩径导线（见图 3-30），在线路工程耐张塔跳线和变电站进出线档中应用，降低了导线表面场强，控制了电磁环境指标。

图 3-30　扩径导线截面

（7）耐张复合绝缘子应用。首次针对特高压线路耐张塔开展大吨位复合绝缘子静态、动态受力特性分析和模拟试验研究，验证了大吨位复合绝缘子机械性能可靠性，在特高压线路中首次成功应用了耐张复合绝缘子串（见图 3-31）。

图 3-31　耐张复合绝缘子串

4. 施工技术方面

（1）变电站大规模挖填方地基处理技术。浙北站挖填方总量达 132 万 m^3、最大高差达 57m，创造了国内变电工程建设记录。综合采用强夯置换、强夯、机械碾压等方法，成功解决大规模挖填方地基处理难题，将基础最大沉降控制在 2.95mm 的水平，远小于特高压 GIS 沉降要求值。

（2）变电站密集桩基群施工技术。沪西变电站 130 亩站区内密集布置了三种桩型共 15674 根桩，为罕见的复杂密集桩群工程。首次对深层土体位移、超孔隙水压力变化、地面位移、桩顶位移等指标进行全过程监测，优化桩基施工速率和工序，成功实现 Ⅰ 类桩比例 100%的创优目标。

（3）特高压 GIS 安装技术。特高压 GIS 的现场安装环境要求高、精度要求高、安全质量控制难度大。创新现场安装技术，使单元对接可在全密闭防尘棚（见图 3-32）中进行，在工程现场实现了百万级洁净度的“工厂化”安装。

图 3-32　GIS 安装专用防尘棚

（4）特高压钢管塔组塔技术。工程用钢管塔平均高 108m、平均重 185t，构件单件最重超过 5t，是角钢构件的 5 倍以上，组塔施工难度大。成功研制双平臂、单动臂专用塔机（见图 3-33 和图 3-34），开发组塔施工虚拟仿真培训系统，在全线大规模推广应用（约 40%），全面提升了组塔机械化程度和安全水平。

图 3-33　双平臂落地抱杆组塔

图 3-34　单动臂塔机组塔

（5）复杂地形大型钢管塔构件运输。研发了重型索道、新型炮车、履带运输车（见图 3-35）、轻轨、气囊等专用运输机具，成功解决山区、丘陵、鱼塘等特殊地形的塔材运输难题。

图 3-35　履带运输车

图 3-36　大扭矩电动扳手

（6）高精度大扭矩电动扳手。成功研制最大扭矩值 2500N·m 的高精度电动扳手（见图 3-36），解决了钢管塔法兰高强螺栓装配难题，实现了 1986 万个螺栓的机械化紧固，保证了大扭矩高强螺栓的紧固精度，达到了国际领先水平。

5. 调试试验与运行技术方面

（1）特高压设备检测技术。特高压 GIS 预埋了 VFTO 测量模块，可对工程 VFTO 的幅值水平、概率分布、波形特征、隔离开关阻尼电阻对 VFTO 的影响等进行实际测量。针对特高压 GIS 母线长的突出特点，研制并成功应用了基于超声技术的 GIS 现场耐压试验绝缘故障定位系统。

（2）线路工频参数测试技术。采用异频法及工频变相量法，在世界上首次获取了同塔双回特高压输电线路所有序参数、双回线路间互参数以及相间参数，为系统短路电流计算、继电保护整定、计算模型校核、运行方式制定等提供重要技术依据，并成功通过系统调试和实际运行检验。

（3）大电网控制技术。根据特高压工程的技术特性，工程全线与 500kV 系统电磁环网运行，并与安徽外送断面、上海交流断面及直流功率构成强耦合关系。基于仿真计算研究分析、电网试验和系统调试，全面掌握了华东交直流混合大电网的潮流、电压、频率及稳定控制技术。

（4）带电作业技术。结合不同塔型结构、导线布置、人在塔上的作业位置等因素，首次研究确定了同塔双回特高压输电线路等电位及地电位最小安全距离、最小组合间隙等关键技术参数，提出安全检修方式，形成了技术导则。

第四章

浙北—福州特高压交流输变电工程

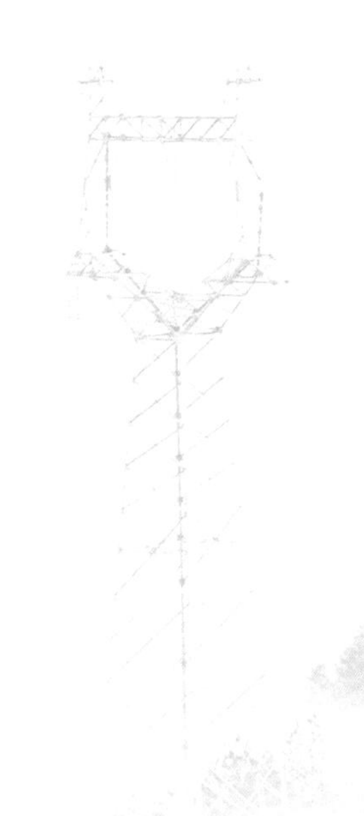

一、工程背景

华东电网供电范围为上海、江苏、浙江、安徽、福建四省一市，其中福建电网2003年通过宁德—双龙2回500kV线路接入华东电网，输电能力仅170万kW。为了在更大范围内优化能源资源配置，满足华东地区经济社会发展需要，国家电网公司2008年开始启动福建—浙江特高压交流输变电工程规划论证和前期研究，之后以国家电网发展〔2011〕893号和国家电网发展〔2012〕1272号报送国家能源局，申请开展浙北—福州特高压交流输变电工程前期工作。2012年9月29日，国家能源局印发《国家能源局关于同意国家电网公司浙江与福建联网特高压交流输变电工程开展前期论证工作的函》（国能电力〔2012〕315号）。

国家电网公司组织完成可行性研究及评审后，2012年10月29日以国家电网发展〔2012〕1539号上报核准请示。2013年3月18日，国家发展和改革委员会印发《国家发展改革委关于浙北—福州特高压交流输变电工程核准的批复》（发改能源〔2013〕552号）。建设本工程，将大幅提升联网通道输电能力，有利于提高浙江和福建电网错峰、调峰、互为备用效益和紧急事故支援能力；构建华东坚强受端电网和电力交换平台，提升接纳区外来电能力和内部电力交换能力；提高沿海核电群应对突发事故的能力，保障电网安全稳定运行；对于满足华东地区电力需求、服务经济社会科学发展具有重要意义。

二、工程概况

（一）核准建设规模

新建浙中1000kV变电站、浙南1000kV变电站、福州1000kV变电站，扩建浙北1000kV变电站，新建浙北—浙中—浙南—福州双回1000kV交流线路2×603km，建设相应的无功补偿和通信、二次系统工程，浙北—福州特高压交流工程系统接线示意图见图4-1。工程动态总投资188.7亿元，由国网浙江省电力公司（新建浙中变电站、浙南变电站、浙江境内线路，扩建浙北变电站）、福建省电力公司（新建福州变电站、福建境内线路）共同出资建设。

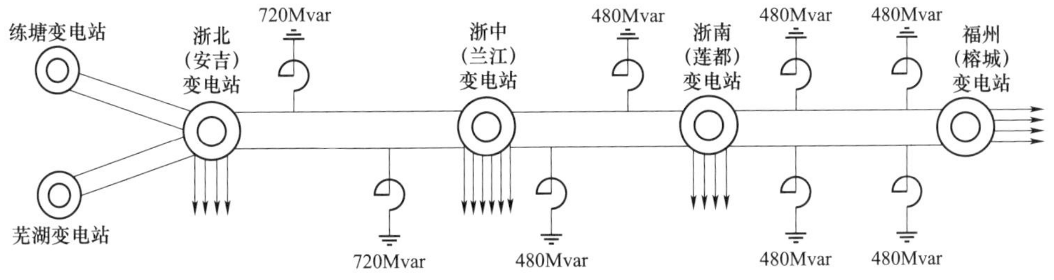
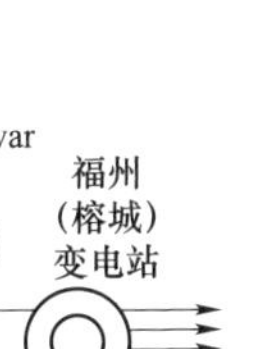

图 4-1　浙北—福州特高压交流工程系统接线示意图

（二）建设内容

1. 浙北变电站扩建工程

浙北 1000kV 变电站位于浙江省湖州市安吉县梅溪镇。一期工程是皖电东送淮南至上海特高压交流输电示范工程的组成部分（浙北变电站），2011 年 9 月核准，2013 年 9 月建成投运。调度命名为“1000 千伏特高压安吉站”。

已建工程规模：变压器 2×3000MVA（2 号和 4 号主变压器）；1000kV 出线 4 回（至芜湖、练塘各 2 回），至芜湖 II 线和练塘 II 线各装设高压并联电抗器 1×720Mvar；500kV 出线 4 回（至妙西、仁和各 2 回）；每组主变压器低压侧装设 110kV 低压电抗器 1×240Mvar 和低压电容器 2×210Mvar。

本期工程规模：扩建 1000kV 出线 2 回（至浙中），新建 1 个不完整串出线至浙中 I 线，至浙中 II 线与已建湖安 I 线配串，安装 3 台断路器，至浙中 I 线装设高压并联电抗器 1×720Mvar。每台主变压器低压侧装设 110kV 低压电抗器 1×240Mvar，本期工程扩建后浙北（安吉）变电站电气接线示意图见图 4-2。本期工程在围墙内扩建，无新增用地。

2. 浙中变电站工程

浙中 1000kV 变电站位于浙江省金华市兰溪市柏社乡。安装主变压器 2×3000MVA（1 号和 2 号主变压器）；1000kV 采用户外 GIS 组合电器设备，3/2 接线，本期 4 线 2 变，组成 3 个完整串，安装 9 台断路器，出线 4 回（至浙北、浙南各 2 回），至浙北 II 线装设高压并联电抗器 1×720Mvar，至浙南 II 线装设高压并联电抗器 1×480Mvar；500kV 采用户外 GIS 组合电器设备，出线 6 回（至双龙、凤仪、萧浦各 2 回）；每台主变低压侧装设 110kV 低压电抗器 2×240Mvar 和低压电容器 2×210Mvar，浙中（兰江）变电站电气接线示意图见图 4-3。变电站总用地面积 13.97 公顷（围墙内 10.39 公顷）。调度命名为“1000 千伏特高压兰江站”。

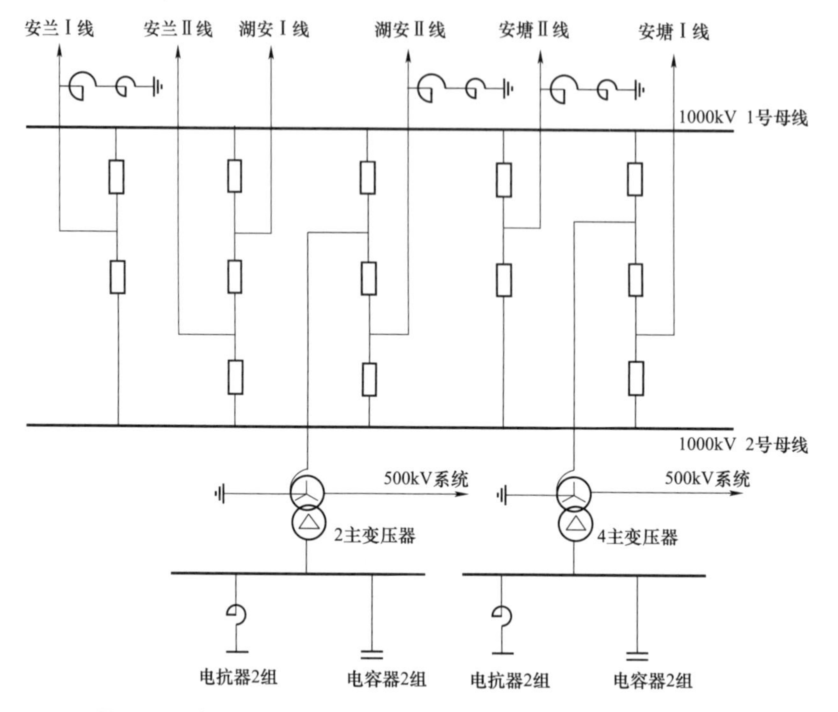

图 4-2 本期工程扩建后浙北（安吉）变电站电气接线示意图

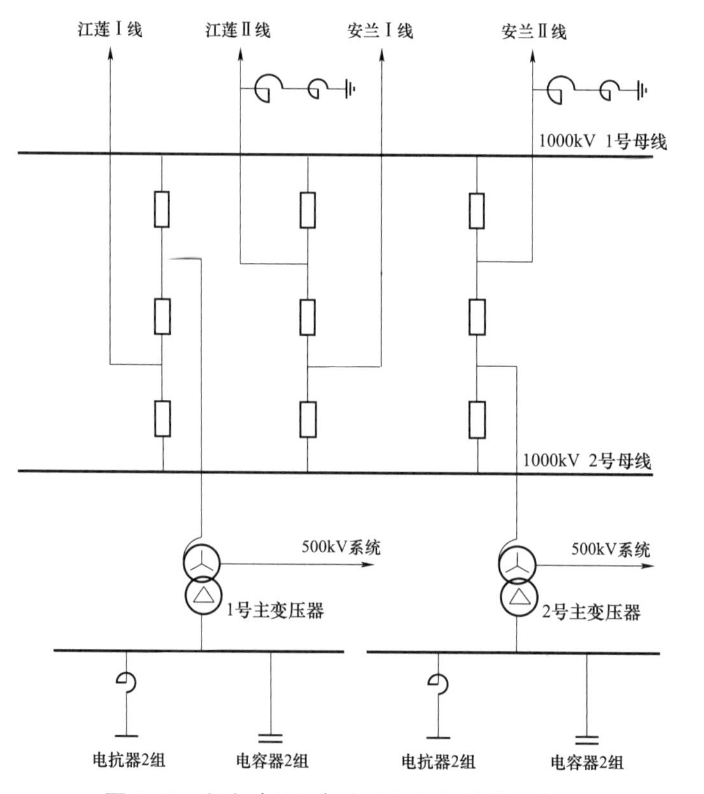

图 4-3 浙中（兰江）变电站电气接线示意图

3. 浙南变电站工程

浙南 1000kV 变电站位于浙江省丽水市莲都区联城镇。安装主变压器 2×3000MVA（3 号和 4 号主变压器）；1000kV 采用户外 GIS 组合电器设备，3/2 接线，本期 4 线 2 变，组成 2 个完整串和 2 个不完整串，安装 10 台断路器，出线 4 回（至浙中、福州各 2 回），至浙中 I 线装设高压并联电抗器 1×480Mvar，至福州 2 回线路各装设高压并联电抗器 1×480Mvar；500kV 采用户外 GIS 组合电器设备，出线 4 回（至瓯海、万象各 2 回）；每台主变压器低压侧装设 110kV 低压电抗器 2×240Mvar 和低压电容器 1×210Mvar，浙南（莲都）变电站电气接线示意图见图 4-4。变电站总用地面积 12.16 公顷（围墙内 9.85 公顷）。调度命名为“1000 千伏特高压莲都站”。

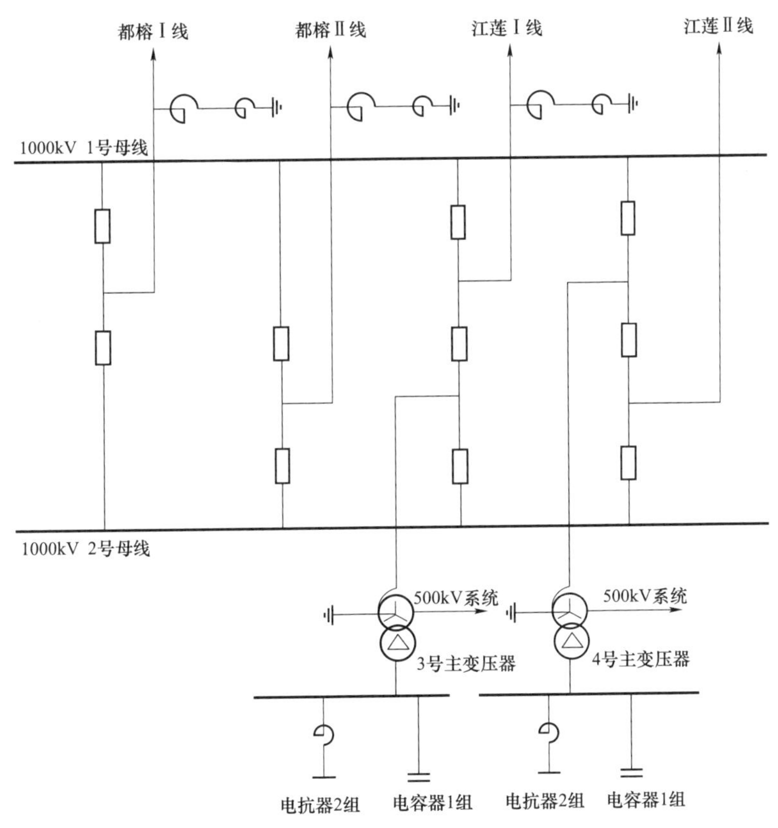

图 4-4　浙南（莲都）变电站电气接线示意图

4. 福州变电站工程

福州 1000kV 变电站位于福建省福州市闽侯县大湖乡。安装主变压器 2×3000MVA（2 号和 3 号主变压器）；1000kV 采用户外 GIS 组合电器设备，3/2 接线，本期 2 线 2 变，组成 1 个完整串和 2 个不完整串，安装 7 台断路器，出线 2 回（至浙南），每回出线各装设高压并联电抗器 1×480Mvar；500kV 采用户外 GIS 组合电器设备，出线 4 回（至宁德核电、笠里各 2 回）；每台主变压器低压侧装设 110kV 低压电抗器 1×240Mvar 和低压电容器 1×210Mvar，福州（榕城）变电站电气接线示意图见图 4-5。变电站总用地面积 15.03 公顷（围墙内 9.20 公顷）。调度命名为“1000 千伏特高压榕城站”。

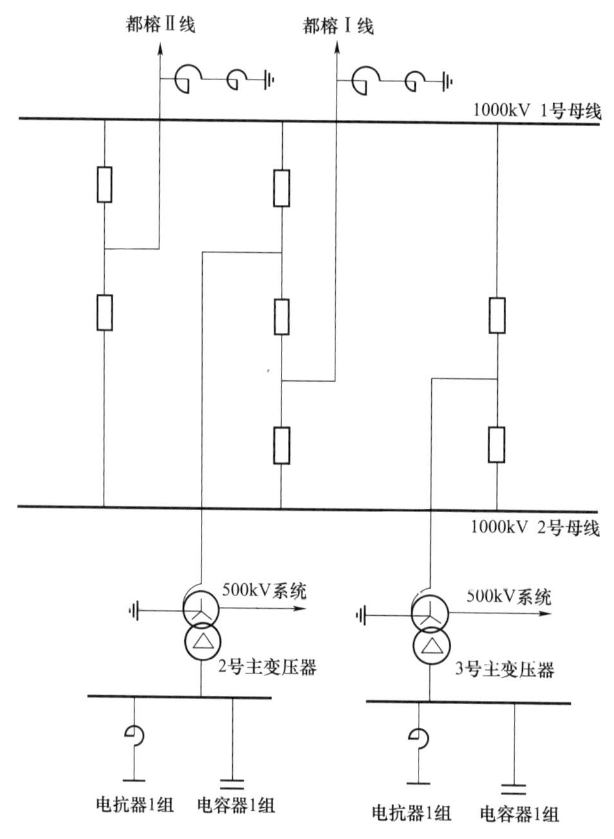

图 4-5 福州（榕城）变电站电气接线示意图

5. 输电线路工程

新建浙北—浙中—浙南—福州双回 1000kV 交流线路工程，途经浙江、福建两省，全长 2×587.1km。其中，单回路 856.365km，同塔双回路 158.938km。全线铁塔 2126 基，其中单回路角钢塔 1796 基，双回路钢管塔 330 基。浙北—浙中段 2×194.325km，浙中—浙南段 2×118.383km，采用两个单回路和同塔双回路混合架设。浙南—福州段 2×274.42km，全部采用两个单回路架设。工程建设自然环境恶劣，沿线平地 2.8%，河网泥沼 0.2%，丘陵 6.0%，山地 40%，高山大岭

51%；海拔 0～1500m；全线分为 5 个冰区（10mm 轻冰区，15、20mm 中冰区，20、30mm 重冰区），71%位于中重冰区；全线分为 27、30、32m/s 共 3 个风区。

同塔双回路导线，一般段采用 8×JL/G1A-630/45 钢芯铝绞线，富春江跨越段采用 8×JL/G2A-630/80 钢芯铝绞线，局部建设运行条件较好的区段采用 8×JLK/G1A-530（630）/45 扩径导线（共 83.776km）。单回路导线，15mm 及以下冰区采用 8×JL/G1A-500/45 钢芯铝绞线，20mm 冰区采用 8×JL/G1A-500/65 钢芯铝绞线，30mm 冰区采用 JLHA2/G3A-500/45 钢芯铝绞线。

浙北—浙中—浙南段 1 根地线采用 OPGW 光缆，其余为普通地线。浙南—福州段全线为 2 个单回路，每回 1 根地线采用 OPGW，另 1 根为普通地线。同塔双回路光缆采用 OPGW-185；单回路光缆采用 OPGW-175（10、15mm 冰区）、OPGW-240（20mm 及以上冰区）。同塔双回路普通地线采用 JLB20A-185 铝包钢绞线；单回路普通地线采用 JLB20A-170 铝包钢绞线（10、15mm 冰区）、JLB20A-240 铝包钢绞线（20mm 及以上冰区）。

6. 系统通信工程

在新建浙北—浙中—浙南线路上架设 1 根 36 芯光缆，在新建浙南—福州 I 线上架设 1 根 24 芯光缆。利用浙南—福州 1000kV 线路与宁德—陈田 500kV 线路交叉点，在特高压线路浙南—交叉点段上架设 1 根 24 芯光缆，在特高压线路交叉点—福州段上架设 1 根 36 芯光缆。建设浙北—浙中—浙南—福州双光纤通信电路，接入国网光通信电路，构成本工程各新建特高压站至国调、华东网调、相关省调的主备用通道。

三、工程建设情况

（一）工程管理

2013 年 3 月 29 日，国家电网公司印发《浙北—福州特高压交流输变电工程建设管理纲要》（国家电网交流〔2013〕582 号），明确了工程管理模式和相关单位职责，以及工程目标、组织体系、制度体系、工作计划和工作要求等。计划 2015 年 3 月建成投产。

本工程首次实行国家电网公司总部管理决策与统筹管控、省公司为主现场建设管理、直属单位专业技术支撑的工程建设管理新模式。国家电网公司交流建设部履行项目法人职能，负责工程建设全过程统筹协调和关键环节集约管控，总部其他相关部门负责归口管理，华东分部按照总部和分部一体化运作有关规定参与工程建设工作；国网交流建设分公司负责浙北变电站扩建主体工程现场建设管理，以及现场建设技术统筹和管理支撑；国网信通公司负责系统通信工程现场建设管理和技术支撑；浙江、福建省电力公司分别负责属地工程现场建设管理（浙北变电站扩建除外），以及工程属地范围内的地方工作协调和生产准备；国网经研院协助国网交流部开展设计管理和技术支撑；国网物资公司负责物资催交、催运和现场服务支撑；中国电科院负责试验调试和设备材料质量管控的技术支撑；电力规划设计总院受委托负责初步设计评审；国家电网电力工程质量监督总站牵头，组织属地电力工程质量监督中心站开展质量监督工作。

（二）主要参建单位

1. 科研单位

围绕系统技术、设备技术、设计技术、施工技术等有关深化研究内容，本工程共开展了 62 项研究课题。

主要承担单位为中国电力科学研究院、国网电力科学研究院、国网经济技术研究院、西安高压电器研究院、青海电力科学研究院、西安交通大学、合肥工业大学、武汉大学、华北电力大学、清华大学、沈阳沈变所电气公司、河南平高电气公司、西电西开公司、新东北电气公司、许继电气有限公司、国电南瑞科技公司、天威保变公司、宝山钢铁股份公司、武汉钢铁公司、华北电力设计院、中南电力设计院、华东电力设计院、西南电力设计院、国网交流公司、国网通用航空有限公司、华东送变电公司、福建送变电公司、北京送变电公司、湖北送变电公司、北京电力工程公司、江苏送变电公司、安徽送变电公司、浙江送变电公司、紫光软件有限公司、北京博超时代软件有限公司、北京洛斯达公司。

2. 工程设计单位

成立工程设计领导小组，下设工程设计工作组、路径协调工作组、设计监理工作组、工程设计专家组。国家电网公司交流建设部负责全过程管理与协调，国网经研院负责具体组织实施，建设管理单位负责施工图管理。

（1）变电工程。

浙北变电站扩建设计院是东北电力设计院，设计监理是江西省电力设计院。

浙中变电站主体设计院（主体院是负责方）是华北电力设计院，参加设计院是浙江省电力设计院，设计监理是河北省电力设计院。

浙南变电站主体设计院是华东电力设计院，参加设计院是安徽省电力设计院，设计监理是陕西省电力设计院。

福州变电站主体设计院是西南电力设计院，参加设计院是福建省电力设计院，设计监理是福建永福工程顾问有限公司。

（2）线路工程。

线路工程分成浙北—浙中段、浙中—浙南段、浙南—福州段三段。主体设计院负责初步设计汇总和协调，提出总体初步设计原则和技术方案。其他参与的设计单位，负责院从初步设计开始承担设计任务，参加院按照审定的初步设计开展施工图设计。

浙北—浙中段：浙江电力设计院是主体设计院，同时负责杭州市临安市—金华市兰溪市段约 98km 设计任务；江苏省电力设计院负责湖州市安吉县—杭州市临安市段约 103km 设计任务；陕西省电力设计院是设计监理单位。

浙中—浙南段：东北电力设计院是主体设计院，同时负责金华市武义县—丽水市莲都区段约 70km 设计任务；河南省电力设计院负责金华市兰溪市—金东区段约 52km 设计任务；江西省电力设计院是设计监理单位。

浙南—福州段：华东电力设计院是主体设计院，同时负责丽水市莲都区—景宁县段约 106km 设计任务（山东电力设计院承担其中约 26km 施工图设计）；中南电力设计院负责宁德市寿宁县—周宁县段约 101km 设计任务（福建电力设计院承担其中约 42km 施工图设计）；湖南省电力设计院负责宁德市周宁县—福州市闽侯县段约 74km 设计任务（福建永福工程顾问有限公司承担其中约 28km 施工图设计）。宁夏电力设计院是设计监理单位。

（3）二次系统。

变电站主体设计院负责。西南电力设计院负责安全自动装置初步设计，有关主体设计院负责接口配合。

（4）系统通信工程。

西南电力设计院负责全线系统通信工程初步设计，有关主体设计院负责接口配合。

3. 主要设备供货单位

（1）浙北变电站。

新东北电气（沈阳）高压开关有限公司（1100kV GIS 开关设备）、特变电工股份有限公司（1000kV 电抗器）、东芝（廊坊）避雷器有限公司（1000kV 避雷器）、桂林电力电容器有限责任公司（1000kV 电容式电压互感器）、西安中扬电气股份有限公司（110kV 电抗器）、北京 ABB 高压开关有限公司（110kV 专用开关）、西安西电高压开关有限公司（110kV 总断路器）。

许继电气股份有限公司（监控系统、1000kV 线路保护、1000kV 电抗器保护）、南京南瑞继保工程有限公司（1000kV 线路保护）、长园深瑞继保自动化有限公司（1000kV 断路器保护）、国电南京自动化股份有限公司（1000kV 电抗器保护）。

（2）浙中变电站。

平高电气股份有限公司（1100kV GIS 开关设备）、特变电工股份有限公司（1000kV 变压器）、山东电力设备有限公司（1000kV 变压器、1000kV 电抗器）、西电变压器有限责任公司（1000kV 电抗器）、南阳金冠电气有限公司（1000kV 避雷器）、西安西电电力电容器有限责任公司（1000kV 电容式电压互感器）、新东北电气（锦州）电力电容器有限公司（110kV 电容器）、北京电力设备总厂（110kV 电抗器）、北京 ABB 高压开关有限公司（110kV 专用开关）、西安西电高压开关有限公司（110kV 总断路器）。

国电南瑞科技股份有限公司（监控系统）、许继电气股份有限公司（1000kV 线路保护、1000kV 电抗器保护、1000kV 断路器保护）、南京南瑞继保工程有限公司（1000kV 线路保护、1000kV 变压器保护）、长园深瑞继保自动化有限公司（1000kV 母线保护）、北京四方继保工程有限公司（1000kV 母线保护）、国电南京自动化股份有限公司（1000kV 变压器保护、1000kV 电抗器保护）。

（3）浙南变电站。

西安西电开关电气有限公司（1100kV GIS 开关设备）、天威保变电气股份有限公司（1000kV 主变压器）、西电变压器有限责任公司（1000kV 电抗器）、西安西电避雷器有限责任公司（1000kV 避雷器）、西安西电电力电容器有限责任公司（1000kV 电容式电压互感器）、上海思源电力电容器有限公司（110kV 电容器）、北京电力设备总厂（110kV 电抗器）、北京宏达日新电机有限公司（110kV 专用开关）、西安西电高压开关有限公司（110kV 总断路器）。

南京南瑞继保工程有限公司（监控系统、1000kV 线路保护、1000kV 变压器保护、1000kV 断路器保护）、许继电气股份有限公司（1000kV 线路保护、1000kV 电抗器保护）、国电南京自动化股份有限公司（1000kV 变压器保护、1000kV 电抗器保护）、长园深瑞继保自动化有限公司（1000kV 母线保护）、北京四方继保工程有限公司（1000kV 母线保护）。

（4）福州变电站。

平高电气股份有限公司（1100kV GIS 开关设备）、西电变压器有限责任公司（1000kV 主变压器）、特变电工股份有限公司（1000kV 电抗器）、抚顺电瓷制造有限公司（1000kV 避雷器）、桂林电力电容器有限责任公司（1000kV 电容式电压互感器、110kV 电容器）、上海 MWB 互感器有限公司（110kV 电抗器）、北京宏达日新电机有限公司（110kV 专用开关）、西安西电高压开关有限公司（110kV 总断路器）。

北京四方继保工程有限公司（监控系统、1000kV 母线保护）、南京南瑞继保工程有限公司（1000kV 线路保护、1000kV 变压器保护）、许继电气股份有限公司（1000kV 线路保护、1000kV 电抗器保护）、长园深瑞继保自动化有限公司（1000kV 母线保护、1000kV 断路器保护）、国电南京自动化股份有限公司（1000kV 变压器保护、1000kV 电抗器保护）。

（5）线路铁塔。

双回路钢管塔供货厂家为江苏振光电力设备制造有限公司、潍坊五洲鼎益铁塔有限公司、青岛豪迈钢结构有限公司、绍兴电力设备有限公司、山东鲁能泰山铁塔有限公司、常熟风范电力设备股份有限公司、温州泰昌铁塔制造有限公司、潍坊长安铁塔股份有限公司、南京大吉铁塔制造有限公司、湖州飞剑杆塔制造有限公司、成都铁塔厂、江苏电力装备有限公司、青岛武晓集团有限公司、河南鼎力杆塔股份有限公司、青岛东方铁塔股份有限公司、安徽宏源铁塔有限公司、江苏华电铁塔制造有限公司、浙江盛达铁塔有限公司、山东中铁华盛机械有限公司、山东省呈祥电工电气有限公司。

单回路角钢塔供货厂家为绍兴电力设备有限公司、重庆江电电力设备有限公司、南京大吉铁塔制造有限公司、河北省送变电公司、湖州飞剑杆塔制造有限公司、湖南景明电力器材有限公司、鞍山铁塔制造总厂、常熟风范电力设备股份有限公司、温州泰昌铁塔制造有限公司、浙江盛达铁塔有限公司、江苏振光电力设备制造有限公司、青岛武晓集团有限公司、武汉铁塔厂、重庆顺泰铁塔制造有限公司、安徽宏源铁塔有限公司、江苏华电铁塔制造有限公司、青岛东方铁塔股份有限公司、成都铁塔厂、广州增立钢管结构有限公司、青岛豪迈钢结构有限公司、江西省送变电建设公司、福建省送变电工程公司、江苏电力装备有限公司、潍坊五洲鼎益铁塔有限公司、北京送变电公司线路器材厂。

（6）线路绝缘子。

盘式绝缘子为内蒙古精诚高压绝缘子有限公司、大连电瓷集团股份有限公司、苏州电瓷厂有限公司；宜宾环球集团有限公司、浙江金利华电气股份有限公司、南京电气（集团）有限责任公司、塞迪维尔玻璃绝缘子（上海）有限公司。

复合绝缘子为淄博泰光电力器材厂、新疆新能天宁电工绝缘材料有限公司、东莞市高能电气股份有限公司、广州市迈克林电力有限公司、江苏祥源电气设备有限公司、襄阳国网合成绝缘子有限责任公司。

（7）线路导地线和光缆。

常规导线供货商为华北电力线材有限公司、江苏中天科技股份有限公司、绍兴电力设备有限公司、远东电缆有限公司、江苏南瑞银龙电缆有限公司、无锡华能电缆有限公司、河南科信电缆有限公司、特变电工山东鲁能泰山电缆有限公司、河北中兴电力装备有限责任公司、重庆泰山电缆有限公司、上海中天铝线有限公司、江苏通光强能输电线科技有限公司、江苏新远东电缆有限公司、航天电工技术有限公司。

扩径导线供货商为无锡华能电缆有限公司、上海中天铝线有限公司、特变电工新疆线缆厂、杭州电缆股份有限公司、江苏新远东电缆有限公司。

地线（铝包钢绞线）供货商为江苏中天科技股份有限公司、贝卡尔特（新余）金属制品有限公司、常州通光华银电线电缆有限公司。

OPGW 为江苏藤仓亨通光电有限公司、中天日立光缆有限公司、深圳市特发信息股份有限公司、江苏通光光缆有限公司。

（8）线路金具。

西安创源电力金具有限公司、江苏捷凯电力器材有限公司、湖州泰仑电力器材有限公司、江苏天南电力器材有限公司、湖南景明电力器材有限责任公司、江苏双汇电力发展股份有限公司、浙江泰昌实业有限公司、四平线路器材厂、成都电力金具总厂、南京线路器材厂。

（9）线路避雷器。

平高东芝（廊坊）避雷器有限公司。

（10）监造单位。

变电设备方面，武汉南瑞有限责任公司负责浙中变电站变压器（特变电工、山东电力设备厂），浙北、福州变电站特高压高抗（特变电工）。中国电科院负责其余所有设备，包括西电西变和天威保变生产的 14 台变压器，西电西变生产的 14 台特高压电抗器，特高压开关设备、避雷器、CVT、控制保护系统，110kV 电容器、电抗器、专用开关，浙北变电站扩建工程常规设备。属地电科院参与其中。

线路材料方面，北京国网富达科技公司负责线路钢管塔监造。中国电科院负责浙江段共 14 个角钢塔厂家监造，江西诚达监理公司负责福建段共 11 个角钢塔厂家监造。中国电科院负责绝缘子监造，牵头导地线、OPGW、金具的监造（富达公司、浙江监理公司参加）。

4. 现场建设有关单位

（1）浙北变电站扩建。

安徽省电力工程监理有限责任公司（监理）、浙江省送变电工程公司（建筑工程、电气安装工程）、浙江省电力科学研究院（常规交接试验监督、特殊交接试验）、中国电科院（计量试验、系统调试）、国网电科院武汉南瑞公司（特殊交接试验监督）。

（2）浙中变电站。

湖北环宇工程建设监理有限公司（监理）、浙江送变电工程公司（场平工程）、上海送变电工程公司（建筑工程、电气安装工程 B）、华东送变电工程公司（电气安装工程 A）、浙江省电力科学研究院（常规交接试验监督、特殊交接试验）、中国电科院（特殊交接试验监督、计量试验、系统调试）。

（3）浙南变电站。

浙江电力建设监理有限公司（监理）、浙江省火电建设公司（场平工程）、安徽送变电工程公司（建筑工程）、浙江省送变电工程公司（电气安装工程 A 包）、江苏省送变电工程公司（电气安装工程 B 包）、浙江省电力科学研究院（常规交接试验监督、特殊交接试验）、中国电科院（特殊交接试验监督、计量试验、系统调试）。

（4）福州变电站。

江西诚达工程咨询监理有限公司（监理）、福建送变电工程公司（场平工程、建筑工程 A、电气安装工程 A）、上海电力建筑工程公司（建筑工程 B）、山西送变电工程公司（电气安装工程 B）、福建省电力科学研究院（常规交接试验监督、特殊交接试验）、中国电科院（特殊交接试验监督、计量试验、系统调试）。

（5）线路工程。

监理单位依次为浙江电力建设监理有限公司（施工 1～6 标段）、北京华联电力工程监理公司（施工 7～12 标段）、福建和盛工程管理有限公司（施工 13～17 标段）。

施工单位依次为青海送变电工程公司（1 标段）、吉林送变电工程公司（2 标段）、北京电力工程公司（3 标段）、湖北送变电工程公司（4 标段）、江西送变电工程公司

（5 标段）、湖南送变电建设公司（6 标段）、安徽送变电工程公司（7 标段）、江苏送变电工程公司（8 标段）、辽宁送变电工程公司（9 标段）、河南送变电建设公司（10 标段）、浙江送变电工程公司（11 标段）、上海送变电工程公司（12 标段）、华东送变电工程公司（13 标段）、甘肃送变电工程公司（14 标段）、山西送变电工程公司（15 标段）、福建送变电工程公司（16 标段）、山东送变电工程公司（17 标段）。

（三）建设历程

2012 年 9 月 29 日，国家能源局印发《国家能源局关于同意国家电网公司浙江与福建联网特高压交流输变电工程开展前期论证工作的函》（国能电力〔2012〕315 号）。

2012 年 10 月 10 日，电力规划设计总院印发《关于报送浙北—福州特高压交流工程可行性研究报告评审意见的报告》（电规规划〔2012〕827 号）。

2012 年 10 月 29 日，国家电网公司向国家发展和改革委员会上报《国家电网公司关于浙北—福州特高压交流工程项目核准的请示》（国家电网发展〔2012〕1539 号）。

2013 年 3 月 6~7 日，电力规划设计总院在北京主持浙北—福州特高压交流工程预初步设计评审会议，之后以电规电网〔2013〕237 号印发评审会议纪要。

2013 年 3 月 18 日，国家发展和改革委员会印发《国家发展改革委关于浙北—福州特高压交流输变电工程核准的批复》（发改能源〔2013〕552 号）。

2013 年 3 月 23 日，电力规划设计总院印发《关于浙北—福州特高压交流输变电工程初步设计的评审意见（技术部分）》（电规电网〔2013〕246 号）。

2013 年 3 月 29 日，国家电网公司印发《浙北—福州特高压交流输变电工程建设管理纲要》（国家电网交流〔2013〕582 号）。

2013 年 4 月 11 日，国家电网公司在福州、杭州分别召开浙北至福州特高压交流输变电工程建设动员大会。福建、浙江省政府，以及国家电网公司有关负责同志参加会议。

2013 年 4 月 26 日，线路工程施工 16 标段基坑开挖，5 月 24 日举行首基试点仪式，标志着线路工程开工建设。

2013 年 5 月 31 日，浙中变电站举行“四通一平”工程开工仪式，6 月 25 日开始场平施工，标志着变电工程开工建设。7 月 23 日浙南变电站进场施工。8 月 20 日福州变电站进场施工。11 月 28 日浙北变电站扩建工程开工。

2013 年 7 月 30～31 日，国家电网公司交流建设部在北京组织召开浙北—福州工程建设工作会议。

2013 年 10 月 17～18 日，国家电网公司交流建设部在北京组织召开浙北—福州工程初步设计收口会议；12 月 19～20 日召开概算收口会议。

2013 年 11 月 18 日，国家电网公司交流建设部在上海组织召开浙北—福州特高压交流工程 500kV 配套工程建设协调会议。

2014 年 4 月 10 日，电力规划设计总院印发《关于浙北—福州特高压交流输变电工程初步设计的评审意见》（电规电网〔2014〕307 号）。6 月 24 日，国家电网公司印发《国家电网公司关于浙北—福州特高压交流输变电工程初步设计的批复》（国家电网基建〔2014〕809 号）。

2014 年 5 月 20 日，浙北—福州工程系统调试方案通过专家会议审查。

2014 年 6 月 5 日，浙北—福州工程启动验收委员会第一次会议在北京召开，审议通过了系统调试方案，研究部署了相关重点工作。

2014 年 6 月 17～18 日，浙北变电站扩建工程完成第一阶段竣工预验收，19 日完成第一阶段竣工验收，6 月 20 日完成第一阶段系统调试，T023 断路器 6 月 21 日投入运行。9 月 22～23 日浙北变电站扩建工程完成第二阶段竣工预验收，9 月 24 日完成浙北变电站扩建工程启动验收；9 月 25～27 日，浙北变电站扩建完成第二阶段系统调试，T011、T012 断路器通过带电考核。

2014 年 9 月 24 日，浙中变电站工程竣工预验收开始，10 月 28 日完成。其后，福州、浙南变电站工程竣工预验收先后开始，11 月上旬相继完成。

2014 年 10 月 24 日，线路工程浙江段完成竣工预验收，福建段 10 月 30 日完成竣工预验收。10 月 26～28 日，先后完成浙南—福州段、浙南—浙中段线路参数测试。11 月 1～3 日，完成浙北—浙中段线路参数测试。

2014 年 11 月 5 日，系统通信工程完成竣工预验收。

2014 年 10 月 27 日，浙中变电站 500kV 系统完成启动调试和 24h 试运行，正式投运。2014 年 11 月 5 日，福州变电站 500kV 系统完成启动调试和 24h 试运行，正式投运。2014 年 11 月 12 日，浙南变电站 500kV 系统完成启动调试和 24h 试运行，正式投运。

2014 年 11 月 5 日，浙江段线路工程完成启动验收。11 月 6 日，福建段线路工程完成启动验收。11 月 8 日，浙中、浙南、福州变电站工程分别完成启动验收。11 月 9 日，系统通信工程完成启动验收。11 月 14 日，工程启动验收委员会启动验收工作组会议通过工程整体启动验收报告。

2014 年 11 月 15 日，工程启动验收委员会第二次会议在北京召开，审议通过了工程启动验收报告和启动调度实施方案，安排部署了系统调试和试运行工作。

2014 年 11 月 19~21 日，进行第一阶段系统调试，浙中（兰江）、浙南（莲都）、福州（榕城）三个新建变电站全部设备启动带电。11 月 27 日~12 月 2 日，进行第二阶段系统调试，完成空载线路投切试验、线路合解环试验、1000kV 侧投切特高压主变压器试验。12 月 4 日顺利完成人工短路试验（浙南站侧江莲 II 线），12 月 5 日顺利完成 24h 全线合环送电试验。

2014 年 12 月 12 日 23 时 31 分开始 168h 试运行，12 月 19 日顺利完成。

2014 年 12 月 20 日，进行全线大负荷试验，期间福建外送断面传输功率 680 万 kW 运行时间 82min，瞬时最高功率达 716 万 kW。

2014 年 12 月 26 日，浙北—福州工程投运仪式在北京召开。国家能源局、国家科技部、国土资源部、国资委、浙江省、福建省政府，以及国家电网公司有关负责同志参加会议。

四、建设成果

浙北—福州特高压交流输变电工程 2013 年 3 月 18 日核准，全体建设者发扬“特高压精神”，克服了高山大岭和无人区特高压线路大规模施工困难、山区大件设备运输条件差的困难，以及高温、高湿、多雨、多蚊虫复杂环境条件下特高压设备大规模集中安装的质量控制难题，历时 21 个月，于 2014 年 12 月建成投运。输电线路方面，本工程首次由单回路和双回路构成混合线路。工程建设成功实现了特高压成套设备的大批量稳定制造，在特高压断路器、油纸绝缘套管等高端设备、材料的国产化方面取得了实质性突破。首次采用了“公司总部统筹协调、属地省电力公司建设管理、专业公司技术支撑”的建设管理新模式，实现了特高压工程建设管理水平的新提升，成为特高压电网大规模建设的样板。获得的主要奖项有“国家电网公司优质工程”（2015 年 7 月），中国电力规划设计协会“电力行业优秀工程设计一等奖”（2016 年 5 月），中国电力建设企业协会“2016 年度中国电力优质工程”（2016 年 5 月），中国施工企业管理协会“2016~2017 年度第一批国家优质工程金质奖“（2016 年 12 月）。工程建成后面貌如图 4-6~图 4-11 所示。

图 4-6　二期工程建成后 1000kV 安吉变电站

图 4-7　1000kV 兰江变电站

图 4-8　1000kV 莲都变电站

图 4-9　1000kV 榕城变电站

图 4-10　单回、同塔双回混合输电线路

图 4-11　单回输电线路

1. 工程设计方面

（1）形成特高压交流工程的通用设计、通用设备、通用造价和标准工艺并通过工程检验（见图 4-12），成为特高压工程大规模建设样板。

图 4-12　特高压交流工程通用设计、通用设备、通用造价和标准工艺

（2）攻克重冰区特高压交流线路导线选型、绝缘配置与结构设计难题，首次完成 20、30mm 重冰区特高压交流线路设计，通过真型试验验证（见图 4-13），实现工程应用。

图 4-13　30mm 重冰区杆塔真型试验

（3）攻克超高接地电阻地区特高压变电站（福州变电站）降阻难题，提出爆破深井接地、外引接地综合降阻新方案，成功将土壤电阻率高达 10 万 Ω·m 的变电站接地电阻控制在 1.15Ω 的水平。图 4-14 为福州变电站土壤分层示意图。

（4）首次开展特高压变压器和高抗的 1:1 动力特性试验，提出力学参数修正值，成为设备抗震设计的关键控制条件。

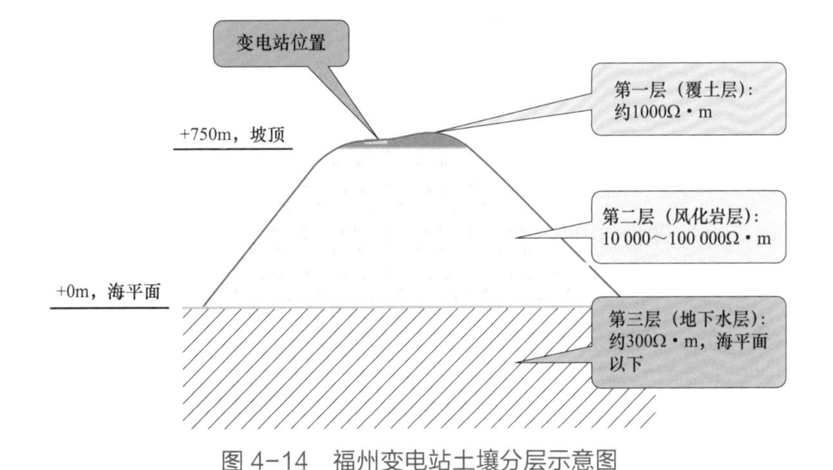

图 4-14　福州变电站土壤分层示意图

（5）提出 1100kV GIS 端部断路器折叠的新型设计方案（见图 4-15），压缩了 GIS 的横向宽度，每站可减少 GIS 主母线长度约 150m，节省投资，成为特高压工程通用设计方案。

（6）成功研制 8×JLK/G1A-530（630）/45 扩径导线并实现工程应用，节省投资。

图 4-15 断路器端部折叠布置方案（浙中变电站）

2. 设备研制方面

（1）建立特高压变压器、高抗、开关、避雷器、电压互感器、支柱绝缘子等全套设备的质量特别控制体系，全面推行 170 条“管控要点”和 17 条“刚性措施”，实现国产特高压设备大批量稳定制造。

（2）提出特高压开关出厂试验和现场交接试验新标准。首次在特高压工程现场进行了特高压开关震荡冲击波耐压试验（见图 4-16）。

（3）成功研制特高压变压器和高抗用高性能硅钢片并批量替代进口（宝钢、武钢产品占比约 30%）。铁损、磁感应强度、过励磁特性等关键材料性能及变压器的空载损耗、噪声等整体性能指标与进口产品相当。

（4）国产化特高压 GIS 用盆式绝缘子批量替代进口（平高、西开、新东北电气产品占比超过 90%）。建立技术和生产工艺标准体系，攻克大体积环氧树脂浇注及界面应力控制等难题，水压破坏试验合格率由原来的 50%提升至 90%以上，整体机电强度和质量稳定性达到国际先进水平。

图 4-16　GIS 现场冲击试验（浙南变电站）

（5）改进升级国产特高压开关设备用复合套管并批量替代进口瓷套（江苏南通市神马公司产品占比超过 50%，见图 4-17）。绝缘安全系数高、制造工期短、价格成本低，在重污秽、高地震烈度地区具有突出优势。

图 4-17　特高压开关设备用复合套管

（6）研制特高压油纸绝缘电容式套管并实现工程应用（在浙南变电站西变制造的 3 台高抗运行相上使用西电西套公司产品）。解决绝缘、载流、密封结构设计及大型瓷件烧制与粘接、超长导管焊接和电容芯卷制难题，打破了国外技术垄断。

（7）成功研制四断口与两断口两种技术路线的特高压断路器并实现工程应用（全自主国产化产品每站使用 2 间隔）。在中外联合研制特高压断路器技术成果与 500、750kV 断路器国产化经验基础上，攻克了绝缘、开断、传动、大功率机构等关键技术难题，实现重大突破。

（8）成功研制 10mm 冰区防冰型特高压复合绝缘子（见图 4-18），在工程全线应用，总用量达 3600 个。与常规产品相比，防冰型特高压复合绝缘子的耐冰闪能力提高 14%。

图 4-18　10mm 冰区防冰型特高压复合绝缘子

（9）在山区雷电易击段批量应用特高压线路避雷器（15 基），可将雷击跳闸率控制在 0.12 次/（百公里·年）的水平，避免局部异常落雷对全线跳闸率的影响。

3. 建设运行方面

（1）研制特高压 GIS 移动式全封闭安装厂房（见图 4-19 和图 4-20），准确控制温湿度，防尘级别达百万级，具备雨天、夜间安装条件，实现特高压开关现场安装工厂化，大幅提升了安装质量和效率。

图 4-19　福州变电站 1100kV GIS 移动装配车间

图 4-20　浙南变电站 1100kV GIS 现场装配车间

（2）开发新型落地双平臂抱杆（见图 4-21）、座地自平衡四摇臂抱杆、附着式自提升轻型抱杆等适用于山区多种地形的系列特高压铁塔组立装备和方法，提高了山区组塔的安全性和工效。

图 4-21　新型落地双平臂抱杆组塔

（3）提出山区特高压线路施工用全载重系列索道（见图 4-22）的标准化设计方案、加工图册、检测标准和运行管理规范，大幅提升了索道应用的安全可靠性，解决了山区大规模物料运输难题。

图 4-22　重型索道（最大载重 5t）

（4）研究应用直升机解决高山大岭无人区最艰难塔位的物料运输难题，为运输特别困难地区的特高压线路施工储备了技术。无人区 9 基最艰难塔位的物料采用卡-32 中型直升机运输（见图 4-23），最大日运输量可达 153t，显著提高了施工效率。

图 4-23　卡-32 直升机（最大吊重 5t）

（5）开发特高压角钢塔组立和货运索道运输施工虚拟现实仿真培训系统，集培训、演练、考核、计算为一体，大幅提高了培训质量和效率，成为保障施工安全的重要手段。

（6）提出特高压线路人工接地短路试验新方案（见图 4-24）。潜供电弧弧道可在 7～10m 内可调，比传统试验方法的 11～15m 等效性更高，考核更为严格，放电形态更接近于实际线路绝缘子放电，为准确掌握特高压线路的潜供电弧特性创造了条件。

图 4-24　特高压线路人工接地短路试验

（7）研发特高压变压器用电容隔直型直流偏磁抑制装置并实现工程应用（浙中、浙南变电站）。提出适应特高压变压器技术特征和系统电磁暂态特性的参数体系、设计原则和质量控制标准。

第五章

淮南—南京—上海 1000kV 特高压交流输变电工程

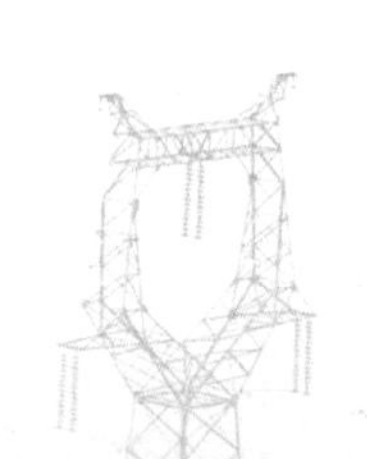

本章内容包含同期建设的安徽淮南平圩电厂三期 1000kV 送出工程。

一、工程背景

2009 年 4 月,国家电网公司启动淮南—南京—上海特高压交流输变电工程可行性研究工作。2010 年 6 月，中国电力工程顾问集团公司主持可行性研究报告评审会议，以电顾规划〔2010〕939 号印发了评审意见；2011 年 3 月，中国电力工程顾问集团公司对工程投资重新进行了审核，并以电顾规划〔2011〕230 号印发了评审意见。2012 年 8 月 23 日，国家能源局印发《国家能源局关于同意国家电网公司华东区域淮南—江苏—上海特高压交流输变电工程开展前期论证工作的函》(国能电力〔2012〕260 号)。2012 年 9 月 25 日，电力规划设计总院在对工程投资再次进行复核后，印发《关于报送淮南—南京—上海 1000kV 交流输变电工程可行性研究报告评审意见的报告》(电规规划〔2012〕779 号)。2012 年 9 月 27 日，国家电网公司向国家发展和改革委员会上报《国家电网公司关于淮南—南京—上海特高压交流工程项目核准的请示》(国家电网发展〔2012〕1375 号)。2012 年 10 月 17 日，水利部印发《关于淮南—南京—上海 1000kV 交流输变电工程水土保持方案的批复》(水保函〔2012〕288 号)。2012 年 10 月 23 日，环境保护部印发《关于淮南—南京—上海 1000 千伏(kV)交流输变电工程环境影响报告书的批复》(环审〔2012〕284 号)。

2013 年 9 月，国务院印发《大气污染防治行动计划》。同年 9 月 24 日，国家能源局发出《国家能源局关于委托开展落实大气污染防治行动计划电网实施方案研究的函》(国能综电力〔2013〕406 号)，委托国家电力规划研究中心，结合全国电网规划已有成果，开展落实大气污染防治计划电网实施方案研究工作，研究提出主要输电通道工程方案、建设时序、工程投资和实施效果。2014 年 5 月 16 日，国家能源局印发《国家能源局关于加快推进大气污染防治行动计划 12 条重点输电通道建设的通知》(国能电力〔2014〕212 号)，其中包括“四交五直”特高压输电工程。“四交”工程为内蒙古锡盟经北京、天津至山东特高压交流输变电工程，内蒙古蒙西至天津南特高压交流输变电工程，陕北榆横至山东潍坊特高压交流输变电工程，安徽淮南经江苏至上海特高压交流输变电工程。“五直”工程为内蒙古上海庙—山东直流输电工程，宁夏宁东—浙江绍兴 ±800kV 特高压直流输电工程，内蒙古锡盟—江苏泰州 ±800kV 特高压直流输电工程，山西—江苏 ±800kV 特高压直流输电工程，滇西北—广东±800kV 特高压直流输电工程。

2014 年 4 月 21 日，国家发展和改革委员会印发《国家发改委关于淮南—南京—上海 1000 千伏交流特高压输变电工程核准的批复》（发改能源〔2014〕711 号）。工程建设过程中，因为交通行政审批的要求，苏通长江大跨越技术方案变化，实施难度和工程投资大幅提升，不确定性增加。2016 年 1 月 6 日，国家电网公司召开专题会议，研究决定苏通过江方案改为 GIL 综合管廊方式，1 月 26 日 GIL 管廊方案可行性研究通过评审，3 月 1 日以电规规划〔2016〕57 号印发评审意见，4 月 29 日国家电网公司向国家发展和改革委员会上报《国家电网公司关于淮南—南京—上海特高压交流苏通过江段调整为 GIL 综合管廊工程项目核准的请示》（国家电网发展〔2016〕415 号），7 月 29 日国家发展和改革委员会印发《国家发展改革委关于淮南—南京—上海 1000 千伏特高压交流工程项目核准调整的批复》（发改能源〔2016〕1655 号）。淮南—南京—上海 1000kV 特高压交流输变电工程是我国大气污染防治行动计划首个获得核准的特高压工程，作为华东特高压主网架的重要组成部分，和已建皖电东送淮南至上海 1000kV 特高压交流输电示范工程共同构建了华东特高压交流双环网，对于提高华东负荷中心接纳区外电力的能力和内部电力交换能力，提升电网安全稳定水平，增强长三角地区抵御重大事故能力，缓解长三角地区短路电流大面积超标和江苏、上海地区用电紧张局面，破解经济社会发展面临的资源和环境难题，促进经济社会可持续发展具有重要意义。

2013 年 2 月，国家发展和改革委员会以发改能源〔2013〕278 号文件核准安徽平圩电厂三期 2×1000MW 燃煤机组扩建项目。根据电规规划〔2012〕416 号接入系统评审意见，安徽平圩电厂三期 2×1000MW 机组以 1000kV 电压等级接入系统，出线 1 回接入淮南变电站。这是世界上首个发电厂直接升压至 1000kV 接入特高压电网的发电厂送出工程项目，具有重大的创新示范意义。2013 年 2 月 26~27 日，电力规划设计总院在北京主持召开安徽平圩电厂三期 1000kV 送出工程可行性研究报告评审会议，6 月 3 日以电规规划〔2013〕499 号印发了评审意见。2014 年 2 月 11 日，国家电网公司向国家能源局上报国家电网发展〔2014〕221 号请示项目核准。2014 年 6 月 9 日，国家能源局印发《国家能源局关于安徽淮南平圩电厂三期 1000 千伏送出工程项目核准的批复》（国能电力〔2014〕247 号）。

二、工程概况

（一）淮南—南京—上海 1000kV 特高压交流输变电工程

1. 核准建设规模

2014 年 4 月 21 日，国家发改委发改能源〔2014〕711 号文件核准的建设规模为：新建南京、泰州、苏州 1000kV 变电站，扩建淮南、沪西 1000kV 变电站；新建淮南—南京—泰州—苏州—上海 1000kV 交流线路 2×779.5km，其中 22km 与 500kV 同塔四回架设，14km 与 220kV 同塔四回架设，淮河大跨越 2.61km，长江大跨越 6.21km；建设相应的无功补偿和通信、二次系统工程。工程动态总投资 268.1 亿元人民币，由国网安徽省电力公司（淮南变电站、淮南—南京段线路）、国网江苏省电力公司（南京变电站）、国网上海市电力公司（泰州、苏州、沪西变电站和南京—上海段线路）共同出资建设。

2016 年 7 月 29 日，国家发改委发改能源〔2016〕1655 号文件核准调整的内容为：同意将苏通过江段由架空跨越方案调整为 GIL 综合管廊方案，新建苏通 GIL 综合管廊工程，建设 2 回 1000kV 特高压 GIL 通道并预留 2 回 500kV 电缆位置，线位总长 5665m，盾构段长度 5523m，GIL 管道长度 5880m，管廊断面尺寸内径 11.2m，外径 12.3m；新建长江南岸、北岸 2 个 GIL 地面引接站；配套建设相应的通信和二次系统工程。工程动态投资 47.63 亿元人民币，由国网江苏省电力公司（土建部分）、上海市电力公司（电气部分）共同出资建设。图 5-1 为淮南—南京—上海 1000kV 特高压交流输变电工程系统接线示意图。

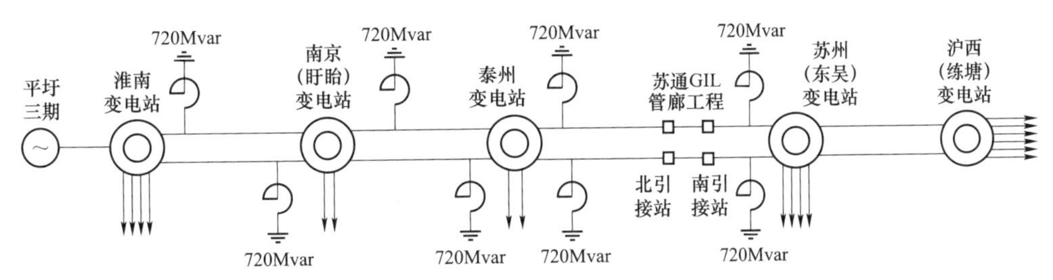

图 5-1　淮南—南京—上海 1000kV 特高压交流输变电工程系统接线示意图

2. 建设内容

（1）淮南变电站扩建工程。

淮南 1000kV 变电站位于安徽省淮南市潘集区平圩镇。一期工程是皖电东送淮南至上海特高压交流输电示范工程的组成部分（淮南变电站），2011 年 9 月核准，2013 年 9 月建成投运。调度命名为“1000 千伏特高压淮南站”。

已建工程规模：变压器 2×3000MVA（1 号和 2 号主变压器）；1000kV 出线 2 回（至芜湖），每回线路装设高压并联电抗器 1×720Mvar；500kV 出线 4 回（至平圩、袁庄各 2 回）；每组主变压器低压侧装设 110kV 低压电抗器 1×240Mvar。

本期工程规模：扩建 1000kV 出线 2 回（至南京），分别与已建淮芜 II 线和 2 号主变压器配串，安装 2 台断路器，至南京 I 线装设高压并联电抗器 1×720Mvar，本期工程扩建后淮南变电站电气接线示意图见图 5-2。本期工程在围墙内扩建，无新增用地。

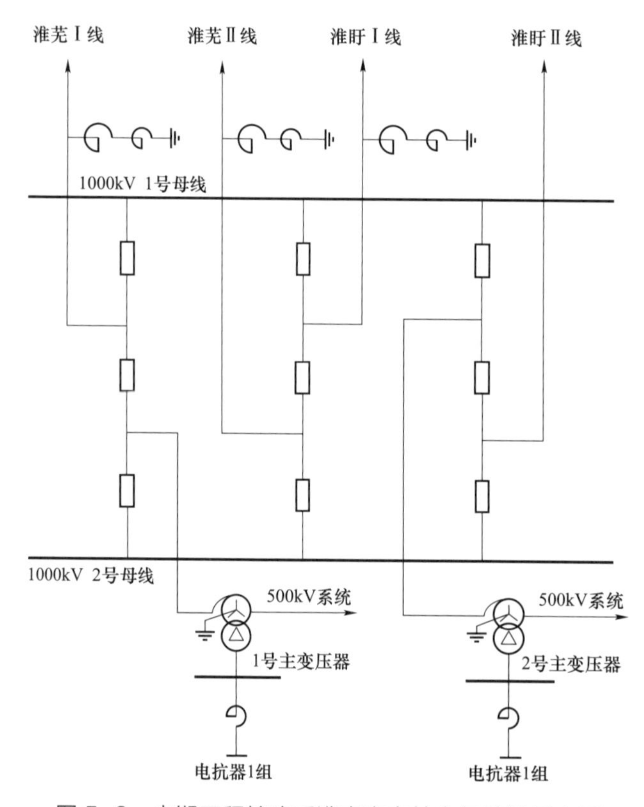

图 5-2 本期工程扩建后淮南变电站电气接线示意图

（2）南京变电站工程。

南京 1000kV 变电站位于江苏省淮安市盱眙县王店乡。安装主变压器

1×3000MVA（2 号主变压器）；1000kV 采用户外 GIS 组合电器设备，3/2 接线，组成 1 个完整串和 3 个不完整串，安装 9 台断路器，出线 4 回（至淮南、泰州各 2 回），至淮南 II 线和泰州 I 线各装设高压并联电抗器 1×720Mvar，首次示范应用单相 GIL（约 26m）；500kV 采用户外 GIS 组合电器设备，出线 2 回（至淮安南）；主变压器低压侧装设 110kV 低压电抗器 2×240Mvar 和低压电容器 4×210Mvar，图 5-3 为南京（盱眙）变电站电气接线示意图。本期工程用地面积 9.26 公顷（围墙内 7.84 公顷）。调度命名为“1000 千伏特高压盱眙站”。

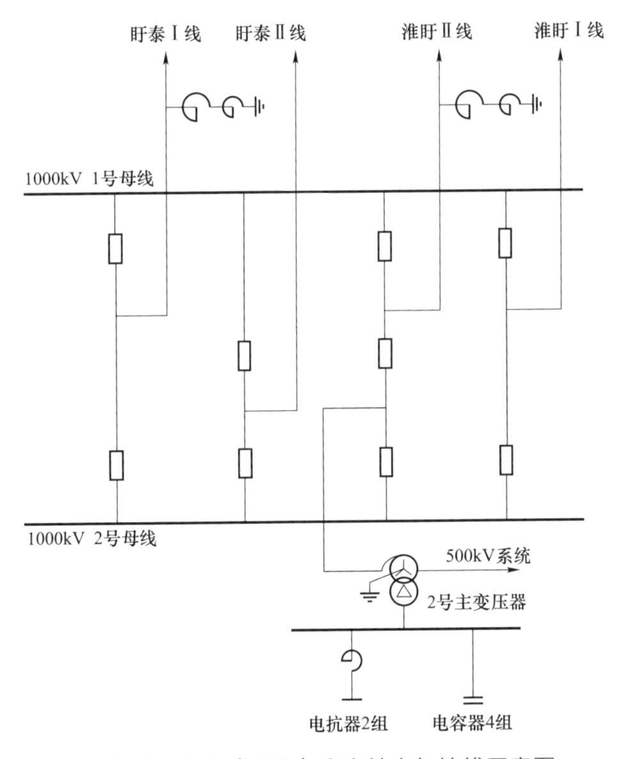

图 5-3　南京（盱眙）变电站电气接线示意图

（3）泰州变电站工程。

泰州 1000kV 变电站位于江苏省泰州市兴化市大邹镇。安装主变压器 1×3000MVA（1 号主变压器）；1000kV 采用户外 GIS 组合电器设备，3/2 接线，组成 1 个完整串和 3 个不完整串，安装 9 台断路器，出线 4 回（至南京、苏州各 2 回），至南京 II 线、苏州 I 线、苏州 II 线各装设高压并联电抗器 1×720Mvar，首次示范应用单相 GIL（约 44m）；500kV 采用户外 HGIS 设备，出线 2 回（至泰北）；主变压器低压侧装设 110kV 低压电抗器 3×240Mvar 和低压电容器 4×210Mvar，图 5-4 为泰州变电站电气接线示意图。本期工程用地面积 10.05 公顷（围墙内 9.36

公顷）。2014 年 11 月确定与锡盟—泰州特高压直流输电工程受端换流站合建。调度命名为“1000 千伏特高压泰州站”。

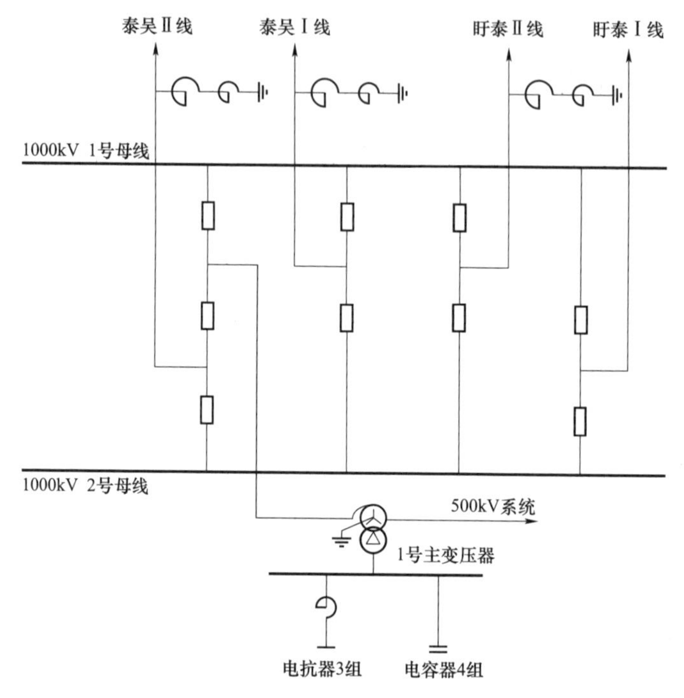

图 5-4　泰州变电站电气接线示意图

（4）苏州变电站工程。

苏州 1000kV 变电站位于江苏省苏州市昆山市花桥镇。安装变压器 2×3000MVA（江苏侧 1 号主变压器、上海侧 4 号主变压器）；1000kV 采用户外 GIS 设备，3/2 接线，组成 3 个完整串，安装 9 台断路器，出线 4 回（至泰州、练塘各 2 回），至泰州 I 线、泰州 II 线各装设高压并联电抗器 1×720Mvar，首次示范应用三相 GIL（总长约 380m）；500kV 采用户外 GIS 设备，出线 4 回（江苏侧至石牌 2 回、上海侧至黄渡 2 回）；每组主变压器低压侧各装设 110kV 低压电抗器 2×240Mvar 和低压电容器 2×210Mvar，图 5-5 为苏州（东吴）变电站电气接线示意图。变电站总用地面积 14.23 公顷（围墙内 13.81 公顷）。调度命名为“1000 千伏特高压东吴站”。

（5）沪西变电站扩建工程。

沪西 1000kV 变电站位于上海市青浦区练塘镇。一期工程是皖电东送淮南至上海特高压交流输电示范工程的组成部分（沪西变电站），2011 年 9 月核准，2013 年 9 月建成投运。调度命名为“1000 千伏特高压练塘站”。

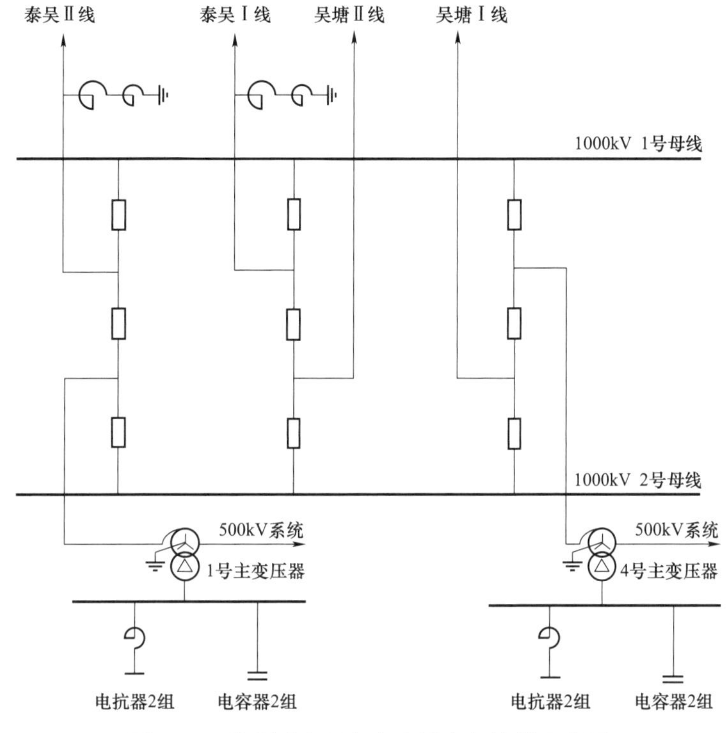

图 5-5　苏州（东吴）变电站电气接线示意图

已建工程规模：主变压器 2×3000MVA（2 号和 4 号主变压器）；1000kV 出线 2 回（至安吉变电站），至安吉Ⅰ线装设高压并联电抗器 1×720Mvar；每组主变压器低压侧装设 110kV 低压电抗器 1×240Mvar 和低压电容器 2×210Mvar。

本期工程规模：扩建 1000kV 出线 2 回（至苏州），至苏州Ⅰ线与已建 2 号主变压器配串，新建 1 个不完整串出线至苏州Ⅱ线，安装 3 台断路器，图 5-6 为本期工程扩建后沪西（练塘）变电站电气接线示意图。本期工程在围墙内扩建，无新增用地。

（6）输电线路工程。

新建淮南—南京—泰州—苏州—上海 1000kV 交流双回线路，途经安徽、江苏、上海三省市，全长 2×739.6km。其中，淮南—南京段 2×197.374km（含淮河大跨越 2.631km），南京—泰州段 2×147.762km，泰州—苏州段 2×337.109km（含苏通 GIL 线路 2×5.67km），苏州—沪西段 2×57.356km。架空线路全部采用钢管塔，全线铁塔 1482 基，除苏州—沪西段中有 31.5 km 线路同塔四回路（与 500kV 线路同塔 17.7km，与 220kV 线路同塔 13.8km）架设外，其他均为同塔双回路架设。工程沿线平地 46.9%，河网泥沼 46.2%，丘陵 2.9%，山地 4.0%。海拔低于 500m。全线为 10mm 轻冰区，有 27、29、30m/s 和 32m/s 共 4 个风区。

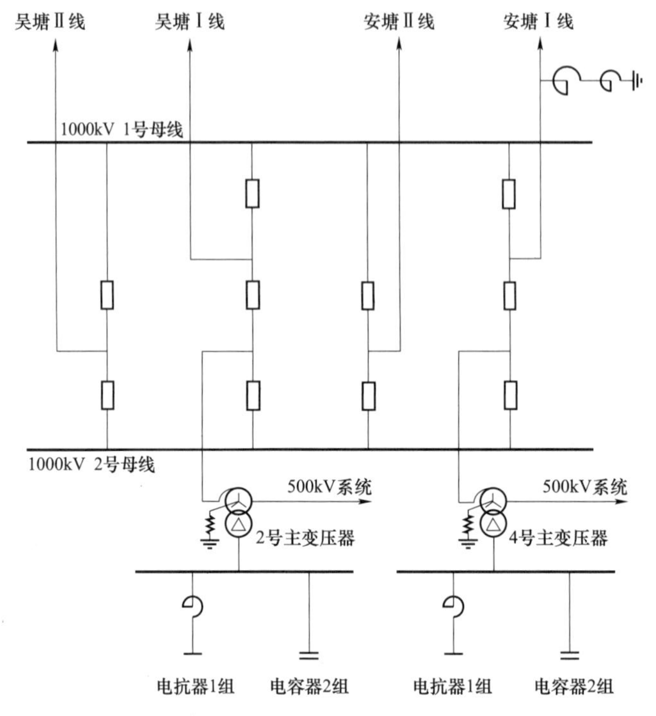

图 5-6　本期工程扩建后沪西（练塘）变电站电气接线示意图

一般线路淮南—南京—泰州段导线采用 8×JL1/G1A-630/45 钢芯铝绞线，其中地形较好的泰州—苏州—上海段导线采用 8×JL1/LHA1-465/210 铝合金芯铝绞线。1 根普通地线采用 JLB20A-185 铝包钢绞线，另一根地线采用 OPGW-185 光缆。

淮河大跨越位于淮南市东北 6km 闸口村附近，与已建皖电东送工程淮河大跨越相距约 1.5km。采用“耐—直—直—耐”方式，铁塔 6 基。耐张段长度 2631m，档距为 604m—1503m—524m，呼高为 42m—183m—183m—42m。跨越塔全高 255m，重 2082t。大跨越锚塔采用干字型式，直线塔采用双回路伞形。导线采用 6×JLHA1/G6A-500/230 特强钢芯铝合金绞线，地线采用 2 根 48 芯 OPGW-300 光缆。直线塔安装井筒式电梯作为主要登塔设施。图 5-7 为淮河大跨越示意图。

（7）苏通 GIL 综合管廊工程。

苏通 GIL 综合管廊工程位于苏通长江大桥上游约 1km 处，是华东特高压交流双环网贯通的最后一个关键节点，也是世界上首次应用特高压 GIL（气体绝缘金属封闭输电线路）输电技术。苏通 GIL 综合管廊工程起于长江北岸（南通）引接站，止于南岸（苏州常熟）引接站，盾构隧道全长 5468.545m，管廊内径 10.5m，外径

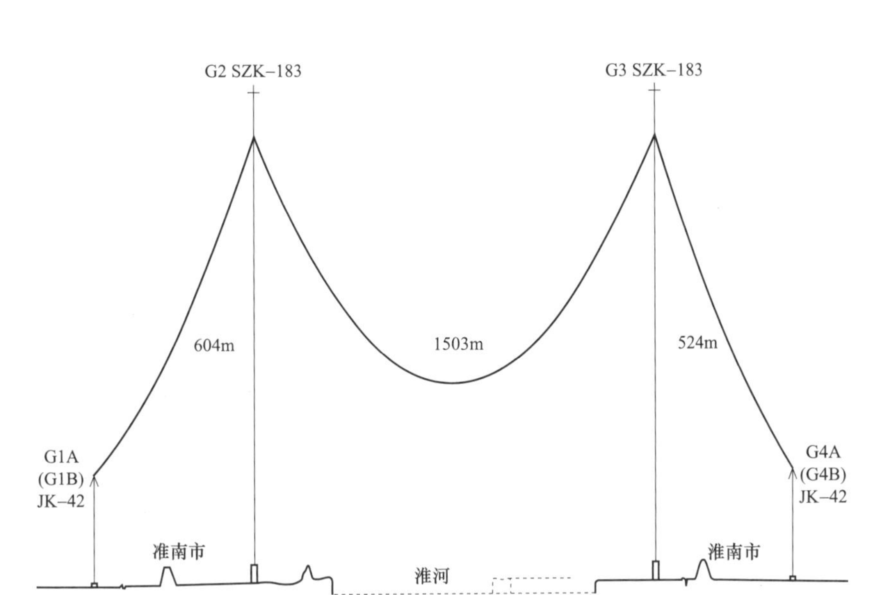

图 5-7　淮河大跨越示意图

11.6m，是穿越长江的大直径、长距离的隧道之一，最低点黄海高程-74.83m，是当时国内水压最高的水下隧道（最高水压 0.8MPa），苏通 GIL 综合管廊工程示意图见图 5-8，管廊纵断面示意图见图 5-9，管廊内部布置图见图 5-10。上腔两侧布置两回 1000kV 特高压 GIL，长度约 5.7km，两回 6 相总长 34 025.9m；下腔两侧预留两回 500kV 电缆通道；此外还可以随管廊敷设市政通信线路。两侧地面引接站分别与泰州侧、苏州侧架空线路连接，安装避雷器、电压互感器、电流互感器、感应电流释放装置以及保护、计算机监控系统、综合监测系统、通风系统相关设备，苏通 GIL 工程电气接线示意图见图 5-11。

图 5-8　苏通 GIL 综合管廊工程示意图

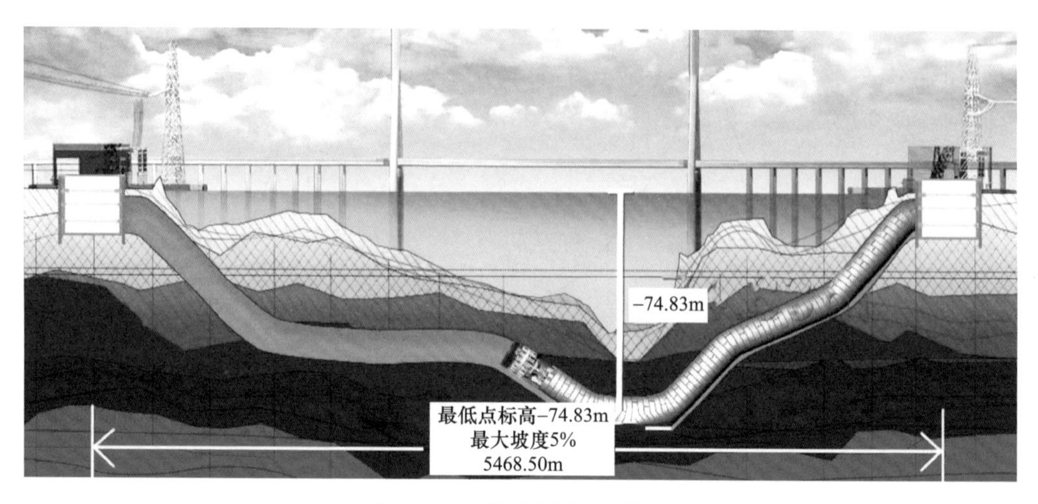

图 5-9　管廊纵断面示意图

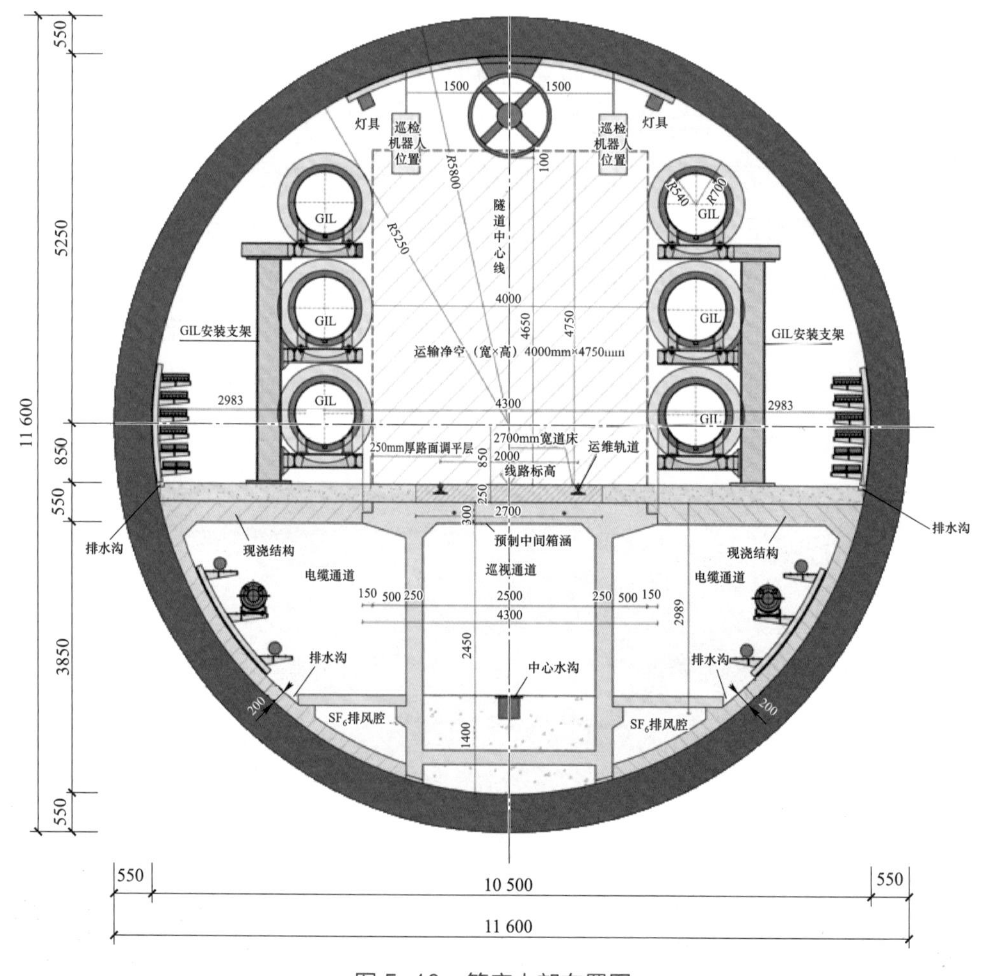

图 5-10　管廊内部布置图

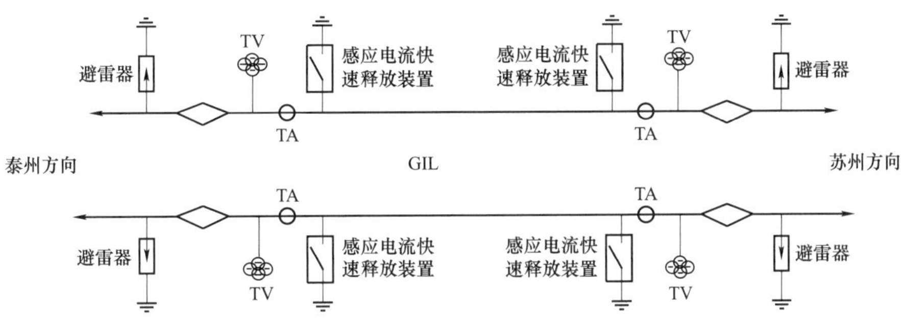

图 5-11　苏通 GIL 工程电气接线示意图

（8）系统通信工程。

随着淮南—南京—泰州—苏州—上海新建特高压线路（不含淮河大跨越、苏通 GIL 综合 GIL 管廊）架设 1 根 36 芯 OPGW 光缆。其中，与 500kV 同塔四回区段架设第 2 根 36 芯 OPGW 光缆，与 220kV 线路同塔四回区段架设第 2 根 48 芯 OPGW 光缆，泰州—苏州特高压线路与 500kV 三官殿—东洲变线路的交叉点至东洲变更换 2 根地线为 72 芯 OPGW 光缆，该交叉点至苏州的特高压线路架设第 2 根 36 芯 OPGW 光缆。淮河大跨越区段架设 2 根 48 芯 OPGW 光缆。苏通 GIL 管廊段内敷设 5 根普通光缆。

建设淮南—南京—泰州—苏通—苏州—上海光纤通信电路，构建国网第一通道；利用本工程新建及已有光缆资源，配置光通信设备，建设国网第二通道、华东网通信电路及江苏省、苏州地区网通信电路。

（二）安徽淮南平圩电厂三期 1000kV 送出工程

1. 核准建设规模

2014 年 6 月 9 日，《国家能源局关于安徽淮南平圩电厂三期 1000 千伏送出工程项目核准的批复》（国能电力〔2014〕247 号）核准的建设规模为：扩建淮南 1000kV 变电站，新建平圩电厂三期至淮南站 1000kV 线路 5km（同塔双回架设，单侧挂线），配套建设相应的无功补偿装置和二次系统工程。工程动态投资 4.2756 亿元，由国网安徽省电力公司出资建设。

2. 建设内容

（1）淮南变电站扩建工程。

扩建至平圩电厂 1000kV 出线间隔 1 个，新建 1 个不完整串，安装 2 台断路器。

新增用地面积 1.79 公顷（围墙内 1.70 公顷）。本期工程扩建后淮南变电站电气接线示意图见图 5-12。

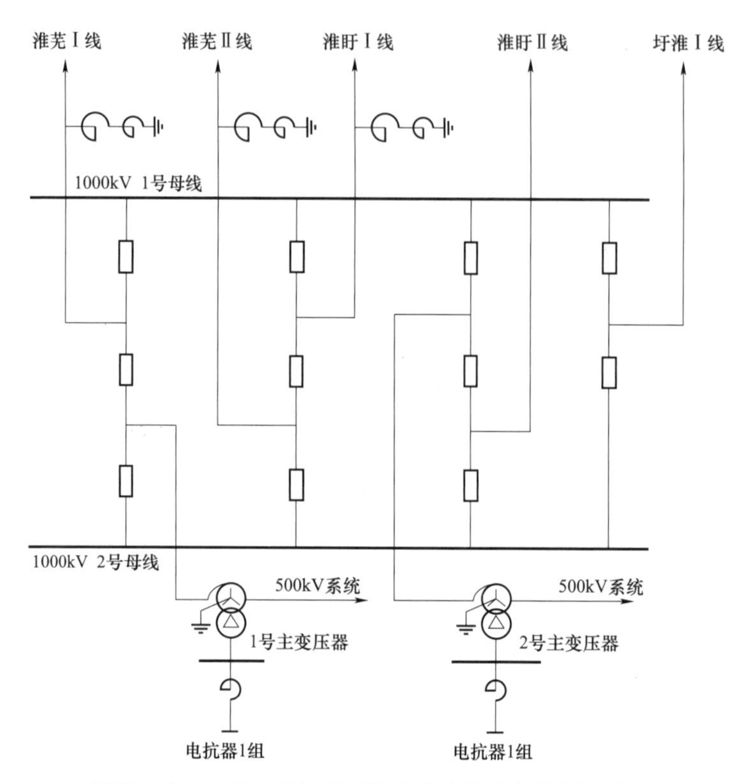

图 5-12 本期工程扩建后淮南变电站电气接线示意图

（2）输电线路工程。

新建平圩电厂三期至淮南变电站 1000kV 线路 4.83km（同塔双回架设，单侧挂线），位于淮南市潘集区平圩镇境内。铁塔 13 基，全部采用钢管塔。导线采用 8×JL/G1A-630/45 钢芯铝绞线，地线一根为 LBGJ-240-20AC 铝包钢绞线，一根为 OPGW-240。全线为 10mm 轻冰区，27m/s 风区。

（3）系统通信工程。

在新建平圩电厂三期至淮南变电站1000kV线路上架设1根36芯OPGW光缆，建设平圩电厂三期至淮南变电站光纤通信电路，接入国网光纤传输网；建设平圩电厂三期经二期至淮南变电站光纤通信电路，接入华东光纤传输网。由此构成电厂至相关调度端的主、备用通道。

三、工程建设情况

（一）工程管理

2014 年 6 月 9 日，国家电网公司印发《淮南—南京—上海 1000 千伏交流特高压输变电工程建设管理纲要》（国家电网交流〔2014〕740 号），明确了工程管理模式和相关单位职责，以及工程目标、组织体系、制度体系、工作计划和工作要求等。计划 2016 年 6 月建成或带电试运行（苏通大跨越除外），苏通大跨越工程力争 2016 年 12 月建成，工程全线投产。

2014 年 7 月 30 日，国家电网公司印发《安徽淮南平圩电厂三期 1000 千伏送出工程建设管理纲要》（国家电网交流〔2014〕967 号），力争 2014 年 12 月建成投入试运行。

2016 年 8 月 10 日，国家电网公司印发《淮南—南京—上海 1000 千伏交流特高压输变电工程苏通 GIL 管廊工程建设管理纲要》（交流输电〔2016〕54 号），计划 2019 年建成投运。2016 年 9 月 21 日，国家电网公司印发《国家电网公司关于成立苏通 GIL 综合管廊工程专家组的通知》（国家电网交流〔2016〕785 号），专家组成员受邀参与重大技术方案的论证和研讨。

实行国家电网公司总部管理决策与统筹管控、省公司为主现场建设管理、直属单位专业技术支撑的管理模式。国家电网公司交流建设部履行项目法人职能，负责工程建设全过程统筹协调和关键环节集约管控，总部其他相关部门负责归口管理，华东分部按照总部和分部一体化运作有关规定参与工程建设工作；国网安徽、江苏、上海电力作为现场建设管理主体，负责属地范围内的工程现场建设管理（淮南和沪西变电站扩建主体工程除外），以及工程属地范围内的地方工作协调和生产准备；国网信通公司负责系统通信工程现场建设管理和技术支撑；国网交流建设分公司负责淮南和沪西变电站扩建主体工程现场建设管理，以及现场建设技术统筹和管理支撑；国网经研院协助国网交流部开展设计管理；国网物资公司负责物资催交、催运和现场服务支撑；中国电科院负责试验调试和设备材料质量管控（国网电科院和省电科院参加）；电力规划设计总院受委托负责初步设计评审。

（二）主要参建单位

1. 科研单位

本工程建成后，将与皖电东送淮南—上海工程组成华东电网第一个环状特高压交流网络，形成多直流馈入的受端交直流混合电网。与此同时，也是世界上首次采用 1000kV 特高压交流直接将平圩电厂三期扩建工程两台百万千瓦机组接入淮南变电站。围绕系统技术、设备技术、设计技术、施工技术等有关研究内容，开展了一系列工程单项研究专题，系统和变电工程 12 项，线路工程 14 项。

此外在苏通大跨越工程方面，原方案为架空跨越长江黄金水道下游（见图 5-13），需在江中建设 2 基跨越塔（高 455m），跨越档距大（2600m），工程难度远超以往所有大跨越工程。为解决、优化工程设计和施工面临的关键技术问题，开展了设计、制造、施工相关专题研究和行政审批专题，实际执行单项研究课题 12 项、行政审批专题 14 项。研究取得了丰富成果，参见中国电力出版社 2018 年出版的《苏通长江大跨越工程关键技术研究成果专辑》，其中部分成果已在浙江舟山 500kV 联网工程西堠门跨海大跨越（高 380m）工程中得到应用。

图 5-13　苏通长江大跨越过江方案示意图

苏通大跨越方案变更为苏通 GIL 综合管廊工程后，管廊工程是穿越长江的大直径长距离隧道之一，也是国内水压最高的水下隧道；特高压 GIL 为世界首创，电压等级最高，GIL 输电线路最长，技术水平最先进。研究课题包括基础性研究、设备类、设计类、施工安装和试验类、运维检修类、涉水涉航专题六大类共计 53 项。

主要承担单位为中国电力科学研究院、国网电力科学研究院（武汉南瑞公司）、国网经济技术研究院、西安高压电器研究院、西安西电电气研究院、河南平高电气公司、西电西开公司、新东北电气公司、西安交通大学、华北电力大学、合肥工业大学、同济大学、浙江大学、哈尔滨工业大学、清华大学、重庆大学、沈阳工业大学、西南交通大学、武汉大学、天津大学、东南大学、国家电网公司华东分部、江苏省电力公司、江苏省电力科学研究院、华东电力试验研究院、安徽省电力科学研究院、南京水利科学研究院、上海中天铝线公司、南京南瑞继保电气有限公司、北京四方继保工程技术公司、长园深瑞继保自动化公司、华东电力设计院、中铁第四勘察设计院、奥雅纳工程咨询（上海）有限公司、广东省电力设计研究院、西南电力设计院、江苏送变电公司、华东送变电公司、北京送变电公司、安徽送变电公司、山东送变电公司、中铁十四局集团公司。

2. 工程设计单位

成立工程设计领导小组，下设工程设计工作组、设计监理工作组、工程设计专家组。国家电网公司交流建设部负责全过程管理与协调，国网经研院负责具体组织实施，建设管理单位负责施工图管理。

（1）淮南—南京—上海工程。

1）变电工程相关设计单位：淮南变电站扩建设计院是华北电力设计院，设计监理是山东电力设计院；南京变电站主体设计院（主体院是负责方）是华东电力设计院，参加设计院是国核电力规划设计研究院，设计监理是湖南省电力设计院；泰州变电站主体设计院是中南电力设计院，参加设计院是安徽省电力设计院，设计监理是四川省电力设计院；苏州变电站主体设计院是西北电力设计院，参加设计院是江苏省电力设计院，设计监理是福建省电力设计院；沪西变电站扩建设计院是华东电力设计院，设计监理是上海市电力设计院；苏通 GIL 综合管廊工程，华东电力设计院负责工程勘测、总体设计、电气设计，铁四院负责隧道工程设计。

2）线路工程相关设计单位：

淮南—南京—泰州段：依次为安徽省电力设计院（安徽淮南市至滁州市凤阳县约 104km）、湖北省电力设计院（淮河大跨越）、山西省电力设计院（滁州市明光市约 51km）、西北电力设计院（江苏淮安市盱眙县约 61km）、华北电力设计院（安徽滁州市天长市至江苏淮安市金湖县约 63km）、东北电力设计院（江苏扬州市宝应县至泰州市兴化市约 61km）。西北电力设计院是本段的主体设计院。

泰州—苏州—沪西段：依次为国核电力规划设计院（泰州市兴化市约 56km）、

江苏省电力设计院（盐城市东台市至南通市海安县约 71km）、中南电力设计院（南通市如东县至通州市约 86km）、浙江省电力设计院（南通市约 53km）、华东电力设计院/中铁第四勘察设计院集团公司（苏通 GIL 综合管廊）、西南电力设计院（苏州市常熟市至上海市约 67km），华东电力设计院（苏州—沪西段约 59km）。华东电力设计院是本段的主体设计院。

3）二次系统设计单位：变电站主体设计院负责。华东电力设计院负责安全自动装置初步设计，有关主体设计院负责接口配合。

4）系统通信工程设计单位：华东电力设计院负责全线系统通信工程初步设计，有关主体设计院负责接口配合。

（2）平圩电厂三期送出工程。

安徽省电力设计院负责淮南变电站扩建工程、线路工程、相关二次系统设计工作。东北电力设计院是设计监理单位。

3. 主要设备供货单位

（1）淮南变电站扩建（含平圩电厂三期送出工程）。

平高电气股份有限公司（1100kV GIS 开关设备）、西电变压器有限公司（1000kV 电抗器）、南阳金冠电气有限公司（1000kV 避雷器）、西安西电电力电容器有限责任公司（1000kV 电容式电压互感器）。

国电南瑞科技股份有限公司（监控系统）、南京南瑞继保工程有限公司（1000kV 断路器保护、1000kV 电抗器保护）、国电南京自动化股份有限公司（1000kV 电抗器保护）、长园深瑞继保自动化有限公司（1000kV 线路保护）、北京四方继保工程有限公司（1000kV 线路保护）。

（2）南京变电站。

平高电气股份有限公司（1100kV GIS 开关设备）、西电变压器有限公司（1000kV 变压器）、天威保变电气股份有限公司（1000kV 电抗器）、西电避雷器有限公司（1000kV 避雷器）、桂林电力电容器有限责任公司（1000kV 电容式电压互感器）、新东北电气（锦州）电力电容器有限公司（110kV 电容器）、上海 MWB 互感器有限公司（110kV 电抗器）、北京 ABB 高压开关有限公司（110kV 专用开关）、西安西电高压开关有限公司（110kV 总断路器）。

许继电气股份有限公司（监控系统）、南京南瑞继保工程有限公司（1000kV 断路器保护、1000kV 变压器保护、1000kV 电抗器保护、1000kV 母线保护）、长园深瑞继保自动化有限公司（1000kV 线路保护）、北京四方继保工程有限公司

（1000kV 线路保护）。

（3）泰州变电站。

新东北电气有限公司（1100kV GIS 开关设备）、山东电力设备有限公司（1000kV 主变压器）、西电变压器有限责任公司（1000kV 电抗器）、南阳金冠电气有限公司（1000kV 避雷器）、日新电机（无锡）有限公司（1000kV 电容式电压互感器）、西安西电电力电容器有限公司（110kV 电容器）、北京电力设备总厂（110kV 电抗器）、北京 ABB 高压开关有限公司（110kV 专用开关）、西安西电高压开关有限公司（110kV 总断路器）。

南京南瑞继保工程有限公司（监控系统、1000kV 母线保护、1000kV 变压器保护、1000kV 电抗器保护、1000kV 断路器保护）、北京四方继保工程有限公司（1000kV 线路保护、1000kV 变压器保护、1000kV 母线保护）、国电南京自动化股份有限公司（1000kV 电抗器保护）、长园深瑞继保自动化有限公司（1000kV 线路保护）。

（4）苏州变电站。

西开电气股份有限公司（1100kV GIS 开关设备）、沈阳变压器有限公司（1000kV 主变压器）、天威保变电气股份有限公司（1000kV 电抗器）、平高东芝廊坊避雷器有限公司（1000kV 避雷器）、桂林电力电容器有限责任公司（1000kV 电容式电压互感器）、上海思源电气有限公司（110kV 电容器）、北京电力设备总厂（110kV 电抗器）、北京宏达日新电机有限公司（110kV 专用开关）、西安西电高压开关有限公司（110kV 总断路器）。

国电南瑞科技股份有限公司（监控系统）、北京四方继保工程有限公司（1000kV 断路器保护、1000kV 线路保护、1000kV 变压器保护、1000kV 母线保护）、南京南瑞继保工程有限公司（1000kV 母线保护、1000kV 变压器保护、1000kV 电抗器保护）、国电南京自动化股份有限公司（1000kV 电抗器保护）、长园深瑞继保自动化有限公司（1000kV 线路保护）。

（5）沪西变电站扩建。

平高电气股份有限公司（1100kV GIS 开关设备）、抚顺电瓷制造有限公司（1000kV 避雷器）、西安西电电力电容器有限责任公司（1000kV 电容式电压互感器）。

北京四方继保工程有限公司（监控系统、1000kV 断路器保护、1000kV 线路保护）、长园深瑞继保自动化有限公司（1000kV 线路保护）。

（6）苏通 GIL 综合管廊工程。

平高电气股份有限公司（1100kV GIL 设备）、山东电工日立开关有限公司（1100kV GIL 设备）、平高东芝廊坊避雷器有限公司（1000kV 避雷器）、南阳金冠电气有限公司（1000kV 避雷器）、南京南瑞继保工程有限公司（综合监控系统）、许继电气股份有限公司（1000kV GIL 差动保护）、北京四方继保工程有限公司（1000kV GIL 差动保护）。

（7）淮南—南京—上海线路工程。

一般线路钢管塔供货厂家为常熟风范电力设备股份有限公司、安徽宏源铁塔有限公司、浙江盛达铁塔有限公司、江苏电力装备有限公司、潍坊长安铁塔股份有限公司、河北宁强光源有限公司、江苏振光电力设备制造有限公司、青岛武晓集团有限公司、江苏华电铁塔制造有限公司、湖州飞剑杆塔制造有限公司、青岛东方铁塔股份有限公司、绍兴电力设备有限公司、青岛豪迈钢结构有限公司、成都铁塔厂、潍坊五洲鼎益铁塔有限公司、温州泰昌铁塔制造有限公司、南京大吉铁塔制造有限公司、河南鼎力杆塔股份有限公司、广州增立钢管结构有限公司、重庆瑜煌电力设备制造有限公司、山东华安铁塔有限公司、广东省电力线路器材厂、青岛汇金通电力设备有限公司、湖南景明电力器材有限公司、重庆江电电力设备有限公司。淮河大跨越钢管塔供货厂家为青岛武晓集团有限公司。

盘式绝缘子为大连电瓷集团股份有限公司、苏州电瓷厂有限公司、内蒙古精诚高压绝缘子有限公司，南京电气（集团）有限责任公司、塞迪维尔玻璃绝缘子（上海）有限公司、宜宾环球集团有限公司。

复合绝缘子为江苏神马电力有限公司、大连电瓷集团股份有限公司、江苏祥源电气设备有限公司、新疆新能天宁电工绝缘材料有限公司、武汉莱恩输变电设备有限公司。

导地线供货商为重庆泰山电缆有限公司、杭州电缆股份有限公司、远东电缆有限公司、江苏南瑞淮胜电缆有限公司、新远东电缆有限公司、华北电力线材有限公司、航天电工集团有限公司、绍兴电力设备有限公司、江苏通光强能输电线科技有限公司、河南科信电缆有限公司、青岛汉缆股份有限公司、江苏亨通电缆有限公司、上海中天铝线有限公司、江苏南瑞银龙电缆有限公司、江苏中天科技股份有限公司，贝卡尔特（新余）金属制品有限公司、常州特发华银电线电缆有限公司。

OPGW 供货商为中天日立光缆有限公司、深圳市特发信息股份有限公司、江苏通光光缆有限公司。

金具供货商为成都电力金具总厂、江苏捷凯电力器材有限公司、广州鑫源恒业电力线路器材有限公司、浙江泰昌实业有限公司、湖州泰仑电力器材有限公司、江苏新曙光电力器材有限公司、江苏双汇电力发展股份有限公司、南京线路器材厂、浙江金塔电力线路器材有限公司、辽宁锦兴电力金具科技有限公司、北京送变电公司线路器材厂、江东金具设备有限公司。

（8）平圩电厂三期送出线路工程。

常熟风范电力设备股份有限公司（钢管塔）、上海中天铝线有限公司（导地线、OPGW），苏州电瓷厂有限公司（瓷绝缘子）、江苏捷凯电力器材有限公司（金具）。

（9）监造单位。

变电设备方面，武汉南瑞有限责任公司负责苏州变电站变压器（特变电工沈变），南京和苏州变电站特高压高抗（天威保变）；北京网联直流公司负责南京变电站变压器（西变）；江苏宏源电力建设监理公司负责苏州变电站 110kV 开关、110kV 电抗器和 110kV 电容器。中国电科院负责其余所有设备，包括泰州变电站变压器（山东电力设备有限公司）、淮南和泰州变电站特高压电抗器（西电西变）、特高压开关设备、避雷器、CVT、控制保护系统，南京和泰州变电站 110kV 电容器、电抗器、专用开关，苏通 GIL 设备。

淮南—南京—上海工程线路材料方面，钢管塔监造工作由中国电科院牵头，中国电科院和国网富达公司分别承担部分钢管塔监造任务，国网富达公司承担全部钢管塔关键原材料监造任务。架线材料监造工作由中国电科院牵头，中国电科院具体负责绝缘子和部分导地线、金具，国网富达公司具体负责光缆和部分导地线、金具。

平圩电厂三期送出线路工程材料方面，由国网富达公司负责。

4. 现场建设有关单位

（1）淮南变电站扩建（含平圩电厂三期送出工程）。

监理单位为武汉中超监理公司，土建工程施工单位为安徽电建一公司，电气安装工程施工单位为华东送变电公司，安徽省电力科学研究院负责特殊交接试验，中国电科院负责计量试验和系统调试。

（2）南京变电站。

山东诚信监理公司（监理），江苏送变电公司（土建工程和电气安装工程施工），江苏省电力科学研究院（特殊交接试验）、中国电科院（计量试验、系统调试）。

（3）泰州变电站。

监理单位为山西锦通监理公司，土建工程施工单位为安徽电建二公司和安徽送变电公司，电气安装工程施工单位为安徽送变电公司（A 包）和山西送变电公司（B 包），江苏省电力科学研究院负责特殊交接试验，中国电科院负责计量试验和系统调试。

（4）苏州变电站。

监理单位为江苏宏源监理公司，土建工程施工单位为江西水电工程局（桩基）和上海电建工程公司，电气安装工程施工单位为上海送变电公司（A 包）和湖北送变电公司（B 包），江苏省电力科学研究院负责特殊交接试验，中国电科院负责计量试验和系统调试。

（5）沪西变电站扩建。

监理单位为湖南电力监理公司，土建工程和电气安装工程施工单位为上海送变电工程公司，华东电力试验研究院负责特殊交接试验，中国电科院负责计量试验和系统调试。

（6）线路工程。

淮南—南京段：监理单位为安徽电力监理公司（安徽段）和武汉中超监理公司（江苏段）。施工单位依次为甘肃送变电公司（1 标段安徽境内）、北京电力工程公司（2 标段安徽境内）、安徽送变电公司（淮河大跨越）、安徽送变电公司（3 标段安徽境内）、湖南送变电公司（4 标段江苏境内）。

南京—泰州段：监理单位为武汉中超监理公司（江苏—安徽—江苏段）。施工单位依次为广东送变电公司（5 标段江苏、安徽境内）、江西送变电公司（6 标段江苏境内）、吉林送变电公司（7 标段江苏境内）、福建送变电公司（8 标段江苏境内）。

泰州—苏州段：监理单位为江苏宏源监理公司（江苏境内一般线路、苏通 GIL 综合管廊工程电气安装工程）、上海合流监理公司（苏通 GIL 综合管廊工程隧道工程）、河南立新监理公司（江苏境内一般线路）。施工单位依次为河北送变电公司（9 标段江苏境内）、陕西送变电公司（10 标段江苏境内）、山东送变电公司（11 标段江苏境内）、青海送变电公司（12 标段江苏境内）、辽宁送变电公司（13 标段江苏境内）、浙江送变电公司（14 标段江苏境内）、山西送变电公司（15 标段江苏境内）、中铁十四局集团公司（苏通 GIL 综合管廊工程隧道工程）、江苏送变电公司（苏通 GIL 综合管廊工程电气安装工程、16 标段江苏境内）、河南送变电公司（17

标段江苏境内）。

苏州—上海段：监理单位为河南立新监理公司（上海境内）。施工单位为上海送变电公司（18 标段上海境内）、华东送变电公司（19 标段上海境内）。

平圩电厂三期送出工程线路段：监理单位是武汉中超电网建设监理有限公司，施工单位是华东送变电工程公司。

（三）建设历程

1. 平圩电厂三期 1000kV 送出工程

2014 年 6 月 9 日，国家能源局印发《国家能源局关于安徽淮南平圩电厂三期 1000 千伏送出工程项目核准的批复》（国能电力〔2014〕247 号）。

2014 年 6 月 25 日，工程初步设计评审会议在合肥召开。7 月 7 日，电力规划设计总院印发《关于安徽平圩电厂三期 1000kV 送出工程初步设计的评审意见》（电规电网〔2014〕607 号）。7 月 23 日，国家电网公司印发《国家电网公司关于安徽平圩电厂三期 1000 千伏送出工程初步设计的批复》（国家电网基建〔2014〕952 号）。

2014 年 7 月 30 日，国家电网公司印发《安徽淮南平圩电厂三期 1000 千伏送出工程建设管理纲要》（国家电网交流〔2014〕967 号）。

2014 年 9 月 10 日，平圩电厂三期 1000kV 送出工程线路工程开工。

2014 年 11 月 15 日，平圩电厂三期 1000kV 送出工程淮南变电站扩建开工。

2015 年 3 月 17 日，系统通信工程完成验收。3 月 20 日，完成线路参数测试。3 月 26 日线路工程完成验收。3 月 29 日淮南变电站扩建工程完成验收。3 月 30 日，召开工程竣工验收工作组会议，形成竣工验收报告。

2015 年 3 月 31 日，工程启动验收委员会召开会议，安排部署了启动调试相关工作。

2015 年 4 月 1 日，进行系统调试。4 月 4 日顺利完成 72h 试运行，正式投运。

2015 年 4 月 16 日，安徽淮南平圩电厂三期扩建的 5 号百万千瓦机组成功并入特高压电网，成为世界上首个一次直接升压至 1000kV 后接入特高压电网的发电厂，是我国特高压电网发展历程中的重要里程碑。

2. 淮南—南京—上海工程

2014 年 4 月 21 日，国家发展和改革委员会印发《国家发改委关于淮南—南京—上海 1000 千伏交流特高压输变电工程核准的批复》（发改能源〔2014〕711 号）。

2014年5月8~9日,电力规划设计总院受委托组织召开了初步设计评审会议。5月26日，印发《关于淮南—南京—上海1000千伏交流特高压输变电工程初步设计的评审意见》(电规电网〔2014〕468号)。

2014年6月9日，国家电网公司印发《国家电网公司关于印发淮南—南京—上海1000千伏交流特高压输变电工程建设管理纲要的通知》(国家电网交流〔2014〕740号)。

2014年6月16日，国家电网公司印发《国家电网公司关于淮南—南京—上海1000千伏交流特高压输变电工程初步设计的批复》(国家电网基建〔2014〕764号)。

2014年6月18日，江苏段开展线路首基试点。

2014年7月8日，上海段开展线路首基试点。

2014年7月10日，安徽段开展线路首基试点。

2014年7月25日，国家电网公司召开建设动员电视电话会议，上海市、江苏省、安徽省政府有关负责同志分别在分会场参加会议。

2014年9月1日，淮南变电站扩建工程开工。

2014年10月16日，南京变电站新建工程土建工程开工。

2014年10月29日，国网直流部、交流部组织会议，专题研究南京变电站交直流相邻建设相关技术协调工作。

2014年10月31日，淮河大跨越工程开工。

2014年11月3日，苏州变电站新建工程土建工程开工。

2014年11月4日，“两交一直”特高压工程开工动员大会在北京召开。大气污染防治行动计划12条重点输电通道中首批核准项目淮南—南京—上海、锡盟—山东特高压交流工程、宁东—浙江特高压直流工程宣布开工。国家发改委、国家能源局、科技部、环保部、国土部、国资委、中国工程院以及北京市、上海市、内蒙古自治区、宁夏回族自治区、天津市、河北省、山西省、山东省、江苏省、浙江省、安徽省、河南省、陕西省有关负责同志，以及国家电网公司、有关中央企业负责同志分别在主会场、相应分会场参加会议。

2014年11月10日，淮南变电站扩建工程 T021间隔完成启动调试，11日提前投运。

2014年11月15日，国网交流部、直流部召开会议，研究泰州变电站交直流合建相关工作。

2014年12月6日，泰州变电站新建工程土建工程开工。

2014 年 12 月 24 日，淮南变电站扩建工程 T033 间隔完成启动调试，25 日提前投运。

2015 年 1 月 17 日，电力规划设计总院印发《关于淮南—南京—上海 1000kV 特高压交流线路工程路径调整的评审意见》（电规电网〔2015〕69 号）。

2015 年 11 月 18～19 日，沪西变电站扩建工程完成启动调试，20 日提前投入运行。

2015 年 12 月 10 日，电力规划设计总院印发《关于江苏南京 1000kV 变电站新建工程变更设计的评审意见》（电规电网〔2015〕1369 号）。

2015 年 12 月 17 日，电力规划设计总院印发《关于江苏泰州 1000kV 变电站新建工程变更设计的评审意见》（电规电网〔2015〕1406 号）。

2015 年 12 月 25 日，南京变电站 500kV 配套工程完成启动调试。

2015 年 12 月 31 日，泰州变电站 500kV 配套工程完成启动调试。

2016 年 2 月 16 日，国家电网公司印发《国家电网公司关于江苏南京和泰州 1000kV 变电站新建工程设计变更的批复》（国家电网基建〔2016〕136 号）。

2016 年 2 月 24 日，国家电网公司召开淮南—南京—上海工程启动验收委员会第一次会议，研究决定工程启动调试分阶段开展。审议通过了工程启动验收报告、系统调试方案和启动调度方案（淮南—南京—泰州—长江北岸段）。

2016 年 3 月 10 日，第一阶段系统调试开始，淮南—南京—泰州—长江北岸段两个新建特高压变电站以及 600km 线路一次启动成功，26 日完成了全部 18 大项试验项目，3 月 31 日开始试运行。

2016 年 4 月 3 日，淮南—南京—泰州—长江北岸段投入运行。

2016 年 9 月 11～13 日，第二阶段系统调试长江南岸—苏州—沪西段顺利完成，9 月 19～22 日顺利通过 72h 试运行后，9 月 22 日投入运行。

2017 年 2 月 23 日，环境保护部印发《关于淮南—南京—上海 1000 千伏交流输变电工程变动环境影响报告书的批复》（环审〔2017〕26 号）。

2017 年 6 月 2 日，水利部印发《水利部关于印发淮南—南京—上海 1000kV 交流输变电工程水土保持设计验收鉴定书的函》（水保函〔2017〕115 号），正式批复水保验收。

2017 年 7 月 11 日，国家电网公司办公厅印发《淮南—南京—上海 1000 千伏交流特高压输变电工程档案验收意见》（办文档〔2017〕18 号），本工程通过档案专项验收。

2017 年 8 月 29 日，环境保护部印发《关于淮南—南京—上海 1000 千伏交流输变电工程竣工环境保护验收意见的函》（环验〔2017〕41 号），正式批复环境保护专项验收。

2018 年 12 月，1000kV 盱眙（南京）变电站工程获得 2018～2019 年度第一批鲁班奖。

3. 苏通 GIL 综合管廊工程

2016 年 1 月 6 日，国家电网公司组织召开苏通长江过江方案评审会，同意过江方案由长江大跨越改为 GIL 综合管廊，国家电网公司和南通市、常熟市政府有关负责人，以及 22 位特邀专家参加会议。1 月 8 日，苏通 GIL 管廊工程建设启动会召开。1 月 15 日，GIL 技术规范书编制工作启动。1 月 26 日，GIL 管廊方案可行性研究通过评审。3 月 1 日，以电规规划〔2016〕57 号印发评审意见。

2016 年 3 月 11 日，苏通 GIL 管廊工程勘测设计工作启动会议在北京召开。

2016 年 4 月 25 日，环境保护部印发《关于淮南—南京—上海 1000 千伏交流输变电工程补充环境影响报告书的批复》（环审〔2016〕54 号）。

2016 年 4 月 28 日，水利部印发《水利部关于淮南—南京—上海 1000kV 交流输变电工程水土保持方案补充报告书的批复》（水保函〔2016〕171 号）。

2016 年 4 月 28 日，苏通 GIL 综合管廊工程总体设计方案评审会在北京召开。

2016 年 4 月 29 日，国家电网公司向国家发展和改革委员会上报《国家电网公司关于淮南—南京—上海特高压交流苏通过江段调整为 GIL 综合管廊工程项目核准的请示》（国家电网发展〔2016〕415 号）。

2016 年 5 月 21 日，隧道线位方案评审会在北京召开。5 月 31 日，初步设计评审会在北京召开。8 月 4 日，初步设计收口评审会。

2016 年 6 月 1 日，交通运输部印发《交通运输部关于淮南—南京—上海 1000 千伏交流特高压苏通 GIL 管廊工程航道条件与通航安全影响评价的审核意见》（交水函〔2016〕312 号）。

2016 年 7 月 29 日，国家发展和改革委员会印发《国家发展改革委关于淮南—南京—上海 1000 千伏特高压交流工程项目核准调整的批复》（发改能源〔2016〕1655 号），苏通 GIL 综合管廊工程获得核准。

2016 年 8 月 9 日，GIL 国际研讨会在北京召开。

2016 年 8 月 10 日，国家电网公司印发《淮南—南京—上海 1000 千伏交流特高压输变电工程苏通 GIL 管廊工程建设管理纲要》（交流输电〔2016〕54 号）。

2016 年 8 月 16 日，苏通 GIL 综合管廊工程开工动员会在江苏省常熟市召开。江苏省各级政府和部门，以及国家电网公司有关负责同志等参加会议。

2016 年 9 月 28 日，国网交流部发布 GIL 技术规范书（初版）。

2016 年 12 月 22 日，电力规划设计总院印发《关于淮南—南京—上海 1000kV 交流特高压输变电工程苏通 GIL 综合管廊工程初步设计的评审意见》（电规电网〔2016〕548 号）。

2017 年 1 月 12 日，国网交流部组织审定 GIL 技术规范书。

2017 年 2 月 14 日，水利部长江水利委员会印发《长江水利委员会关于淮南—南京—上海 1000 千伏交流特高压输变电工程苏通 GIL 综合管廊工程涉河建设方案的批复》（长许可〔2017〕16 号）。

2017 年 3 月 24 日，“卓越号”盾构机出厂仪式在海瑞克广州南沙工厂举行。

2017 年 4 月 1 日，国家电网公司印发《国家电网公司关于淮南—南京—上海 1000 千伏交流特高压输变电工程苏通 GIL 综合管廊工程初步设计的批复》（国家电网基建〔2017〕266 号）。

2017 年 4 月 19 日，华东电力设计院完成隧道线位的长江主航道勘测。

2017 年 6 月 11 日，隧道施工专家研讨会议在江苏省常熟市召开。

2017 年 6 月 28 日，卓越号盾构机成功始发。

2017 年 9 月 1 日，隧道施工百环试掘进总结会在江苏省常熟市召开。

2017 年 12 月 19 日～2018 年 3 月 28 日，完成 GIL 整机及组部件型式试验。

2018 年 3 月 1 日，隧道工程安全专题会议在江苏省常熟市召开。

2018 年 3 月 14 日，完成 GIL 设计联络工作。

2018 年 6 月 6 日，电气施工策划方案审查会在江苏省常熟市召开。

2018 年 7 月 13 日～2019 年 1 月 17 日，GIL 样机在武汉特高压交流试验基地顺利通过 184 天带电考核，获得了电、热、力等关键数据。

2018 年 7 月完成 GIL 制造厂开工条件审查，9 月 6 日召开小批量试生产总结会，2019 年 6 月完成批量生产。

2018 年 8 月 21 日，苏通 GIL 综合管廊工程隧道全线贯通。

2018 年 10 月 17 日，召开隧道贯通测量结果审查会。

2018 年 11 月 2 日，召开隧道调线调坡评审会。

2018 年 12 月 18 日，隧道工程专家验收会议在江苏省常熟市召开。

2018 年 12 月 18 日，电气施工方案审查会在江苏省常熟市召开。

2018 年 12 月 19 日，GIL 工程设计方案评审会在江苏省常熟市召开。

2018 年 12 月，完成 SF_6 气体集中供气站研制工作。

2019 年 1 月，完成运输安装专用机具研制工作。

2019 年 3 月 1 日，GIL 电气设备安装工程开工。8 月 14 日全面完成。8 月 14～25 日，GIL 全部通过现场耐压及局部放电试验。

2019 年 6 月 13 日，GIL 现场交接试验实施方案审查会在江苏省常熟市召开。

2019 年 6 月 14 日，系统调试方案通过专家会议审查。6 月 28 日，线路参数测试方案通过专家会议审查。7 月 11 日，调度协调会议安排相关工作。

2019 年 8 月 29 日，召开工程启动验收委员会第一次会议，审定系统调试方案和启动调度方案，安排启动调试相关工作。

2019 年 9 月 6 日，启动验收组在北京召开会议，确认工程具备系统调试条件。

2019 年 9 月 10 日，召开启动验收现场指挥部第一次会议，开始启动调试，9 月 11 日顺利完成。9 月 12 日开始试运行，9 月 15 日苏通 GIL 综合管廊工程顺利通过 72h 试运行考核。

2019 年 9 月 26 日，国家电网公司召开准东—皖南 ±1100kV 特高压直流输电工程和苏通 1000kV 特高压交流 GIL 综合管廊工程竣工投产大会，宣布上述两项工程正式投运。至此，淮南—南京—上海 1000kV 特高压交流输变电工程全面建成。

苏通通，北环环，海上明月出天山。射雕英雄今何在？秋阳高照玉龙盘。

四、建设成果

1. 全面完成工程建设任务

从 2014 年 4 月 21 日项目核准，到 2019 年 9 月 26 日苏通 GIL 综合管廊工程建成投运，历经 65 个月，淮南—南京—上海工程全面建成投运，华东 1000kV 特高压交流双环网全面贯通，工程建成后面貌见图 5-14～图 5-24。在苏通大跨越工程推进困难的情况下，国家电网公司创新提出“江底隧道+特高压 GIL”方案穿越长江，建成了世界上首个特高压交流 GIL 输电工程，电压等级最高、输送容量最大、输电距离最长、技术水平最先进。同期，平圩电厂三期工程首次在世界上实现百万千瓦机组直接升压 1000kV 接入淮南变电站特高压电网。

图 5-14　二期工程建成后 1000kV 淮南变电站

图 5-15　1000kV 盱眙变电站与特高压南京换流站相邻建设

图 5-16　1000kV 泰州变电站与特高压换流站合址建设

图 5-17　1000kV 东吴变电站

图 5-18　二期工程建成后 1000kV 练塘变电站

图 5-19　淮河大跨越

图 5-20　输电线路河网段

图 5-21　苏州—沪西段同塔四回路

图 5-22　输电线路换位塔

图 5-23　苏通 GIL 综合管廊工程

图 5-24　首台投运的特高压升压变压器（平圩电厂三期工程，特变电工）

盱眙（南京）变电站工程获得中国建筑业协会 2018—2019 年度第一批中国建设工程鲁班奖（国家优质工程）。

截至 2021 年 12 月，苏通 GIL 综合管廊工程已经获评 2021 年度中国电力优质工程、国家优质工程金奖；获得省部级工程勘测设计一等奖 4 项，二等奖 1 项；省部级科技进步奖一等奖 3 项，二等奖 5 项，三等奖 4 项；省部级工法 3 项；省部级 QC 成果一等奖 2 项，二等奖 2 项，三等奖 2 项。发明专利 35 项，实用新型专利

60 项。建立标准 6 项。其他省部级以上奖 11 项。

2. 苏通大跨越科研攻关方面

虽然苏通过江方案最终采用 GIL 方式，但是工程前期围绕架空跨越开展了大量论证和设计、制造、施工技术研究，取得的成果在多个方面填补了国内外空白，代表了相关领域研究的领先水平，为超大型跨越塔设计与建设提供了解决方案，其中部分成果已经在世界第一高塔——浙江舟山西堠门 500kV 跨海大跨越工程中得到应用（见图 5-25）。

图 5-25　2019 年 1 月建成的浙江舟山西堠门大跨越（380m）

3. 系统技术方面

（1）VFTO 关键技术研究。GIS 隔离开关操作会产生波前很陡、振荡频率甚高、幅值高的特快速暂态过电压（VFTO）。随着设备额定电压的提高，VFTO 危害性增大。在传统计算特高压变电站 VFTO 水平方法的基础上，通过建模方法和计算条件的修正，对南京、苏州、泰州变电站的理论 VFTO 进行了核算。结合国内外对 GIS 设备耐受 VFTO 的成果经验，提出了苏州变电站的 VFTO 理论数值存在较大安全裕度，可取消隔离开关阻尼电阻的结论，减小了 GIS 设备尺寸，节约了占地和造价。相关论证方法可在后续工程中推广应用。

（2）直流偏磁对特高压变压器保护的影响。华东电网已成为多直流馈入的大规模交直流混联电网。直流单极运行工况下，地中直流电流通过变压器接地中性点流入交流电网，引起直流偏磁现象。变压器铁芯磁通趋于饱和，励磁电流发生畸变，产生谐波导致局部发热，噪声、振动、损耗增加、破坏绝缘等危害。谐波注入系统，对继电保护及安全自动装置造成不同程度影响，严重时可能导致误动作。研究分析了直流偏磁对特高压变压器的危害，提出了加装电容性隔直装置的措施，明确了对变压器保护动作的影响，具有良好的应用前景。

4. 设计技术方面

（1）首次实现特高压变电站与换流站相邻/合址建设。1000kV 南京变电站与±800kV 南京换流站相邻建设，1000kV 泰州变电站与±800kV 泰州换流站合址建设，有利于合理利用资源、避免重复建设、方便运行维护。泰州站交直流合址建设，统一站址标高、优化变电站 1000kV 配电装置区布置、全站集中监控、整合主控楼和综合楼、整合站内大件运输路径、统筹站用电方案，噪声控制统一执行站界 II 类达标。南京站交直流相邻建设，中间不设围墙，共用综合楼及进站道路，共用站用电，预留监控系统接口，南京变电站局部调整噪声控制措施。

（2）1100kV GIS 首次采用母线集中外置断路器双列式布置。苏州站两站（江苏、上海）同址建设，1100kV GIS 若采用“一”字形布置方案，1000kV 泰州、沪西出线均需先向北出线，再分别向西侧、东侧走线。由于本工程北侧出线受限，因此在断路器“一”字形布置的基础上优化提出了断路器双列式布置方案：将断路器分为两列集中布置在一起，中间设安装检修通道，主母线分别集中布置在断路器两侧（见图 5-26）。可直接向东西两侧出线，避免了断路器“一”字形布置单侧出线的局限性。大量节约了 GIS 主母线长度，且吊车从中间道路直接吊装设备，方便 GIS 安装检修。

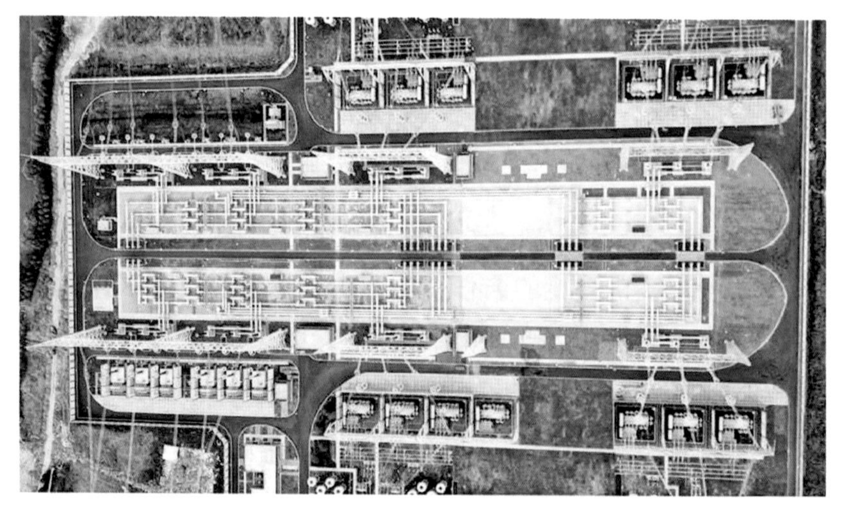

图 5-26 苏州变电站特高压 GIS 双列式布置方案

（3）首次采用特/超高压同塔四回路设计。苏南和上海地区人口集中、房屋密集、土地资源紧张，本工程在上海境内采用了1000kV与500kV线路，1000kV与220kV线路同塔四回路架设（见图 5-27）。研究确定了同塔四回线路绝缘配置方案、空气间隙取值和防雷设计措施。通过杆塔型式研究得出悬垂直线塔的塔头布置型式：双回 1000kV 采用 I 串垂直排列方式，双回 500/220kV 采用 V 串三角排列方式；塔头采用伞型布置型式；横担采用鸭嘴式布置方案；地线支架采用平头型布置方式；耐张塔采用伞型塔。确定了 1000kV 与 500/220kV 同塔四回线路杆塔荷载取值及工况组合，确定了导线对地及交叉跨越最小距离建议值。

图 5-27　特/超高压同塔四回路

（4）特高压线路工程首次应用多项新技术：

1）首次开展挤扩支盘桩基础专项试验及理论研究，并在江苏省扬州市宝应县段成功应用 6 基（见图 5-28），与普通灌注桩基础相比具有缩小桩径、减少桩长、节省工程材料量等优势。

2）PHC 预制管桩基础具有良好的承载能力、可靠的质量保障、良好的施工快捷性及环保性，本工程进行了较为系统的理论及试验研究，并在安徽省淮南市淮河漫滩区段试用了 5 基（见图 5-29），实现了工厂化生产、机械化施工，取得了良好的技术、经济及环保效益。

3）在大跨越铁塔及四回路铁塔主材应用 Q420 高强钢管，减小了钢管规格，从而减小杆塔受风面积，有效降低铁塔钢耗指标，降低了铁塔组立的施工量和施工难度，有利于造价控制，为后续工程推广应用积累了经验。

4）在塔身采用钢管的前提下，开展横担分别采用钢管、钢管+角钢组合、角钢等三种方案的对比研究，根据计算结果，工程新设计塔型均采用角钢横担方案，减少大量焊接工作，同时使得挂点处构造更为简单，有利于提高加工质量和效率。

5）淮河大跨越在国内首次采用特强钢芯高强铝合金绞线 JLHA1/G6A-500/230，该导线钢芯采用 G6A 级镀锌钢丝，抗拉强度 1910MPa，较 G4A 级钢丝提高 7.9%，钢丝直径、单重与常规钢丝相同，由于导线额定拉断力提高，较常规导线降低跨越塔呼高 12m。

6）本工程对复合绝缘子在耐张串上使用的可行性进行了研究，根据计算和试验的结果，在交叉跨越少、小耐张段、人烟稀少、交通便利、运行维护和检修方便的地区 5 基耐张塔试用 4×550kN 复合耐张绝缘子，发挥复合绝缘子降低塔头尺寸、提高耐污闪能力、后期维护费用低等优点。

7）在房屋密集区及走廊拥挤路段，为了减小走廊宽度，一是同塔双回路杆塔横担首次采用弯折布置型式（见图 5-30），在保证 V 串夹角的前提下，把横担下平面由水平布置调整为折线形式，在满足间隙要求的同时无须增加串长，塔头布置更为紧凑，与水平横担相比，横担总长度缩短、塔头高度减小、单基塔重减少约 12.5%。二是首次在特高压同塔双回输电线路中使用了 Y 型绝缘子串，在保证线路走廊宽度与 V 型串一致的前提下，通过缩短 V 型串单肢长度，增加下 I 串，避免上横担采用弯折横担设计，受力路线明确、节点处理更加容易实现。

图 5-28　挤扩支盘桩基础真型试验

图 5-29　PHC 管桩原体试验

图 5-30　横担折弯布置型式

（5）首次完成 1000kV 特高压交流同塔双回路角钢塔真型试验。针对双回路 III 型直线塔首次采用全塔角钢设计，并通过了真型试验。该角钢塔的设计为同塔双回路杆塔设计开拓了思路，同时很好地解决钢管塔焊接工作量大、加工周期长等问题，对其他后续特高压工程中角钢的使用积累了经验。

5. 设备技术方面

（1）关键组部件国产化取得新成果。变压器硅钢片和开关盆式绝缘子、复合套管国产化率分别达 55%、90%、65%；成功研发国产变压器出线装置和开关灭弧室、操动机构并在工程中应用。

（2）研发应用变电站用新型 GIL 母线关键技术。研究基于在特高压变电站采用 GIL 部分取代 GIS 母线，提出了特高压 GIL 研制涉及的关键技术，包括典型绝缘结构、绝缘设计、通流设计、微粒陷阱设计等，明确了特高压 GIL 设计的基本原则和方法。完成特高压 GIL 样机型式试验和首次工程示范应用，南京变电站示范应用单相特高压 GIL（平高）长约 26m（见图 5-31）；泰州变电站示范应用单相特高压 GIL（新东北）长约 44m；苏州变电站示范应用三相特高压 GIL（西开）长约 380m。

图 5-31　新型 GIL 母线在南京变电站应用

（3）研究提出特高压避雷器（标准瓷套）及其试验方案。根据国内避雷器和瓷套制造商的实际制造水平，提出了可用于高地震烈度区的具备支柱绝缘子功能的避雷器全部技术参数及其关键结构参数，并进行了抗弯抗震试验（见图 5-32），研制的特高压避雷器（标准瓷套）具备兼作支柱绝缘子的功能，大幅提高了国内特高压避雷器的抗震水平。

图 5-32　瓷套避雷器抗震试验

6. 施工技术方面

（1）首次采用组合格构式跨越架跨越高铁。本工程施工 18 标段在嘉定地区跨越京沪高铁和沪宁城际高铁，要求施工期不能影响高铁的正常运行。经过工程理论分析及结构受力计算，创新采用格构式跨越架（见图 5-33），机械化程度高、施工周期短，安全性提高。

图 5-33　格构式跨越架

（2）首次采用电力抢修车进行跨越施工。本工程引进多功能移动升降式跨越车（STC750D 电力抢修车），在跨越松蒸公路、S26 沪常高速施工中，在被跨越公路两侧布置两台跨越车，并在两台跨越车之间设置安全防护网，确保导地线展放过程中被跨越物的安全，安全高效地完成跨越施工。

（3）采用单动臂抱杆组立铁塔。传统的平臂抱杆起吊重量有限，对于单件重质量较大的钢管塔塔材，起吊风险较大、质量轻、效率低。本工程采用单动臂抱杆组立铁塔（见图 5-34），此抱杆起吊重量最大可达 8t，吊装幅度达到 20m，对钢管塔可采用分片或分段的吊装方式，提高了施工效率，降低了施工风险，保证了施工质量。

图 5-34　单动臂抱杆组塔

（4）完善和推广应用 GIS 标准化移动式封闭安装厂房。在浙北—福州工程基础上进一步完善 GIS 标准化移动封闭安装厂房，采取加强防尘系统、装设空调、照明、空气净化和温湿度监测装置等措施，在南京、泰州和苏州变电站推广应用（见图 5-35），进一步改善装配环境，保证安装温湿度和清洁度，不受多雨、多风、多尘等复杂气候和环境条件影响，具备雨天、夜间安装条件，有利于提高产品装配质量和装配效率。

图 5-35　泰州变电站 GIS 移动式封闭安装厂房

（5）特高压 GIS 开展现场雷电波冲击试验。南京变电站首次示范开展特高压 GIS 现场标准雷电冲击电压试验（见图 5-36），试验电压波前时间可控制到 2μs 以内，可以有效发现设备内部细小缺陷，并可验证设备运行后耐受暂态过电压的能力。泰州变电站开展现场振荡型雷电冲击电压试验，试验效率高，有效考核了设备运行后耐受暂态过电压的能力。

7. 苏通 GIL 综合管廊工程方面

苏通 GIL 综合管廊工程是世界上首次在重要输电通道采用特高压 GIL 输电技术，是特高压输电工程技术领域又一个世界级重大创新成果，创造性地研发“紧凑型特高压气体绝缘管线+大直径长距离水下隧道”穿越长江，避免了对黄金水道的影响，为未来跨江、越海等特殊地段的输电工程提供了一个新的解决方案。

苏通管廊是穿越长江的大直径（盾构开挖直径 12.07m）、长距离（仅次于上海长江隧道 7.5km）隧道之一，三维蜿蜒曲折，最大坡度 5%（大于公路、地铁、铁路标准），是国内水压最高的隧道（0.8MPa），穿越 3300m 致密砂层，以及近 2000m 可燃有害气体地层（见图 5-37），盾构掘进施工和防水、防爆难度大，成型隧道结构变形要求高。

图 5-36　南京变电站 GIS 现场雷电冲击试验

苏通工程前，GIL 核心技术一直被国外垄断，最高电压等级 750kV，最长为日本的新名古屋火电厂—东海变电站 GIL 工程 19.5km（电压为 275kV）。本工程是世界上首个特高压 GIL 输电工程，电压等级最高、技术水平最先进，也是全世界最长的 GIL 工程（34.2km），没有可供借鉴的成熟技术、产品和工程经验，而且敷设于江底隧道之中，GIL 设备研制、工程化设计、安装施工各方面都面临极大挑战。GIL 设备是世界上首次研制，且位于线路中部，工频电压耐受水平高于特高压变电站 GIS，总长度相当于 20 个特高压变电站母线长度之和，气室数量超过 400 个，SF_6用量近 800t，绝缘子数量近 6000 个，产品安全运行的可靠性要求极高，产品对接面多，长焊缝且处于隧道密闭空间，低泄漏率的要求使得 GIL 密封要求极高。GIL 沿隧道蜿蜒曲折敷设，垂直方向下降/上升近 80m（隧道最低点黄海高程-74.83m），水平方向最大移动近

图 5-37　工程勘测发现可燃有害气体

1000m，隧道内基础承载力低，全管系应力计算复杂，GIL 三维工程化设计与隧道掘进同步推进，还要适应隧道施工误差和沉降的影响，以及未来运行中的负荷变化、环境温度变化、地震等工况下的变形要求，柔性设计难度很大。另外，隧道有限空间内，运输、安装困难（单元长度 18m 重约 5t），毫米级对接精度要求高，超长距离、超大用量 SF_6 气体充注的质量和效率要求高，GIL 单相整体进行的现场耐压试验容量超大（变电站 GIS 的 15～20 倍），必须研发专门的运输安装机具和试验设备。

苏通 GIL 综合管廊工程 2016 年 7 月 29 日核准后，国家电网公司在全力推进工程建设的同时持续推进产学研用联合攻关。2016 年 8 月 16 日工程开工，2017 年 6 月 28 日盾构机成功始发，2018 年 8 月 21 日隧道贯通，实现了安全零事故，质量创行业标杆，进度创同类项目最快纪录，中国工程院钱七虎院士评价隧道工程"达到了优秀的等级"，创建了"行业标杆工程"。在世界上首次成功研制特高压 GIL，通过严格的型式试验和样机长时间带电考核，2019 年 3 月 1 日～8 月 14 日完成现场安装，9 月 10～15 日顺利完成系统调试和 72h 试运行，9 月 26 日正式投入运行。至此，淮南—南京—上海特高压交流工程全面建成，华东特高压交流双环网正式形成，大幅提升华东电网内部电力交换能力、接纳区外来电能力和安全稳定水平，对于保护长江黄金水道具有重要示范意义，为服务经济社会发展、建设美丽中国发挥了重要作用。

截至 2021 年 9 月，本工程已获得发明专利 35 项，实用新型专利 60 项，高水平论文 142 篇（其中 SCI/EI 共计 53 篇），专著 2 部，国家、行业、团体及企业标准 6 项；获得省部级优秀设计奖 5 项；省部级科技进步奖 12 项；省部级工法 3 项；省部级 QC 成果 6 项。其他省部级以上奖 11 项。中国岩石力学与工程学会鉴定结论：隧道关键技术水平国际领先。中国机械工业联合会鉴定结论：GIL 产品综合性能达到国际领先水平。中国电机工程学会鉴定结论：项目推动了我国 GIL 隧道输电技术的进步，成果总体达到国际领先水平。

（1）完成主航道精准勘测（见图 5-38）。综合采用工程钻探、原位测试、浅层地震反射波、浅地层剖面法、水域高精度磁测、侧扫声呐法等先进手段，解决了水下障碍物识别、全断面地层划分等技术难题，测量定位 185 个，钻孔 162 个、总进尺 12 692m，完成全线物探测线累计长度 239 690m，为隧道工程设计、盾构机选型优化、掘进施工打下了坚实基础。

图 5-38　长江主航道勘测

（2）隧道结构型式关键技术。结合工程实际，采用理论分析、数值仿真等手段对管片衬砌结构受力特征进行了精细化研究分析，提出了适用于大直径高水压条件下特高压电力盾构隧道管片衬砌的结构型式和关键参数。采用大型管片原型试验（见图 5-39），研究并验证了隧道管片结构受力性能，并对结构参数进行了设计优化。研究了隧道管片接缝、螺栓的构造及力学特性，提出合理接缝形式，试验验证了与管片纵缝和环缝相对应的接头螺栓设计；发明了“环间螺栓+分布式凹凸榫”新型管片连接方式，提高拼装精度和接缝受力性能，管片接缝最大环间错台量降低 66.7%，解决了 GIL 长期运行对隧道基础不均匀变形要求高的难题。

图 5-39　隧道管片原型试验（西南交通大学）

（3）隧道密封结构设计关键技术。发明了盾构法隧道双垫圈螺栓孔防水密封结构，研发了外侧集中双道密封+内侧弹性密封的多道管片接缝密封构造，较同规模盾构隧道的防水能力提升近一倍。采用可三向自动加载的高水压盾构隧道管片接缝防水性能试验系统，进行了不同密封垫、不同接缝张开量下的防水试验。在考虑高温条件及管片接缝张开 8mm、错台 15mm 条件下，外侧密封垫能够抵抗 1.6MPa 水压，内侧密封垫能够抵抗 1.92MPa 水压。隧道贯通后，隧道全长管片表面未发现渗漏水或湿渍，防水效果真正做到了不渗不漏，使国内高水压盾构隧道管片接缝防水技术达到了一个新的高度。

（4）隧道抗震设计关键技术。研究了特高压电力隧道的地震响应，对盾构隧道横向和纵向地震响应采用大型振动台试验、分析（见图 5-40）。根据研究成果，针对工作井与隧道接头处、深槽处等关键节点采取增加钢纤维的措施，管片螺栓采用 10.9 级高强螺栓。通过环间接头局部原型试验成果，提出了接头螺栓增加弹性垫圈的减震措施，为国内大型电力隧道的抗震问题提供了新的解决方案，具有重大的工程意义。

图 5-40 管廊模型抗震试验（同济大学）

（5）长距离特高压 GIL 与架空混合输电线路的系统运行及过电压特性。创新研究了特高压 GIL 与架空混合线路系统及过电压特性，掌握工频运行电压、潜供电流、短路电流等电气参量，确定了 GIL 及其他电气主设备的关键参数；提出了特高压 GIL 的过电压保护及绝缘配合方案，保证苏通 GIL 综合管廊工程应用的安全性和可靠性。

（6）特高压感应电流快速释放装置及其操作逻辑。GIL 两端配置感应电流快速释放装置（快速接地开关原理），在 GIL 内部放电故障时自动合上以旁路感应电流，使之熄灭。故障时，在继电保护装置动作跳开两侧变电站的断路器后，由自动控制装置动作实现感应电流快速释放装置的迅速合闸，合闸时间不超过 10s，该自动装置安装在南、北引接站内。为确保感应电流快速释放装置合闸的可靠性，其对应的自动控制装置采用双重化配置方案。

（7）GIL 三维设计技术。三维设计方案审查会场景见图 5-41。突破模型属性无损交换的技术难题，建立 GIL 设备与管廊精确匹配的三维模型，实现 GIL 与隧道协同设计。采用三维可视化设计，通过 BIM 技术，对 GIL 布置方案进行碰撞检测和安装模拟，确保设备布置满足空间要求。GIL 三维设计与隧道掘进同步推进，适应隧道施工误差和结构变形变位；根据断面测量与调线调坡中间结果，动态优化柔性布置。隧道贯通后，最终完成断面测量和调线调坡、锁定三维设计，包括 15 个直线段、11 个纵向 R2000m 圆弧段和 3 个水平圆弧段（含 4 个 R2000m 圆弧段）。三维模型载入物联网设备管控平台，实现了 GIL 工程设计、产品制造、运输和现场安装的全过程流程化管控。

图 5-41　三维设计方案审查会

（8）特高压 GIL 综合监测系统。在系统研究的基础上，构建了集成的综合监测平台。GIL 设备监测、避雷器监测、GIL 放电故障定位、巡检机器人系统、隧道结构健康监测系统等外部子系统，均接入统一的一体化的监控监测平台。根据管廊设备的分布特点，以及各子系统的组成特点，提出管廊内综合监测网络具备有线与无线等接入方式，具备星网与环网等网络结构，实现了各终端设备接入方案的最优化。

（9）电力管廊通风模拟计算分析和方案设计。研究提出了长距离电力 GIL 管廊通风系统的详细设备配置方案及布置形式，主通道通风系统可满足 GIL 设备在最严苛的环境条件和运行工况下，GIL 设备安全运行的要求和保障运行维护人员安全的要求。采用 SF_6 专用通风系统与管廊通风系统相结合的方式排除管廊内的 SF_6 气体，隧道内监测到 SF_6 气体泄漏时，主通道风机开至最大风速，同时开启泄漏区域附近 SF_6 专用排风系统的风阀，保证 SF_6 气体在最短时间内排除。

（10）长距离电力管廊接地设计。将两侧引接站和中间管廊段组成整体接地网，通过 CDEGS 软件进行接地网计算，建模时将南引接站接地网、北引接站接地网和管廊内隧道钢筋自然接地体三者合一作为整体接地网，尽可能还原地网的实际情况，经计算地电位升高、接触和跨步电势满足要求，从而实现主地网的最优配置设计方案。

（11）1000kV 特高压 GIL+架空混合线路保护策略。全线路配置大差动保护，采用分相电流差动保护作为主保护，包含完整的后备保护；针对 GIL 段配置小差动保护，采用电流差动保护，见图 5-42。“大差动”与“小差动”均动作时，则为 GIL 段发生故障，保护动作切除故障的同时闭锁重合闸。

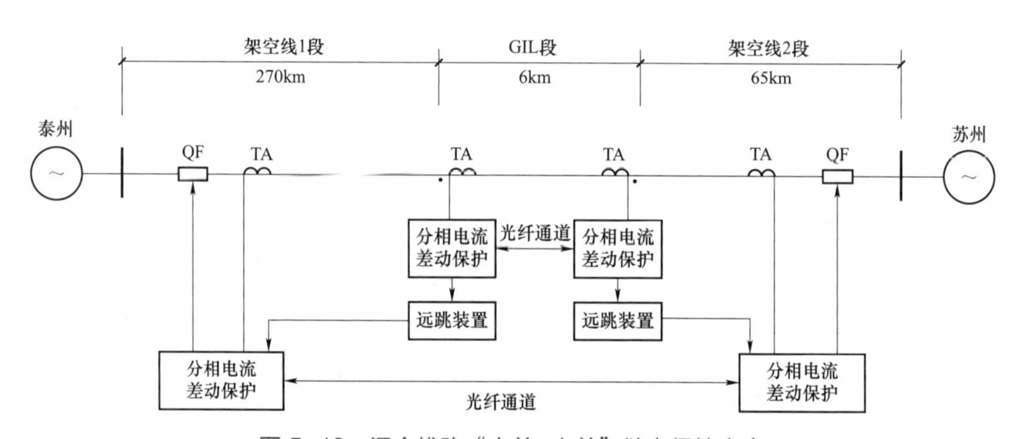

图 5-42　混合线路“大差+小差”继电保护方案

（12）在世界上首次成功研发 1000kV 特高压 GIL 成套设备。图 5-43 和图 5-44 为特高压 GIL 技术研讨会场景。长期运行电压 1133kV，型式试验工频耐受电压 1265kV，现场交接试验工频耐受电压 1150kV，均高于变电站特高压 GIS 的水平（见图 5-45 和图 5-46）。攻克了 GIL 高可靠性绝缘设计难题，首创哑铃型三支柱绝缘子，自主研制出全系列绝缘子和微粒捕捉器，首次提出在 797kV 电压下绝缘子局部放电量小于 2pC、GIL 整机单元局部放电量小于 5pC，远高于特高压 GIS 绝缘性能考核要求。发明了绝缘子内置、双道密封的 GIL 密封结构和动态真空正压氦检漏方法，标准单元 SF_6年泄漏率不大于 0.01%（变电站特高压 GIS 为 0.5%）。开发了转角精度达 0.05° 的小角度外壳一次成型工艺，提出高容差触头插接结构，实现了多段转角拟合弧形线位的复杂空间全管系柔性布置。发明了一种薄壁多层、分体压缩结构的力平衡伸缩节，地基水平方向载荷降低 70%，解决了柔性补偿难题。采用压力平衡型伸缩节、复式拉杆型伸缩节、铰链型角向伸缩节与外壳组成补偿单元，实现轴向/径向位移补偿。研制出开合能力 800A、100 次的感应电流快速释放装置，实现 GIL 故障的秒级快速可靠熄弧。

图 5-43　特高压 GIL 技术国际研讨会

图 5-44　GIL 技术规范书研讨会

图 5-45　2018 年 3 月 28 日，特高压 GIL 通过型式试验

图 5-46　特高压 GIL 样机在武汉特高压交流基地带电考核

（13）盾构机选型和隧道建造技术。针对高水压、高石英含量、有害气体的地质特点，开展了刀盘刀具配置、搅拌器设计、盾尾密封、防爆措施等研究，研发了“套筒+多级油缸”小空间常压换刀装置，成功研制了性能优良的“卓越号”大直径泥水平衡盾构机（见图 5-47 和图 5-48），解决了盾构机耐高水压、耐磨蚀性、防爆等难题。开发适用于沼气地层条件的泥浆渗透成膜技术和克泥效阻隔沼气工法，消除沼气燃爆风险。开发了长距离大直径施工隧道内无轨运输智能化调度系统方法，解决了满足大直径泥水盾构高效掘进的无轨运输、同步施工、施工通风等关键问题；全面完成盾构机始发和掘进全过程风险评估及其施工措施和应急预案；形成从盾构

机研发制造、安全高效掘进施工和质量控制的隧道修建成套技术，可应用在大直径、长距离、超高水压、高磨蚀砂层、沼气地层、穿江越海等隧道工程中，推动了盾构隧道技术进步。2017 年 6 月 28 日，“卓越号”盾构机始发（见图 5-49）。2018 年 8 月 21 日，隧道贯通（见图 5-50 和图 5-51）。图 5-52 为隧道工程专家研讨会场景。图 5-53 为隧道工程专家验收会场景。

图 5-47　“卓越号”盾构机研制成功

图 5-48　2017 年 3 月 24 日“卓越号”盾构机出厂

图 5-49　2017 年 6 月 28 日“卓越号”盾构机始发

图 5-50　2018 年 8 月 21 日隧道贯通

图 5-51　建成后的隧道

图 5-52　隧道工程专家研讨会

图 5-53　隧道工程专家验收会

（14）超长距离 GIL 安装试验技术。开发了隧道有限空间内大型管道运输就位自动控制及空间运动姿态精准调节方法，研制了运输和安装机具，实现了三相同步运输预就位和四自由度精准对接，安装精度控制在 2mm 内。攻克了超长 GIL 充气的气压稳定、泄漏自动闭锁等核心技术，开发了工程现场的 SF_6 集中供气系统，实现了全管系 SF_6 气体的集中管理和高效充注，速率较传统移动式充气提高 12 倍。研制出首套超大容量一体化耐压试验装置，容量较特高压 GIS 试验装置提升 7.5 倍，实现超长 GIL 整段绝缘考核。图 5-54 为电气施工方案审查会场景。图 5-55 和图 5-56 为 GIL 专用运输、安装机具。图 5-57 为 SF_6 集中供气系统。图 5-58 为现场交接试验方案审查会。2019 年 8 月 14 日，GIL 安装完成（见图 5-59）。图 5-60 为特高压 GIL 现场耐压试验场景。

图 5-54 电气施工方案审查会

图 5-55 GIL 专用运输机具

图 5-56 GIL 专用安装机具

图 5-57　SF_6集中供气系统

图 5-58　现场交接试验方案审查会

图 5-59　2019 年 8 月 14 日 GIL 安装完成

图 5-60 特高压 GIL 现场耐压试验

（15）GIL 故障快速定位技术。提出基于击穿暂态电压行波的故障定位方法，首次实现暂态电压 0.1～230MHz 超宽频传感、250MS/s 超高速实时捕获，与超声定位法、故障电流定位法配合，解决了千米级范围内米级快速精准定位和多故障点识别的难题。

（16）建立了特高压 GIL 标准体系。研究提出了覆盖通用技术、设备规范、施工试验和运行维护各方面的“特高压 GIL 技术标准综合体”，已发布相关标准 6 项。

第六章

锡盟—山东 1000kV 特高压交流输变电工程

一、工程背景

2009 年 2 月 3 日，国家能源局成立后第一次全国能源工作会议在北京召开。会议确定了 8 项重点工作，第一项“加快电力工业结构调整”指出：要抓住电力需求放缓的机遇，大力调整电力结构，加强企业管理和积极推进改革。建设大型煤电基地，继续推进电力工业“上大压小”，发展热电联产，大力发展核电，加强电网建设。

为贯彻落实会议精神，推进锡盟能源基地开发建设，满足华北、华东地区电力需求，国家电网公司组织开展了有关输电规划设计工作。2009 年 12 月 30 日，国家电网公司向国家能源局上报《关于申请开展锡盟—南京特高压交流工程前期工作的请示》（国家电网发展〔2009〕1548 号）。2010 年 10 月 27 日，国家能源局印发《国家能源局关于开展锡盟向华东输电工程前期论证工作的函》（国能电力〔2010〕347 号）。

2014 年 5 月 16 日，国家能源局印发《国家能源局关于加快推进大气污染防治行动计划 12 条重点输电通道建设的通知》（国能电力〔2014〕212 号），锡盟—山东 1000kV 特高压交流输变电工程被列入大气污染防治行动计划 12 条重点输电通道之一。2014 年 4 月 22 日，国家电网公司向国家发展和改革委员会上报《国家电网公司关于锡盟—山东特高压交流输变电工程项目核准的请示》（国家电网发展〔2014〕491 号）。2014 年 7 月 12 日，国家发展和改革委员会印发《国家发展改革委关于锡盟—山东 1000 千伏特高压交流输变电工程核准的批复》（发改能源〔2014〕1643 号）。建设本工程，对于促进内蒙古锡盟煤电和风电能源基地开发和送出、加快资源优势向经济优势转化，满足京津冀鲁地区电力负荷增长需要，落实大气污染防治行动计划、改善生态环境质量，具有重要意义。

二、工程概况

（一）核准建设规模

新建锡盟 1000kV 变电站、承德 1000kV 串补站、北京东 1000kV 变电站、济南 1000kV 变电站，新建锡盟—承德—北京东—济南双回 1000kV 输电线路工程

2×730km，建设相应的无功补偿和通信、二次系统工程。工程动态总投资 178.2 亿元，由国网北京市电力公司（锡盟变电站、北京东变电站、承德串补站和锡盟—北京东线路）、天津市电力公司(北京东—济南线路位于河北省、天津市境内的部分)、山东省电力公司（济南变电站、北京东—济南线路位于山东省境内的部分）共同出资建设。图 6-1 为锡盟—山东 1000kV 特高压交流输变电工程系统接线示意图。

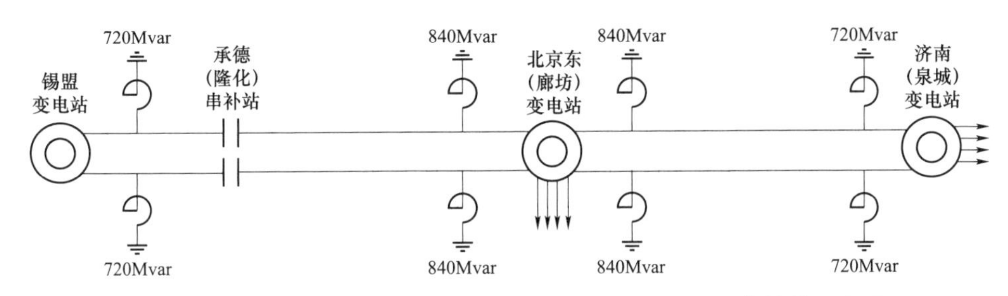

图 6-1　锡盟—山东 1000kV 特高压交流输变电工程系统接线示意图

（二）建设内容

1. 锡盟变电站工程

锡盟 1000kV 变电站位于内蒙古锡林郭勒盟锡林浩特市多伦县大河口乡。安装变压器 1×3000MVA（1 号主变压器）; 1000kV 采用户内 GIS 组合电器设备，3/2 接线，组成 1 个完整串和 1 个不完整串，安装 5 台断路器，出线 2 回（至承德串补站），每回线路各装设高压并联电抗器 1×720Mvar; 500kV 采用户外 HGIS 设备(加装伴热带); 主变压器低压侧安装 110kV 低压电抗器 3×240Mvar 和低压电容器 1×210Mvar，锡盟变电站电气接线示意图见图 6-2。本期工程用地面积 12.24 公顷（围墙内 11.25 公顷）。调度命名为“1000 千伏特高压锡盟站”。

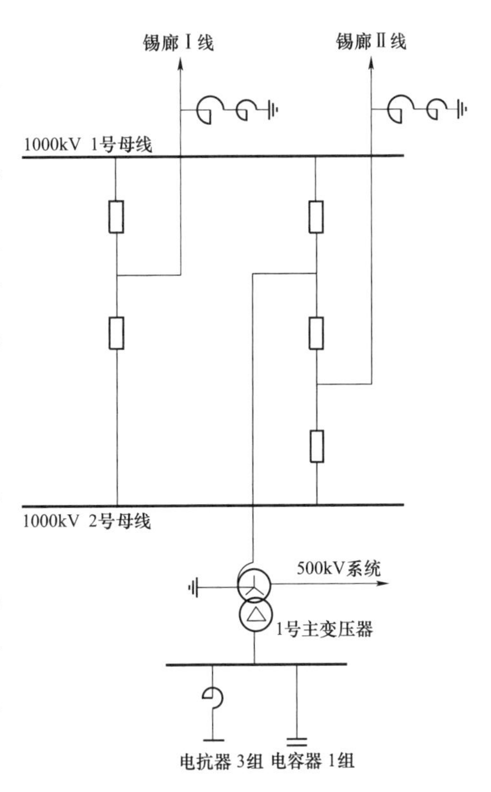

图 6-2　锡盟变电站电气接线示意图

2. 承德串补站工程

承德 1000kV 串补站位于河北省承德市

隆化县郭家屯镇。在锡盟—北京东双回线路中，每回线路各安装1套固定串补装置，每套串补度 41.3%，容量为（1500Mvar+1500Mvar）。采用每相 2 组串补设备（20.65%+20.65%）、双平台串联接线，承德串补站电气接线示意图见图 6-3。本期用地面积 6.65 公顷（围墙内 5.21 公顷）。调度命名为“1000 千伏特高压隆化串补站”。

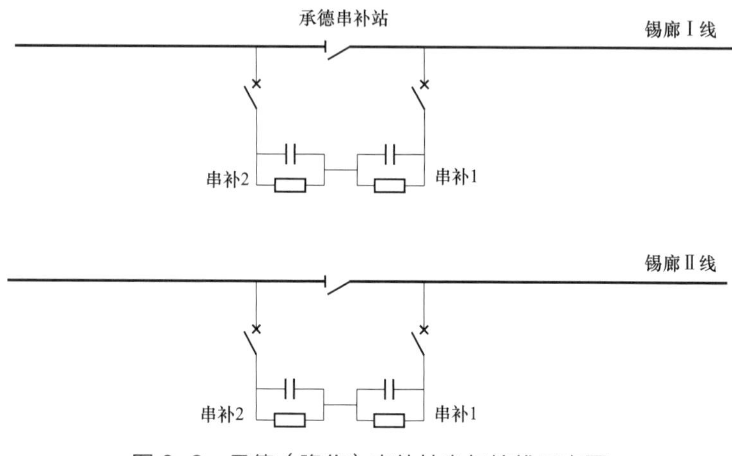

图 6-3 承德（隆化）串补站电气接线示意图

3. 北京东变电站工程

北京东 1000kV 变电站位于河北省廊坊市三河市新集镇。安装变压器 2×3000MVA（2号和3号主变压器）；1000kV 采用户外 GIS 组合电器设备，3/2 接线，组成1个完整串和4个不完整串，安装11台断路器，出线4回（至承德、济南各2回），每回线路各装设高压并联电抗器 1×840Mvar；500kV 采用户外 GIS 组合电器设备，出线4回（至顺义、太平各2回）；每组主变压器低压侧安装 110kV 低压电抗器 2×240Mvar 和低压电容器 2×210Mvar，北京东（廊坊）变电站电气接线示意图见图 6-4。本期工程用地面积 13.98 公顷（围墙内 13.03 公顷）。调度命名为“1000 千伏特高压廊坊站”。

4. 济南变电站工程

济南 1000kV 变电站位于山东省济南市济阳县仁风镇。安装变压器 2×3000MVA（1号和2号主变压器）；1000kV 采用户外 GIS 组合电器设备，3/2 接线，组成4个不完整串，安装8台断路器，出线2回（至北京东），每回线路各装设高压并联电抗器 1×720Mvar；500kV 采用户外 GIS 组合电器设备，出线4回（至闻韶、高青各2回）；每组主变压器低压侧安装 110kV 低压电抗器 2×240Mvar 和低压电容器 2×210Mvar，济南（泉城）变电站电气接线示意图见图 6-5。变电站总用地面积 13.39 公顷（围墙内 12.12 公顷）。调度命名为“1000 千伏特高压泉城站”。

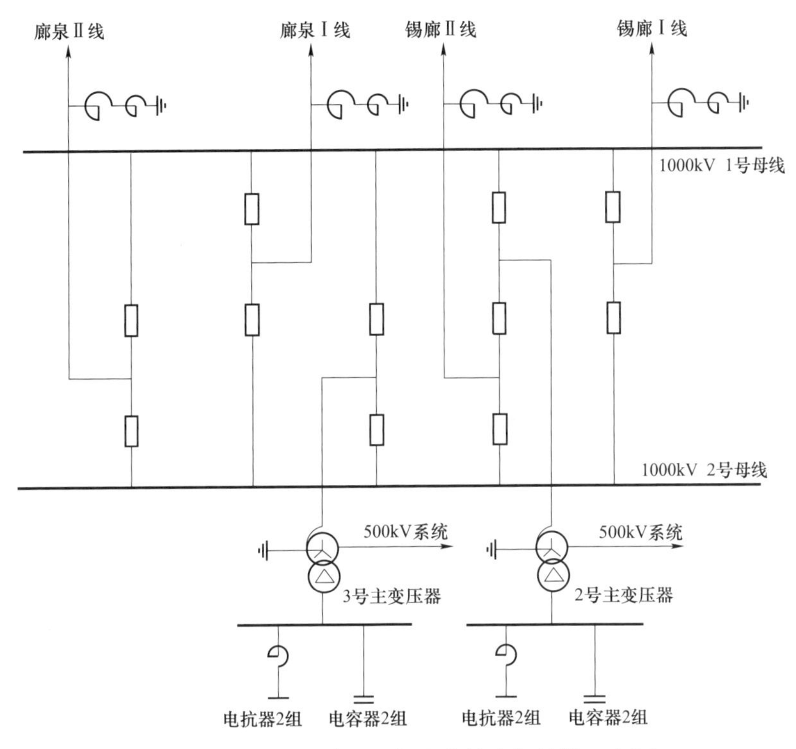

图 6-4　北京东（廊坊）变电站电气接线示意图

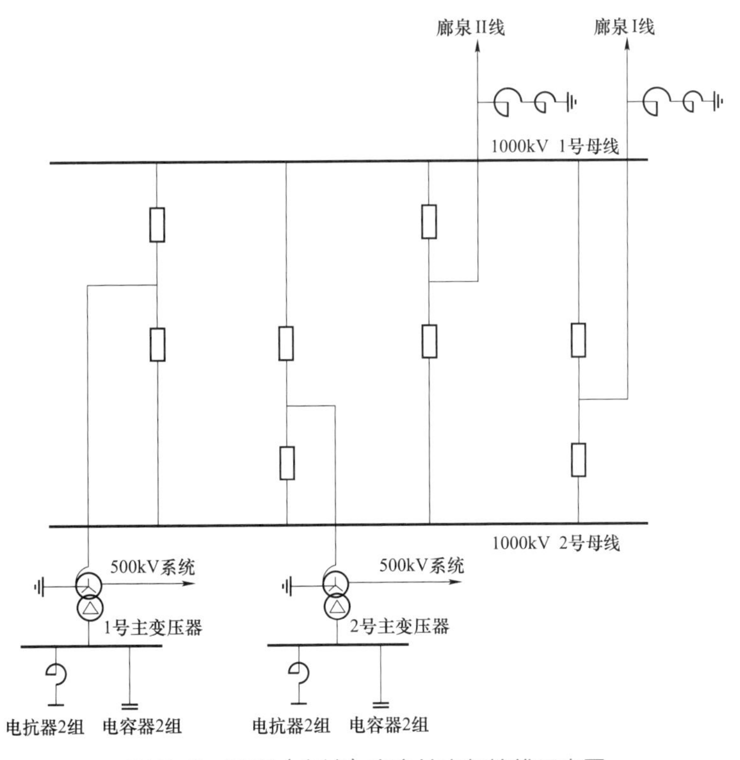

图 6-5　济南（泉城）变电站电气接线示意图

5. 输电线路工程

新建锡盟—承德—北京东—济南双回 1000kV 交流输电线路，途经内蒙古自治区、河北省、天津市、山东省，全长 2×719.3km，其中单回路 624.079km，同塔双回路 407.256km。全线铁塔 1927 基，其中单回路角钢塔 1124 基，双回路钢管塔 803 基。锡盟—北京东段 2×352km，北京东—济南段 2×367.3km，均采用两个单回路和同塔双回路混合架设。工程沿线平地 60.9%，河网泥沼 2.9%，丘陵 6.5%，一般山地 18.8%，高山大岭 10.9%。海拔 0～1800m。全线为 10mm 轻冰区。全线分为 27、29、30m/s 共 3 个风区。

导线采用 8×JL1/G1A-630/45 钢芯铝绞线。锡盟—北京东段，同塔双回路 2 根地线均采用 OPGW 光缆；单回路 1 根地线采用 OPGW 光缆，另 1 根地线采用普通地线。北京东—济南段，1 根地线为 OPGW 光缆，其余采用普通地线。双回路光缆采用 OPGW-185，单回路光缆采用 OPGW-170。双回路普通地线采用 JLB20A-185 铝包钢绞线，单回路普通地线采用 JLB20A-170 铝包钢绞线。

6. 系统通信工程

在锡盟—北京东 1000kV 线路上架设 2 根 24 芯 OPGW 光缆，在北京—静海中继站—济南架设 1 根 36 芯 OPGW 光缆。建设锡盟—承德—北京东—静海—济南光纤通信电路，构成本工程第一通道。建设锡盟—承德—北京东—顺义—闻韶—济南光纤通信电路，构成本工程第二通道。利用网省公司现有电路构成第三通道。

三、工程建设情况

（一）工程管理

2014 年 8 月 11 日，国家电网公司印发《锡盟—山东 1000 千伏特高压交流输变电工程建设管理纲要》（国家电网交流〔2014〕999 号），明确了工程管理模式和相关单位职责，以及工程目标、组织体系、制度体系、工作计划和工作要求等。计划 2016 年 7 月建成投产。

实行国家电网公司总部管理决策与统筹管控、省公司为主现场建设管理、直属单位专业技术支撑的管理模式。国家电网公司交流建设部履行项目法人职能，负责工程建设全过程统筹协调和关键环节集约管控，总部其他相关部门负责归口管理，华北分部参与工程建设管理（协调 500kV 配套工程、组织特高压线路参数测试等）。国网蒙东、冀北、河北、天津、山东电力等相关省公司除负责属地范围地方工作协调和生产准备之外，国网冀北、河北、天津、山东电力作为现场建设管理主体，负责属地范围内的工程现场建设管理（内蒙古段由国网冀北电力负责）。国网交流建设分公司负责锡盟变电站工程现场建设管理、线路材料质量管控，以及现场建设业务支撑和技术服务；国网信通公司负责系统通信工程现场建设管理和技术支撑；国网经研院协助国网交流部开展施工图设计管理；国网物资公司负责物资催交、催运和现场服务支撑；中国电科院负责试验调试和变电设备质量管控（国网电科院和省电科院参加）；电力规划设计总院负责初步设计的具体组织，受委托负责初步设计评审。

（二）主要参建单位

1. 工程设计单位

成立工程设计领导小组，下设工程设计工作组、设计监理工作组、工程设计专家组。国家电网公司交流建设部负责全过程管理与协调，国网经研院协助国网交流部开展设计管理，电力规划设计总院牵头开展初步设计，建设管理单位负责施工图管理。

（1）变电工程。

锡盟变电站主体设计院（主体院是负责方）是东北电力设计院，参加设计院是浙江电力设计院，设计监理是西南电力设计院。

承德串补站设计单位是西南电力设计院，设计监理是东北电力设计院。

北京东变电站主体设计院是华北电力设计院，参加设计院是河北省电力设计院，设计监理是中南电力设计院。

济南变电站主体设计院是中南电力设计院，参加设计院是国核电力设计研究院，设计监理是华北电力设计院。

（2）线路工程。

锡盟—北京东段：西南电力设计院是本段的主体设计院（提出总体初步设计原则与技术方案），华北电力设计院是设计监理单位。施工图设计阶段，各设计院根据审定的设计原则独立开展工作，依次为内蒙古电力设计院（锡盟站—河北围场县约 39km）、西南电力设计院（河北围场县至兴隆县约 203km）、湖北省电力设计院（河北兴隆县至唐山遵化市约 39km）、河南省电力设计院（遵化市至北京东站约 77km）。

北京东—济南段：华北电力设计院是本段的主体设计院，西南电力设计院是设计监理单位。施工图设计阶段，依次为华北电力设计院（北京东变电站—河北沧州青县约 166km）、河北电力设计院（河北沧州青县至天津河北省界约 28km）、西北电力设计院（天津河北省界至河北山东省界约 92km）、东北电力设计院（河北与山东省界至济南站约 80km）。

（3）系统通信工程。

华北电力设计院负责全线系统通信工程初步设计，有关主体设计院负责接口配合。

2. 主要设备供货单位

（1）锡盟变电站。

西电开关电气有限公司（1100kV GIS 开关设备）、沈阳变压器有限公司（1000kV 主变压器）、衡阳变压器有限公司（1000kV 电抗器）、西电避雷器有限公司（1000kV 避雷器）、桂林电力电容器有限公司（1000kV 电容式电压互感器）、西安 ABB 电力电容器有限公司（110kV 电容器）、上海 MWB 互感器有限公司（110kV 电抗器）、北京宏达日新电机有限公司（110kV HGIS）。

监控系统（南瑞继保）、1000kV 线路保护（南瑞继保、北京四方）、1000kV 变压器保护（南瑞继保、许继电气）、1000kV 电抗器保护（许继电气、南瑞继保）、1000kV 母线保护（南瑞继保、国电南自）、1000kV 断路器保护（许继电气）。

（2）承德串补站。

中电普瑞科技有限公司（1000kV 串补设备）、南阳金冠电气有限公司（1000kV 避雷器）、西电高压电瓷有限公司（1000kV 支柱绝缘子）、中材高新材料股份有限公司（1000kV 支柱绝缘子）。监控系统（国电南自）。

（3）北京东变电站。

河南平高电气有限公司（1100kV GIS 开关设备）、保定天威保变电气有限公司（1000kV 主变压器）、西电变压器有限责任公司（1000kV 电抗器）、平高东芝（廊坊）避雷器有限公司（1000kV 避雷器）、西电电力电容器有限公司（1000kV 电容式电压互感器）、桂林电力电容器有限公司（110kV 电容器）、北京电力设备总厂（110kV 电抗器）、北京 ABB 高压开关有限公司（110kV 专用开关）、西安西电高压开关有限公司（110kV 总断路器）。

监控系统（南瑞科技）、1000kV 线路保护（南瑞继保、北京四方）、1000kV 变压器保护（南瑞继保、许继电气）、1000kV 电抗器保护（许继电气、南瑞继保）、1000kV 母线保护（南瑞继保、国电南自）、1000kV 断路器保护（南瑞科技）。

（4）济南变电站。

新东北电气开关有限公司（1100kV GIS 开关设备）、衡阳变压器有限公司（1000kV 主变压器/1 号主变压器）、山东电力设备有限公司（1000kV 主变压器/2 号主变压器、1000kV 电抗器）、南阳金冠电气有限公司（1000kV 避雷器）、桂林电力电容器有限公司（1000kV 电容式电压互感器）、新东北电气电力电容器有限公司（110kV 电容器）、北京电力设备总厂（110kV 电抗器）、北京 ABB 高压开关有限公司（110kV 专用开关）、西安西电高压开关有限公司（110kV 总断路器）。

监控系统（北京四方）、1000kV 线路保护（南瑞继保、北京四方）、1000kV 变压器保护（南瑞继保、许继电气）、1000kV 电抗器保护（许继电气、南瑞继保）、1000kV 母线保护（南瑞继保、国电南自）、1000kV 断路器保护（许继电气）。

（5）线路铁塔。

角钢塔：青岛豪迈钢结构有限公司、重庆顺泰铁塔制造有限公司、山东齐星铁塔科技股份有限公司、江苏振光电力设备制造有限公司、青岛东方铁塔股份有限公司、潍坊长安铁塔股份有限公司、江苏华电铁塔制造有限公司、湖州飞剑杆塔制造有限公司、湖南省电力线路器材厂、温州泰昌铁塔制造有限公司、无锡市顺天铁塔器材制造有限公司、山东建兴铁塔制造有限公司、安徽宏源铁塔有限公司、宝鸡铁塔厂、天津市津通电力铁塔制造有限公司、山东鲁能泰山铁塔有限公司、江苏鑫吴输电设备制造有限公司、湖南景明电力器材有限责任公司、浙江通兴铁塔有限公司、重庆广仁铁塔制造有限公司。

钢管塔：青岛东方铁塔股份有限公司、山东中铁华盛机械有限公司、江苏振光电力设备制造有限公司、潍坊长安铁塔股份有限公司、江苏华电铁塔制造有限公司、河南鼎力杆塔股份有限公司、青岛豪迈钢结构有限公司、安徽宏源铁塔有限公司、湖州飞剑杆塔制造有限公司、江苏电力装备有限公司、潍坊五洲鼎益铁塔有限公司、温州泰昌铁塔制造有限公司、重庆瑜煌电力设备制造有限公司、南京大吉铁塔制造有限公司、常熟风范电力设备股份有限公司、河北宁强光源有限公司、青岛武晓集团股份有限公司、山东省呈祥电工电气有限公司、浙江盛达铁塔有限公司、山东鲁能泰山铁塔有限公司、山东华安铁塔有限公司、青岛强力钢结构有限公司、江苏鑫吴输电设备制造有限公司、山东建兴铁塔制造有限公司、江苏翔宇电力装备制造有限公司。

（6）线路绝缘子。

盘式绝缘子：大连电瓷集团股份有限公司、内蒙古精诚高压绝缘子有限责任公司、苏州电瓷厂有限公司、浙江金利华电气股份有限公司、自贡塞迪维尔钢化玻璃绝缘子有限公司、三瑞科技(江西)有限公司、南京电气(集团)有限责任公司、四川省宜宾环球集团有限公司。

复合绝缘子：襄阳国网合成绝缘子有限责任公司、广州市迈克林电力有限公司、江苏祥源电气设备有限公司、长园高能电气股份有限公司、淄博泰光电力器材厂。

（7）线路导地线和光缆。

导线供货商为河南通达电缆股份有限公司、航天电工集团有限公司、江苏通光强能输电线科技有限公司、无锡华能电缆有限公司、江苏南瑞淮胜电缆有限公司、重庆泰山电缆有限公司、青岛汉缆股份有限公司、江苏南瑞银龙电缆有限公司（含扩径导线）、华北电力线材有限公司、特变电工(德阳)电缆股份有限公司、杭州电缆股份有限公司、河北中兴电力装备有限责任公司、绍兴电力设备有限公司、江苏中天科技股份有限公司、江苏亨通电力电缆有限公司、上海中天铝线有限公司、特变电工山东鲁能泰山电缆有限公司、无锡江南电缆有限公司。地线供货商为河南通达电缆股份有限公司、贝卡尔特(新余)金属制品有限公司。

OPGW 供货商为深圳市特发信息股份有限公司、江苏藤仓亨通光电有限公司、江苏通光光缆有限公司、中天日立光缆有限公司。

（8）线路金具。

四平线路器材厂、成都电力金具总厂、江苏新曙光电力器材有限公司、江东金具设备有限公司、广州鑫源恒业电力线路器材股份有限公司、江苏天南电力器材有限公司、南京线路器材有限公司、江苏捷凯电力器材有限公司、浙江泰昌实业有限公司、河南电力器材公司、江苏双汇电力发展股份有限公司、湖州泰仑电力器材有限公司。

（9）监造单位。

变电设备方面，武汉南瑞有限责任公司负责部分特高压变压器和电抗器，包括特变电工沈阳变压器有限公司（锡盟变电站特高压变压器）、特变电工衡阳变压器有限公司（锡盟变电站特高压电抗器、济南变电站特高压变压器）、西电变压器有限公司（北京东变电站特高压电抗器）；中国电科院负责其余所有设备，包括山东电力设备有限公司（济南变电站特高压变压器和电抗器）、天威保变电气股份有限公司（北京东变电站特高压变压器），特高压串补、开关设备、避雷器、CVT、支柱绝缘子，110kV 电容器、电抗器、专用开关，控制保护系统。国网冀北电科院、蒙东电科院、山东电科院参加。

线路材料方面，国网交流公司负责监造组织管理工作，中国电科院牵头监造管理，中国电科院、国网富达公司、华电郑州机械设计院具体承担监造任务。

3. 现场建设有关单位

（1）锡盟变电站。

北京华联电力工程监理公司（施工监理），天津电力建设公司（土建工程）、湖北省送变电工程公司（电气安装工程）。国网蒙东电力科学研究院（特殊交接试验）、中国电科院（计量试验、系统调试）。

（2）承德串补站。

山西锦通监理公司（施工监理），安徽送变电公司（土建工程），山西送变电公司（电气安装工程）。国网冀北电力科学研究院（特殊交接试验）、中国电科院（计量试验、系统调试）。

（3）北京东变电站。

武汉中超监理公司（施工监理），北京送变电公司（土建工程 A、电气安装工程 A），河北送变电公司（土建工程 B），华东送变电公司（电气安装工程 B）。国网冀北电力科学研究院（特殊交接试验）、中国电科院（计量试验、系统调试）。

（4）济南变电站。

安徽电力工程监理公司（施工监理），山东送变电公司（土建工程 A、电气安装工程 A），安徽电建二公司（土建工程 B），湖南送变电公司（电气安装工程 B）。国网山东电力科学研究院（特殊交接试验）、中国电科院（计量试验、系统调试）。

（5）线路工程。

锡盟站—河北围场段：监理单位为北京华联电力工程监理公司（约 193km）；施工单位依次为甘肃送变电公司（1 标段）、陕西送变电公司（2 标段）、福建送变电公司（3 标段）、华东送变电公司（4 标段）、湖北送变电公司（5 标段）。

河北围场—北京东站段：监理单位为河北电力建设监理公司（约 160km）；施工单位依次为湖南送变电公司（6 标段）、山西送变电公司（7 标段）、北京送变电公司（8 标段）、北京电力工程公司（9 标段）。

北京东站—津冀省界段：监理单位为湖北环宇工程建设监理公司（约 195km）；施工单位依次为黑龙江送变电公司（10 标段）、广西送变电公司（11 标段）、河南送变电公司（12 标段）、天津送变电公司（13 标段）、山西供电承装公司（14 标段）、安徽送变电公司（15 标段）。

津冀省界—济南段：监理单位为山东诚信工程建设监理有限公司（约 168km）；施工单位依次为新疆送变电公司（16 标段）、河北送变电公司（17 标段）、山东送变电公司（18 标段）。

（三）建设历程

2014 年 7 月 12 日，国家发展和改革委员会印发《国家发展改革委关于锡盟—山东 1000 千伏特高压交流输变电工程核准的批复》（发改能源〔2014〕1643 号）。

2014 年 8 月 11 日，国家电网公司印发《锡盟—山东 1000 千伏特高压交流输变电工程建设管理纲要》（国家电网交流〔2014〕999 号）。

2014 年 8 月 11~12 日，电力规划设计总院受国网交流部委托主持工程初步设计评审会议，之后以电规电网〔2014〕773 号文件印发会议纪要。2014 年 9 月 4 日，电力规划设计总院印发《关于锡盟—山东 1000kV 特高压交流输变电工程初步设计的评审意见》（电规电网〔2014〕849 号）。

2014 年 8 月 22 日，国网交流部组织召开直升机试点应用研讨会，对直升机组塔进行了研讨和安排。

2014 年 9 月 11 日，国家电网公司印发《国家电网公司关于锡盟—山东 1000 千伏特高压交流输变电工程初步设计的批复》（国家电网基建〔2014〕1126 号）。

2014 年 9 月 19 日，国网交流部在济南主持召开现场建设协调领导小组第一次会议，安排了工程开工建设的相关工作。

2014 年 9 月 27 日，冀北、天津、河北、山东各段线路工程基础开工。

2014 年 10 月 12 日，承德串补站场平工程开工。10 月 17 日，济南变电站场平工程开工。10 月 20 日，锡盟变电站场平工程开工。

2014 年 11 月 4 日，“两交一直”特高压工程开工动员大会在北京召开。大气污染防治行动计划 12 条重点输电通道中首批核准项目淮南—南京—上海和锡盟—山东特高压交流工程、宁东—浙江特高压直流工程宣布开工。

2014 年 12 月 11 日，济南变电站土建工程开工。

2014 年 12 月 28 日，北京东变电站场平工程开工。

2014 年 12 月 29 日，河北段线路组塔工程开工。

2015 年 1 月 1 日，承德串补站土建工程开工。

2015 年 3 月 8 日，山东段线路组塔工程开工。

2015 年 3 月 15 日，北京东变电站土建工程开工。

2015 年 3 月 19 日，国网交流公司在北京组织召开直升机组塔真型试验方案、直升机组塔吊装技术方案、地面配合作业指导书审查会议。3 月 25 日国网交流公司在遵化组织召开直升机深化应用协调会议，4 月 28 日国网交流部组织召开直升机深化应用试点工作会，安排了试点工作。5 月 21～27 日，采用 S-64F 直升机吊装 3 基 SZ27103F 型特高压交流双回路钢管塔，顺利完成，吊装共约 372t。

2015 年 3 月 25 日，锡盟变电站土建工程开工。

2015 年 4 月 7 日，冀北段线路组塔工程开工。

2015 年 4 月 16 日，天津段线路组塔工程开工。

2015 年 5 月 6 日，山东段线路架线工程开工。

2015 年 6 月 1 日，锡盟变电站电气安装工程开工。6 月 10 日，承德串补站电气安装工程开工。6 月 17 日，济南站电气安装工程开工。

2015 年 7 月 8 日，河北段线路架线工程开工。

2015 年 8 月 22 日，冀北段线路架线工程开工。

2015 年 9 月 25 日，天津段线路架线工程开工。

2016 年 4 月 25 日，国网交流公司组织召开线路参数测试工作会议。5 月 11～12 日，承德—北京东段线路参数测试工作完成。5 月 15～16 日，北京东—济南段参数测试完成。5 月 18～19 日，锡盟—承德段参数测试完成。

2016 年 5 月 18 日，工程启动验收委员会第一次会议召开。

2016 年 6 月 2 日、3 日、7 日、8 日，国网交流部分别组织召开山东段、河北段、天津段、冀北段线路工程验收会议。

2016 年 6 月 7 日，国网交流部组织承德串补站工程验收会议。

2016 年 6 月 15 日，工程启动调试开始。6 月 15～17 日，北京东、济南变电站站内系统调试；6 月 21～30 日，北京东变电站—济南变电站之间的站间系统调试；7 月 1～8 日，北京东变电站—锡盟变电站之间的站间系统调试，以及承德串补站特高压串补平台带电、空载带电、线路保护联动串补旁路、带串补投切空载线路、串补控制保护掉电等试验。完成系统调试项目后，针对北京东变电站特高压 GIS 母线修复、母线加装 VT 和 VFTO 传感器，7 月 9 日、16 日、22 日、27 日专门安排了 4 次补充的母线带电投切试验。

2016 年 7 月 28 日，开始 72h 试运行。7 月 31 日，工程正式投运。

2019 年 4 月 2～3 日，完成承德串补站锡廊Ⅰ、Ⅱ回特高压串补带负荷试验。

2020 年 9 月 15 日，顺利完成承德串补站人工短路接地试验。

四、建设成果

锡盟—山东工程是当时海拔最高、气温最低的特高压交流工程，起始段处于高寒地区、冬季长达 7 个月，冀北段线路年有效施工期也只有 7 个月，河北南部线路处于盐碱地，山东段线路处于河网地带，施工难度大。锡盟变电站海拔 1280m，极端最低气温达零下 40℃，有效施工期短，设备在低温下长期可靠运行的要求高；北京东变电站地震基本烈度为 8 度，是我国首个按 9 度设防的特高压变电站，设备抗震性能要求高；按照环评批复要求，济南变电站成为首个噪声厂界达标的特高压变电站。锡盟—山东工程克服了恶劣气候条件等带来的困难，从 2014 年 7 月 12 日项目核准，到 2016 年 7 月 31 日工程建成投运，历经 24 个月，按期完成了大气污染防治行动计划确定的本工程建设任务。投运初期，因为送端电源不配套，承德串补站 2 项试验不具备条件，之后于 2019 年 4 月、2020 年 9 月补充完成。

济南（泉城）变电站荣获中国建筑业协会 2018-2019 年度第一批中国建设工程鲁班奖（国家优质工程）。工程建成后面貌见图 6-6～图 6-11。

图 6-6　1000kV 锡盟变电站

图 6-7　1000kV 隆化串补站

图 6-8　1000kV 廊坊变电站

图 6-9　1000kV 泉城变电站

图 6-10　输电线路平地段

图 6-11　输电线路山区段

（1）高海拔地区特高压变电站空气间隙绝缘特性。锡盟变电站海拔为 1280m，考虑配电装置高度按 1350m 修正。GB 50697—2011《1000kV 变电站设计规范》和 GB/Z 24842—2009《1000kV 特高压交流输变电工程过电压和绝缘配合》适用于海拔 1000m 及以下地区。研究给出了海拔为 1000～2200m 时，海拔与工频间隙距离、雷电间隙距离、操作间隙距离的关系曲线，明确了锡盟变电站最小空气间隙距离要求值。

（2）过电压及电磁暂态研究。研究提出了线路高抗中性点小电抗、接地开关的关键技术参数，给出了工频和操作过电压水平，为工程设计、设备选型、系统运行提供了依据。其中，锡盟—北京东线路采取单相接地故障后联动旁路串补措施，有利于抑制潜供电流、提高重合闸成功率，同时从抑制故障清除过电压的角度，串补联动旁路时间为 30～50ms。关于感应电压、感应电流及接地开关选择，通过仿真计算，最大静电感应电压和电流为 82.5kV、26.4A，最大电磁感应电压和电流为 19.6kV、217A，结合 GB/Z 24837—2009《1100kV 高压交流隔离开关和接地开关技术规范》，选用 B 类接地开关。

（3）特高压串补可靠性提升。锡盟—北京东段线路加装串补装置，是首次采用在线路中间布置的方式（见图 6-12 和图 6-13）。研究确定了串补技术参数，串补度 41.2%，额定电流 5080A，三相额定容量 3000Mvar，串联隔离开关线路侧接地开关选型为 B 类。在试验示范工程扩建工程首套串补成功经验的基础上，从系统设计、设备研制、试验验证等方面开展了可靠性提升研究，针对电容器、MOV、开关类设备、控制保护提出了质量控制措施。其中，通过可靠性量化分析，为提升策略提供理论依据；针对各组部件分别制定质量管控文件；首次研发应用 B 类接地开关；优化改进控制保护系统；提出了基于微弱电流信号检测技术的电容器组不平衡电流精确计算方法；研究 MOV 容量变化对控制保护的影响及对策；建立串补平台三维模型，核算受力及安全裕度；优化平台设备布置，改善地面电场强度分布。图 6-14 为人工短路试验场景。

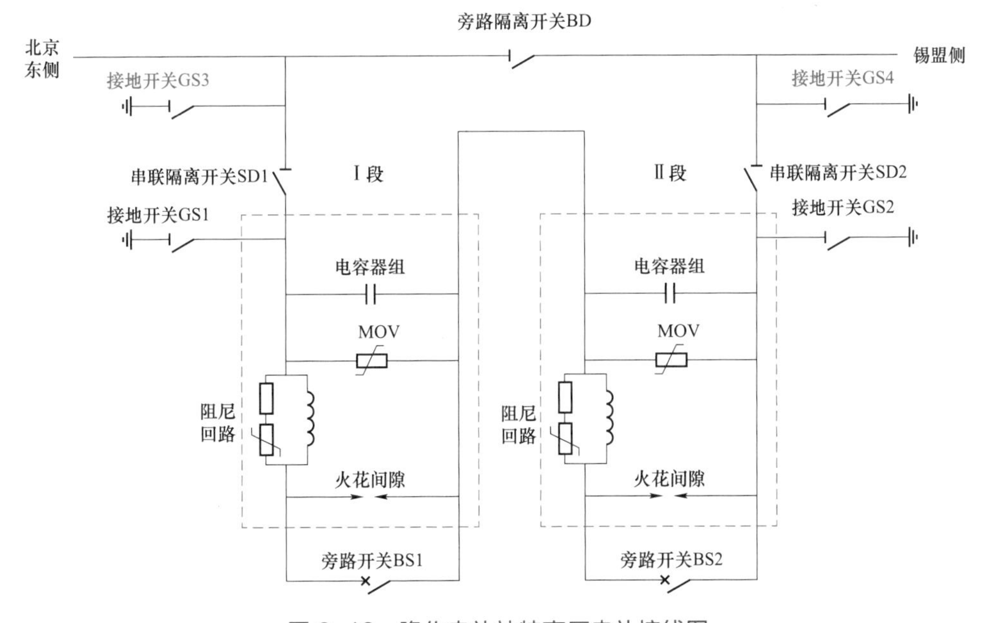

图 6-12　隆化串补站特高压串补接线图

图 6-13 隆化串补站特高压串补

图 6-14 人工短路试验

（4）首次采用户内 1000kV 配电装置。锡盟变电站海拔 1280m，极端最低气温 -39.8℃，国内首次采用 1100kV GIS 主母线和串内设备户内布置（见图 6-15）、分支母线和套管户外布置方案，减轻低温对运行设备的不利影响。1000kV GIS 厂房采用装配式钢结构，主体结构采用钢框架结构，压型钢板夹玻璃丝棉作为围护结构，工厂化制造，现场装配式施工，施工周期短，GIS 安装环境好。

（5）变电站抗震设计。北京东变电站是国内首个工程场地抗震设防烈度为 8 度地区的特高压交流变电站，电气设施按 9 度设防。与常规电气设备相比，特高压设备具有“重、大、高、柔”的特点，在地震作用下响应更大、非线性力学行为更明显，具有更高的易损性。研究提出了抗震设防采取的主要措施：1000kV 和 500kV 配电装置采用抗震性能良好的 GIS 设备，特高压 GIS 套管采用复合外套；主变压器、高压电抗器采用钢框架结构的隔震框架，加装隔震装置，隔震效率超过 50%，隔震装置设置调节机构，基础设计预留隔震器监测、检测通道，便于检测和更换（见图 6-16）；1000kV 高抗回路采用抗震性能较好的“四元件”方案，并且研发了与之配套的新型金具；1000kV 和 500kV 瓷柱式设备加装减震器，500kV 设备支架采用变截面钢管格构式；110kV 电抗器采用低位布置。组织开展了各类设备真型抗震试验，特高压主变压器、高抗、GIS 的套管（见图 6-17），避雷器和电压互感器，110kV 电抗器、电容器等均满足 9 度设防要求。

图 6-15　1000kV GIS 采用户内布置

图 6-16　主变压器加装隔震装置

图 6-17　特高压套管地震台试验

（6）高寒地区特高压设备的特殊要求。我国西北、东北地区冬季气温低、风速高，极端环境条件下，可能出现绝缘油特性和密封性能变化，SF_6气体液化，运动部件特性变化，金属材料韧脆转变等问题。研究针对产品设计和材料选择、施工安装及运维检修各阶段的技术对策提出了特殊要求，其中包括充油设备升温保温措施、冷态启动方式，SF_6组合电器室内布置、包裹加热带，-40℃及以上高寒地区的连接金具使用耐低温材料 35CrMo 钢和 Q345R 钢等。

（7）1000kV 配电装置首次采用箱形设备基础（见图 6-18）。锡盟变电站 1100kV GIS 设备首次采用钢筋混凝土箱型基础，提高了基础抵抗不均匀沉降的能力，节约混凝土量超过 50%，有利于控制施工质量，基础内形成电缆沟方便电缆敷设。

图 6-18 1100kV GIS 箱形设备基础

（8）高寒地区输电线路铁塔用钢深化研究。针对铁塔用材的低温性能开展试验研究，探索角钢、螺栓、焊接接头等在低温下的性能规律，提出了低温地区铁塔用 Q345 级和 Q420 级角钢的韧性指标，验证了 M20 和 M24（材质为 40Cr）两种规格的螺栓性能满足-40～20℃环境下的使用要求，研究验证了不同焊丝和焊接工艺的低温适应性。

（9）OPGW 分段绝缘方式试点。通常情况下，OPGW 光缆采用直接接地运行方式，由于交流电在 OPGW 上产生感应电流，会造成电能损耗。河北沧州市境内线路处于平地，海拔在 100m 以下，年平均雷暴日为 40 日/年。通过四种不同接地方式的分析研究，确定在沧州市境内约 30km 试点采用分段绝缘的运行方式，在不降低线路防雷性能的前提下，减少了感应电能损耗。

（10）耐张塔跳线上绕方案试点。特高压交流单回路耐张塔主要为干字型，边相跳线采用直跳型式，高山大岭中绝大多数高边坡铁塔高度受跳线对地距离控制，需要升高铁塔，甚至进行基面开方或砍伐树木。在满足电气约束条件下，本工程在承德地区选取了 3 基高陡边坡耐张塔试点采用了跳线上绕方案（见图 6-19），降低塔高约 10m，节省塔材 10%，节省基础混凝土约 5%，减少树木砍伐，避免基面开方，具有明显的经济效益和环保效益。

（11）首次应用直升机组塔（见图 6-20）。为了探索直升机吊装组塔关键技术，解决困难地段施工难题，本工程选取 SZ27103F 塔型，采用 S-64 直升机，经过技术研究、模拟试验、真型试验，再到工程实际应用，顺利完成了 3 基双回路钢管塔吊装任务，验证了可行性，积累了经验，储备了技术。累计飞行 13h49min，完成 55 吊次，实际吊重 336.23t。与传统施工方式相比，可缩短工期 80%。

图 6-19　耐张塔跳线上绕

图 6-20　直升机吊装钢管塔

（12）旋转式跨越架施工新技术（见图 6-21）。线路工程架线施工，常规的跨越架主要分为脚手架式、站立式抱杆两种，占地面积大，对被跨越物影响较大。本工程在充分调研的基础上，从设计优化、施工方案改进、装备研发等方面开展研究，成功地研发了旋转式跨越架，采用模块化设计，组装过程不影响被跨越物，组装完毕后通过旋转臂在空中柔性对接实现封网，可以根据被跨越物灵活调节跨越高度和角度，可以大幅减少被跨越物停运时间。本工程在线路跨越邯黄铁路、500kV 吴霸线区段成功应用。

图 6-21 旋转式跨越架

第七章

蒙西—天津南 1000kV 特高压交流输变电工程

一、工程背景

为了满足蒙西、晋北煤电基地电力外送要求和华北京津冀地区电力需求，国家电网公司于 2012 年 9 月启动蒙西—天津南工程可行性研究工作。2013 年 2 月 26 日，国家电网公司向国家能源局上报《国家电网公司关于申请开展蒙西—天津南特高压交流工程前期工作的请示》（国家电网发展〔2013〕308 号）。2013 年 9 月 5~6 日，电力规划设计总院主持可研评审，11 月 19 日以电规规划〔2013〕1083 号印发了评审意见。

2014 年 5 月 16 日，国家能源局印发《国家能源局关于加快推进大气污染防治行动计划 12 条重点输电通道建设的通知》（国能电力〔2014〕212 号），蒙西—天津南 1000kV 特高压交流输变电工程被列入大气污染防治行动计划 12 条重点输电通道之一。2014 年 6 月，中央财经工作领导小组第六次会议召开，要求加强能源输配网络和储备设施建设，强调建设以电力外送为主的千万千瓦级大型煤电基地，发展远距离大容量输电技术。2014 年 10 月 29 日，国家电网公司向国家发展和改革委员会上报《国家电网公司关于蒙西—天津南特高压交流输变电工程项目核准的请示》（国家电网发展〔2014〕1256 号）。2015 年 1 月 16 日，国家发展和改革委员会印发《国家发展改革委关于蒙西—天津南 1000 千伏特高压交流输变电工程项目核准的批复》（发改能源〔2015〕88 号）。建设本工程，对于落实大气污染防治行动计划，促进蒙西、晋北地区煤电基地开发和送出，满足京津冀地区电力负荷增长需要，提高电网安全稳定水平，具有重要意义。

二、工程概况

（一）核准建设规模

新建蒙西 1000kV 变电站、晋北 1000kV 变电站、北京西 1000kV 变电站、天津南 1000kV 变电站，新建蒙西—晋北—北京西—天津南双回 1000kV 输电线路工程 2×608km，建设北京东—济南双回 1000kV 线路开断π进天津南的线路工程 2×8km，建设相应的无功补偿和通信、二次系统工程。工程动态总投资 175.2 亿元，由国家电网公司（蒙西站、内蒙古境内线路）、国网山西省电力公司（晋北站、山西境内线路）、国网河北省电力公司（北京西站、河北境内线路）、国网天津市电力公司（天津南站、天津境内线路）共同出资建设。蒙西—天津南 1000kV 特高压交流输变电工程系统接线示意图见图 7-1。

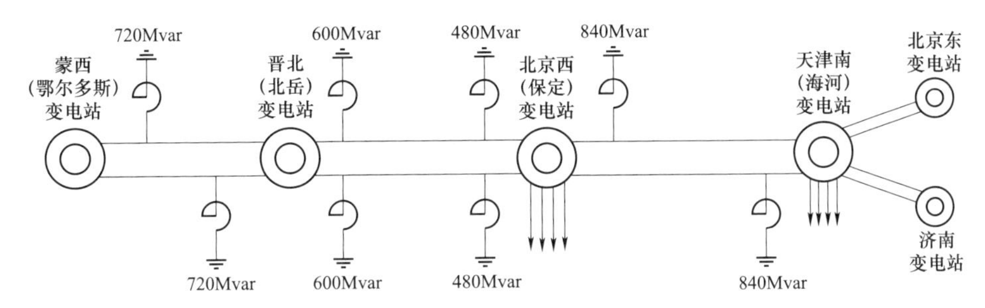

图 7-1　蒙西—天津南 1000kV 特高压交流输变电工程系统接线示意图

（二）建设内容

1. 蒙西变电站工程

蒙西 1000kV 变电站位于内蒙古自治区鄂尔多斯市准格尔旗魏家峁镇。安装变压器 2×3000MVA（1 号和 2 号主变压器）；1000kV 采用户外 GIS 组合电器设备（加装伴热设施），3/2 接线，组成 1 个完整串和 2 个不完整串，安装 7 台断路器，出线 2 回（至晋北），至晋北 I 线装设高压并联电抗器 1×720Mvar；500kV 出线 4 回（至电厂）；1 号主变压器低压侧装设 110kV 低压电抗器 2×240Mvar 和低压电容器 2×210Mvar，2 号主变压器低压侧装设 110kV 低压电抗器 2×240Mvar 和低压电容器 1×210Mvar。图 7-2 为蒙西（鄂尔多斯）站电气接线示意图。本期工程用地面积 15.75 公顷（围墙内 14.26 公顷）。调度命名为“1000 千伏特高压鄂尔多斯站”。

2. 晋北变电站工程

晋北 1000kV 变电站位于山西省朔州市应县大黄巍乡。安装变压器 2×3000MVA（1 号和 3 号主变压器）；1000kV 采用户外 GIS 组合电器设备（加装伴热设施），3/2 接线，组成 2 个完整串和 2 个不完整串，安装 10 台断路器，出线 4 回（至蒙西、北京西各 2 回），至蒙西 II 线装设高压并联电抗器 1×720Mvar，至北京西双回每回出线各装设高压并联电抗器 1×600Mvar；500kV 出线 4 回（至电厂）；1 号主变压器低压侧装设 110kV 低压电抗器 2×240Mvar 和低压电容器 3×210Mvar，3 号主变压器低压侧装设 110kV 低压电抗器 1×240Mvar 和低压电容器 2×210Mvar。图 7-3 为晋北（北岳）站电气接线示意图。本期工程用地面积 10.87 公顷（围墙内 10.36 公顷）。调度命名为“1000 千伏特高压北岳站”。

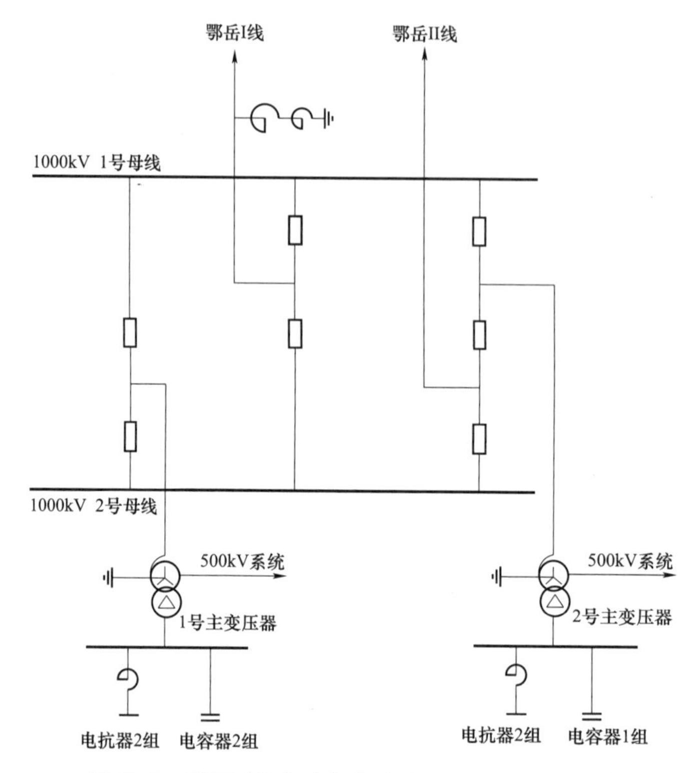

图 7-2 蒙西（鄂尔多斯）变电站电气接线示意图

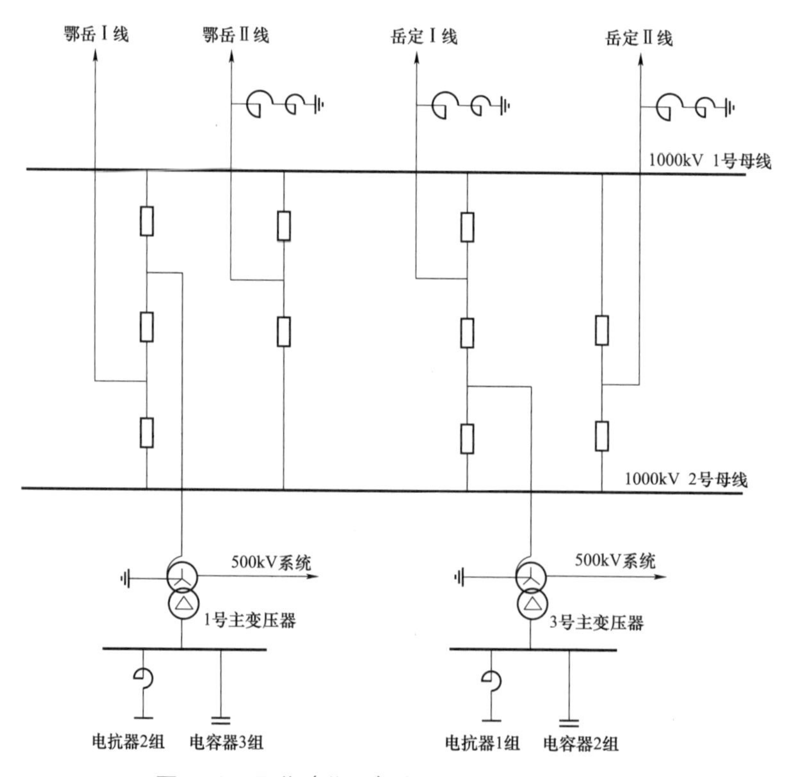

图 7-3 晋北（北岳）变电站电气接线示意图

3. 北京西变电站工程

北京西 1000kV 变电站位于河北省保定市定兴县固城镇。安装主变压器 2×3000MVA（1 号和 2 号主变压器）；1000kV 采用户外 GIS 组合电器设备，3/2 接线，组成 2 个完整串和 2 个不完整串，安装 10 台断路器，出线 4 回（至晋北、天津南各 2 回），至晋北双回均装设高压并联电抗器 1×480Mvar，至天津南Ⅰ线装设高压并联电抗器 1×840Mvar；500kV 出线 4 回（至易水、固安各 2 回）；每组主变压器 110kV 侧各安装低压电抗器 2×240Mvar 和低压电容器 4×210Mvar。图 7-4 为北京西（保定）站电气接线示意图。变电站总用地面积 14.34 公顷（围墙内 13.48 公顷）。调度命名为“1000 千伏特高压保定站”。

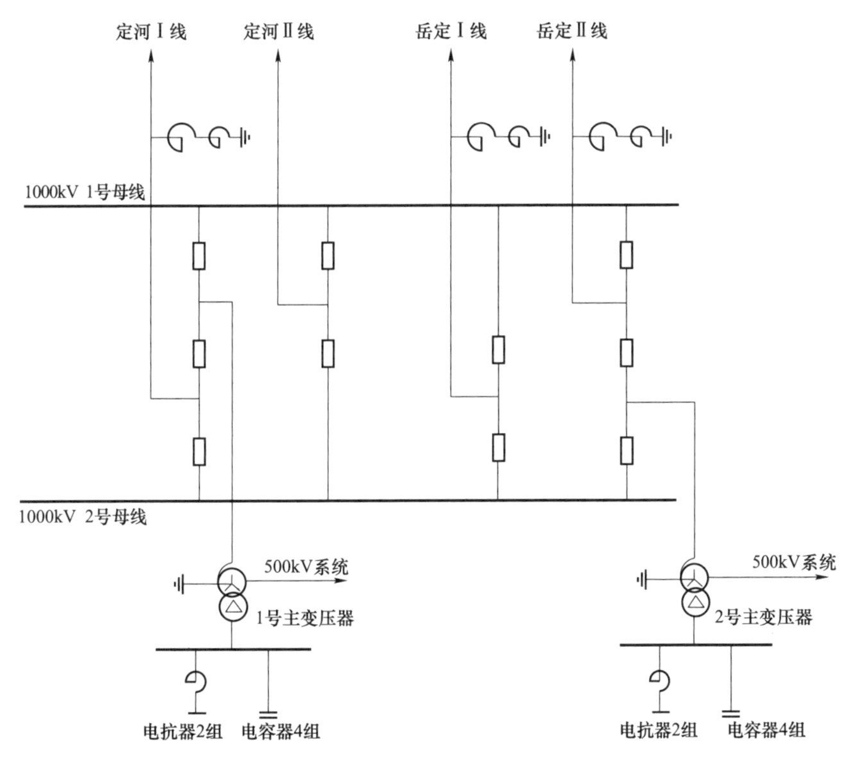

图 7-4 北京西（保定）变电站电气接线示意图

4. 天津南变电站工程

天津南 1000kV 变电站位于天津市滨海新区小王庄镇。安装主变压器 2×3000MVA（1 号和 2 号主变压器）；1000kV 采用户外 GIS 组合电器设备，3/2 接线，组成 4 个完整串，安装 12 台断路器，出线 6 回（至北京西、北京东、济南各 2 回），至北京西 II 线装设高压并联电抗器 1×840Mvar；500kV 出线 4 回（至静海、板桥各 2 回）；每组主变压器 110kV 侧各安装低压电抗器 4×240Mvar 和低压电容器 2×210Mvar。图 7-5 为天津南（海河）站电气接线示意图。本期工程用地面积 10.13 公顷（围墙内 9.32 公顷）。调度命名为“1000 千伏特高压海河站”。

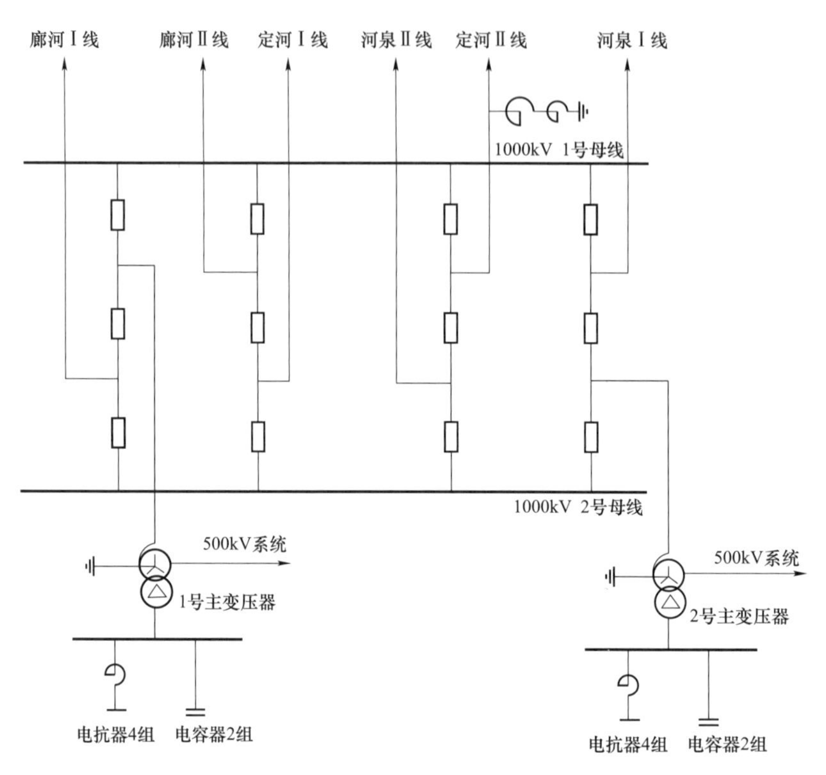

图 7-5 天津南（海河）变电站电气接线示意图

5. 输电线路工程

新建蒙西—晋北—北京西—天津南双回 1000kV 交流线路，长度 2×619.8km；建设北京东—济南 π 进天津南同塔双回线路，长度 2×7.8km。输电线路总长 627.6km，途经内蒙古自治区、山西省、河北省、天津市，其中单回路 644.067km，同塔双回路 305.579km。全线铁塔 1813 基，其中单回路角钢塔 1202 基，双回路钢管塔 611 基（北京东—济南 π 进天津南段 17 基）。蒙西—晋北段 2×161.1km，晋北—北京西段 2×269.5km，采用两个单回路和同塔双回路混合架设。北京西—天津南段 2×189.2km，北京东—济南 π 进天津南段 2×7.8km，采用同塔双回路架设。工程沿线平地 44.77%，河网 0.79%，丘陵 5.49%，山地 36.97%，高山 11.98%。海拔 0～2000m。全线为 10mm 轻冰区（局部 15mm 中冰区）。全线分为 29、30m/s 共 2 个风区。

同塔双回路导线，蒙西—晋北—北京西段采用 8×JL/G1A-630/45 钢芯铝绞线，北京西—天津南段采用 8×JL1/LHA1-465/210 铝合金芯铝绞线，北京东—济南π进天津南段采用 8×JL/G1A-630/45 钢芯铝绞线。单回路导线，10mm 冰区采用 8×JL/G1A-630/45 钢芯铝绞线，15mm 冰区采用 8×JL/G1A-630/55 钢芯铝绞线。

蒙西—晋北—北京西段架设 2 根 OPGW 光缆，北京西—天津南段、北京东—济南π进天津南段架设 1 根 OPGW 光缆，其余均采用普通地线。双回路光缆采用 OPGW-185，单回路光缆采用 OPGW-170。双回路普通地线采用 JLB20A-185 铝包钢绞线，单回路普通地线采用 JLB20A-170 铝包钢绞线。

6. 系统通信工程

在蒙西—晋北—北京西 1000kV 线路上架设 2 根 24 芯 OPGW 光缆，在北京西—天津南 1000kV 线路上架设 1 根 36 芯 OPGW 光缆，在北京东—济南π进天津南 1000kV 线路上架设 1 根 36 芯 OPGW 光缆（原线路 1 根 36 芯光缆接入天津南）。建设蒙西—晋中—北京西—天津南、北京东—天津南—济南光纤通信电路，构成至国调的主用通道。建设蒙西—晋北—北京西光纤通信电路，构成至国调的备用通道。利用原有电路，形成北京西—天津南—北京东、天津南—济南第二通道。利用网省公司光纤通信电路，组织第三通道。

三、工程建设情况

（一）工程管理

2015 年 1 月 27 日，国家电网公司印发《蒙西—天津南 1000 千伏特高压交流输变电工程建设管理纲要》（国家电网交流〔2015〕67 号），明确了工程管理模式和相关单位职责，以及工程目标、组织体系、制度体系、工作计划和工作要求等。计划 2016 年 12 月建成投产。

实行国网总部管理决策与统筹管控、省公司为主现场建设管理、直属单位专业技术支撑和技术服务的管理模式。国家电网公司交流建设部履行项目法人职能，负责工程建设全过程统筹协调和关键环节集约管控，总部其他相关部门负责归口管理，华北分部参与工程建设管理（协调 500kV 配套工程、组织特高压线路参数测试等）。国网蒙东、山西、河北、冀北、天津电力等相关省公司除负责属地范围地方工作协调和生产准备之外，国网山西电力负责晋北变电站工程、蒙西至晋冀省界线路工程现场建设管理和线路物资管理，国网河北电力负责北京西变电站工程、晋冀省界至河北雄县与霸州交界处线路工程现场建设管理和线路物资管理，国网冀北电力负责河北廊坊境内线路工程现场建设管理和线路物资管理，国网天津电力负责天津南变电站工程、天津及河北沧州境内线路工程现场建设管理和线路物资管理。国网交流建设分公司负责蒙西变电站工程现场建设管理、线路材料质量管控，以及现场建设业务支撑和技术服务；国网信通公司负责系统通信工程现场建设管理和技术支撑；国网经研院协助国网交流部开展设计管理；国网物资公司负责变电工程、通信工程、国网总部投资线路工程的物资供应管理和线路物资供应现场技术支撑；中国电科院负责变电设备质量管控（国网电科院和省电科院参加）；电力规划设计总院受委托负责初步设计评审。

（二）主要参建单位

1. 工程设计单位

成立工程设计领导小组，下设工程设计工作组、路径协调工作组、工程设计专家组。国家电网公司交流建设部负责全过程管理与协调，国网经研院协助国网交流部开展设计管理，建设管理单位负责施工图管理。

（1）变电工程。

蒙西变电站：浙江电力设计院（A 角，负责初步设计，对全站负责），河南电力设计院（B 角，参与初步设计，对责任范围内负责）。

晋北变电站：华北电力设计院（A 角），山西电力设计院（B 角）。

北京西变电站：西南电力设计院（A 角），河北电力设计院（B 角）。

天津南变电站：中南电力设计院（A 角），安徽电力设计院（B 角）。

（2）线路工程。

东北电力设计院是资料汇总设计单位，负责提出总体初步设计原则与技术方案，协调各设计院工作。从施工图开始，各设计院按照审定的设计原则独立开展工作。

蒙西—晋北段：依次为山西电力设计院（蒙西变电站—山西省朔州市平鲁区约 80km），华北电力设计院（山西省朔州市平鲁区—晋北变电站约 82km）。

晋北—北京西段：依次为东北电力设计院（晋北变电站—晋冀省界约 110km），西南电力设计院（晋冀省界—河北省保定市唐县顺平县界约 92km），福建电力设计院（河北省保定市唐县顺平县界—北京西变电站约 70km）。

北京西—天津南段：依次为福建永福工程顾问有限公司（北京西站—河北省霸州市约 79km），河北电力设计院（河北省霸州市—天津南站及北京东—济南 π 进天津南站线路约 121km）。

（3）系统通信工程。

华北电力设计院负责全线系统通信工程初步设计，变电 A 角设计院负责接口配合。

2. 主要设备供货单位

（1）蒙西变电站。

河南平高电气有限公司（1100kV GIS 开关设备）、西电变压器有限责任公司（1000kV 主变压器）、山东电力设备有限公司（1000kV 电抗器）、南阳金冠电气有限公司（1000kV 避雷器）、日新电机（无锡）有限公司（1000kV 电容式电压互感器）、西安中扬电气股份有限公司（110kV 电抗器）、西安 ABB 电力电容器有限公司（110kV 电容器）、北京宏达日新电机有限公司（110kV 专用开关）、西安西电高压开关有限公司（110kV 断路器）。

监控系统（北京四方）、1000kV 线路保护（南瑞继保、国电南自）、1000kV 变压器保护（国电南自、南瑞继保）、1000kV 电抗器保护（长园深瑞、许继电气）、1000kV 母线保护（南瑞继保、北京四方）、1000kV 断路器保护（南瑞继保）。

（2）晋北变电站。

河南平高电气有限公司（1100kV GIS 开关设备）、沈阳变压器有限公司（1000kV 主变压器）、西电变压器有限责任公司（1000kV 电抗器）、西电避雷器有限公司（1000kV 避雷器）、桂林电力电容器有限公司（1000kV 电容式电压互感器、110kV 电容器）、西安中扬电气股份有限公司（110kV 电抗器）、北京宏达日新电机有限公司（110kV 专用开关）、西安西电高压开关有限公司（110kV 断路器）。

监控系统（许继电气）、1000kV 线路保护（南瑞继保、国电南自）、1000kV 变压器保护（国电南自、南瑞继保）、1000kV 电抗器保护（长园深瑞、许继电气）、1000kV 母线保护（南瑞继保、北京四方）、1000kV 断路器保护（北京四方）。

（3）北京西变电站。

西电开关电气有限公司（1100kV GIS 开关设备）、保定天威保变电气有限公司（1000kV 主变压器）、衡阳变压器有限公司（1000kV 电抗器）、抚顺电瓷制造有限公司（1000kV 避雷器）、西电电力电容器有限公司（1000kV 电容式电压互感器、110kV 电容器）、北京电力设备总厂（110kV 电抗器）、上海思源电气有限公司

（110kV 电容器）、北京 ABB 高压开关有限公司（110kV 专用开关）、西安西电高压开关有限公司（110kV 断路器）。

监控系统（南瑞科技）、1000kV 线路保护（南瑞继保、国电南自）、1000kV 变压器保护（国电南自、南瑞继保）、1000kV 电抗器保护（长园深瑞、许继电气）、1000kV 母线保护（南瑞继保、北京四方）、1000kV 断路器保护（北京四方）。

（4）天津南变电站。

新东北电气开关有限公司（1100kV GIS 开关设备）、山东电力设备有限公司（1000kV 主变压器）、保定天威保变电气有限公司（1000kV 电抗器）、平高东芝（廊坊）避雷器有限公司（1000kV 避雷器）、桂林电力电容器有限公司（1000kV 电容式电压互感器）、北京电力设备总厂（110kV 电抗器）、新东北电气电力电容器有限公司（110kV 电容器）、北京 ABB 高压开关有限公司（110kV 专用开关）、西安西电高压开关有限公司（110kV 总断路器）。

监控系统（南瑞继保）、1000kV 线路保护（南瑞继保、国电南自）、1000kV 变压器保护（国电南自、南瑞继保）、1000kV 电抗器保护（长园深瑞、许继电气）、1000kV 母线保护（南瑞继保、北京四方）、1000kV 断路器保护（南瑞继保）。

（5）线路铁塔。

浙江盛达铁塔有限公司、江苏电力装备有限公司、潍坊五洲鼎益铁塔有限公司、成都铁塔厂、湖州飞剑杆塔制造有限公司、青岛东方铁塔股份有限公司、青岛武晓集团有限公司、江苏华电铁塔制造有限公司、温州泰昌铁塔制造有限公司、山东齐星铁塔科技股份有限公司、江苏振光电力设备制造有限公司、江苏齐天铁塔制造有限公司、浙江通兴铁塔有限公司、山东鲁能泰山铁塔有限公司、青岛豪迈钢结构有限公司、重庆江电电力设备有限公司、吉林省梨树铁塔制造有限公司、潍坊长安铁塔股份有限公司、南京大吉铁塔制造有限公司、安徽宏源铁塔有限公司、常熟风范电力设备股份有限公司、河南鼎力杆塔股份有限公司、绍兴电力设备有限公司、河北宁强光源有限公司、重庆瑜煌电力设备制造有限公司、山东中铁华盛机械有限公司、山东省呈祥电工电气有限公司。

（6）线路绝缘子。

盘式绝缘子：大连电瓷集团股份有限公司、内蒙古精诚高压绝缘子有限公司，南京电气（集团）有限责任公司、浙江金利华电气股份有限公司、三瑞科技（江西）有限公司。

复合绝缘子：大连电瓷集团股份有限公司、长园高能电气股份有限公司、江苏祥源电气设备有限公司、襄阳国网合成绝缘子有限公司、江苏神马电力有限公司。

（7）线路导地线和光缆。

铝合金芯铝绞线（导线）：青岛汉缆股份有限公司、江苏中天科技股份有限公司、上海中天铝线有限公司。

扩径导线：上海中天铝线有限公司。

钢芯铝绞线（导线）：江苏南瑞淮胜电缆有限公司、远东电缆有限公司、河南科信电缆有限公司、江苏南瑞银龙电缆有限公司、新远东电缆有限公司、沈阳力源电缆有限公司、河南通达电缆股份有限公司、绍兴电力设备有限公司、无锡华能电缆有限公司、特变电工（德阳）电缆股份有限公司、杭州电缆股份有限公司、重庆泰山电缆有限公司、特变电工山东鲁能泰山电缆有限公司、华北电力线材有限公司。

铝包钢绞线（地线）：湖北长天通信科技有限公司、河南科信电缆有限公司。

OPGW：江苏通光光缆有限公司、中天电力光缆有限公司。

（8）线路金具。

西安创源电力金具有限公司、成都电力金具总厂、浙江泰昌实业有限公司、南京线路器材有限公司、广州鑫源恒业电力线路器材有限公司、辽宁锦兴电力金具科技有限公司、四平线路器材厂、江苏新曙光电力器材有限公司、湖南景明电力器材有限公司、江苏捷凯电力器材有限公司、河南电力器材公司、江苏双汇电力发展股份有限公司。

（9）线路跨越津宝高铁段。

上海中天铝线有限公司（导地线）、大连电瓷集团股份有限公司（瓷绝缘子）、江苏宏图高科股份有限公司（光缆）、江苏天南电力器材有限公司（金具）。

（10）监造单位。

变电设备方面，武汉南瑞有限责任公司负责：晋北、天津南变电站 1000kV 变压器，蒙西、北京西变电站 1000kV 高压电抗器；北京网联直流工程技术有限公司负责：北京西变电站 1000kV 变压器；中国电科院负责其余所有设备，包括蒙西变电站 1000kV 变压器，晋北、天津南变电站 1000kV 高压电抗器，开关设备、避雷器、CVT，110kV 电容器、电抗器、专用开关，控制保护系统。国网蒙东电科院、山西电科院、河北电科院、天津电科院参加。

线路材料方面，国网交流公司负责监造组织管理工作，中国电科院、国网富达公司具体承担监造任务。

3. 现场建设有关单位

（1）蒙西变电站。

辽宁电力建设监理公司（施工监理），上海电力建筑工程公司、江西水电工程局（土建工程）、湖南送变电工程公司（电气安装工程）。国网蒙东电力科学研究院（特殊交接试验）、武汉南瑞有限责任公司（特殊交接试验监督）、中国电科院（计量试验、系统调试）。

（2）晋北变电站。

四川电力工程监理公司（施工监理），山西送变电公司（土建工程、电气安装工程 A），山西供电承装公司（电气安装工程 B）。国网山西电力科学研究院（特殊交接试验）、中国电科院（计量试验、系统调试）。

（3）北京西变电站。

湖北环宇工程建设监理有限公司（施工监理），河北送变电公司（土建工程、电气安装工程 A），湖北送变电公司（电气安装工程 B）。国网河北电力科学研究院（特殊交接试验）、中国电科院（计量试验、系统调试）。

（4）天津南变电站。

湖南电力建设监理咨询有限公司（施工监理），湖北送变电公司（土建工程 A），武汉南方岩土工程公司（土建工程 B），安徽送变电公司（电气安装工程 A）、辽宁送变电公司（电气安装工程 B）。国网天津电力科学研究院（特殊交接试验）、中国电科院（计量试验、系统调试）。

（5）线路工程。

蒙西站—晋北站段：监理单位为黑龙江电力工程监理公司（约 80km），施工单位依次为甘肃送变电公司（1 标段）、浙江送变电公司（2 标段）、陕西送变电公司（3 标段）；长春国电建设监理公司（约 81km），施工单位依次为河南送变电公司（4 标段）、山西供电承装公司（5 标段）。

晋北站—北京西站段：监理单位为吉林吉能电力建设监理公司（约 110km），施工单位依次为山西送变电公司（6 标段）、辽宁送变电公司（7 标段）、湖北送变电公司（8 标段）；北京华联电力工程监理公司（约 91km），施工单位依次为江苏送变电公司（9 标段）、华东送变电公司（10 标段）、新疆送变电公司（11 标段）；江苏宏源电力建设监理公司（约 71km），施工单位依次为上海送变电公司（12 标段）、贵州送变电公司（13 标段）。

北京西站—天津南段：监理单位为江苏宏源电力建设监理公司（约 78km），

施工单位依次为河北送变电公司（14 标段）、山东送变电公司（15 标段）；天津电力工程监理公司（约 120km），施工单位依次为北京电力工程公司（16 标段）、北京送变电公司（17 标段）、安徽送变电公司（18 标段）、天津送变电公司（19 标段）。

（三）建设历程

2015 年 1 月 16 日，国家发展和改革委员会印发《国家发展改革委关于蒙西—天津南 1000 千伏特高压交流输变电工程项目核准的批复》（发改能源〔2015〕88 号）。

2015 年 1 月 19 日，电力规划设计总院印发《关于蒙西—天津南 1000kV 特高压交流输变电工程初步设计的评审意见》（电规电网〔2015〕74 号）；1 月 20 日，国家电网公司印发《国家电网公司关于蒙西—天津南 1000 千伏特高压交流输变电工程初步设计的批复》（国家电网基建〔2015〕44 号）。

2015 年 1 月 27 日，国家电网公司印发《蒙西—天津南 1000 千伏特高压交流输变电工程建设管理纲要》（国家电网交流〔2015〕67 号）。

2015 年 1 月 28 日，线路工程第 6、8、14、16、17、19 标段开始首基基础施工，标志着工程正式进入建设实施阶段。

2015 年 2 月 28 日，晋北变电站“四通一平”工程开工。5 月 15 日，土建工程开工。6 月 15 日，电气安装工程开工。

2015 年 3 月 27 日，蒙西—天津南工程开工动员大会在北京召开。国家能源局等有关部委、内蒙古自治区、山西省、河北省、天津市政府有关负责同志，国家电网公司及有关中央企业负责同志参加会议。

2015 年 3 月 25 日，天津南变电站“四通一平”工程开工。8 月 21 日，桩基工程开工。9 月 15 日土建工程开工。12 月 1 日，电气安装工程开工。

2015 年 4 月 30 日，北京西变电站“四通一平”工程开工。7 月 10 日，土建工程开工。10 月 11 日，电气安装工程开工。

2015 年 5 月 11 日，蒙西变电站“四通一平”工程开工。5 月 28 日，桩基工程开工。6 月 30 日，土建工程开工。9 月 1 日，电气安装工程开工。

2015 年 7 月 17 日，线路工程全线首基试点，位于河北省文安县，北京送变电公司承建的 17 标段 84 号塔位。

2015 年 8 月 26 日，山区地形全机械化施工首钻仪式，位于山西省境内，山西送变电公司承建的 6 标段。

2016 年 1 月 19 日，山西送变电公司承建的线路工程 6 标段开始架线施工。

2016 年 3 月 17 日，500kV 神保 I、II 回停电检修。在前期充分研究论证、提前准备的基础上，线路工程 6、7、8、10、11、13 共 6 个标段跨越神保双线的 20 个跨越点，同时开始跨越架线施工，3 月 26 日全面顺利完成。

2016 年 8 月 29 日，国网交流部印发《蒙西—天津南 1000 千伏特高压交流输变电工程启动验收工作大纲》（交流变电〔2016〕56 号）。

2016 年 9 月 8 日和 22 日，系统调试方案通过专家会议审查。

2016 年 9 月 25～27 日，完成蒙西—晋北段线路参数测试。9 月 30 日～10 月 1 日，完成北京西—天津南段线路参数测试。10 月 2 日，完成天津南—济南段线路参数测试。10 月 4 日，完成天津南—北京东段线路参数测试。10 月 25～27 日，完成晋北—北京西段线路参数测试。

2016 年 10 月 9 日，蒙西变电站完成竣工预验收，10 月 10 日通过启动验收。

2016 年 10 月 9 日，北京西变电站完成竣工预验收，10 月 12 日通过启动验收。

2016 年 10 月 10 日，晋北变电站完成竣工预验收，10 月 11 日通过启动验收。

2016 年 10 月，天津南变电站完成竣工预验收，10 月 11 日通过启动验收。

2016 年 10 月 7 日，冀北段线路完成竣工预验收，10 月 10 日通过启动验收。

2016 年 10 月，天津段线路完成竣工预验收，10 月 10 日通过启动验收。

2016 年 10 月 9 日，河北段线路完成竣工预验收，10 月 11 日通过启动验收。

2016 年 10 月 10 日，山西段线路完成竣工预验收，10 月 12 日通过启动验收。

2016 年 10 月 12 日，系统通信工程通过验收。

2016 年 10 月 13 日，工程启动验收委员会第一次会议在北京召开，审议通过了系统调试方案和启动调度方案，安排了启动调试工作。

2016 年 10 月 17 日，召开启动验收会议，形成了工程总体启动验收报告。

2016 年 10 月 19 日，启动验收现场指挥部召开第一次电视电话会议，确认天津南、北京西变电站具备启动带电条件，宣布开始第一阶段系统调试，至 22 日完成天津南、北京西变电站的站内调试。

2016 年 10 月 28 日，启动验收现场指挥部召开第二次电视电话会议，确认天津南、北京西、廊坊、泉城等变电站及相关线路具备启动带电条件，宣布开始第二阶段系统调试。顺利完成廊坊—天津南—泉城站间调试、北京西—天津南站间调试。29 日 17 时 32 分，廊河线、河泉线进入 24h 试运行，30 日投运。

2016 年 11 月 2 日，启动验收现场指挥部召开第三次电视电话会议，确认北京西、晋北、蒙西等变电站及相关线路具备启动调试条件，宣布开始第三阶段系统调试。至 11 月 11 日，顺利完成晋北—北京西站间调试、蒙西—晋北站间调试。至此，工程所有 4 大类 43 项系统调试项目全部完成，系统运行平稳，设备状态正常。

2016 年 11 月 21 日，启动验收现场指挥部召开第四次电视电话会议，工程启动验收现场指挥部及华北分部、蒙西、晋北、北京西和天津南等五个启动指挥组参加会议。会议听取了国网天津、河北、冀北、山西电力关于系统调试、消缺及试运行准备情况的汇报，以及国网交流公司系统调试及消缺情况、国网蒙东电力试运行准备情况、中国电科院系统调试情况、华北分部工程系统运行状态等汇报，确认工程具备试运行条件。11 月 21 日 16 时正式开始 72h 试运行。

2016 年 11 月 24 日 16 时，工程顺利完成试运行，正式投运。

四、建设成果

从 2015 年 1 月 16 日项目核准，到 2016 年 11 月 24 日工程建成投运，历经 22 个月，按期完成了大气污染防治行动计划确定的本工程建设任务。工程建成后面貌如图 7-6～图 7-11 所示。

图 7-6　1000kV 鄂尔多斯变电站

图 7-7　1000kV 北岳变电站

图 7-8　1000kV 保定变电站

图 7-9　1000kV 海河变电站

图 7-10　输电线路山西段

图 7-11　输电线路河北段

（1）首次应用主变压器励磁涌流抑制技术。为了进一步减小主变压器励磁涌流，减少合空载变压器暂态过程对电网的影响，晋北变电站首次应用主变压器励磁涌流抑制技术，即通过对变压器剩磁的精确计算，在变压器 1000kV 侧和 500kV 侧断路器上运用智能选相合闸技术，将励磁涌流控制在 0.3（标幺值）之内。

（2）首次采用额定电流为 9000A 的特高压 GIS 母线。根据系统规划，北京西变电站 1000kV 出线中 6 回电源出线集中在东侧，4 回负荷出线集中在西侧，4 台主变压器中 3 台与电源出线配串、1 台与负荷出线配串，1000kV 穿越功率较大，GIS 母线额定电流达到 9000A，这是首次在特高压变电站中应用 9000A 母线。

（3）晋北变电站全面采用减震技术。晋北站址地震基本烈度为 7 度，主要生产建筑按 8 度采取抗震措施。主变压器、高压电抗器加装隔震装置；1000kV 和 500kV 瓷柱式设备加装减震器；主控通信综合楼采用 L 型平面布置，转角处设置抗震缝，减小地震时的扭转作用；主变压器进线回路采用架空方式，变压器与其他设备之间采用软导线连接，满足地震时的位移要求。

（4）蒙西、晋北变电站 GIS 设备采用 SF_6 气体防液化措施。蒙西变电站海拔 1255m、极端最低气温-30.9℃，晋北变电站极端最低气温-30.5℃，1000kV GIS 设备和 110kV HGIS 设备通过加装伴热带措施来防止低温下 SF_6 气体液化问题。

（5）特高压设备关键组部件国产化推进。全自主特高压开关占比首次达到 1/3，本工程开始批量应用国产硅钢片，蒙西变电站首次在变压器上试用 1 支西电集团西套生产的特高压套管，北京西变电站首次在高压电抗器上试用 1 支特变电工沈阳和新生产的特高压套管（见图 7-12）。

图 7-12　沈阳和新特高压套管试验

（6）线路耐张串均压屏蔽环优化。耐张串屏蔽环一般采用跑道形设计方案，安装于耐张串高压端金具串两侧。实际应用中，部分大转角耐张塔三相和单回路中相的跳线走向不规则，存在耐张串引流线和屏蔽环干涉的情况。本工程通过对金具设计、施工工艺、跳线结构等多方面分析，三维建模仿真和试验研究，研制出支臂可调屏蔽环，通过灵活调整屏蔽环与联板的安装孔位，合理控制屏蔽环与引流线的间距，有效解决大转角耐张塔的耐张串引流线与屏蔽环相碰撞问题；提出屏蔽环上、下布置的耐张金具串优化方案，通过优化屏蔽环和引流线布置方式，有效改善单回路中相绕跳耐张串引流线与屏蔽环干涉的情况（见图 7-13）。

图 7-13　单回路耐张塔中相屏蔽环优化布置

（7）黄土地区试点应用板式中型桩复合基础。本工程途经山西黄土地质区域，挖孔基础施工中易发生塌孔的风险，板式基础开挖大不利于环保。结合黄土的地质特性，本工程创新提出了板式中型桩复合基础方案，开展了真型试验，提出了计算理论、施工机械和相关施工方法，试点应用了 2 基，有利于减小基础底板尺寸，降低基坑开挖量，节约混凝土和钢材用量，具有很好的经济效益和环保效益。

（8）强腐蚀地区应用裹体灌注桩。针对晋北盐碱地，通过现场调研和专家论证，提出了采用高性能抗腐蚀混凝土及高强防腐布袋的裹体灌注桩方案，并在工程中成功应用 14 基（见图 7-14）。充分利用复合土工布袋良好的防水防腐性能，将强腐蚀卤水和盐渍土与混凝土桩体隔离，避免混凝土未达到设计强度就与腐蚀质接触的情况，成桩质量稳定，施工效率高，节省成本，便于施工组织和推广，是桩基工程在强腐蚀地区应用的一项重要新技术新成果。

（9）山区采用四摇臂抱杆组立铁塔。太行山深处多高山大岭，山体坡度以 30°～50° 为主，陡峭地形限制了单动臂座地抱杆、双摇臂座地抱杆、流动式起重机的使用。本工程创新应用四摇臂自平衡抱杆进行铁塔组立施工，有效解决悬浮抱杆临近悬崖陡坡无法架设外拉线的难题，基于液压顶升和摇臂变幅就位的操作方式提升了安全保障，解决了双摇臂抱杆必须平衡起吊的限制，起吊能力更大、抱杆横向稳定性增强、重量更轻降低了设备的运输和安装工作量，动力系统构造简单成熟，山区施工可靠性更高，综合工效为 20～25 天。

（10）输电线路全过程机械化施工。为了提升特高压工程建设能力和水平，决定在山西、河北境内，选取山地（6 标段，山西送变电公司、东北电力设计院）、平地（14 标段，河北送变电公司、福建永福公司）两种地形，试点开展输电线路全过程机械化施工。设计、施工联合研讨，从物料运输、基础施工、铁塔组立、架线施工各环节出发，改进施工方法、采用先进工艺、研发施工机具，取得重要成果，降低了人工投入和作业风险，提高了经济、环境和社会效益。

（a）　（b）　（c）　（d）

图 7-14　裹体灌注桩施工工艺

（a）防腐布袋制作；（b）防腐布袋吊装；（c）防腐布袋安装后；（d）吊装钢筋笼

（11）首次实现全线多点同步跨越重要输电通道。提前一年梳理全线跨越情况，加强外部协调，从设计、施工组织和装备各方面着手，逐点研究、优化、审定施工方案，现场严格组织实施，顺利完成包括 14 处铁路、16 处高等级公路、13 处 500kV 线路在内的全线多点各类跨越施工。特别是本工程跨越 500kV 神保双回线路，共 10 处 20 个点，涉及山西、河北境内 6 个施工标段（6 山西、7 辽宁、8 湖北、10 华东、11 新疆、13 贵州），跨越点大山地形突出、大转角多、上扬塔位多，放线区段选择困难，施工任务重、难度大、工期紧。国网交流部、国网交流公司超前策划、提前安排，统一调度管理、统一施工标准、严格审查方案、全线统一准备、严格督导落实，2016 年 3 月 17～26 日经过 10 天的顽强拼搏和攻坚克难，成功地完成了全线一次性同步跨越 20 个点施工，首次实现了多点大规模同步跨越重要输电通道施工，创造了特殊困难条件下特高压输电线路跨越施工新纪录。

第八章

榆横—潍坊 1000kV 特高压交流输变电工程

本章内容包含同期建设的青州换流站配套 1000kV 交流工程（接入潍坊变电站），以及之后的榆能横山电厂 1000kV 送出工程、陕能赵石畔电厂 1000kV 送出工程（接入榆横开关站）。

一、工程背景

2011 年 3 月，国家发展和改革委员会印发《国家发展改革委关于上海庙能源化工基地开发总体规划的批复》（发改能源〔2011〕65 号），同意上海庙煤电基地 400 万 kW 电源开展项目前期工作。国家电网公司提出建设靖边—潍坊特高压交流工程，汇集陕北、宁东、上海庙规划建设的电源，向华北东部地区输送电力，同时兼顾山西煤电的送出，并启动开展了可行性研究。2012 年 12 月 10～12 日，电力规划设计总院主持评审，2013 年 2 月 5 日以电规规划〔2013〕119 号印发评审意见。

2014 年 5 月 16 日，国家能源局印发《国家能源局关于加快推进大气污染防治行动计划 12 条重点输电通道建设的通知》（国能电力〔2014〕212 号），榆横—潍坊 1000kV 特高压交流输变电工程被列入大气污染防治行动计划 12 条重点输电通道之一，上海庙、宁东和榆横煤电基地电力将分别通过单独通道送出。2014 年 6 月 16～18 日，电力规划设计总院受国家电网公司委托，主持榆横（靖边）—潍坊 1000kV 特高压交流输变电工程可行性研究审查，7 月 1 日以电规规划〔2014〕594 号印发评审意见。其后，国家电网公司向国家发展和改革委员会上报《国家电网公司关于榆横—潍坊特高压交流输变电工程项目核准的请示》（国家电网发展〔2014〕1519 号）。2015 年 5 月 6 日，国家发展和改革委员会印发《国家发展改革委关于榆横—潍坊 1000 千伏特高压交流输变电工程项目核准的批复》（发改能源〔2015〕941 号）。建设本工程，对于满足京津冀鲁电力负荷增长需要，改善大气环境质量，促进陕北、晋中地区电力外送具有重要意义。

2016 年 8 月 16 日，国家发展和改革委员会印发《国家发展改革委关于内蒙古扎鲁特—山东青州 ±800 千伏特高压直流工程项目核准的批复》（发改能源〔2016〕1756 号），核准建设扎鲁特—青州特高压直流工程，输电能力 1000 万 kW。2016 年 10 月 18 日，山东省潍坊市发展和改革委员会印发《潍坊市投资项目核准证明》（潍发改能交〔2016〕329 号），扩建潍坊 1000kV 变电站，新建青州换流站—潍坊特高压变电站 1000kV 线路工程，以满足扎鲁特—青州特高压直流输电工程接入山东电网需要。

为落实大气污染防治行动计划，陕西省发展和改革委员会上报国家能源局《陕西省发展和改革委员会关于调整陕北榆横煤电基地电源建设方案的请示》（陕发改煤电〔2015〕386 号），将榆能横山电厂、陕能赵石畔电厂、华电泛海红墩界电厂作为榆横特高压配套电源项目，国家能源局以国能电力〔2016〕128 号批准了该请示。2016 年 11 月 24 日，陕西省发展和改革委员会印发《陕西省发展和改革委员会关于榆能横山电厂 1000 千伏送出等两项工程项目核准的批复》（陕发改煤电〔2016〕1485 号），同意建设榆能横山电厂 1000kV 送出工程和陕能赵石畔电厂 1000kV 送出工程。

二、工程概况

（一）榆横—潍坊 1000kV 特高压交流输变电工程

1. 核准建设规模

新建榆横 1000kV 开关站、晋中 1000kV 变电站、石家庄 1000kV 变电站、潍坊 1000kV 变电站，扩建济南 1000kV 变电站，新建榆横—晋中—石家庄—济南—潍坊双回 1000kV 输电线路 2×1048.5km，图 8-1 为榆横—潍坊 1000kV 特高压交流输变电工程系统接线示意图。工程动态总投资 241.8 亿元，由国网陕西省电力公司（榆横开关站及榆横—晋中线路）、国网山西省电力公司（晋中变电站）、国网河北省电力公司（石家庄变电站及晋中—石家庄线路）、山东省电力公司（济南、潍坊变电站及石家庄—济南—潍坊线路工程）共同出资建设。

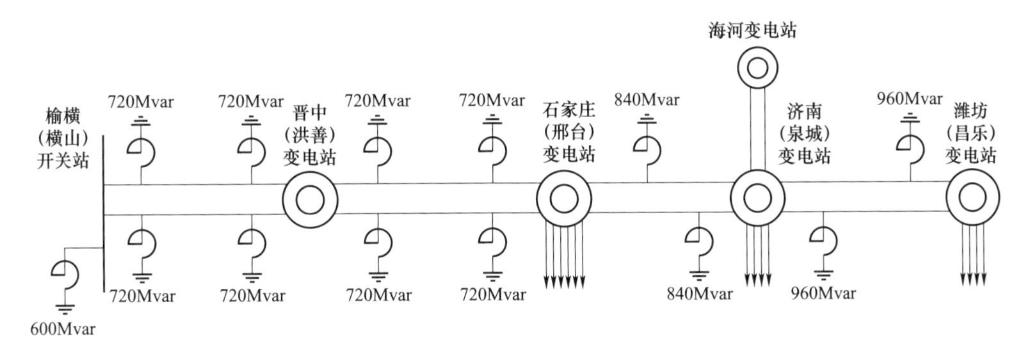

图 8-1　榆横—潍坊 1000kV 特高压交流输变电工程系统接线示意图

2. 建设内容

（1）榆横开关站工程。

榆横 1000kV 开关站位于陕西省榆林市横山县塔湾镇。1000kV 采用户外 GIS 组合电器设备，3/2 接线，组成 2 个不完整串，安装 5 台断路器，出线 2 回（至晋中），每回出线装设高压并联电抗器 1×720Mvar，另外 1 组高压并联电抗器 1×600Mvar 经断路器接入 1 号母线。图 8-2 为榆横（横山）开关站电气接线示意图。本期工程用地面积 10.56 公顷（围墙内 5.13 公顷）。调度命名为“1000 千伏特高压横山站”。

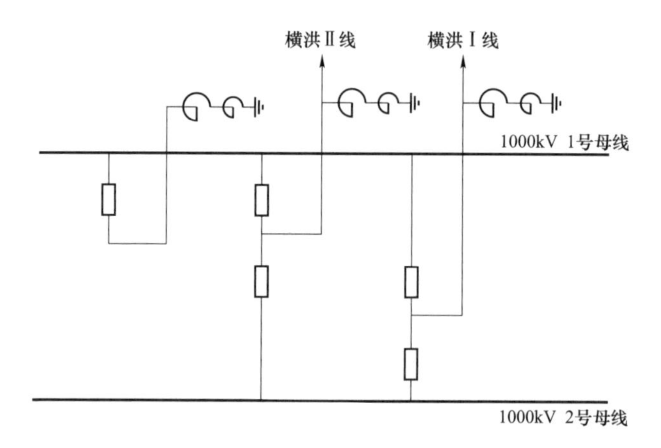

图 8-2 榆横（横山）开关站电气接线示意图

（2）晋中变电站工程。

晋中 1000kV 变电站位于山西省晋中市平遥县洪善镇。安装变压器 1×3000MVA（1 号主变压器），首次示范应用解体运输、现场组装特高压变压器；1000kV 采用户外 GIS 组合电器设备，3/2 接线，组成 5 个不完整串，安装 10 台断路器，出线 4 回（至榆横、石家庄各 2 回），每回出线均装设高压并联电抗器 1×720Mvar；500kV 采用户外 GIS 设备，出线 4 回（未定）；主变压器低压侧装设 110kV 低压电抗器 3×240Mvar 和低压电容器 4×210Mvar。图 8-3 为晋中（洪善）变电站电气接线示意图。本期工程用地面积 10.32 公顷（围墙内 8.86 公顷）。调度命名为“1000 千伏特高压洪善站”。

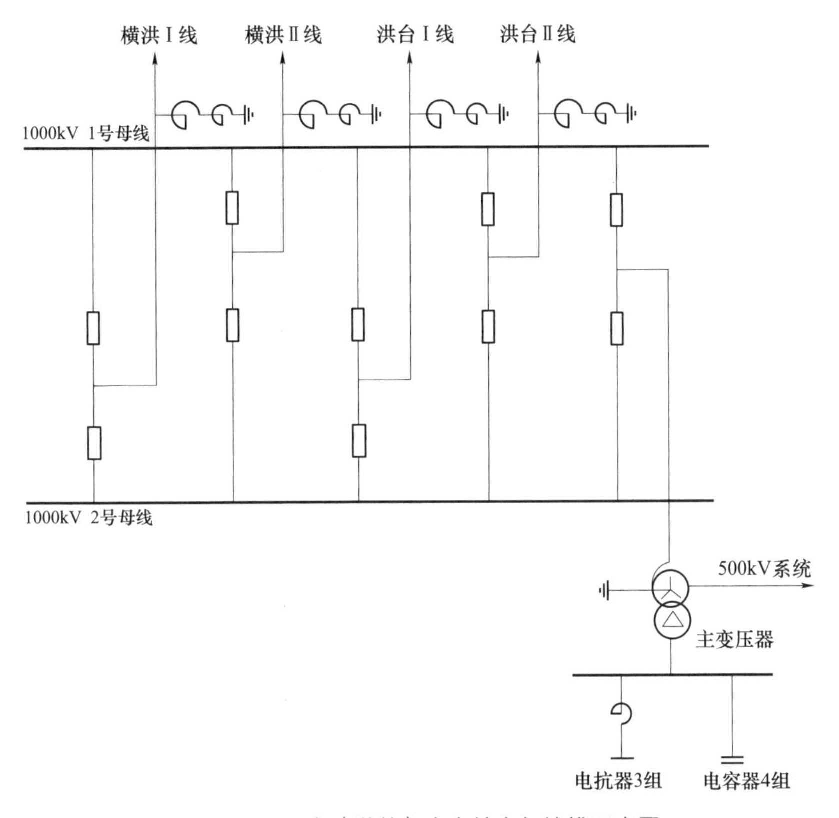

图 8-3　晋中（洪善）变电站电气接线示意图

（3）石家庄变电站工程。

石家庄 1000kV 变电站位于河北省邢台市新河县仁让里乡。安装变压器 2×3000MVA（2 号和 4 号主变压器）；1000kV 采用户外 GIS 组合电器设备，3/2 接线，组成 2 个完整串和 2 个不完整串，安装 10 台断路器，出线 4 回（至晋中、济南各 2 回），至晋中每回出线均装设高压并联电抗器 1×720Mvar，至济南Ⅰ回装设高压并联电抗器 1×840Mvar；500kV 采用户外 GIS 设备，出线 6 回（至彭村、武邑、宗州各 2 回）；主变压器低压侧共装设 110kV 低压电抗器 3×240Mvar 和低压电容器 8×210Mvar。图 8-4 为石家庄（邢台）变电站电气接线示意图。变电站总用地面积 14.50 公顷（围墙内 12.98 公顷）。调度命名为“1000 千伏特高压邢台站”。

（4）济南变电站扩建工程。

济南 1000kV 变电站位于山东省济南市济阳县仁风镇。一期工程是锡盟—山东 1000kV 特高压交流输变电工程的组成部分（济南变电站），2014 年 7 月核准，2016 年 7 月建成投运。调度命名为“1000 千伏特高压泉城站”。

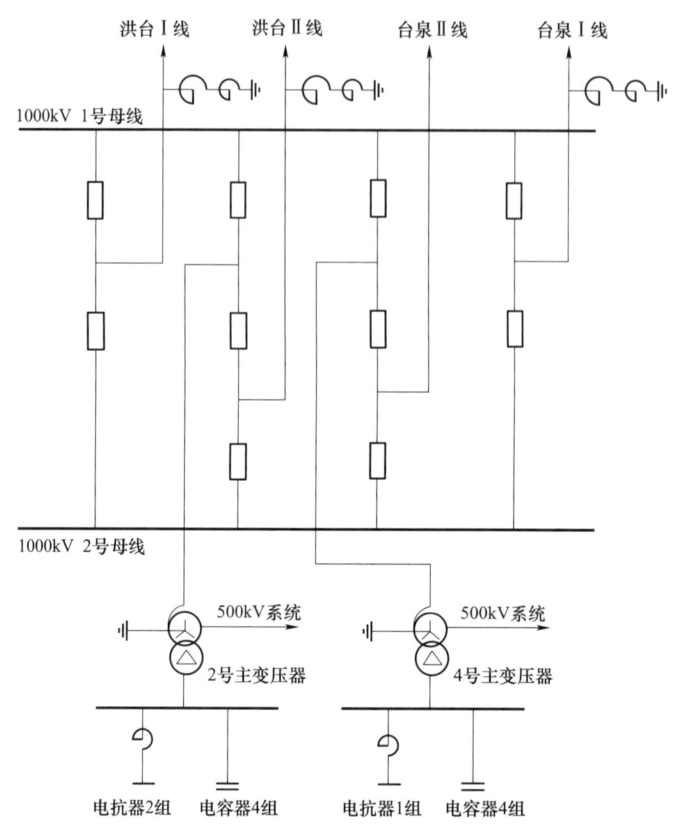

图 8-4 石家庄（邢台）变电站电气接线示意图

已建工程规模：主变压器 2×3000MVA（1 号和 2 号主变压器）；1000kV 出线 2 回（至廊坊变电站），每回出线装设高压并联电抗器 1×720Mvar；500kV 出线 4 回（至闻韶、高青各 2 回）；每组主变压器低压侧装设 110kV 低压电抗器 2×240Mvar 和低压电容器 2×210Mvar。

本期工程规模：1000kV 出线 4 回（至石家庄、潍坊各 2 回），至石家庄 II 线装设高压并联电抗器 1×840Mvar，至潍坊 II 线装设高压并联电抗器 1×960Mvar，两组主变压器低压侧各新增 110kV 低压电抗器 1×240Mvar。图 8-5 为本期工程扩建后济南（泉城）变电站电气接线示意图。本期工程在围墙内扩建，无新增用地。

（5）潍坊变电站工程。

潍坊 1000kV 变电站位于山东省潍坊市昌乐县红河镇。安装变压器 2×3000MVA（2 号和 4 号主变压器）；1000kV 采用户外 GIS 组合电器设备，3/2 接线，组成 1 个完整串和 2 个不完整串，安装 7 台断路器，出线 2 回（至济南），至济南 I 线装设高压并联电抗器 1×960Mvar；500kV 采用户外 GIS 设备，出线 6 回

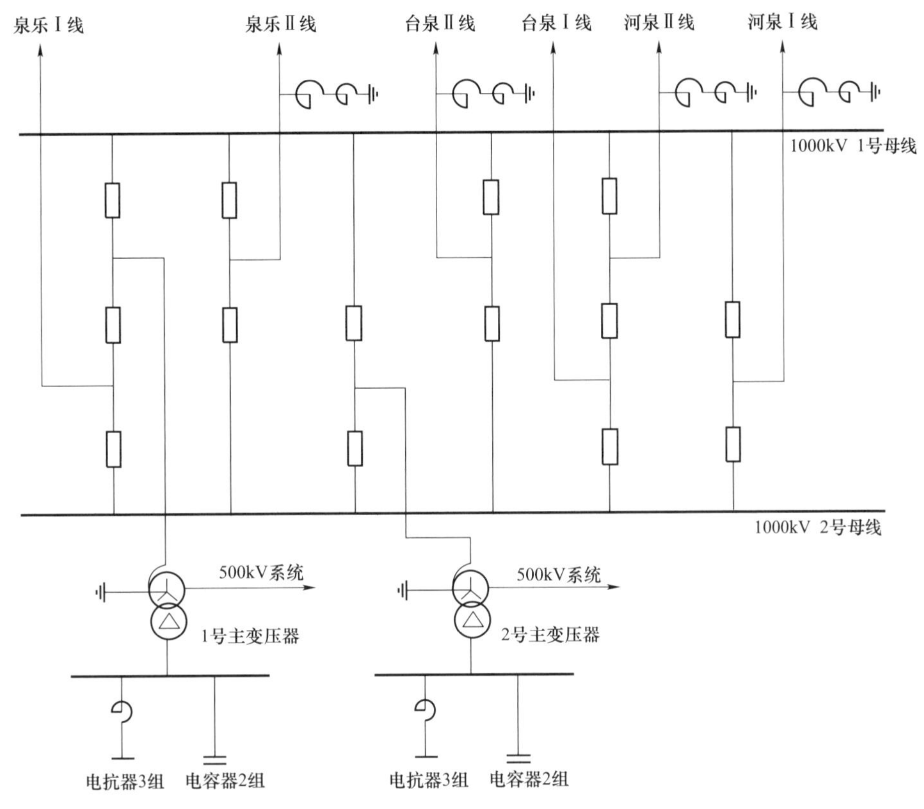

图 8-5　本期工程扩建后济南（泉城）变电站电气接线示意图

（至临朐、密州各 2 回，至淄川、潍坊各 1 回）；每组主变压器低压侧装设 110kV 低压电抗器 1×240Mvar 和低压电容器 2×210Mvar。图 8-6 为潍坊（昌乐）变电站电气接线示意图。变电站总用地面积 13.68 公顷（围墙内 11.67 公顷）。调度命名为“1000 千伏特高压昌乐站”。

（6）输电线路工程。

新建榆横一晋中一石家庄一济南一潍坊 1000kV 交流双回线路，途经陕西、山西、河北、山东四省，全长 2×1047.2km。其中，单回路 2×400.3km，同塔双回路 2×646.9km（含黄河大跨越 3.4km）。全线铁塔 2702 基，其中单回路角钢塔 1438 基，双回路钢管塔 1257 基，大跨越双回路直线钢管塔 3 基、单回路锚塔钢管塔 4 基。

榆横一晋中段 2×307.2km，晋中一石家庄段 2×304.3km，均采用两个单回路和同塔双回路混合架设。石家庄一济南段 2×199.1km，同塔双回路架设。济南一潍坊段 2×236.6km，采用两个单回路和同塔双回路混合架设（含黄河大跨越 3.417km）。

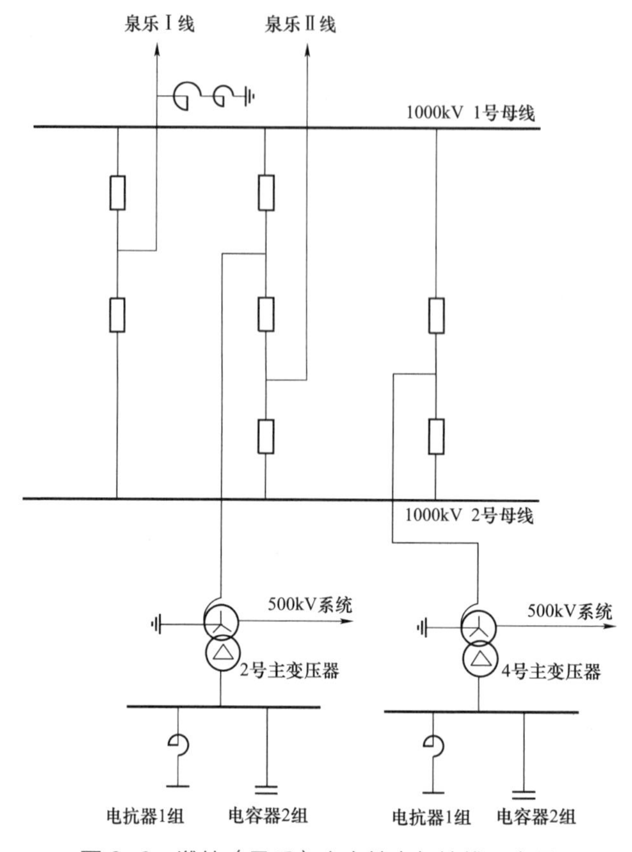

图 8-6 潍坊（昌乐）变电站电气接线示意图

工程沿线平地 38.13%，河网 4.64%，丘陵 3.81%，山地 41.44%，高山 11.98%。海拔 0~1900m。全线分为 10mm 轻冰区、15mm 中冰区两个冰区。全线分为 27、29、30m/s 共 3 个风区。

一般线路 10mm 冰区导线采用 8×JL1/G1A-630/45 钢芯铝绞线，15mm 冰区导线采用 8×JL1/G1A-630/55 钢芯铝绞线，地形条件较好的石家庄—济南同塔双回段导线采用 8×JL1/LHA1-465/210 铝合金芯铝绞线。榆横—晋中—石家庄段和济南—潍坊段架设 2 根 OPGW 光缆，石家庄—济南段架设 1 根 OPGW 光缆，其余均为普通地线，单回路普通地线采用 JLB20A-170 铝包钢绞线，双回路普通地线采用 JLB20A-185 铝包钢绞线，单回路光缆采用 OPGW-170，双回路光缆采用 OPGW-185。

线路工程在山东省济南市与邹平市交界处跨越黄河，黄河大跨越位于王圈浮桥下游约 2km 处，采用“耐—直—直—直—耐”方式，铁塔 7 基。图 8-7 为黄河大跨越示意图。耐张段长度 3417m，档距为 624m—1315m—1054m—424m，呼高为 48m—135m—135m—71m—48m。跨越塔全高 204m，重 1668t。大跨越锚塔采用单回路干字型式，直线塔采用双回路伞形。导线采用 6×JLHA1/G4A-640/170 特强钢芯高强铝合金绞线，地线采用 2 根 48 芯 OPGW-300 光缆。大跨越直线塔安装井筒式电梯作为主要登塔设施。

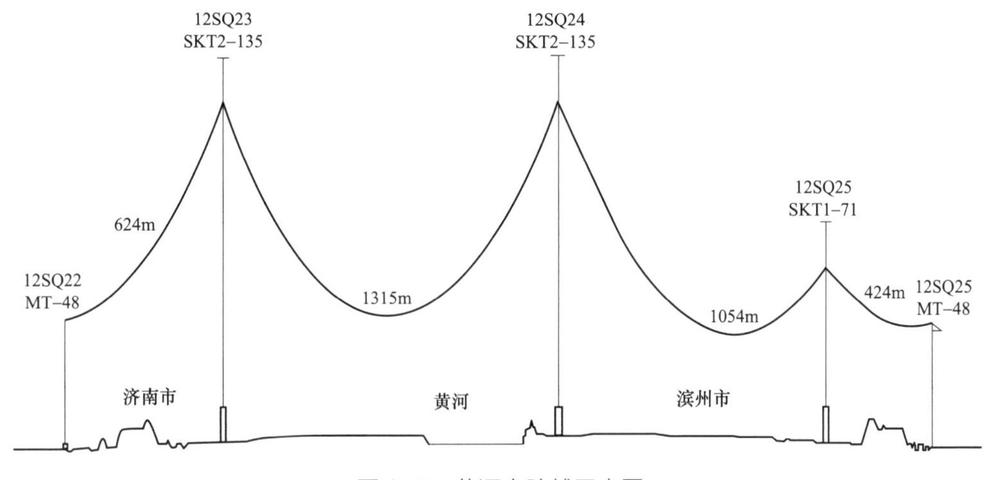

图 8-7　黄河大跨越示意图

（7）系统通信工程。

在榆横—晋中—石家庄段和济南—潍坊段线路上架设 2 根 24 芯 OPGW 光缆，在石家庄—济南段线路上架设 1 根 36 芯 OPGW 光缆，在黄河大跨越段线路上架设 2 根 48 芯 OPGW 光缆。建设榆横—晋中—石家庄—济南—潍坊光纤通信电路，构成本工程第一通道和各特高压变电站至国调的主用通道。建设榆横—晋中—石家庄、济南—潍坊光纤通信电路，构成本工程第二通道和各特高压变电站至国调的备用通道。利用 500kV 线路光缆，建设石家庄—彭村—辛安—闻韶—济南国网光纤通信电路，构成石家庄—济南的第二通道。建设榆横—晋中—石家庄—济南—潍坊光纤通信电路，构成本工程各特高压变电站至华北调控分中心的主用通道和本工程国网第三通道。

（二）青州换流站配套 1000kV 交流工程

1. 核准建设规模

新建青州换流站至潍坊变电站 1000kV 同塔双回线路，新建线路长度 2×76.5km；扩建 3000MVA 主变压器 1 台，加装 500kV 母线分段断路器，扩建至青州换流站 1000kV 间隔 2 个。图 8-8 为青州换流站配套 1000kV 交流工程系统接线示意图。项目动态总投资 157 418 万元，由国网山东省电力公司出资建设。

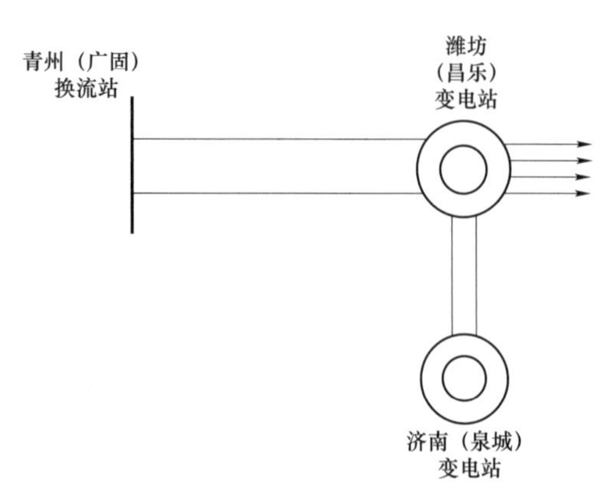

图 8-8　青州换流站配套 1000kV 交流工程系统接线示意图

2. 建设内容

（1）潍坊变电站扩建工程。

本期扩建主变压器 1×3000MVA（1 号主变压器）；扩建至青州换流站 1000kV 2 回出线间隔，至青州Ⅰ线与已建泉乐Ⅰ线配串，至青Ⅱ线与 1 号主变压器配串，装设 4 台 GIS 断路器；500kV 扩建 1 号主变压器进线间隔，完善母线分段，安装 3 台 GIS 断路器；1 号主变压器 110kV 侧扩建低压电抗器 3×240Mvar 和低压电容器 3×210Mvar，4 号主变压器 110kV 侧扩建低压电抗器 1×240Mvar。图 8-9 为本期工程扩建后潍坊（昌乐）变电站电气接线示意图。本期工程在围墙内扩建，无新增用地。

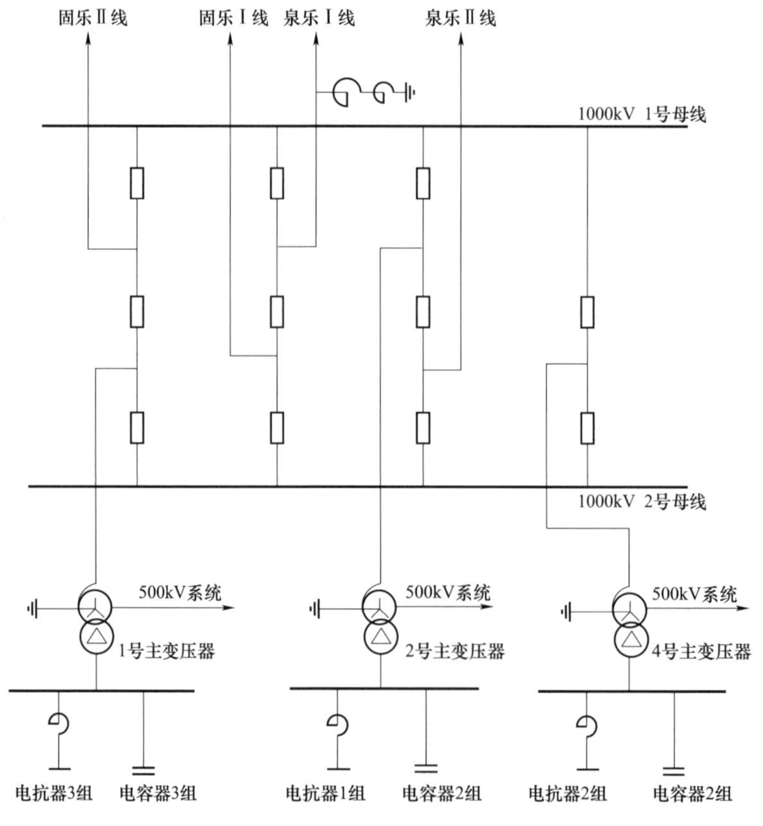

图 8-9　本期工程扩建后潍坊（昌乐）变电站电气接线示意图

（2）输电线路工程。

新建青州换流站—潍坊 1000kV 变电站 1000kV 双回线路 2×73.646km，途经潍坊市的青州市、寿光市、临朐县、昌乐县，全线同塔双回路建设，采用钢管塔，铁塔 141 基。导线采用 8×JL1/G1A-630/45 钢芯铝绞线，两根地线均为 OPGW-185 复合光缆。工程沿线平地 47.4%，丘陵 26.3%，山地 26.3%。海拔 0～500m。全线为 10mm 轻冰区，27m/s 风区。

（3）系统通信工程。

在青州换流站—潍坊变电站 1000kV 线路上架设 2 根 24 芯 OPGW 光缆，建设青州换流站—潍坊变电站双光纤通信电路，分别接入国网第一通道和第二通道；建设青州换流站—潍坊变电站光纤通信电路，接入华北通信网，作为本工程第三通道。

（三）榆能横山电厂和陕能赵石畔电厂 1000kV 送出工程

1. 核准建设规模

（1）榆能横山电厂 1000kV 送出工程。

榆横 1000kV 开关站扩建出线间隔 1 个，新建横山电厂至榆横开关站 1000kV 线路 41.5km。工程动态总投资 50 038 万元，由国网陕西省电力公司出资。

（2）陕能赵石畔电厂 1000kV 送出工程。

榆横 1000kV 开关站扩建出线间隔 1 个，新建赵石畔电厂至榆横开关站 1000kV 线路 20km。工程动态总投资 24 677 万元，由国网陕西省电力公司出资。

2. 建设内容

（1）榆能横山电厂 1000kV 送出工程。

榆横 1000kV 开关站第 2 串扩建出线间隔 1 个，与已建的母线高抗进线配串，安装 2 台断路器，在围墙内预留场地扩建。

新建横山电厂至榆横开关站 1000kV 线路 40.937km（终端塔共用赵石畔电厂送出工程之终端塔），途经榆林市横山县，单回路架设，铁塔 79 基。导线采用 8×JL/G1A-500/45 钢芯铝绞线，两根地线均采用 OPGW-175 复合光缆（24 芯）。工程沿线地形主要为沙漠和一般山地。海拔 1100～1350m。全线为 10mm 轻冰区，30m/s 风区。

建设横山电厂至榆横开关站双光纤通信电路，构成横山电厂至国调、华北调控分中心的主备用调度通信通道。

（2）陕能赵石畔电厂 1000kV 送出工程。

榆横 1000kV 开关站第 3 串扩建出线间隔 1 个，与已建的晋中 2 回配串，安装 1 台断路器，在围墙内预留场地扩建。

新建赵石畔电厂至榆横开关站 1000kV 线路 18.789km（终端塔与横山电厂送出工程共塔），途经榆林市横山县、靖边县，单回路架设，铁塔 37 基。导线采用 8×JL/G1A-500/45 钢芯铝绞线，两根地线均采用 OPGW-175 复合光缆（24 芯）。工程沿线地形主要为沙漠和一般山地。海拔 1100～1350m。全线为 10mm 轻冰区，30m/s 风区。图 8-10 为本期工程扩建后榆横（横山）开关站电气接线示意图。

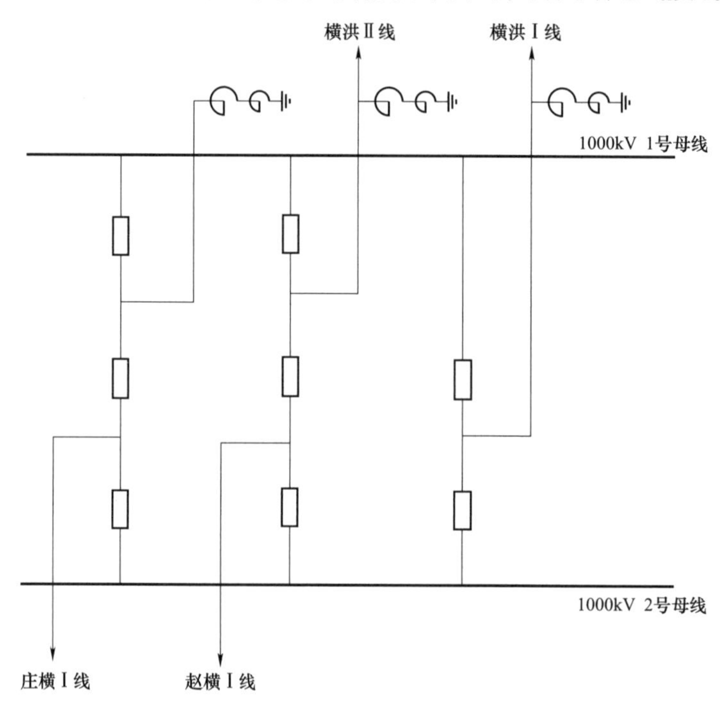

图 8-10 本期工程扩建后榆横（横山）开关站电气接线示意图

建设赵石畔电厂至榆横开关站双光纤通信电路，构成赵石畔电厂至国调、华北调控分中心的主备用调度通信通道。

三、工程建设情况

（一）工程管理

（1）2015 年 5 月 8 日，国家电网公司印发《榆横—潍坊 1000 千伏特高压交流输变电工程建设管理纲要》(国家电网交流〔2015〕437 号),明确了工程管理模式和相关单位职责,以及工程目标、组织体系、制度体系、工作计划和工作要求等。计划 2017 年 6 月建成投产。

实行国家电网公司总部统筹协调、省公司现场建设管理、直属单位业务支撑的管理模式。国家电网公司交流建设部履行项目法人职能,负责工程建设全过程统筹协调和关键环节集约管控,总部其他相关部门负责归口管理,华北分部、西北分部参与工程建设管理。

国网交流公司承担现场建设技术统筹、管理支撑职能,代表国网交流部对工程现场建设的安全、质量、技术、进度行使督导职责,统一管理工程信息、水保环保、工程档案。国网陕西、山西、河北、山东电力等相关省公司负责属地范围地方工作协调、生产准备、现场建设管理、线路物资供应管理。国网信通公司负责系统通信工程现场建设管理。国网经研院协助国网交流部开展设计管理。国网物资公司负责物资供应服务支撑、变电工程和系统通信工程物资供应管理。中国电科院负责变电设备质量管控、线路工程施工机具安全性能评价。电力规划设计总院受委托负责初步设计评审。

(2)2016 年 12 月 12 日,国家电网公司印发《青州换流站配套 1000 千伏交流工程建设管理纲要》(国家电网交流〔2016〕1055 号),明确了工程管理模式和相关单位职责,以及工程目标、组织体系、制度体系、工作计划和工作要求等。计划 2017 年 10 月建成投产。

实行国家电网公司总部统筹协调、省公司现场建设管理、直属单位业务支撑的管理模式。国家电网公司交流建设部履行项目法人职能,总部其他相关部门负责归口管理,华北分部参与工程建设管理。国网交流公司、国网信通公司、国网物资公司、国网经研院、中国电科院,以及属地省公司国网山东电力,分别承担与榆横—潍坊工程相同的职责。

(3)2017 年 7 月 17 日,国家电网公司印发《榆能横山电厂 1000 千伏送出工程和陕能赵石畔电厂 1000 千伏送出工程建设管理纲要》(国家电网交流〔2017〕541 号),明确了工程管理模式和相关单位职责,以及工程目标、组织体系、制度体系、工作计划和工作要求等。计划 2018 年 5 月建成投产。

实行国家电网公司总部统筹协调、国网陕西电力和国网信通公司现场建设管理、直属单位业务支撑的管理模式。国家电网公司交流建设部履行项目法人职能,总部其他相关部门负责归口管理,华北分部、西北分部参与工程建设管理。国网交流公司、国网信通公司、国网物资公司、国网经研院、中国电科院，以及属地省公司国网陕西电力，分别承担与榆横—潍坊工程相同的职责。

（二）参建单位

1. 榆横—潍坊工程

（1）工程设计单位。

变电工程相关设计单位如下。

榆横开关站：西北电力设计院。

晋中变电站：东北电力设计院（A 角，负责初步设计，对全站负责），江苏电力设计院（B 角，对责任范围内负责）。

石家庄变电站：华东电力设计院（A 角），福建电力设计院（B 角）。

济南变电站扩建：中南电力设计院。

潍坊变电站：国核电力设计院（A 角），山东电力设计院（B 角）。

线路工程相关设计单位如下：西北电力设计院是资料汇总设计单位，负责提出总体初步设计原则与技术方案，协调各设计院工作。从施工图开始，各设计院按照审定的设计原则独立开展工作。

榆横—晋中段：依次为西北电力设计院（陕西省榆林市约 91km）、陕西电力设计院（陕西省榆林市约 59km）、新疆电力设计院（山西省吕梁市、孝义市约 79km）、中南电力设计院（山西省吕梁市、晋中市约 83km）。

晋中—石家庄段：依次为浙江电力设计院（山西省晋中市约 83km）、广东电力设计院（山西省晋中市约 72km）、湖北省电力设计院（河北省邢台市约 67km）、安徽电力设计院（河北省邢台市约 85km）。

石家庄—济南段：依次为河南电力设计院（河北省邢台市、冀州市约 61km）、江苏电力设计院（山东省德州市约 64km）、湖南电力设计院（山东省济南市、德州市约 76km）。

济南—潍坊段：依次为山东电力设计院（山东省济南市滨州市约 73km）、华东电力设计院（山东省淄博市、莱芜市约 82km）、国核电力设计院（山东省淄博市、潍坊市约 84km）。

系统通信工程相关设计单位：华北电力设计院负责全线系统通信工程初步设计，变电 A 角设计院负责接口配合。

（2）主要设备供货单位。

1）榆横开关站主要供货商：河南平高电气有限公司（1100kV GIS 开关设备）、保定天威保变电气有限公司（1000kV 电抗器 7×240Mvar）、山东电力设备有限公司（1000kV 电抗器 4×200Mvar）、抚顺电瓷制造有限公司（1000kV 避雷器）、日新电机（无锡）有限公司（1000kV 电容式电压互感器）。

许继电气（监控系统、1000kV 母线保护、1000kV 断路器保护）、南瑞继保（1000kV 线路保护、1000kV 电抗器保护）、北京四方（1000kV 线路保护、1000kV 电抗器保护）、长园深瑞（1000kV 母线保护）。

2）晋中变电站主要供货商：新东北电气高压开关有限公司（1100kV GIS 开关设备），保定天威保变电气有限公司（1000kV 主变压器）、特变电工衡阳变压器有限公司（1000kV 电抗器）、南阳金冠电气有限公司（1000kV 避雷器）、西电电力电容器有限公司（1000kV 电容式电压互感器）、桂林电力电容器有限公司（110kV 电容器）、西安中扬电气股份有限公司（110kV 电抗器）、北京宏达日新电机有限公司（110kV 专用开关）、西安西电高压开关有限公司（110kV 断路器）。

南瑞继保（监控系统、1000kV 线路保护、1000kV 变压器保护、1000kV 电抗器保护）、北京四方（1000kV 线路保护、1000kV 电抗器保护）、长园深瑞（1000kV 变压器保护、1000kV 母线保护）、许继电气（1000kV 母线保护、1000kV 断路器保护）。

3）石家庄变电站主要供货商：西电开关电气有限公司（1100kV GIS 开关设备），特变电工沈阳变压器有限公司（1000kV 主变压器），西电变压器有限公司（1000kV 电抗器），平高东芝（廊坊）避雷器有限公司（1000kV 避雷器），日新电机（无锡）有限公司（1000kV 电容式电压互感器），西电电力电容器有限公司（110kV 电容器），合容电气股份有限公司（110kV 电容器），北京电力设备总厂（110kV 电抗器），北京 ABB 高压开关有限公司（110kV 专用开关）、西安西电高压开关有限公司（110kV 断路器）。

北京四方（监控系统、1000kV 线路保护、1000kV 电抗器保护）、南瑞继保（1000kV 线路保护、1000kV 变压器保护、1000kV 电抗器保护）、长园深瑞（1000kV 变压器保护、1000kV 母线保护）、许继电气（1000kV 母线保护）、国电南自（1000kV 断路器保护）。

4）济南变电站扩建工程主要供货商：新东北电气高压开关有限公司（1100kV GIS 开关设备），特变电工衡阳变压器有限公司（1000kV 电抗器 4×320Mvar），西电变压器有限公司（1000kV 电抗器 4×280Mvar），西电避雷器有限公司（1000kV 避雷器），桂林电力电容器有限公司（1000kV 电容式电压互感器器），西安中扬电气股份有限公司（110kV 电抗器），北京 ABB 高压开关有限公司（110kV 专用开关）。

南瑞继保（1000kV 线路保护、1000kV 电抗器保护）、北京四方（1000kV 线路保护、1000kV 电抗器保护）、许继电气（1000kV 断路器保护）。

5）潍坊变电站主要供货商：河南平高电气有限公司（1100kV GIS 开关设备），山东电力设备有限公司（1000kV 主变压器），特变电工沈阳变压器有限公司（1000kV 电抗器），南阳金冠电气有限公司（1000kV 避雷器），西电电力电容器有限公司（1000kV 电容式电压互感器），北京电力设备总厂（110kV 电抗器），上海思源电力电容器有限公司（110kV 电容器），北京宏达日新电机有限公司（110kV 专用开关），西安西电高压开关有限公司（110kV 断路器）。

南瑞科技（监控系统）、南瑞继保（1000kV 线路保护、1000kV 变压器保护、1000kV 电抗器保护）、北京四方（1000kV 线路保护、1000kV 电抗器保护）、长园深瑞（1000kV 变压器保护、1000kV 母线保护）、许继电气（1000kV 母线保护）、国电南自（1000kV 断路器保护）。

6）线路铁塔供货商：常熟风范电力设备股份有限公司（含黄河大跨越）、浙江盛达铁塔有限公司、潍坊长安铁塔股份有限公司、青岛武晓集团有限公司、青岛东方铁塔股份有限公司、河北宁强光源有限公司、河南鼎力杆塔股份有限公司、江苏振光电力设备制造有限公司、江苏电力装备有限公司、江苏华电铁塔制造有限公司、南京大吉铁塔制造有限公司、绍兴电力设备有限公司、青岛豪迈钢结构有限公司、温州泰昌铁塔制造有限公司、潍坊五洲鼎益铁塔有限公司、重庆瑜煌电力设备制造有限公司、青岛汇金通电力设备有限公司、重庆江电电力设备有限公司、山东建兴铁塔制造有限公司、山东鲁能泰山铁塔有限公司、湖南景明电力器材有限公司、山东省呈祥电工电气有限公司、山东中铁华盛机械有限公司、江苏常峰电力设备有限公司、宁波燎原工业股份有限公司、山东中辰电力设备有限公司、重庆顺泰铁塔制造有限公司、吉林省梨树铁塔制造有限公司、浙江通兴铁塔有限公司、浙江盛达江东铁塔有限公司、山东齐星铁塔科技股份有限公司。

7）线路绝缘子供货商。盘式绝缘子供货商为内蒙古精诚高压绝缘子有限公司、苏州电瓷厂股份有限公司、大连电瓷集团股份有限公司，南京电气（集团）有限责任公司、塞迪维尔玻璃绝缘子（上海）有限公司、四川宜宾环球集团有限公司。复合绝缘子供货商为淄博泰光电力器材厂、武汉莱恩输变电设备有限公司、广州市迈克林电力有限公司、江苏祥源电气设备有限公司、江苏神马电力有限公司、长园高能电气股份有限公司。

8）线路导地线和光缆供货商。导地线供货商为绍兴电力设备有限公司、河南科信电缆有限公司、江苏中天科技股份有限公司、青岛汉缆股份有限公司、特变电工山东鲁能泰山电缆有限公司（含黄河大跨越）、维世佳沈阳电缆有限公司、无锡江南电缆有限公司、上海中天铝线有限公司、特变电工新疆线缆厂、杭州电缆股份有限公司、特变电工（德阳）电缆股份有限公司、郑州华力电缆有限公司、无锡华能电缆有限公司、沈阳力源电缆有限公司、江苏南瑞银龙电缆有限公司、航天电工集团有限公司、河北中兴电力装备有限公司、新远东电缆有限公司、远东电缆有限公司、江苏南瑞淮胜电缆有限公司（钢芯高电导率铝绞线，铝合金芯铝绞线，扩径导线，钢芯铝合金绞线）；河南科信电缆有限公司、常州特发华银电线电缆有限公司（铝包钢绞线）。OPGW 供货商为苏州古河电力光缆有限公司、江苏通光光缆有限公司、中天电力光缆有限公司。

9）线路金具供货商：江苏捷凯电力器材有限公司（含黄河大跨越）、河南电力器材公司、湖州泰仑电力器材有限公司、浙江泰昌实业有限公司、江东金具设备有限公司、江苏双汇电力发展股份有限公司、西安创源电力金具有限公司、江苏新曙光电力器材有限公司、四平线路器材厂、南京线路器材有限公司、江苏天南电力器材有限公司、湖南景明电力器材有限公司、成都电力金具总厂。

10）监造单位。

变电设备方面，武汉南瑞有限责任公司负责：石家庄变电站 1000kV 变压器，晋中变电站、潍坊变电站 1000kV 高压电抗器；北京网联直流工程技术有限公司负责：石家庄变电站、济南变电站 1000kV 高压电抗器；中国电科院负责其余所有设备：晋中变电站、潍坊变电站 1000kV 变压器，榆横开关站 1000kV 高压电抗器，开关设备、避雷器、CVT，110kV 电容器、电抗器、专用开关，控制保护系统。国网陕西电科院、山西电科院、河北电科院、山东电科院参加。

线路材料方面，国网交流公司负责监造组织管理工作，中国电科院（钢管塔、角钢塔、绝缘子、导线、金具）、国网富达公司（钢管塔、铁塔关键材料、导地线、金具、光缆）、华电郑州机械设计研究院有限公司（钢管塔、导线）、北京网联直流工程技术有限公司（角钢塔）、山西锦通工程管理咨询有限公司（导线）具体承担监造任务。

（3）现场建设有关单位。

榆横开关站：江苏宏源监理公司（施工监理），陕西送变电工程公司（土建工程、电气安装工程）。国网陕西电力科学研究院（特殊交接试验），中国电科院（计量试验、系统调试）。

晋中变电站：山西锦通工程管理咨询公司（施工监理），山西供电承装公司、江西水电工程局（土建工程），河南送变电公司（电气安装工程）。国网山西电力科学研究院（特殊交接试验），中国电科院（计量试验、系统调试）。

石家庄变电站：河南立新监理公司（施工监理），安徽电建一公司、安徽电建二公司（土建工程），河北送变电公司（电气安装工程 A），福建送变电公司（电气安装工程 B）。国网河北电力科学研究院（特殊交接试验），中国电科院（计量试验、系统调试）。

济南变电站扩建：安徽电力监理公司（施工监理），山东送变电公司（土建工程、电气安装工程）。国网山东电力科学研究院（特殊交接试验）、中国电科院（计量试验、系统调试）。

潍坊变电站：山东诚信工程监理公司（施工监理）、天津电力建设公司（土建工程）、山东送变电公司（电气安装工程 A）、华东送变电公司（电气安装工程 B）、国网山东电力科学研究院（特殊交接试验）、中国电科院（计量试验、系统调试）。

线路工程有关单位如下：

榆横站—晋中站段：陕西诚信电力工程监理公司（约 150km），湖南送变电公司（1 标段）、福建送变电公司（2 标段）、青海送变电公司（3 标段）、陕西送变电公司（4 标段）。江西诚达工程咨询监理公司（约 79km），江苏送变电公司（5 标段）、天津送变电公司（6 标段）。福建和盛工程管理有限公司（约 83km），甘肃送变电公司（7 标段）、广西送变电公司（8 标段）。

晋中站—石家庄站段：山西锦通工程管理咨询公司（约 155km），北京电力工程公司（9 标段）、山西供电承装公司（10 标段）、山西送变电公司（11 标段）、黑龙江送变电公司（12 标段）。江西科能工程建设咨询监理公司（约 65km），湖北送变电公司（13 标段）、华东送变电公司（14 标段）。河北电力工程监理公司（约 64km），宁夏送变电公司（15 标段）、江西送变电公司（16 标段）。

石家庄站—济南站段：河北电力工程监理公司（约 78km），河北送变电公司（17 标段）、重庆送变电公司（18 标段）。安徽电力工程监理公司（约 142km），河南送变电公司（19 标段）、湖南电网工程公司（20 标段）、浙江送变电公司（21 标段）、安徽送变电公司（22 标段）。

济南站—潍坊站段：青海智鑫电力监理咨询公司（约 73km），山东送变电公司（23 标段，含黄河大跨越）、上海送变电公司（24 标段）。山东诚信工程监理公司（约 158km），四川送变电公司（25 标段）、辽宁送变电公司（26 标段）、北京送变电公司（27 标段）、吉林送变电公司（28 标段）、新疆送变电公司（29 标段）。

2. 青州换流站配套 1000kV 交流工程

（1）潍坊变电站扩建工程。

国核电力规划设计研究院、安徽电力工程监理公司、天津电力建设公司（土建工程）、山东送变电公司（电气安装工程）。山东电工日立高压开关公司（1000kV GIS 开关设备）、山东电力设备有限公司（1000kV 主变压器）、南阳金冠电气有限公司（1000kV 避雷器）、西电电力电容器有限公司（1000kV 电容式电压互感器）。西安中扬电气股份有限公司（110kV 电抗器）、合容电气股份有限公司（110kV 电容器）、北京宏达日新电机有限公司（110kV 专用开关）、西安西电高压开关有限公司（110kV 断路器）。

（2）青州换流站—潍坊变电站输电线路工程。

山东电力工程咨询院、山东诚信工程建设监理公司、河南送变电公司（1 标段）、重庆送变电公司（2 标段）。安徽宏源铁塔有限公司、湖州飞剑杆塔制造有限公司、青岛武晓集团股份有限公司、潍坊五洲鼎益铁塔有限公司、河北宁强光源有限公司、青岛豪迈钢结构有限公司、温州泰昌铁塔制造有限公司、山东中铁华盛机械有限公司、江苏华电铁塔制造有限公司、江苏振光电力设备制造有限公司、浙江盛达铁塔有限公司（铁塔）。江苏南瑞淮胜电缆有限公司（导线）、江苏南瑞银龙电缆有限公司（导地线）、无锡华能电缆有限公司（扩径导线）。襄阳国网合成绝缘子有限公司、长园高能电气股份有限公司（合成绝缘子），内蒙古精诚高压绝缘子有限公司（瓷绝缘子）、南京电气（集团）有限责任公司（玻璃绝缘子）。苏州古河电力光缆有限公司（OPGW）。南京线路器材有限公司、江苏双汇电力发展股份有限公司（金具）。

3. 榆能横山电厂 1000kV 送出工程和陕能赵石畔电厂 1000kV 送出工程

西北电力设计院、陕西诚信电力工程监理公司、陕西送变电公司（榆横变电站扩建工程，榆能横山电厂 1000kV 送出线路工程）、天津送变电公司（陕能赵石畔电厂 1000kV 送出线路工程）。河南平高电气有限公司（1100kV GIS 开关设备）、抚顺电瓷制造有限公司（1000kV 避雷器）、日新电机（无锡）有限公司（1000kV 电容式电压互感器）。安徽宏源铁塔有限公司（横山电厂送出线路铁塔）、潍坊长安铁塔股份有限公司（赵石畔电厂送出线路铁塔）、青岛汉缆股份有限公司（横山电厂送出线路导线）、重庆泰山电缆有限公司（赵石畔电厂送出线路导线）、中天电力光缆有限公司（线路 OPGW）、江苏祥源电气设备有限公司（复合绝缘子）、内蒙古精诚高压绝缘子有限公司（线路瓷绝缘子）、塞迪维尔玻璃绝缘子（上海）有限公司（线路玻璃绝缘子）、南京线路器材有限公司（线路金具）。

（三）建设历程

1. 榆横—潍坊工程

2015 年 5 月 6 日，国家发展和改革委员会印发《国家发展改革委关于榆横—潍坊 1000 千伏特高压交流输变电工程项目核准的批复》（发改能源〔2015〕941 号）。

2014 年 11 月 25～26 日，电力规划设计总院主持召开榆横—潍坊 1000kV 特高压交流输变电工程（预）初步设计评审会议。2015 年 1 月 13～14 日，召开初步设计预收口会议。2015 年 4 月 30 日，印发《关于榆横—潍坊 1000kV 特高压交流输变电工程初步设计的评审意见》（电规电网〔2015〕459 号）。2015 年 5 月 6 日，国家电网公司印发《国家电网公司关于榆横—潍坊 1000 千伏特高压交流输变电工程初步设计的批复》（国家电网基建〔2015〕425 号）。

2015 年 5 月 8 日，国家电网公司印发《国家电网公司关于印发榆横—潍坊 1000 千伏特高压交流输变电工程建设管理纲要的通知》（国家电网交流〔2015〕437 号）。

2015 年 5 月 12 日，榆横—潍坊工程建设动员大会在北京举行。国家能源局、科技部、环保部等有关部委，以及河北省、山西省、山东省、陕西省政府，国家电网公司及有关中央企业的负责同志参加会议。

2015 年 5 月 13 日，山西段线路工程（10 标、11 标）开展首基基础浇制。

2015 年 5 月 25 日，晋中、石家庄变电站“四通一平”工程开工。

2015 年 5 月 30 日，潍坊变电站“四通一平”工程开工。

2015 年 6 月 20 日，榆横开关站“四通一平”工程开工。

2015 年 8 月 22 日，济南变电站扩建工程开工。

2015 年 9 月 1 日，潍坊变电站土建工程开工。

2015 年 9 月 23 日，石家庄变电站土建工程开工。

2015 年 10 月 23 日，国网交流部在晋中站召开解体运输现场组装式特高压变压器现场启动会，成立相关组织机构，明确解体式特高压变压器职责分工及重点工作安排。

2015 年 10 月 27 日，晋中变电站土建工程开工。

2015 年 11 月 10 日，榆横开关站土建工程开工。

2015 年 12 月 2 日，河北段线路工程（17 标）开展首基杆塔组立。

2015 年 12 月 25 日，国网交流部组织召开解体运输现场组装式特高压变压器现场交接试验审查会。

2016 年 1 月 6 日，石家庄变电站电气安装工程开工。

2016 年 1 月 20 日，潍坊变电站电气安装工程开工。

2016 年 3 月 5 日，晋中变电站电气安装工程开工。

2016 年 3 月 20 日，山东段线路工程（23 标）开展首段架线施工。

2016 年 8 月 10 日，榆横开关站电气安装工程开工。

2016 年 8 月 30 日，晋中变电站首台解体运输式特高压变压器完成现场组装。10 月 20 日，首台（C 相）局放试验合格，标志着世界首台解体运输式特高压变压器现场组装、安装和交接试验圆满完成。

2017 年 2 月 20 日，济南变电站扩建工程完成第一次竣工预验收。

2017 年 3 月 21 日，国网交流部组织召开工程系统调试方案专家审查会。

2017 年 4 月 27 日，河北段线路工程完成竣工预验收。

2017 年 4 月 28 日，石家庄变电站完成竣工预验收。

2017 年 5 月 1～2 日，石家庄—济南段开展线路参数测试工作。

2017 年 5 月 2 日，召开启委会第一次会议。审定了系统调试方案，确定了分两阶段开展启动调试工作。

2017 年 5 月 4 日，潍坊变电站完成竣工预验收。

2017 年 5 月 7 日，晋中变电站完成竣工预验收。

2017 年 5 月 10 日，济南变电站扩建完成第二次竣工预验收。

2017 年 5 月 10 日，河北段线路工程顺利通过单项工程竣工验收。

2017 年 5 月 11 日，石家庄变电站顺利通过单项工程竣工验收。

2017 年 5 月 12 日，济南变电站（不含潍坊出线回路）顺利通过单项工程竣工验收。

2017 年 5 月 12 日，石家庄—济南段线路工程顺利通过单项工程竣工验收。

2017 年 5 月 15 日，国网交流部组织召开工程启动验收会议（第一阶段），石家庄变电站工程、济南变电站工程、石家庄—济南段线路工程、石家庄—济南段系统通信工程通过启动验收。

2017 年 5 月 10～15 日，济南—潍坊段开展线路参数测试工作。

2017 年 5 月 18 日，启动验收现场指挥部第一次会议，宣布启动第一阶段系统调试。5 月 20 日，石家庄变电站完成站内系统调试。5 月 26 日，石家庄—济南完成站间调试。

2017 年 6 月 10 日，山东段线路工程完成竣工预验收。

2017 年 6 月 15 日，山西段线路工程完成竣工预验收。

2017 年 6 月 20 日，陕西段线路工程通过单项工程竣工验收。

2017 年 6 月 21 日，山西段线路工程通过单项工程竣工验收。

2017 年 6 月 23 日，晋中变电站通过单项工程竣工验收。

2017 年 6 月 23 日，济南—潍坊段线路工程通过单项工程竣工验收。

2017 年 6 月 26 日，榆横开关站通过单项工程竣工验收。

2017 年 6 月 28 日，济南变电站扩建通过单项工程竣工验收。

2017 年 6 月 29 日，潍坊变电站通过单项工程竣工验收。

2017 年 6 月 30 日，榆横开关站完成竣工预验收。

2017 年 6 月 30 日，国网交流部组织召开工程启动验收会议（第二阶段），榆横开关站工程、晋中变电站工程、济南变电站工程、潍坊变电站工程、陕西段线路工程、山西段线路工程、济南—潍坊段线路工程、系统通信工程通过启动验收。

2017 年 7 月 13 日，工程启动验收现场指挥部第二次会议，宣布启动第二阶段系统调试。至 7 月 18 日，完成晋中—石家庄、榆横—晋中站内及站间调试。

2017 年 7 月 25 日，工程启动验收现场指挥部第三次会议，宣布启动潍坊变电站—济南变电站系统调试。7 月 28 日，潍坊变电站完成站内调试。8 月 4~5 日，完成济南—潍坊站间调试。

2017 年 8 月 11 日，工程启动验收现场指挥部第四次会议，宣布开始 72h 试运行。

2017 年 8 月 14 日，工程顺利通过 72h 试运行，正式投运。

2. 青州换流站配套 1000kV 交流工程

2016 年 10 月 18 日，山东省潍坊市发展和改革委员会印发《潍坊市投资项目核准证明》（潍发改能交〔2016〕329 号），核准建设青州换流站配套 1000kV 交流工程。

2016 年 10 月 19~20 日，电力规划设计总院主持召开青州换流站配套 1000kV 交流工程初步设计评审会议，11 月 24 日召开初步设计收口会议，12 月 19 日印发《关于青州换流站配套 1000kV 交流工程初步设计的评审意见》（电规电网〔2016〕530号）。2017年2月28日，国家电网公司印发《国家电网公司关于山东青州换流站配套 1000 千伏交流工程初步设计的批复》（国家电网基建〔2017〕161号）。

2016年12月10日，潍坊变电站扩建土建工程开工。

2016年12月12日，国家电网公司印发《青州换流站配套1000千伏交流工程建设管理纲要》（国家电网交流〔2016〕1055号）。

2016年12月28日，线路工程（1标段、2标段）开工。

2017年2月24日，潍坊变电站扩建电气安装工程开工。

2017年6月27日，潍坊变电站扩建工程完成竣工预验收。

2017年6月29日，潍坊变电站扩建工程通过竣工验收。

2017年7月25～28日，潍坊变电站扩建工程随同榆横—潍坊工程的潍坊变电站一期工程，完成启动调试，8月14日正式投运。

2017年8月18日，国网交流部组织召开工程系统调试方案专家审查会。

2017年8月25～28日，完成线路工程参数测试。

2017年8月28日，召开工程启委会第一次会议，审定系统调试方案和启动调试工作安排。

2017年9月6日，线路工程通过竣工预验收。9月7日，线路工程通过竣工验收。

2017年9月8日，系统通信工程通过竣工验收。

2017年9月8日，工程通过启动验收。

2017年9月13～15日，顺利完成启动调试，进入24h试运行。

2017年9月16日，工程投运。

3. 榆能横山电厂 1000kV 送出工程和陕能赵石畔电厂 1000kV 送出工程

2016年11月24日，陕西省发展和改革委员会印发《陕西省发展和改革委员会关于榆能横山电厂 1000 千伏送出等两项工程项目核准的批复》（陕发改煤电〔2016〕1485号），同意建设榆能横山电厂 1000kV 送出工程和陕能赵石畔电厂 1000kV 送出工程。

2016年9月27～28日，电力规划设计总院主持召开陕西榆能集团横山电厂 1000kV 送出工程和陕能集团赵石畔电厂 1000kV 送出工程初步设计评审会议，2017年6月12日召开上述两个项目初步设计评审会议，6月19日印发《关于陕西榆能集团横山电厂 1000kV 送出工程初步设计的评审意见》（电规电网〔2017〕

214 号）和《关于陕能集团赵石畔电厂 1000kV 送出工程初步设计的评审意见》（电规电网〔2017〕215 号）。2017 年 7 月 24 日，国家电网公司印发《国家电网公司关于陕能集团赵石畔电厂 1000 千伏送出工程初步设计的批复》（国家电网基建〔2017〕568 号）。2017 年 7 月 26 日，国家电网公司印发《国家电网公司关于陕西榆能集团横山电厂 1000 千伏送出工程初步设计的批复》（国家电网基建〔2017〕574 号）。

2017 年 7 月 17 日，国家电网公司印发《榆能横山电厂 1000 千伏送出工程和陕能赵石畔电厂 1000 千伏送出工程建设管理纲要》（国家电网交流〔2017〕541 号）。

2017 年 1 月 10 日，榆横开关站扩建工程开工，2017 年 6 月 26 日通过启动验收。横山电厂送出工程间隔扩建 T022、T023 两组断路器，以及赵石畔电厂送出工程间隔扩建 T033 断路器，与一期榆横—潍坊工程同步完成启动调试，2017 年 8 月 14 日提前投运。2018 年 6 月 21 日，剩余全部工程完成竣工预验收。

2017 年 7 月 19 日，陕能赵石畔电厂送出线路工程开工。2018 年 5 月 26 日完成竣工预验收，6 月 15 日通过单项工程验收。

2017 年 7 月 19 日，榆能横山电厂送出线路工程开工。2018 年 6 月 9 日完成竣工预验收，6 月 19 日通过单项工程验收。

2018 年 6 月 5 日，榆能横山电厂送出工程、陕能赵石畔电厂送出工程的系统通信工程完成竣工预验收。2018 年 6 月 12 日，系统通信工程完成单项工程验收。

2018 年 6 月 6 日，工程启动验收委员会在北京召开会议，审议通过了系统调试方案和启动调试工作安排。

2018 年 6 月 19 日，榆能横山电厂送出工程、陕能赵石畔电厂送出工程启委会启动验收组在北京召开会议，确认工程整体通过启动验收。

2018 年 6 月 26 日，完成全部启动调试。

2018 年 6 月 27 日，顺利通过 24h 试运行，工程投运。

2018 年 10 月 24 日，赵石畔电厂 1 号机成功并网。

2018 年 11 月 9 日，高兴庄电厂 2 号机成功并网。

四、建设成果

榆横—潍坊工程全长近 1050km，横穿大半个中国，是当时输电距离最长的特高压交流输电工程。陕西段、山西段地处黄土高原，陕西段春季多风沙，榆横站冬季最低温度-29℃，自然环境恶劣，生态环境脆弱。晋中、潍坊变电站地震基本烈度为 8 度，抗震设防等级高。线路工程沿线多为山地和丘陵，地形条件差，跨越黄河、高铁、高速公路、电力线、油气管线、齐长城等各类障碍多处。工程建设任务重，挑战大。从 2015 年 5 月 6 日核准，到 2017 年 8 月 14 日建成投运，历经 27 个月，顺利完成了工程建设任务。

榆横—潍坊工程建设过程中，青州换流站配套 1000kV 交流工程（接入潍坊变电站）、榆能横山电厂 1000kV 送出工程和陕能赵石畔电厂 1000kV 送出工程（接入榆横开关站）相继核准开工，国家电网公司组织协调各方，统筹推进有关工程项目，按计划完成了两项工程的建设任务。工程建成后面貌如图 8-11～图 8-19 所示。

图 8-11　1000kV 横山变电站

图 8-12　1000kV 洪善变电站

图 8-13　1000kV 邢台变电站

图 8-14　二期工程建成后 1000kV 泉城变电站

图 8-15　一、二期同步建成的 1000kV 昌乐变电站

图 8-16　黄河大跨越

图 8-17　一般输电线路

图 8-18　输电线路河北段

图 8-19　二期工程建成后 1000kV 横山变电站

图 8-20　解体运输现场组装特高压变压器通过出厂试验（晋中变电站，天威保变）

（1）世界上首次应用解体运输现场组装特高压变压器。晋中站首次应用天威保变生产的解体式变压器（见图 8-20~图 8-23），采用模块化设计，变压器为 U 形铁芯框，工厂试验完毕后，拆卸上铁轭、绕组、铁芯，油箱拆分成上下两部分，拆卸引线、绝缘件等，解体后单体运输最大质量 75t，比整体运输质量 380t 大大降低。运抵现场后，利用备品备件库作为现场组装厂房，整体组装完成后再通过站内运输至基础就位，进行附件安装和交接试验。围绕产品设计、现场组装工艺、现场安装和试验，制定了系列标准和规范，示范应用取得了圆满的成功，为交通运输困难地区特高压工程建设提供了解决方案、储备了技术。

（2）晋中、潍坊变电站应用抗震技术。两站地震基本烈度为 8 度，电气设备采取隔震减震措施（见图 8-24），主控楼和继电器室等主要生产建筑按 9 度采取抗震措施。潍坊变电站址 50 年超越概率为 2%的地震动峰值加速度为 0.486g，晋中站址则为 0.4g，潍坊变电站是迄今为止抗震烈度最高的特高压变电站。以建设抗震示范站为目标，开展潍坊变电站抗震示范设计和全套设备抗震真型试验，研制复合外套 CVT 和避雷器，采取支柱设备减震、变压器和高抗隔震、低抗低位布置等措施，全面提高设备抗震防灾能力，满足 9 度抗震设防要求，形成特高压交流《变电站抗震设计规范》《抗震施工专项措施指导意见》。

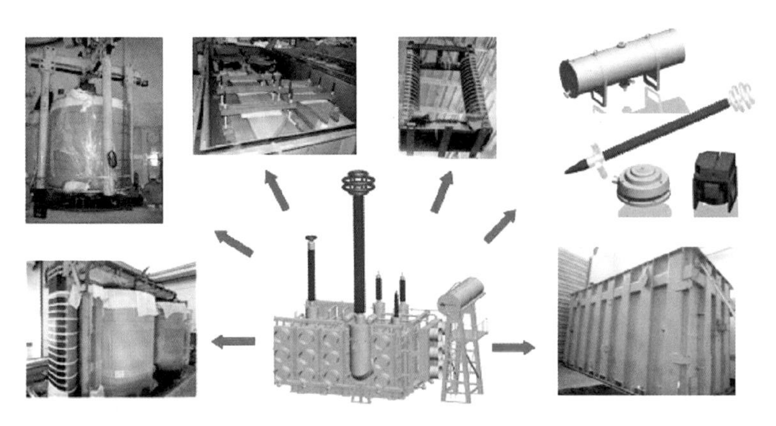

图 8-21　解体运输分解示意图

图 8-22　变压器现场组装

图 8-23　现场组装后通过交接试验

图 8-24　隔震减震措施

（3）研制应用可投切特高压电抗器的断路器。研制成功高性能断路器（见图 8-25），通过全套型式试验考核，解决了榆横开关站投切 1000kV 母线高抗的难题。

图 8-25　可投切特高压电抗器的断路器

（4）开展全国最大规模的塔—线体系风洞试验。黄河大跨越直线塔全高 204m，重 1668t，横担最大长度超过 50m，塔头质量超过 580t，杆塔整体的竖向质量分布不均，塔头挡风面积较大，风振系数取值是否准确反映铁塔在风载下的动力特性十分重要。本工程在进行杆塔设计时，基于随机振动理论，采用有限元法计算风振系数，并且开展了国内最大规模的塔-线耦合体系（7 塔 6 线模型，见图 8-26）风洞试验。这是特高压工程首次采用上述试验对风振系数取值进行验证，确保了黄河大跨越杆塔风荷载的正确性、合理性。

图 8-26　风洞试验模型

（5）山区受限地形应用分体耐张塔（见图 8-27）。线路途经的部分山区坡度高达 50° 以上，受地形条件限制需要在陡峭狭窄的山脊上立塔，但常规单体铁塔的根开及基础作用力均较大，塔位选择十分困难。通过理论分析与试验验证，结合实际地形条件，本工程在塔基地形受限地区创新提出了分体塔的设计方案：将常规耐张塔分解为三个独立的分体子塔，每一个子塔上悬挂一相导线。与常规铁塔相比，分体塔单塔根开及基础工程量较小，更能适应山区陡峭地形条件，具有良好的工程适用性与经济性。

（6）首次在特高压线路应用中空大直径挖孔基础（图 8-28）。特高压交流双回路杆塔挖孔基础直径和埋深较大，挖方量和材料用量大，原状土基础的经济性和环保性欠缺。本工程创新提出中空大直径挖孔基础方案，形成了计算理论、构造要求等系列成果，通过现场承载力真型试验进行了验证。利用人工或机械成孔，基础主柱一定深度内通过内置圆柱模板形成空腔，其内采用余土填筑，减小混凝土量和余土外运量。

图 8-27 山区分体耐张塔

图 8-28 中空大直径挖孔基础

（7）首次采用复合岩石锚杆基础（见图 8-29）。高山大岭地区部分塔位上部覆盖层较厚，下部为微风化石灰岩，嵌固或挖孔基础基岩部分成孔难度大，若采用岩石锚杆基础则基础承台部分需大量开方。针对此类地质条件，本工程首次在特高压工程中应用一种上部采用嵌固基础、下部设置岩石锚杆的新型复合岩石锚杆基础，充分结合了嵌固类基础下压承载力高、环保效益好和锚杆基础上拔承载力高、工程量小的特点，具有良好的经济性、环保性和适用性。

（8）研制应用新型组塔施工装备。工程创新研制的“QTX80 全液压悬浮双摇臂抱杆”系统（见图 8-30），高度低于国内普遍应用的悬浮外拉线抱杆，质量比落地式塔吊轻，机械化程度提高，实现了全液压智能化和视频监控于一体，具有不受地形限制、功能平稳强大、具备自爬升及自组装技术、作业高效等优点，提升了组塔设备的安全性，实现机械施工的轻小型化，是特别适合山地等环境施工的组塔设备。另一种首次应用的附着式轻型抱杆（见图 8-31），采用铝合金等重量轻的金属材料，扣结在铁塔主材上称重起吊组塔，自重小，运输方便，遥控操作，解决了施工场地受限无法设置外拉线等问题，减少高空作业，降低了山区组塔的安全风险。

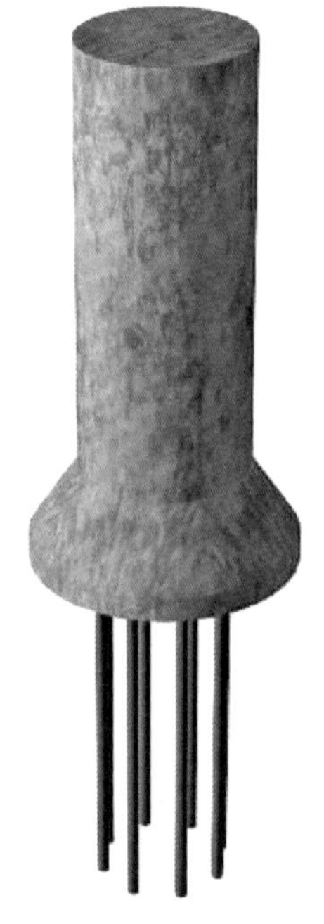

图 8-29　复合岩石锚杆基础

图 8-30　悬浮双摇臂抱杆组塔

图 8-31　附着式轻型抱杆

（9）创新研制应用多项跨越新装备。研制“吊桥式”快速封网装置（见图 8-32），跨越架由格构式架体与硬质封网臂共同构成稳定三角结构，跨越正常运行的铁路、高速公路或输电线路，并在跨越南同蒲电气化铁路中试点应用。研制“伸缩臂”快速封网装置（见图 8-33），由跨越立柱架体、伸缩臂、平衡臂、拉线和封网杆系统组成，该装置采用组合门型格构式跨越架为架体，伸缩式多节玻璃钢杆为封网装置，在被跨越物上方快速形成刚性臂桥，同步展开的封顶网杆对被跨越电力线或铁路形成有效遮护，并在跨越 110kV 线中试点应用。研制应用“防跑线”装置并在黄河大跨越中试点应用，提升了跨越施工本质安全。

图 8-32 吊桥式跨越架

图 8-33 伸缩臂式跨越架

（10）多种技术创新提升架线施工效率。应用八旋翼无人机展放导引绳，GPS 手持机测量间隔棒安装位置，“二牵 8”牵引机远程智能操作系统等施工技术，保护环境，提高效率。紧线作业中，采用机动液压断线剪，实现导地线断线操作自动化。应用液压紧线机（见图 8-34），降低作业人员劳动强度和安全风险，大幅提高工作效率。

图 8-34　液压紧线机

第九章

内蒙古锡盟—胜利 1000kV 交流输变电工程

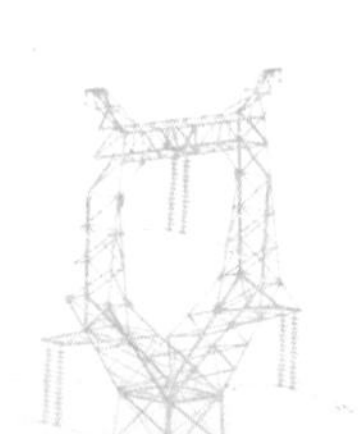

本章内容包含北方胜利电厂送出工程、大唐锡林浩特电厂送出工程、神华胜利电厂送出工程（接入胜利变电站）。

一、工程背景

作为大气污染防治行动计划 12 条重点输电通道之一，锡盟—山东 1000kV 特高压交流输变电工程于 2014 年 7 月核准，2016 年 7 月建成投运。根据《国家能源局关于同意煤电基地锡盟至山东输电通道配套煤电项目建设规划实施方案的复函》（国能电力〔2015〕85 号），明确将大唐锡林浩特 2×660MW、神华胜利 2×660MW、北方胜利 2×660MW、华润五间房 2×660MW、京能五间房 2×660MW、蒙能锡林浩特 2×350MW、神华国能查干淖尔 2×660MW 7 个项目共 8620MW 作为锡盟—山东特高压交流输电通道的配套煤电项目。由于已明确的 7 个煤电项目均位于锡盟特高压变电站以北区域，与锡盟特高压变电站距离 200～350km，距离较远，且布局相对分散，与锡盟—山东特高压交流输变电工程可研阶段考虑的电源项目有较大差异。根据锡盟—山东特高压交流输电通道的配套煤电项目接入系统评审意见，综合考虑电厂送出线路路径、送电能力和整体投资等多方面因素，推荐建设胜利 1000kV 变电站以及胜利—锡盟 2 回 1000kV 交流线路，通过胜利站汇集外送 6 个煤电项目共 7300MW 装机容量，其中大唐锡林浩特 2×660MW、神华胜利 2×660MW、北方胜利 2×660MW 以 1000kV 电压等级接入胜利站，华润五间房 2×660MW、京能五间房 2×660MW、蒙能锡林浩特 2×350MW 以 500kV 电压等级接入胜利站 500kV 侧，神华国能查干淖尔 2×660MW 以 500kV 电压等级接入锡盟站。

为了满足上述煤电项目接入和送出需要，2016 年 12 月 26 日，内蒙古自治区发展和改革委员会印发《内蒙古自治区发展和改革委员会关于锡盟至胜利 1000 千伏交流输变电工程项目核准的批复》（内发改能源字〔2016〕1568 号）。建设锡盟—胜利 1000kV 交流输变电工程，对于满足锡盟—山东特高压交流输电通道配套煤电项目的接入和送出需要，提高京津冀鲁接受区外来电能力和满足电力负荷增长需要，支撑锡盟至泰州特高压直流输电工程安全稳定运行，具有重要意义。

2018 年 1 月 24 日，内蒙古自治区发展和改革委员会印发《内蒙古自治区发展和改革委员会关于内蒙古北方胜利电厂送出工程核准的批复》（内发改能源字〔2018〕82 号）、《内蒙古自治区发展和改革委员会关于内蒙古神华胜利电厂送出工程核准的批复》（内发改能源字〔2018〕83号）、《内蒙古自治区发展和改革委员会关于内蒙古大唐锡林浩特电厂送出工程核准的批复》（内发改能源字〔2018〕84号）。

二、工程概况

（一）锡盟—胜利1000kV交流输变电工程

1. 核准建设规模

新建1000kV胜利变电站，主变压器2×300万kVA；新建锡盟至胜利双回1000kV线路，长度2×240km，导线截面积8×630mm^2；锡盟1000kV变电站扩建2个1000kV出线间隔；建设相应的系统二次工程。动态投资合计495 621万元，由国家电网公司出资建设。图9-1为锡盟—胜利1000kV交流输变电工程系统接线示意图。

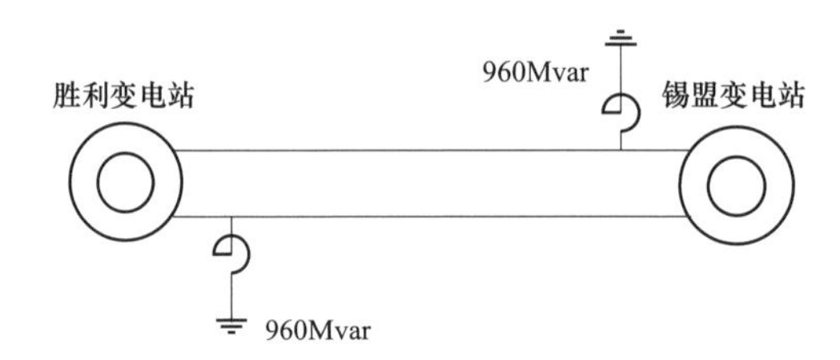

图9-1 锡盟—胜利1000kV交流输变电工程系统接线示意图

2. 建设内容

（1）胜利变电站工程。

胜利1000kV变电站位于锡林浩特市东北约21km处。安装变压器2×3000MVA（1号和2号主变压器）；1000kV采用户内GIS组合电器设备，3/2接线，组成1个完整串和2个不完整串，安装7台断路器，出线2回（至锡盟站），至锡盟II回出线装设高压并联电抗器1×960Mvar；500kV采用户外HGIS设备，出线5回（至锡盟换流站3回、至蒙能锡林电厂2回）；每组主变压器低压侧装设110kV低压电抗器2×240Mvar和低压电容器1×210Mvar。图9-2为胜利变电站电气接线示意图。本期工程用地面积14.03公顷（围墙内11.46公顷）。调度命名为“1000千伏特高压胜利站”。

（2）锡盟变电站扩建工程。

扩建1000kV出线间隔2个（至胜利），至胜利I回装设高压并联电抗器1×

960Mvar，新建 2 个不完整串，安装 4 台断路器；主变压器低压侧装设 110kV 低压电抗器 1×240Mvar 和低压电容器 3×210Mvar。本期工程在围墙内扩建，无新增用地。图 9-3 为本期扩建后锡盟变电站电气接线示意图。

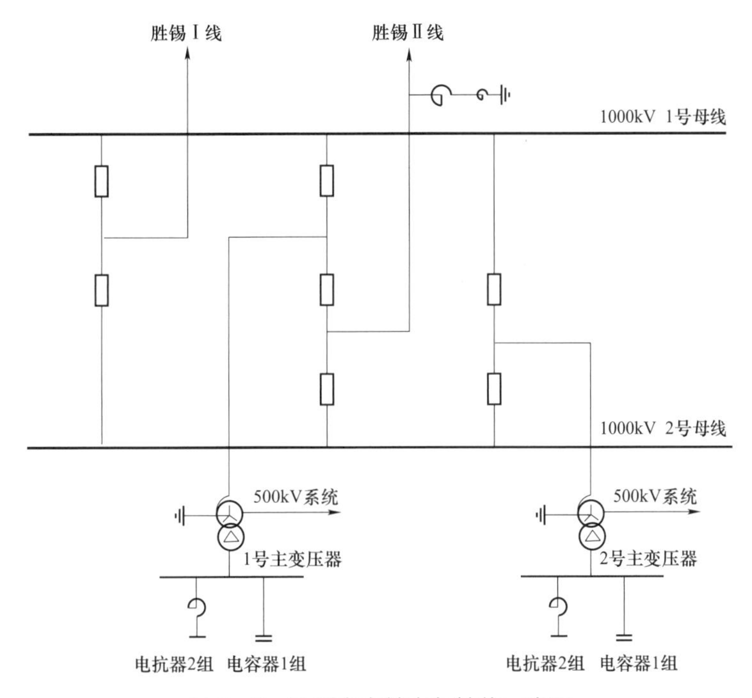

图 9-2　胜利变电站电气接线示意图

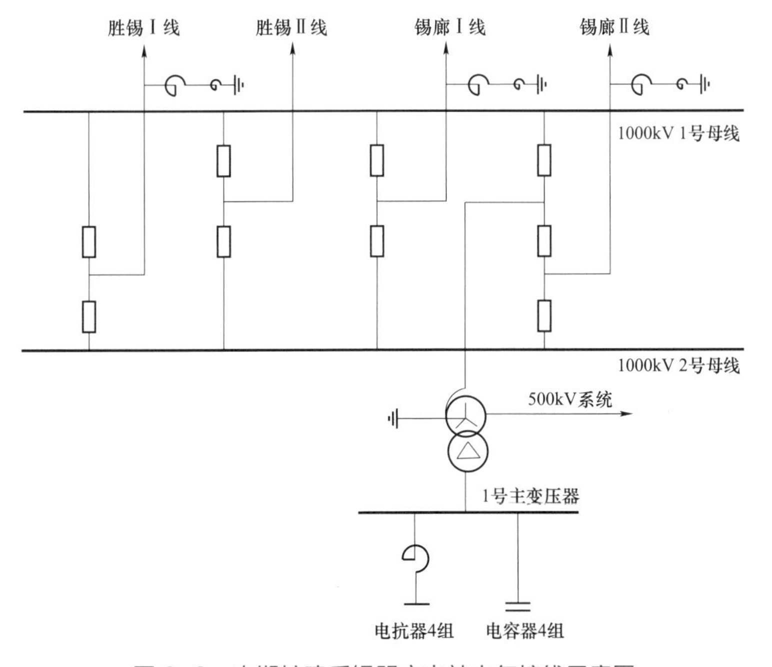

图 9-3　本期扩建后锡盟变电站电气接线示意图

（3）输电线路工程。

新建胜利—锡盟 1000kV 双回线路 2×234.1km，途经锡林郭勒盟锡林浩特市、正蓝旗、多伦县，其中同塔双回路 102.5km，单回路 2×131.6km。全线铁塔 702 基，其中双回路钢管塔 186 基，单回路角钢塔 516 基。导线采用 8×JL1/LHA1-465/210 铝合金芯铝绞线，双回路段两根地线均采用 OPGW-185，单回路地线 1 根采用 OPGW-170，另一根采用 JLB20A-170 铝包钢绞线。工程沿线平地 37%，丘陵 17.2%，山地 1.4%，沙漠 44.4%。海拔 1000～1500m。全线为 10mm 轻冰区，30m/s 风区。

（4）系统通信工程。

在新建胜利—锡盟 1000kV 双回线路上架设 2 根 24 芯 OPGW 光缆，建设胜利—锡盟双通道光纤通信电路，形成国网第一、第二通道光纤通信电路，接入相关国网光纤通信电路，构成本工程至国调、华北调控分中心的主、备用调度通信通道。利用华北分部在胜利—锡盟配置的华北网设备组织第三通道。

（二）北方胜利电厂送出工程

1. 核准建设规模

新建北方胜利电厂至胜利特高压站单回 1000kV 线路，长度 21km，导线截面积为 8×500mm^2。胜利 1000kV 变电站扩建 1 个 1000kV 出线间隔。动态投资合计 33 634 万元，由国家电网公司出资建设。

2. 建设内容

胜利特高压变电站扩建 1000kV 出线间隔 1 个（至北方胜利电厂），新建 1 个不完整串，安装 2 台断路器，在围墙内扩建，无新增用地。

新建北方胜利电厂—胜利变电站单回 1000kV 线路 20.304km，单回路角钢塔 43 基，导线采用 8×JL/G1A-500/45 钢芯铝绞线，地线采用 2 根 OPGW-170 光缆（1 根 24 芯，1 根 36 芯）。工程沿线为平地，海拔 1000～1100m，设计覆冰厚度 10mm，基本风速 30m/s，最低气温-40℃。

建设北方胜利电厂—胜利站双光纤通信电路，分别接入国网、华北网光通信网，建设北方胜利电厂—北郊变跳纤—胜利站光通信电路接入华北网光通信网，结合现有电路构成北方胜利电厂至国调、华北调控分中心的主、备用通道。

（三）神华胜利电厂送出工程

1. 核准建设规模

新建神华胜利电厂至胜利特高压站单回 1000kV 线路，长度 18km，导线截面积为 8×500mm^2。胜利 1000kV 变电站扩建 1 个 1000kV 出线间隔。动态投资合计 21 816 万元，由国家电网公司出资建设。

2. 建设内容

胜利特高压变电站扩建 1000kV 出线间隔 1 个（至神华胜利电厂），与已建胜锡Ⅰ线配串，安装 1 台断路器，在围墙内扩建，无新增用地。

新建神华胜利电厂—胜利站单回 1000kV 线路 18.475km，单回路角钢塔 37 基，导线采用 8×JL/G1A-500/45 钢芯铝绞线，地线采用 2 根 OPGW-170 光缆（1 根 24 芯，1 根 36 芯）。工程沿线为平地，海拔 1000～1100m，设计覆冰厚度 10mm，基本风速 30m/s。最低气温-40℃。

建设神华胜利电厂—胜利站双光纤通信电路，分别接入国网、华北网光通信网，建设神华胜利电厂—北郊变跳纤—胜利站光通信电路接入华北网光通信网，结合现有电路构成神华胜利电厂至国调、华北调控分中心的主、备用通道。

（四）大唐锡林浩特电厂送出工程

1. 核准建设规模

新建大唐锡林浩特电厂至胜利特高压站单回 1000kV 线路，长度 16km，导线截面积为 8×500mm^2。胜利 1000kV 变电站扩建 1 个 1000kV 出线间隔。动态投资合计 29 550 万元，由国家电网公司出资建设。

2. 建设内容

胜利特高压变电站扩建 1000kV 出线间隔 1 个（至大唐锡林浩特电厂），新建 1 个不完整串，安装 2 台断路器，在围墙内扩建，无新增用地。

新建大唐锡林浩特电厂—胜利站单回 1000kV 线路 14.591km，单回路角钢塔 30 基，试验示范采用 8×JLRX/F1A-550/45 碳纤维复合芯导线，地线采用 2 根 OPGW-170 光缆（1 根 24 芯，1 根 36 芯）。工程沿线为平地，海拔 1000～1100m，设计覆冰厚度 10mm，基本风速 30m/s。最低气温-40℃。

建设大唐锡林浩特电厂—胜利站双光纤通信电路，分别接入国网、华北网光通信网，建设大唐锡林浩特电厂—北郊变跳纤—胜利站光通信电路接入华北网光通信网，结合现有电路构成大唐锡林浩特电厂至国调、华北调控分中心的主、备用通道。

图 9-4 为本期工程扩建后胜利变电站电气接线示意图。

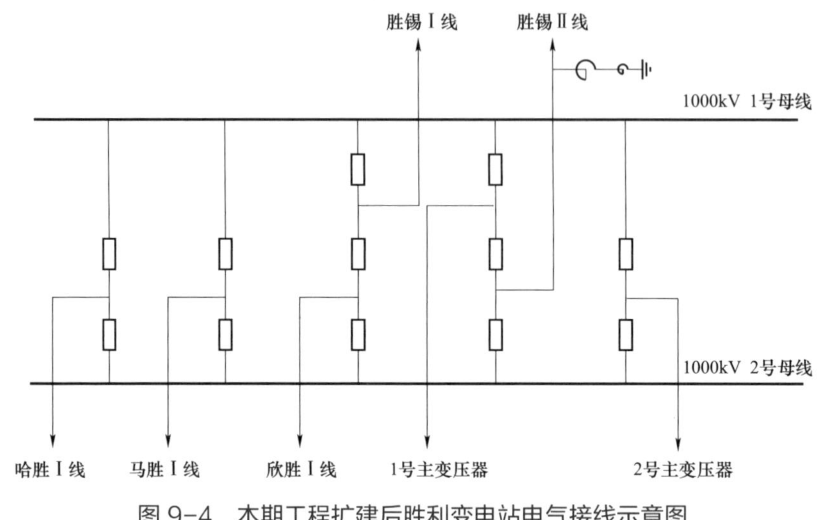

图 9-4　本期工程扩建后胜利变电站电气接线示意图

三、工程建设情况

（一）工程管理

（1）2016 年 2 月 22 日，国家电网公司印发《内蒙古锡盟—胜利 1000 千伏特高压交流输变电工程建设管理纲要》（国家电网交流〔2016〕153 号），明确了工程相关单位职责，以及工程目标、组织体系、制度体系、工作计划和工作要求等。计划 2017 年 8 月建成投产。

国家电网公司交流建设部履行项目法人职能，负责工程建设全过程统筹协调和关键环节集约管控，总部其他相关部门负责归口管理，华北分部参与工程建设管理。

国网交流公司承担锡盟变电站扩建、胜利变电站新建工程现场建设管理，同时承担现场建设技术统筹、管理支撑职能，代表国网交流部对工程现场建设的安全、质量、技术、进度行使督导职责，统一管理工程信息、水保环保、工程档案。国网蒙东电力负责地方工作协调、生产准备、线路工程现场建设管理。国网信通公司负责系统通信工程现场建设管理。国网经研院协助国网交流部开展设计管理。国网物资公司负责物资供应管理。中国电科院负责变电设备质量管控、线路工程施工机具安全性能评价。电力规划设计总院受委托负责初步设计评审。

（2）2018 年 4 月 13 日，国家电网公司印发《内蒙古北方胜利电厂送出工程、内蒙古神华胜利电厂送出工程和内蒙古大唐锡林浩特电厂送出工程建设管理纲要》（国家电网交流〔2018〕338 号），明确了工程相关单位职责，以及工程目标、组织体系、制度体系、工作计划和工作要求等。计划 2018 年 12 月建成。

国家电网公司交流建设部履行项目法人职能，总部其他相关部门负责归口管理，华北分部参与工程建设管理。国网交流公司承担胜利站扩建工程现场建设管理，国网蒙东电力负责地方工作协调、生产准备、线路工程现场建设管理，国网信通公司负责系统通信工程现场建设管理。国网交流公司、国网物资公司、国网经研院、中国电科院，分别承担与锡盟—胜利工程相同的业务支撑职责。

（二）参建单位

1. 锡盟—胜利工程

（1）工程设计单位。

变电工程：东北电力设计院（锡盟变电站扩建工程）、华北电力设计院（胜利变电站设计 A 包）、河北电力设计院（胜利变电站设计 B 包）。

输电线路工程（从胜利站至锡盟站）：东北电力设计院（锡林浩特市约 75km）、中南电力设计院（锡林浩特市约 52km）、西北电力设计院（正蓝旗约 53km）、华东电力设计院（多伦县约 60km）。

系统二次工程：华北电力设计院。

（2）锡盟变电站扩建工程有关参建单位。

施工监理和施工单位：北京华联电力工程监理公司（施工监理）、天津电力建设有限公司（土建工程）、湖北送变电公司（电气安装工程）。

设备供货商：西电开关电气有限公司（1100kV GIS 开关设备）、特变电工衡阳变压器有限公司（1000kV 电抗器）、西电避雷器有限公司（1000kV 避雷器）、桂林电力电容器有限公司（1000kV 电容式电压互感器）。

（3）胜利变电站工程有关参建单位。

施工监理和施工单位：山西锦通工程管理咨询公司（施工监理）、安徽电力建设第二工程公司（土建工程）、黑龙江送变电公司（电气安装工程）。

设备供货商：河南平高电气有限公司（1100kV GIS 开关设备）、特变电工沈阳变压器有限公司（1000kV 主变压器）、西电变压器有限公司（1000kV 电抗器）、平高东芝（廊坊）避雷器有限公司（1000kV 避雷器）、西电电力电容器有限公司（1000kV 电容式电压互感器）。

（4）输电线路工程有关参建单位。

施工监理和施工单位（从胜利站至锡盟站）：陕西诚信电力工程监理公司（锡林浩特约 127km），黑龙江送变电公司（1 标段）、北京电力工程公司（2 标段）、福建送变电公司（3 标段）；河北电力工程监理公司（正蓝旗、多伦县约 113km），河南送变电公司（4 标段）、北京送变电公司（5 标段）、山西送变电公司（6 标段）。

铁塔供货商：常熟风范电力设备股份有限公司、青岛东方铁塔股份有限公司、河南鼎力杆塔股份有限公司、湖州飞剑杆塔制造有限公司、江苏电力装备有限公司、青岛豪迈钢结构有限公司、安徽宏源铁塔有限公司、浙江盛达铁塔有限公司、南京大吉铁塔制造有限公司、山东中铁华盛机械有限公司、潍坊五洲鼎益铁塔有限公司、江苏振光电力设备制造有限公司、江苏华电铁塔制造有限公司、河北宁强光源有限公司、温州泰昌铁塔制造有限公司、潍坊长安铁塔股份有限公司、浙江盛达江东铁塔有限公司、鞍山铁塔有限公司、山东鲁能泰山铁塔有限公司、长春聚德龙铁塔集团有限公司、浙江通兴铁塔有限公司、广州增立钢管结构股份有限公司、绍兴电力设备有限公司、山东建兴铁塔制造有限公司、青岛汇金通电力设备有限公司、广东迪生电力钢构器材有限公司、广东省电力线路器材厂有限公司、四川广安鑫光电力铁塔有限公司、重庆广仁铁塔制造有限公司、山东华安铁塔有限公司。

绝缘子供货商：淄博泰光电力器材厂、新疆新能天宁电工绝缘材料有限公司、广州市迈克林电力有限公司、长园高能电气股份有限公司（复合绝缘子）；内蒙古精诚高压绝缘子有限公司、浙江金利华电气股份有限公司、塞迪维尔玻璃绝缘子（上海）有限公司（盘式绝缘子）。

导地线和光缆供货商：江苏南瑞银龙电缆有限公司、上海中天铝线有限公司（含扩径导线）、江苏中天科技股份有限公司、杭州电缆股份有限公司、河南通达电缆股份有限公司、江苏亨通电力电缆有限公司（导线）；常州特发华银电线电缆有限公司（地线）；苏州古河电力光缆有限公司（OPGW）。

金具供货商：湖州泰仑电力器材有限公司、南京线路器材有限公司、成都电力金具总厂、江苏双汇电力发展股份有限公司、浙江泰昌实业有限公司、河南电力器材公司。

2. 内蒙古北方胜利电厂、神华胜利电厂和大唐锡林浩特电厂送出工程

（1）工程设计单位。

胜利站扩建工程：华北电力设计院。

输电线路工程：内蒙古电力设计院。

系统二次工程：华北电力设计院。

（2）胜利变电站扩建工程有关参建单位。

施工监理和施工单位：山西锦通工程管理咨询公司（施工监理），安徽电力建设第二工程公司（土建工程），黑龙江送变电公司（电气安装工程）。

设备供货商：河南平高电气有限公司（1100kV GIS 开关设备），平高东芝（廊坊）避雷器有限公司（1000kV 避雷器），西电电力电容器有限公司（1000kV 电容式电压互感器）。

（3）输电线路工程有关参建单位。

施工监理单位：北京华联电力工程监理公司。

施工单位：辽宁送变电公司（北方胜利电厂送出工程）、北京送变电公司（神华胜利电厂送出工程）、华东送变电公司（大唐锡林浩特电厂送出工程）。

铁塔供货商：重庆江电电力设备有限公司（北方胜利电厂送出工程），浙江盛达铁塔有限公司（神华胜利电厂送出工程），安徽宏源铁塔有限公司（大唐锡林浩特电厂送出工程）。

绝缘子供货商：大连电瓷集团输变电材料有限公司、南京电气绝缘子有限公司、江苏神马电力股份有限公司。

导地线供货商：北方胜利电厂送出工程（特变电工山东鲁能泰山电缆有限公司），神华胜利电厂送出工程（上海中天铝线有限公司），大唐锡林浩特电厂送出工程（中复碳芯电缆科技有限公司、特变电工山东鲁能泰山电缆有限公司）。

OPGW 供货商：中天电力光缆有限公司。

金具供货商：成都电力金具总厂（北方胜利电厂送出工程），河南电力器材公司（神华胜利电厂送出工程），江苏双汇电力发展股份有限公司（大唐锡林浩特电厂送出工程）。

（三）建设历程

1. 锡盟—胜利工程

2016 年 1 月 26 日，锡林郭勒盟发展和改革委员会印发《关于内蒙古锡盟—胜利 1000 千伏交流输变电工程项目核准的批复》（锡发改能源字〔2016〕3 号）。

2016 年 1 月 28～29 日，电力规划设计总院受国网交流部委托在北京主持工程初步设计评审会议。之后，印发《关于印发内蒙古锡盟—胜利 1000kV 交流输变电工程初步设计评审会议纪要的通知》（电规电网〔2016〕63 号）、《关于内蒙古锡盟—胜利 1000kV 交流输变电工程初步设计的评审意见（技术部分）》（电规电网〔2016〕64 号）。其后，围绕变电专题立项、线路铁塔新型复合横担应用、低温区线路铁塔用钢、胜利站特高压 GIS 基础方案等召开了多次专题技术评审会议，并印发会议纪要。2016 年 11 月 25 日，在北京召开了初步设计收口会议。12 月 28 日，电力规划设计总院印发《关于内蒙古锡盟—胜利 1000kV 交流输变电工程初步设计的评审意见》（电规电网〔2016〕551 号）。2017 年 2 月 28 日，国家电网公司印发《国家电网公司关于内蒙古锡盟—胜利 1000 千伏交流输变电工程初步设计的批复》（国家电网基建〔2017〕160 号）。

2016 年 2 月 22 日，国家电网公司印发《内蒙古锡盟—胜利 1000 千伏特高压交流输变电工程建设管理纲要》（国家电网交流〔2016〕153 号）。

2016 年 4 月 5 日，胜利变电站场地平整工程开工。

2016 年 5 月 10 日，线路工程 4 标段（河南送变电公司）开工。

2016 年 5 月 18 日，胜利变电站和锡盟变电站扩建土建工程、电气安装工程开工。

2016 年 12 月 14 日，完成线路工程参数测试。

2016 年 12 月 24 日，锡盟变电站扩建工程完成竣工预验收。

2016 年 12 月 26 日，内蒙古自治区发展和改革委员会印发《内蒙古自治区发展和改革委员会关于锡盟至胜利 1000 千伏交流输变电工程项目核准的批复》（内发改能源字〔2016〕1568 号）。

2017 年 1 月 18 日，国网交流部组织召开系统调试方案审查会。

2017 年 2 月 24 日，工程启委会第一次会议召开，审定了系统调试方案和启动调试工作安排。

2017 年 5 月 23 日，锡盟变电站扩建工程通过启动验收。

2017 年 5 月 24 日，胜利变电站完成竣工预验收。

2017 年 5 月 25 日，线路工程完成竣工预验收。

2017 年 5 月 26 日，胜利变电站通过启动验收。线路工程通过启动验收。

2017 年 6 月 5 日，锡盟—胜利工程启动调试开始，至 7 月 1 日完成。整个系统调试分成 3 个时间段进行：6 月 5～9 日，6 月 18 日，6 月 30 日～7 月 1 日。

2017 年 7 月 3 日，工程正式投运。

2. 内蒙古北方胜利电厂、神华胜利电厂和大唐锡林浩特电厂送出工程

2016 年 5 月 21 日，内蒙古锡林郭勒盟发展和改革委员会印发《关于内蒙古神华胜利电厂送出工程核准的批复》（锡发改能源字〔2016〕25 号）、《关于内蒙古大唐锡林浩特电厂送出工程核准的批复》（锡发改能源字〔2016〕26 号）、《关于内蒙古北方胜利电厂送出工程核准的批复》（锡发改能源字〔2016〕28 号）。

2016 年 5 月 17 日，国网经研院受国网交流部委托主持上述三个电厂送出项目初步设计审查会；5 月 30 日，召开大唐锡林浩特电厂送出工程碳纤维导线应用专题评审会；6 月 1 日，召开三个送出工程初步设计收口评审会。6 月 17 日，国网经研院印发《国网北京经济技术研究院关于锡盟胜利站（神华胜利）电厂 1000kV 送出配套工程初步设计的评审意见》（经研咨〔2016〕376 号）、《国网北京经济技术研究院关于锡盟胜利站（北方胜利）电厂 1000kV 送出配套工程初步设计的评审意见》（经研咨〔2016〕377 号）。9 月 21 日，国家电网公司在北京主持召开碳纤维导线应用专题会议（办公通报〔2016〕63 号），决定选取大唐锡林浩特电厂送出工程作为 1000kV 特高压线路应用碳纤维导线的试验示范工程，积累设计、施工和运维经验，进一步研究完善碳纤维导线应用系列标准，为特高压电网建设储备新技术。10 月 27 日，国网经研院印发《国网北京经济技术研究院关于锡盟胜利站（大唐锡林浩特）电厂 1000kV 送出配套工程初步设计的评审意见》（经研咨〔2016〕378 号）。2016 年 12 月 15 日，国家电网公司印发《国家电网公司关于锡盟胜利站（大唐锡林浩特）电厂 1000 千伏送出配套等 3 项工程初步设计的批复》（国家电网基建〔2016〕1069 号）。

2016 年 8 月 27 日，胜利变电站扩建土建工程开工，10 月 30 日完工。

2016 年 9 月 17 日，胜利变电站扩建电气安装工程开工。

2018 年 1 月 24 日，内蒙古自治区发展和改革委员会印发《内蒙古自治区发展和改革委员会关于内蒙古北方胜利电厂送出工程核准的批复》（内发改能源字〔2018〕82 号）、《内蒙古自治区发展和改革委员会关于内蒙古神华胜利电厂送出工程核准的批复》（内发改能源字〔2018〕83 号）、《内蒙古自治区发展和改革委员会关于内蒙古大唐锡林浩特电厂送出工程核准的批复》（内发改能源字〔2018〕84 号）。

2018 年 4 月 13 日，国家电网公司印发《内蒙古北方胜利电厂送出工程、内蒙古神华胜利电厂送出工程和内蒙古大唐锡林浩特电厂送出工程建设管理纲要》（国家电网交流〔2018〕338 号）。

2018 年 4 月 26 日，神华胜利电厂、大唐锡林浩特电厂送出工程线路工程开工。

2018 年 4 月 29 日，胜利站扩建电气安装工程复工。

2018 年 5 月 30 日，北方胜利电厂送出工程线路工程开工。

2018 年 9 月 29 日，T033 断路器间隔提前开展启动调试，30 日投运。

2018 年 11 月 21 日，国家电网公司在北京召开三项特高压交流工程启动验收委员会第一次会议，安排部署相关工程启动调试工作。三项工程为潍坊—临沂—枣庄—菏泽—石家庄特高压交流工程（简称为山东—河北环网工程），北京西—石家庄特高压交流工程，内蒙古北方胜利电厂、神华胜利电厂和大唐锡林浩特电厂送出特高压交流工程。

2018 年 11 月 25 日，启动验收现场指挥部在胜利站现场召开第一次会议，当日完成神华胜利电厂（调度命名为欣康电厂）送出工程（欣胜 I 线）启动调试，11 月 26 日顺利通过 24h 试运行，正式投运。

2018 年 12 月 4 日，启动验收现场指挥部在胜利站现场召开第二次会议，当日完成大唐锡林浩特胜利电厂（调度命名为哈那电厂）送出工程（哈胜 I 线）、北方胜利电厂（调度命名为马都电厂）送出工程（马胜 I 线）启动调试，12 月 5 日顺利通过 24h 试运行，正式投运。

2019 年 7 月 27 日，哈那电厂 1 号机组成功并网。

2020 年 6 月 13 日，马都电厂 1 号机组成功并网。

2021 年 8 月 30 日，欣康电厂 1 号机组成功并网。

四、建设成果

锡盟—胜利工程位于高寒地区，锡盟变电站最低气温-40℃，胜利变电站最低气温-42.4℃。气候条件恶劣，高寒、大雪、大风、沙尘暴天气突出，冬季时间长，一年内 5 个多月难以进行施工作业。线路途经牧民居住区、草原保护区、地质公园及保护林地等，自北向南穿越浑善达克沙漠（占线路长度 44%），基本属于无人区，交通运输条件差，生态环境脆弱，地质条件恶劣，环水保要求高，建设实施难度大，在全体参建单位的共同努力下，按计划完成了国家确定的工程建设任务。工程建成后的面貌如图 9-5～图 9-9 所示。

（1）首次应用特高压主变压器和高压电抗器备用相快速更换技术。主变压器备用相更换采用轨道小车整装搬运方案，高压电抗器备用相更换采用平板车整装运输方案，建设主变压器运输专用轨道（见图 9-10），建立系统的工艺标准。相应优化

图 9-5　1000kV 胜利变电站

图 9-6　二期工程建成后 1000kV 锡盟变电站

图 9-7　锡盟—胜利输电线路

图 9-8　二期工程建成后 1000kV 胜利变电站

图 9-9　三个电厂接入胜利变电站的输电线路

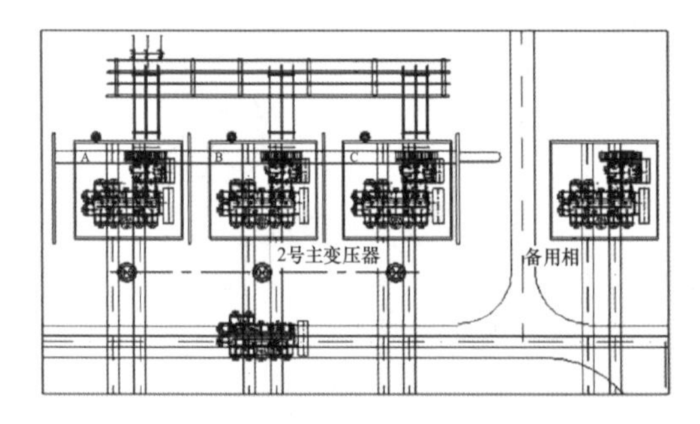

图 9-10　变压器整装运输轨道布置图

主变压器进线回路布置，将避雷器移至 1000kV 配电区，缩短备用相切换时间，减小主变压器套管受力。大幅减少了因套管等组部件拆卸、复装，以及相应的工艺处理所需要的时间，可将停电时间由 35 天缩短至 16 天。从故障相退出，到备用相投入，主变压器节约 17 天，高压电抗器节约 16 天。

（2）变电站设计、施工采取防低温措施。锡盟站最低温度-39.8℃，西开电气 1000kV GIS 产品采取室内布置，分散式电暖气采暖；室外母线额定气压 0.36MPa，不需伴热措施。胜利变电站海拔 1105m，最低温度-42.4℃，平高电气 1000kV GIS 产品采取室内布置，分散式电暖气采暖+暖风机供暖；室外母线额定气压 0.45MPa，加装了伴热措施。500kV 和 110kV 采用 HGIS 并采取伴热措施。主变压器和高抗安装采用低频加热装置保温，采取设备保温措施，使用大功率滤油机，首次在特高压变电站中使用主变压器、高抗低频加热技术，提升电气安装工艺质量。

（3）变电站 1000kV GIS 基础设计优化。采用现浇钢筋混凝土筏板+支墩的型式，基础变形缝之间设置连续式膨胀加强带，缩短施工周期。采用纤维膨胀混凝土、设置纵横向温度缝、电缆沟阴角角钢边框、设置抗裂钢筋等措施，有效控制基础裂缝。

（4）线路铁塔首次研究应用复合横担技术。针对内蒙古地区低温、大风、覆雪等环境特点，从塔型选择、塔头布置、电磁环境、绝缘配置和节点设计等方面进行复合横担铁塔研究，完成了复合横担电气性能试验、整塔结构真型试验、构件试验以及复合材料低温疲劳性能试验，完成了电场和结构有限元仿真分析、复合横担风载疲劳研究和塔线耦合动力分析。在交通便利的单回路平地段，试用了复合横担角钢塔 2 基（胜锡 I 线的连续 2 个塔位，运行号 285 号、286 号，见图 9-11）。复合横担塔与常规酒杯型角钢塔相比，单侧横担缩短 10m，呼高降低约 8m，塔重降低约 11.5t，走廊宽度减小约 21m。

图 9-11 复合横担角钢塔

（5）钢管塔首次采用分级锻造法兰。带颈锻造法兰占整个钢管塔塔材比重为 5%～10%。针对目前柔性带颈锻造法兰设计方法开展了锻造法兰强度级差分级方法、法兰承载性能、锻造法兰与钢管构件选材匹配方法研究，提出带颈锻造法兰按钢管抗拉承载力 100%、85%、70%三级配置方案及命名原则，完善带颈锻造法兰规格库 Q345，采用有限元分析及试验验证带颈锻造法兰承载力性能，明确了锻造法兰与钢管配套使用的规则。本工程应用分级锻造法兰的杆塔共计 161 基，降低单基塔重约 1.7%，提高了特高压钢管塔精细化设计水平。

（6）特高压线路首次应用碳纤维复合芯导线。在大唐锡林浩特电厂送出工程中，全线 14.591km 均采用 8×JLRX/F1A-550/45 碳纤维复合芯导线（见图 9-12），成功研发了导线、配套施工机具和检测技术，顺利完成了试验示范任务。其允许输送容量较常规钢芯铝绞线增大 80%以上，能够为电厂远期扩建留有充足的备用输送容量。

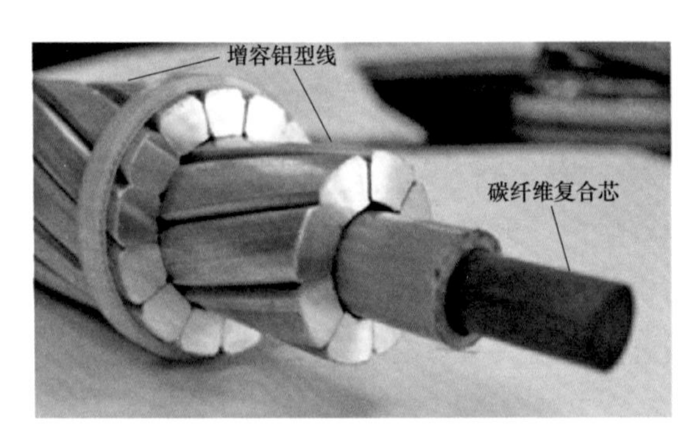

图 9-12　碳纤维复合芯导线

（7）线路试点应用装配式架线技术。提出了“误差精确控制”理论并系统研究，研究应用了三维激光非接触性施工测量技术，设计应用了新型可调式耐张串及相应金具，研制应用了液压紧线机，有助于解决电网建设未来越来越多的跨越施工难题。与传统架线施工工序相比，减少了紧线、驰度观测等工序，减少导线损耗，减少高空作业量，大大提升施工效率。

第十章

泰州和苏州 1000kV 特高压变电站主变压器扩建工程

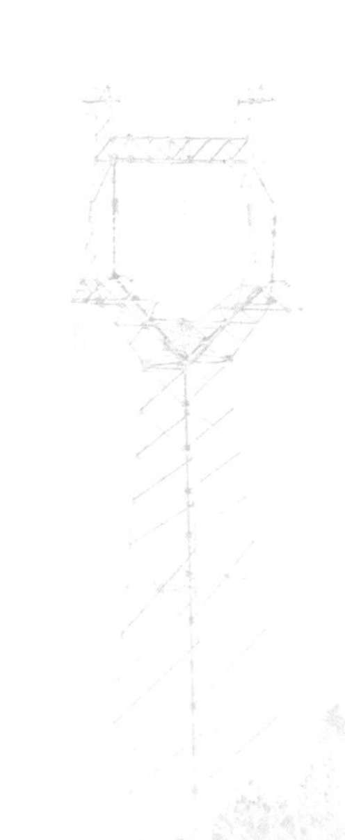

一、工程背景

泰州 1000kV 变电站位于江苏省泰州市兴化市大邹镇，苏州 1000kV 变电站位于江苏省苏州市昆山市花桥镇。一期工程均为淮南—南京—上海 1000kV 交流特高压输变电工程的组成部分（泰州、苏州变电站），2014 年 4 月核准，泰州变电站于 2016 年 4 月建成投运，苏州变电站于 2016 年 9 月建成投运，调度命名分别为“1000 千伏特高压泰州站”和“1000 千伏特高压东吴站”。2017 年 9 月 30 日，锡盟—泰州 ±800 特高压直流输电工程建成投运，其中受端泰州换流站与 1000kV 特高压泰州变电站合址建设，换流站双极低端换流器交流侧以 2 回 1000kV 接入 1000kV 特高压泰州变电站。

2016 年 8 月 22 日，江苏省发展和改革委员会印发《省发展改革委关于苏州南部电网 500 千伏 UPFC 示范工程等电网项目核准的批复》（苏发改能源发〔2016〕940 号），扩建泰州变电站第二台主变压器，扩建苏州变电站第三、四台主变压器，以适应地区经济和社会发展需求，满足锡盟—泰州特高压直流工程分层接入华东电网需要，增强电网供电能力，提高电网运行可靠性。

二、工程概况

（一）已建工程规模

1. 泰州变电站

主变压器 1×3000MVA（1 号主变压器），1000kV 出线 6 回（至盱眙变电站、东吴变电站、泰州换流站各 2 回），500kV 出线 2 回（至凤城 2 回），110kV 侧低压电抗器 3×240Mvar、低压电容器 4×210Mvar。

2. 苏州（东吴）变电站

主变压器 2×3000MVA（江苏侧 1 号主变压器、上海侧 4 号主变压器），1000kV 出线 4 回（至泰州变电站、沪西变电站各 2 回），500kV 出线 4 回（江苏侧至石牌变电站 2 回，上海侧至黄渡变电站 2 回），1 号和 4 号主变压器 110kV 侧各安装低压电抗器 2×240Mvar 和低压电容器 2×210Mvar。

（二）核准建设规模

1. 泰州变电站

本期扩建主变压器 1×3000MVA（3 号主变压器）；扩建 1000kV 进线间隔，与已建盱泰 II 线配串，装设 1 台 GIS 断路器；500kV 扩建主变压器进线间隔和出线 2 回（至泰兴、盐都），安装 4 台 HGIS 断路器，并调整出线间隔；3 号主变压器 110kV 侧装设低压电抗器 2×240Mvar 和低压电容器 2×210Mvar。图 10-1 为本期工程扩建后泰州站电气接线示意图。项目动态总投资 42 746 万元，由国网江苏省电力公司出资建设。新增用地 2.59 公顷，围墙内新增 2.71 公顷。

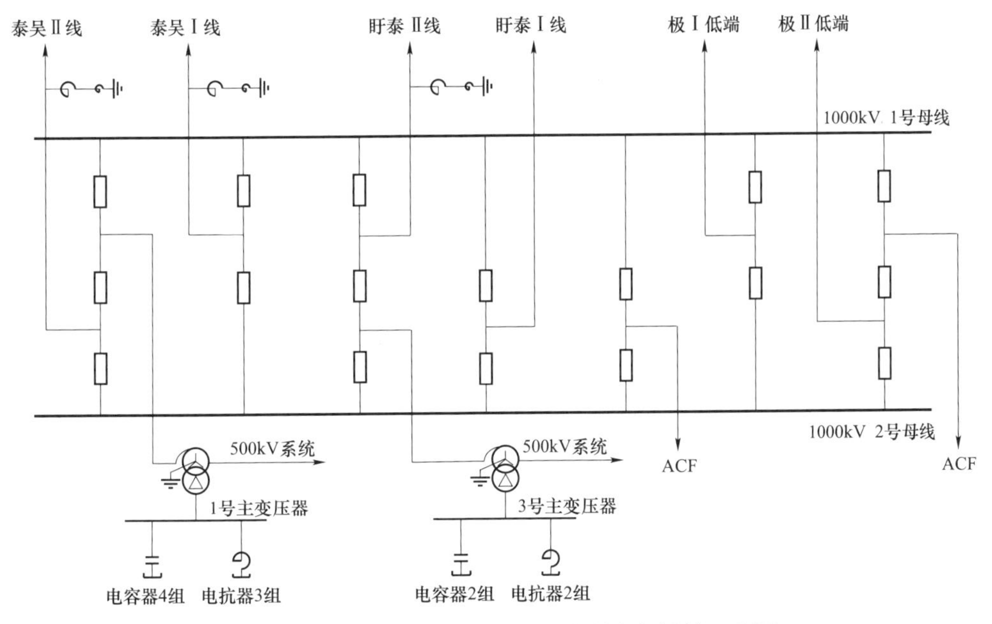

图 10-1　本期工程扩建后泰州变电站电气接线示意图

2. 苏州（东吴）变电站

本期扩建主变压器 2×3000MVA（江苏侧 3 号主变压器、上海侧 6 号主变压器）；扩建 3 号主变压器及 6 号主变压器 1000kV 进线间隔，新建 2 个不完整串，装设 4 台 GIS 断路器；扩建 3 号和 6 号主变压器 500kV 进线间隔，扩建 500kV 出线 2 回（至太仓），装设 7 台 GIS 断路器；3 号和 6 号主变压器 110kV 侧各安装低压电抗器 1×240Mvar 和低压电容器 2×210Mvar。图 10-2 为本期工程扩建后苏州（东吴）站电气接线示意图。项目动态总投资 94 468 万元，由国网江苏省电力公司出资建设。扩建工程在围墙内进行，无新增用地。

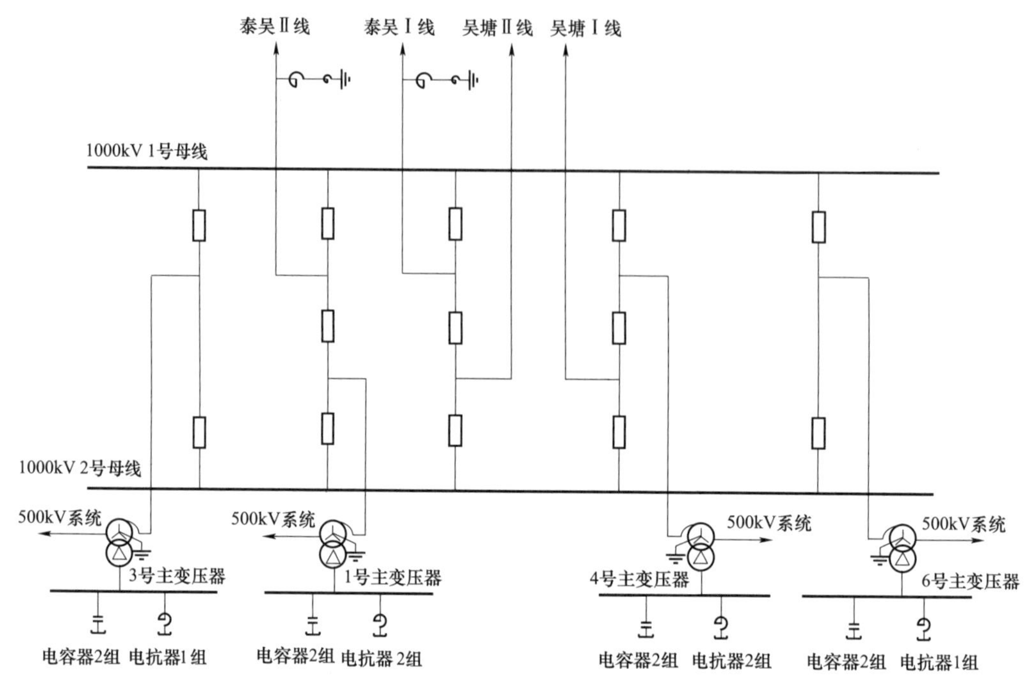

图 10-2　本期工程扩建后苏州（东吴）站电气接线示意图

三、工程建设情况

（一）工程管理

工程建设实行国网总部统筹协调，国网江苏电力公司现场建设管理，公司直属单位业务支撑的管理模式。

国网交流部代行项目法人职能，负责工程建设全过程统筹协调和关键环节集约管控；国网总部其他相关部门按职责分工履行归口管理职能。国网华东分部按照总部分部一体化运作机制，参与工程建设管理，负责 500kV 配套工程建设协调与启动调试。电力规划设计总院负责初步设计评审。

国网江苏电力公司承担工程出资职责，负责地方关系协调、现场建设管理、生产准备工作。国网交流公司负责工程现场建设技术统筹和管理支撑，负责环保水保和档案管理。国网信通公司负责通信专业业务支撑，国网物资公司承担物资供应管理职能，国网经研院协助国网特高压部开展工程设计的具体组织管理，中国电科院协助总部负责变电设备监理的管理。

（二）主要参建单位

1. 泰州变电站扩建第二台主变压器工程

中南电力设计院（工程设计）、山西锦通工程管理咨询公司（施工监理）、南通建工集团股份有限公司（桩基工程）、天津电力建设公司（土建工程）、华东送变电工程公司（电气安装工程）、国网江苏电科院（特殊交接试验）、中国电力科学研究院（计量试验、系统调试）。

新东北电气有限公司（1100kV GIS 开关设备）、山东电力设备有限公司（1000kV 主变压器）、平高东芝（廊坊）避雷器有限公司（1000kV 避雷器）、日新电机（无锡）有限公司（1000kV 电容式电压互感器）。

2. 苏州变电站扩建第三、四台主变压器工程

江苏省电力设计院（工程设计）、江苏省宏源电力建设监理有限公司（施工监理）、江苏送变电公司（土建工程、电气安装工程）、国网江苏电科院（特殊交接试验）、中国电力科学研究院（计量试验、系统调试）。

西开电气股份有限公司（1100kV GIS 开关设备）、沈阳变压器有限公司（1000kV 主变压器）、平高东芝廊坊避雷器有限公司（1000kV 避雷器）、桂林电力电容器有限责任公司（1000kV 电容式电压互感器）。

（三）建设历程

2016 年 8 月 22 日，江苏省发展和改革委员会印发《省发展改革委关于苏州南部电网 500 千伏 UPFC 示范工程等电网项目核准的批复》（苏发改能源发〔2016〕940 号）。

2016 年 12 月 16 日，电力规划设计总院主持召开初步设计审查会。2017 年 1 月 9 日印发《关于江苏苏州 1000kV 特高压变电站第三台主变、第四台主变扩建工程初步设计的评审意见》（电规电网〔2017〕5 号）和《关于江苏泰州 1000kV 特高压变电站第二台主变扩建工程初步设计的评审意见》（电规电网〔2017〕8 号）。

2017 年 1 月 23 日，国家电网公司印发《国家电网公司关于印发泰州 1000 千伏特高压变电站第二台主变扩建工程和苏州 1000 千伏特高压变电站第三台、第四台主变扩建工程建设管理纲要的通知》（国家电网交流〔2017〕56 号）。

2017 年 3 月 17 日，国网交流部在南京组织召开泰州、苏州、皖南变电站扩建工程开工动员会议。

2017年4月10日，国家电网公司印发《国家电网公司关于江苏泰州1000千伏特高压变电站第二台主变扩建等2项工程初步设计的批复》（国家电网基建〔2017〕286号）。

1. 泰州变电站扩建第二台主变压器工程

2017年3月7日，泰州变电站主变压器扩建场平工程开工。

2017年4月25日，泰州变电站主变压器扩建土建工程开工。

2017年7月1日，泰州变电站主变压器扩建电气安装工程开工。

2018年1月16日，国家电网公司召开泰州变电站、苏州变电站主变压器扩建工程和皖南换流站—皖南（芜湖）变电站工程启动验收委员会第一次会议，审定系统调试方案，安排启动调试相关工作。

2018年1月30日，完成竣工预验收。

2018年2月1日，工程通过启动验收。

2018年2月5~8日，完成全部系统调试项目。

2018年2月11日，工程顺利通过72h试运行，正式投运。

2. 苏州站扩建第三、四台主变压器工程

2017年3月28日，土建工程开工。

2017年9月1日，电气安装工程开工。

2018年1月16日，国家电网公司召开泰州变电站、苏州变电站主变压器扩建工程和皖南换流站—皖南（芜湖）变电站工程启动验收委员会第一次会议，审定系统调试方案，安排启动调试相关工作。

2018年4月18日，完成竣工预验收。

2018年4月20日，工程通过启动验收。

2018年4月23日~5月8日，完成全部系统调试项目。

2018年5月11日，工程顺利通过72h试运行，正式投运。

第十一章

山东临沂换流站—临沂变电站 1000kV 交流输变电工程

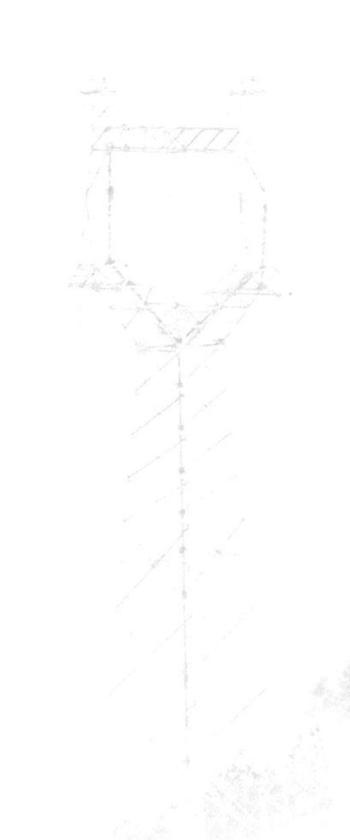

一、工程背景

2015 年 12 月 1 日，国家发展和改革委员会印发《国家发展改革委关于内蒙古上海庙—山东临沂 ±800 千伏特高压直流工程项目核准的批复》（发改能源〔2015〕2822 号），核准建设上海庙—临沂特高压直流输电工程，输电能力 1000 万 kW。

2016 年 9 月 14 日，山东省发展和改革委员会印发《山东省发展和改革委员会关于山东临沂换流站—临沂变电站 1000 千伏交流输变电工程项目核准的批复》（鲁发改能源〔2016〕951 号），新建 1000kV 临沂变电站，新建临沂换流站—临沂变电站双回 1000kV 交流线路，以满足上海庙—临沂特高压直流输电工程送出需要，解决系统短路电流超标问题，构建完善山东特高压交流电网，提高山东电网安全稳定性。

二、工程概况

1. 核准建设规模

新建 1000kV 临沂变电站，新增变电容量 2×3000MVA；新建临沂换流站—临沂变电站 2 回 1000kV 交流输电线路 2×58km。动态总投资 313 078 万元，由国网山东省电力公司出资建设。

2. 建设内容

1000kV 临沂变电站位于山东省临沂市莒南县文疃镇。装设主变压器 2×3000MVA（2 号和 3 号主变压器）；1000kV 出线 6 回（至临沂换流站、枣庄变电站、潍坊变电站各 2 回），一个半断路器接线，组成 2 个完整串和 4 个不完整串，安装 14 台断路器，采用户外 GIS 组合电器设备；500kV 采用户外 GIS 组合电器设备，出线 4 回（至日照、巨峰各 2 回）。1000kV 至枣庄 I 线装设高压并联电抗器 1×840Mvar（预留）。2 号主变压器和 3 号主变压器 110kV 侧各装设低压电抗器 3×240Mvar 和低压电容器 2×210Mvar。图 11-1 为临沂（高乡）变电站电气接线示意图。变电站总用地面积 16.01 公顷（围墙内 11.52 公顷）。调度命名为“1000 千伏特高压高乡站”。

1000kV 线路工程起于临沂换流站，止于临沂变电站，途经日照市莒县、岚山区，临沂市沂南县、莒南县，全长 2×56.348km，同塔双回路钢管塔架设，铁塔

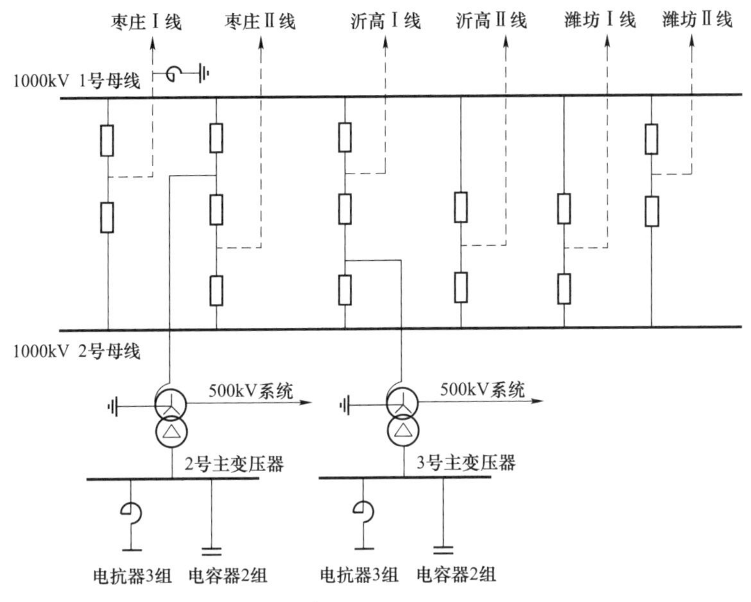

图 11-1　临沂（高乡）变电站电气接线示意图

111 基。导线采用 8×JL1/G1A-630/45 钢芯铝绞线，两根地线均采用 OPGW-185 复合光缆。工程沿线平地 60%，丘陵 15%，山地 25%。海拔 0～500m。全线为 10mm 轻冰区、27m/s 风区。

系统通信工程随临沂换流站—临沂变电站特高压线路架设 2 根 24 芯 OPGW 光缆，建设国网第一、二通道光纤通信电路。配套 500kV 线路架设 OPGW 光缆，利用已有 500kV 系统通信资源，建设迂回光纤通信电路。

三、工程建设情况

（一）工程管理

工程建设实行国网总部统筹协调，国网山东电力现场建设管理，公司直属单位业务支撑的管理模式。

国网交流部代行项目法人职能，负责工程建设全过程统筹协调和关键环节集约管控；国网总部其他相关部门按职责分工履行归口管理职能。国网华北分部按照总部分部一体化运作机制，参与工程建设管理。电力规划设计总院负责初步设计评审。

国网山东电力负责地方关系协调、变电工程和线路工程现场建设管理、生产准备工作。国网信通公司负责系统通信工程建设管理。国网交流公司负责工程现场建设技术统筹和管理支撑，归口环保水保和档案管理。国网物资公司承担物资供应管理职能，国网经研院协助国网特高压部开展工程设计的具体组织管理，中国电科院协助总部负责变电设备和线路材料监理的管理。

（二）主要参建单位

1. 临沂变电站

东北电力设计院（工程设计 A 包）、江苏省电力设计院（工程设计 B 包）。山东诚信工程建设监理有限公司（施工监理）、临沂超越电力建设有限公司（桩基工程）、山东送变电工程公司（土建工程、电气安装工程 A）、河北送变电工程公司（电气安装工程 B）、国网山东电科院（特殊交接试验）、中国电力科学研究院（计量试验、系统调试）。

平高电气有限公司（1100kV GIS 开关设备）、特变电工衡阳变压器有限公司（1000kV 主变压器）、天威保变电气股份有限公司（1000kV 电抗器）、南阳金冠电气有限公司（1000kV 避雷器）、西电电力电容器有限公司（1000kV 电容式电压互感器）。

2. 输电线路工程

江苏省电力设计院（工程设计）、湖北环宇工程建设监理有限公司（施工监理）、山东送变电工程公司（施工）。

铁塔供货商：安徽宏源铁塔有限公司、青岛武晓集团股份有限公司、江苏华电铁塔制造有限公司、浙江盛达铁塔有限公司、河南鼎力杆塔股份有限公司、河北宁强光源有限公司、东中铁华盛机械有限公司、绍兴电力设备有限公司、江苏振光电力设备制造有限公司、青岛东方铁塔股份有限公司。

导地线供货商：江苏亨通电力电缆有限公司、江苏南瑞银龙电缆有限公司、远东电缆有限公司。

绝缘子供货商：广州市迈克林电力有限公司、大连电瓷集团股份有限公司。

OPGW 供货商：江苏藤仓亨通光电有限公司。

金具供货商：南京线路器材有限公司、成都电力金具总厂。

3. 系统二次工程

包括系统通信工程和安全自动装置，由国核电力设计院负责，变电站设计 A 包配合。

（三）建设历程

2016 年 9 月 14 日，山东省发展和改革委员会印发《山东省发展和改革委员会关于山东临沂换流站—临沂变电站 1000 千伏交流输变电工程项目核准的批复》（鲁发改能源〔2016〕951 号）。

2016 年 6 月 21～22 日，电力规划设计总院受国网交流部委托，在北京主持召开工程初步设计评审会议，9 月 9 日在北京召开收口会议，9 月 26 日印发《关于山东临沂换流站—临沂变电站 1000kV 交流输变电工程初步设计的评审意见》（电规电网〔2016〕418 号）。9 月 30 日，国家电网公司印发《国家电网公司关于山东临沂换流站—临沂变电站 1000 千伏交流输变电工程初步设计的批复》（国家电网基建〔2016〕852 号）。

2016 年 9 月 28 日，临沂变电站场平工程开工。

2016 年 10 月 14 日，国家电网公司印发《山东临沂换流站—临沂变电站 1000 千伏交流输变电工程建设管理纲要》（国家电网交流〔2016〕899 号）。

2016 年 11 月 8 日，线路工程开工。

2016 年 12 月 21 日，临沂变电站土建工程开工。

2017 年 2 月 15 日，临沂变电站电气安装工程开工。

2017 年 11 月 13～16 日，完成线路工程参数测试。

2017 年 11 月 16 日，临沂变电站工程通过竣工预验收。

2017 年 10 月 31 日，系统调试方案通过专家会议审查。

2017 年 11 月 21 日，工程启动验收委员会第一次会议在北京召开，审定系统调试方案，安排启动调试相关工作。

2017 年 11 月 22 日，系统通信工程通过验收。

2017 年 11 月 23 日，线路工程通过竣工预验收。

2017 年 11 月 23 日，临沂变电站工程通过验收。

2017 年 11 月 27 日，线路工程通过验收。

2017 年 11 月 28 日，工程通过启动验收。

2017 年 11 月 30 日，工程启动验收现场指挥部会议，宣布开始启动调试。至 12 月 8 日完成全部系统调试项目。

2017 年 12 月 9 日，工程顺利通过试运行考核，正式投运。

图 11-2 和图 11-3 为工程建成后面貌。

图 11-2　1000kV 高乡变电站

图 11-3　输电线路

第十二章

准东—华东（皖南）特高压直流配套工程

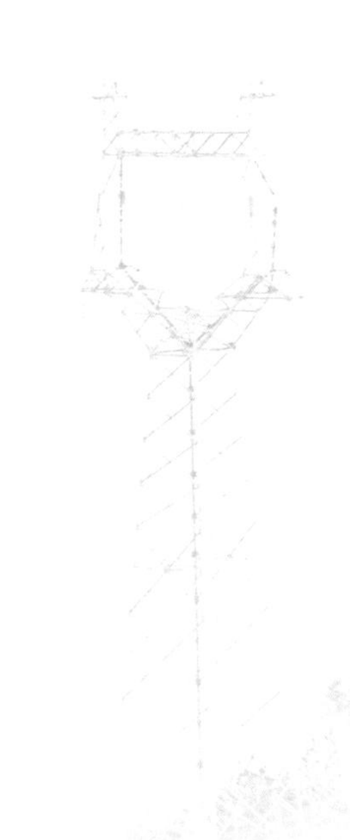

一、工程背景

2015 年 12 月 28 日，国家发展和改革委员会印发《关于准东—华东（皖南）±1100 千伏特高压直流输电工程项目核准的批复》（发改能源〔2015〕3112 号），核准建设准东—皖南特高压直流输电工程，输电能力 1200 万 kW。

2016 年 9 月 30 日，安徽省发展和改革委员会印发《安徽省发展改革委关于准东—华东（皖南）特高压直流配套工程项目核准的批复》（皖发改能源函〔2016〕601 号），扩建皖南 1000kV 变电站，新建皖南换流站—皖南 1000kV 变电站 1000kV 线路，以满足准东—华东（皖南）特高压直流输电工程接入华东电网需要。

二、工程概况

1. 核准建设规模

皖南 1000kV 变电站扩建至皖南换流站 2 回 1000kV 出线间隔，装设低压电抗器 2×240Mvar。新建皖南换流站—皖南 1000kV 变电站 1000kV 线路 2×6km。项目动态总投资 48 523 万元，由国网安徽省电力公司出资建设。

2. 建设内容

（1）皖南变电站扩建工程。

皖南 1000kV 变电站位于安徽省芜湖市芜湖县红杨镇，一期工程为皖电东送淮南至上海特高压交流输电示范工程的组成部分（皖南变电站），2011 年 9 月核准，2013 年 9 月建成投运，调度命名为“1000 千伏特高压芜湖站”。

已建工程规模：1 号主变压器 1×3000MVA，1000kV 出线 4 回（至淮南、安吉变电站各 2 回），500kV 出线 2 回（至楚城变电站），110kV 侧安装低压电抗器 2×240Mvar 和低压电容器 4×210Mvar。

本期工程规模：扩建至皖南换流站 2 回 1000kV 出线间隔，新建一个不完整串出线至换流站 I 回，至换流站 II 回与淮芜 I 线配串，共装设 3 台 GIS 断路器；1 号主变压器 110kV 侧扩建低压电抗器 2×240Mvar。扩建在围墙内进行，无新增用地。图 12-1 为本期工程扩建后皖南（芜湖）站电气接线示意图。

（2）输电线路工程。

新建皖南换流站—皖南变电站 1000kV 线路 2×5.479km，途经安徽省宣城市

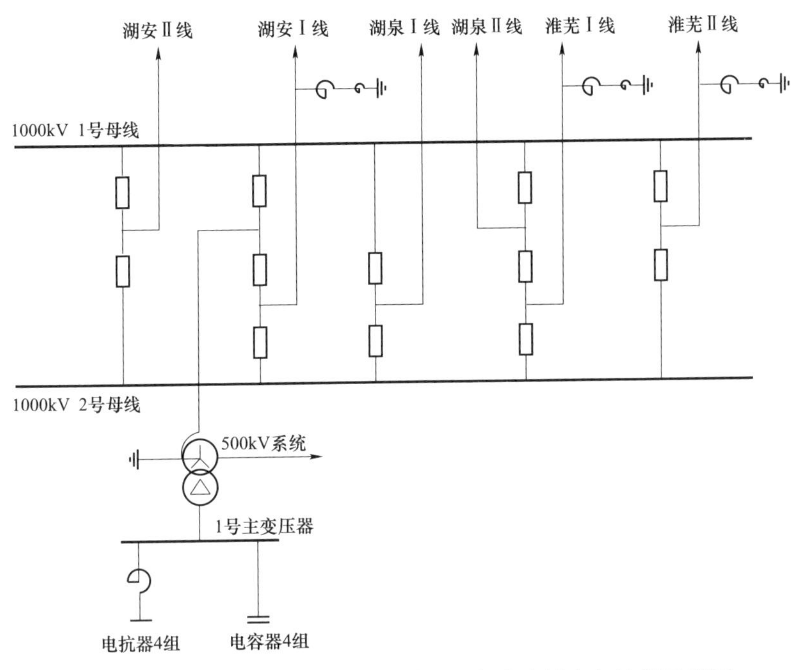

图 12-1　本期工程扩建后皖南（芜湖）变电站电气接线示意图

宣州区、芜湖市芜湖县，同塔双回路架设，钢管塔 16 基。导线采用 8×JL/G1A-630/45 钢芯铝绞线，两根地线均采用 OPGW-185 复合光缆。工程沿线平地 10%，丘陵 90%。海拔 0～500m。全线为 10mm 轻冰区、30m/s 风区。

（3）系统通信工程。

沿皖南换流站—皖南变电站 1000kV 线路架设 2 根 36 芯 OPGW 光缆，建设皖南换流站—皖南变电站的国网、华东、安徽三级光纤通信电路。

三、工程建设情况

（一）工程管理

工程建设实行国网总部统筹协调，国网交流公司和国网安徽电力公司现场建设管理，公司直属单位业务支撑的管理模式。

国网交流部代行项目法人职能，负责工程建设全过程统筹协调和关键环节集约管控，总部其他相关部门按职责分工履行归口管理职能。国网华东分部按照总部分部一体化运作机制，参与工程建设管理。电力规划设计总院负责初步设计评审。

国网安徽电力公司负责地方关系协调、线路工程现场建设管理、生产准备工作。

国网交流公司承担变电工程现场建设管理职能，负责工程现场建设技术统筹和管理支撑，负责环保水保和档案管理。国网信通公司承担系统通信工程建设管理职能。国网物资公司承担物资供应管理职能，国网经研院协助国网特高压部开展工程设计的具体组织管理，中国电科院协助总部负责变电设备和线路材料监理的管理，负责线路组塔、架线主要受力施工机具入场安全性能评价。

（二）主要参建单位

工程设计单位：安徽电力设计院。

施工监理单位：安徽电力工程监理有限公司。

施工单位：安徽送变电工程公司。

1. 皖南变电站扩建工程其他相关单位

国网安徽电科院（特殊交接试验）、中国电科院（计量试验、系统调试）。

西安西电开关电气有限公司（1100kV GIS 开关设备）、西电避雷器有限责任公司（1000kV 避雷器）、桂林电力电容器有限责任公司（1000kV 电容式电压互感器）。

2. 输电线路工程物资供货相关单位

铁塔供货商：安徽宏源铁塔有限公司、浙江盛达铁塔有限公司。

导地线供货商：江苏南瑞银龙电缆有限公司、无锡华能电缆有限公司。

绝缘子供货商：长园高能电气股份有限公司、内蒙古精诚高压绝缘子有限公司、南京电气（集团）有限责任公司。

OPGW 供货商：苏州古河电力光缆有限公司。

金具供货商：江苏双汇电力发展股份有限公司、成都电力金具总厂。

（三）建设历程

2016 年 9 月 30 日，安徽省发展和改革委员会印发《安徽省发展改革委关于准东—华东（皖南）特高压直流配套工程项目核准的批复》（皖发改能源函〔2016〕601 号）。

2016 年 10 月 18 日，电力规划设计总院主持召开初步设计审查会。2016 年 11 月 14 日印发《关于准东—华东（皖南）特高压直流配套 1000 千伏工程初步设计的评审意见》（电规电网〔2016〕478 号）。2017 年 1 月 3 日，国家电网公司印发《国家电网公司关于准东—华东（皖南）特高压直流配套 1000 千伏工程初步设计的批复》（国家电网基建〔2016〕1141 号）。

2016 年 12 月 27 日，国家电网公司印发《国家电网公司关于印发准东—华东（皖南）特高压直流配套 1000 千伏工程建设管理纲要的通知》（国家电网交流〔2016〕1106 号）。

2017 年 4 月 28 日，线路工程开工。

2017 年 5 月 9 日，皖南变电站扩建工程开工。

2018 年 1 月 16 日，国家电网公司召开泰州变电站、苏州变电站主变压器扩建工程和皖南换流站—皖南（芜湖）变电站工程启动验收委员会第一次会议，审定系统调试方案，安排启动调试相关工作。

2018 年 3 月 14 日，皖南变电站扩建工程完成竣工预验收。

2018 年 3 月 15 日，线路工程完成参数测试。

2018 年 3 月 19 日，线路工程完成竣工预验收。

2018 年 3 月 21 日，皖南变电站扩建工程通过验收。

2018 年 3 月 22 日，线路工程、系统通信工程通过验收。

2018 年 3 月 26 日，工程通过启动验收。

2018 年 3 月 28 日，工程启动验收现场指挥部在皖南站现场召开会议，宣布开始启动调试。4 月 12 日完成第一阶段系统调试和试运行，湖泉 II 线投运。

2018 年 9 月 26～28 日，古泉换流站调试期间，进行第二阶段系统调试，完成芜湖变电站 T042、T043 断路器保护校核及湖泉 I 线 24h 试运行，湖泉 I 线投运。

第十三章

北京西—石家庄 1000kV 交流特高压输变电工程

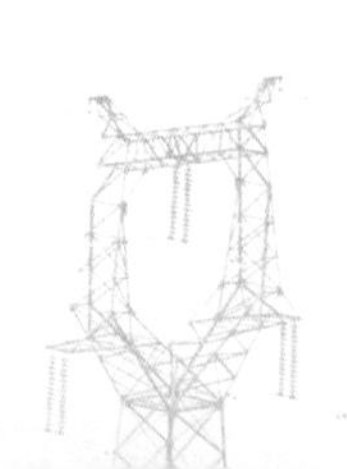

一、工程背景

2016 年 11 月 7 日，国家发展和改革委员会、国家能源局正式发布《电力发展“十三五”规划（2016～2020 年）》。其重点任务之九“优化电网结构，提高系统安全水平”指出，华北地区“十三五”期间，西电东送格局基本不变，京津冀鲁接受外来电力超过 8000 万 kW。依托在建大气污染防治行动计划交流特高压输电工程，规划建设蒙西至晋中，胜利至锡盟，潍坊经临沂、枣庄至石家庄交流特高压输电工程，初步形成两横两纵的 1000kV 交流特高压网架。建设张北至北京柔性直流工程，增加张北地区风光电外送能力。研究实施蒙西电网与华北主网异步联网及北京西至石家庄交流特高压联络线工程。

2017 年 7 月 19 日，河北省发展和改革委员会印发《河北省发展和改革委员会关于北京西—石家庄 1000 千伏交流特高压输变电工程项目核准的批复》（冀发改能源〔2017〕872 号）。本工程是华北特高压交流主网架的重要组成部分，是蒙西—天津南和榆横—潍坊“两横”特高压输电通道之间的联络线，也是向河北南网负荷中心供电的重要通道。建设本工程，对于加强蒙西—天津南和榆横—潍坊“两横”特高压通道之间的联络和互济能力，构建京津冀负荷中心坚强受电平台，提高华北电网安全稳定水平和运行灵活性可靠性，满足京津冀及雄安新区电力负荷增长需要，促进经济社会发展具有重要意义。

二、工程概况

1. 核准建设规模

北京西特高压站扩建至石家庄特高压站 1000kV 出线间隔 2 个，装设 110kV 低压电抗器 1×240Mvar；石家庄特高压站扩建至北京西特高压站 1000kV 出线间隔 2 个，装设 110kV 低压电抗器 1×240Mvar；新建北京西—石家庄双回 1000kV 特高压交流线路，长度约 2×228km；配套建设光纤通信工程。动态总投资 347 235 万元，由国网河北省电力公司出资建设。图 13-1 为北京西—石家庄 1000kV 交流特高压输变电工程系统接线示意图。

2. 建设内容

（1）北京西变电站扩建工程。

北京西 1000kV 变电站位于河北省保定市定兴县固城镇。一期工程是蒙西—天

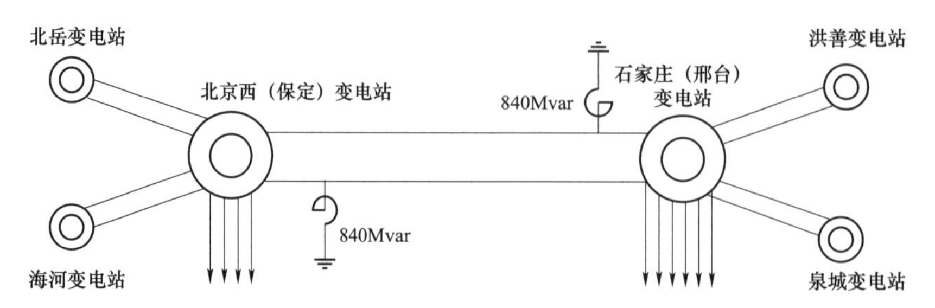

图 13-1 北京西—石家庄 1000kV 交流特高压输变电工程系统接线示意图

津南 1000kV 特高压交流输变电工程的组成部分（北京西变电站），2015 年 1 月核准，2016 年 11 月建成投运。调度命名为“1000 千伏特高压保定站”。

已建工程规模：主变压器 2×3000MVA（1 号和 2 号主变压器），1000kV 出线 4 回（至晋北变电站、天津南变电站各 2 回），至晋北站双回均装设高压并联电抗器 1×480Mvar，至天津南 I 线装设高压并联电抗器 1×840Mvar；500kV 出线 4 回（至易水、固安各 2 回）；每组主变压器 110kV 侧各安装低压电抗器 2×240Mvar 和低压电容器 4×210Mvar。

本期工程规模：扩建至石家庄特高压变电站 1000kV 出线间隔 2 个，分别与已建岳定 I 线、定河 II 线配串，安装 2 台断路器，示范应用可控避雷器，至石家庄 II 线装设高压并联电抗器 1×840Mvar；2 号主变压器低压侧装设 110kV 低压电抗器 1×240Mvar。本期扩建工程在围墙内进行，无新增用地。图 13-2 为本期工程扩建后北京西（保定）站电气接线示意图。

（2）石家庄变电站扩建工程。

石家庄 1000kV 变电站位于河北省邢台市新河县仁让里乡。一期工程是榆横—潍坊 1000kV 特高压交流输变电工程的组成部分（石家庄站），2015 年 5 月核准，2017 年 8 月建成投运。调度命名为“1000 千伏特高压邢台站”。

已建工程规模：变压器 2×3000MVA（2 号和 4 号主变压器）；1000kV 出线 4 回（至晋中、济南各 2 回），至晋中每回出线各装设高压并联电抗器 1×720Mvar，至济南 I 线装设高压并联电抗器 1×840Mvar；500kV 出线 6 回（至彭村、武邑、宗州各 2 回）；主变压器低压侧共装设 110kV 低压电抗器 3×240Mvar 和低压电容器 8×210Mvar。

本期工程规模：扩建至北京西站 1000kV 出线间隔 2 个，扩建 1 个不完整串出线至北京西 I 线，至北京西 II 线与已建台泉 I 线配串，安装 3 台断路器，示范应用可控避雷器，至北京西 I 线装设高压并联电抗器 1×840Mvar；2 号主变压器低压侧装设 110kV 低压电抗器 1×240Mvar。本期扩建工程在围墙内进行，无新增用地。图 13-3 为本期工程扩建后石家庄（邢台）变电站电气接线示意图。

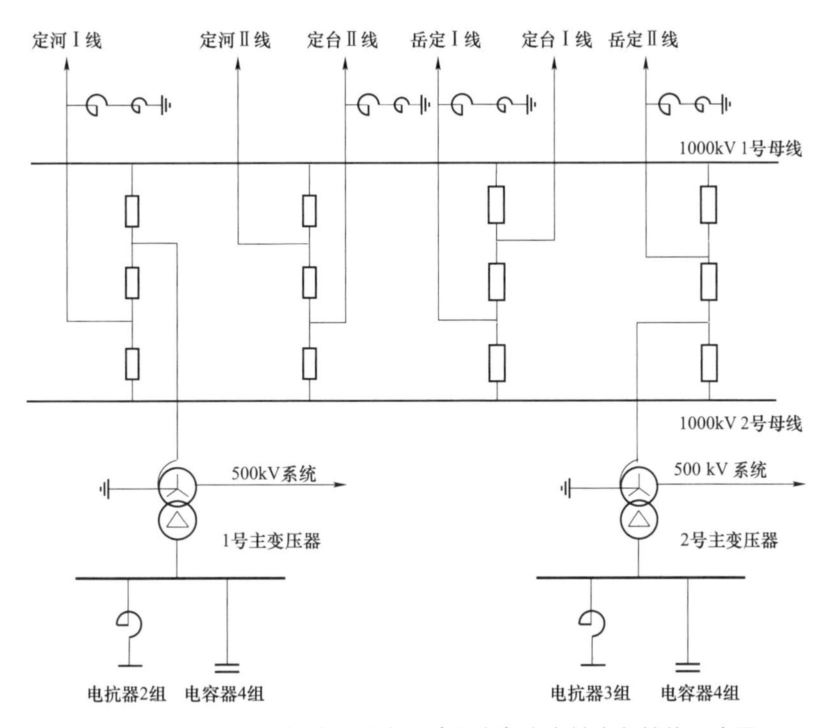

图 13-2　本期工程扩建后北京西（保定）变电站电气接线示意图

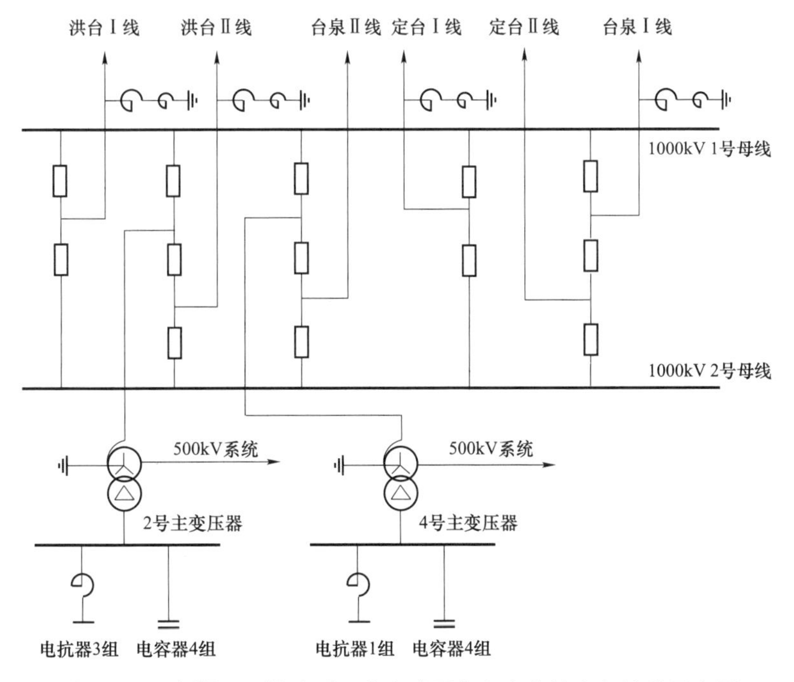

图 13-3　本期工程扩建后石家庄（邢台）变电站电气接线示意图

（3）输电线路工程。

新建北京西—石家庄双回 1000kV 特高压交流线路 2×222.601km，途经河北省保定市、衡水市、石家庄市，全线同塔双回路架设，钢管塔 447 基。导线采用 8×JL1/LHA1-465/210 铝合金芯铝绞线，两根地线均采用 OPGW-185 复合光缆。工程沿线平地 91.3%，河网 8.7%。海拔 0～100m。全线为 10mm 轻冰区。全线分为 27、29m/s 共 2 个风区。

（4）系统通信工程。

在北京西—石家庄双回 1000kV 特高压交流线路上架设 1 根 36 芯和 1 根 48 芯 OPGW 光缆，建设北京西变电站—石家庄变电站光纤通信电路，分别接入国网第一通道、第二通道光纤通信电路、华北网光纤通信电路、河北网光纤通信电路，构成本工程至相关调度端的主、备用调度通信通道。

三、工程建设情况

（一）工程管理

工程建设实行国网总部统筹协调，国网河北电力和国网信通公司现场建设管理，公司直属单位业务支撑的管理模式。

国网交流部代行项目法人职能，负责工程建设全过程统筹协调和关键环节集约管控，总部其他相关部门按职责分工履行归口管理职能。国网华北分部按照总部分部一体化运作机制，参与工程建设管理。电力规划设计总院负责初步设计评审。

国网河北电力公司负责地方关系协调、线路工程路径设计管理、工程现场建设管理、生产准备工作。国网交流公司负责工程现场建设技术统筹和管理支撑，负责工程信息、环保水保和档案管理，负责线路工程物资监理管理。国网信通公司承担系统通信工程建设管理职能。国网物资公司承担物资供应管理职能，国网经研院协助国网特高压部开展工程设计的具体组织管理，中国电科院协助总部负责变电设备监理的管理。

（二）主要参建单位

1. 工程设计单位

变电工程：西南电力设计院（北京西变电站扩建工程）、华东电力设计院（石家庄变电站扩建工程）。

输电线路工程（从北京西站至石家庄站）：河北电力设计院（北京西站—保定市高阳县约 65km）、安徽电力设计院（保定市高阳县—安国市约 53km）、广东电力设计院（保定市安国市—衡水市深州市约 51km）、华东电力设计院（衡水市深州市—石家庄站约 52km）。天津电力设计院（设计监理）。

系统二次工程：华北电力设计院（系统通信工程、安全自动装置）。

2. 变电工程有关参建单位

北京西变电站扩建工程：湖北环宇工程建设监理公司（施工监理）、山西送变电公司（施工）、国网河北电科院（特殊交接试验）、中国电科院（计量试验、系统调试）；西电开关电气有限公司（1100kV GIS 开关设备）、特变电工衡阳变压器有限公司（1000kV 电抗器）、平高东芝（廊坊）避雷器有限公司（1000kV 可控避雷器）、南阳金冠电气有限公司（1000kV 避雷器）、江苏思源赫兹互感器有限公司（1000kV 电容式电压互感器器）。

石家庄变电站扩建工程：河北电力工程监理公司（施工监理）、河北送变电公司（施工）、国网河北电科院（特殊交接试验）、中国电科院（计量试验、系统调试）；西电开关电气有限公司（1100kV GIS 开关设备）、西电变压器有限公司（1000kV 电抗器）、平高东芝（廊坊）避雷器有限公司（1000kV 可控避雷器）、南阳金冠电气有限公司（1000kV 避雷器）、西电电力电容器有限公司（1000kV 电容式电压互感器）。

3. 输电线路工程有关参建单位

施工监理和施工单位（从北京西站至石家庄站）：河北电力工程监理公司（北京西站—保定市安国市约 118km）、河北送变电公司（1 标段）、华东输变电公司（2 标段）；北京华联电力工程监理公司（保定市安国市—石家庄站约 103km）、辽宁送变电公司（3 标段）、北京送变电公司（4 标段）。

铁塔供货商：安徽宏源铁塔有限公司、河北宁强钢构集团有限公司、河南鼎力杆塔股份有限公司、湖州飞剑杆塔制造有限公司、江苏电力装备有限公司、江苏华电铁塔制造有限公司、江苏振光电力设备制造有限公司、青岛武晓集团股份有限公司、绍兴电力设备有限公司、潍坊五洲鼎益铁塔有限公司、温州泰昌铁塔制造有限公司、浙江盛达铁塔有限公司。

导线和光缆供货商：青岛汉缆股份有限公司、特变电工山东鲁能泰山电缆有限公司、上海中天铝线有限公司、江苏中天科技股份有限公司、沈阳力源电缆有限公司、江苏亨通电力电缆有限公司、杭州电缆股份有限公司、江苏通光强能输电线科技有限公司（含 OPGW）。

绝缘子供货商：盘式绝缘子为大连电瓷集团输变电材料有限公司、山东高亚绝缘子有限公司、内蒙古精诚高压绝缘子有限公司，复合绝缘子为长园高能电气股份有限公司、扬州市双宝电力设备有限公司、江苏神马电力股份有限公司、江苏祥源电气设备有限公司。

金具供货商：成都电力金具有限公司、四平线路器材有限公司、南京线路器材有限公司、江苏双汇电力发展股份有限公司、江苏天南电力器材有限公司、河南电力器材公司。

（三）建设历程

2017 年 7 月 19 日，河北省发展和改革委员会印发《河北省发展和改革委员会关于北京西—石家庄 1000 千伏交流特高压输变电工程项目核准的批复》（冀发改能源〔2017〕872 号）。

2017 年 7 月 28 日，发出设计招标公告，9 月 11 日发出设计中标公告。9 月 20 日召开设计启动会。

2017 年 10 月 10 日，完成变电工程初步设计评审。10 月 21 日，完成线路工程初步设计评审。12 月 9 日，召开初步设计收口会议。2018 年 2 月 11 日，电力规划设计总院印发《关于北京西—石家庄 1000kV 特高压交流输变电工程初步设计的评审意见》（电规电网〔2018〕52 号）。2018 年 3 月 16 日，国家电网公司印发《国家电网公司关于北京西—石家庄 1000 千伏交流特高压输变电工程初步设计的批复》（国家电网基建〔2018〕207 号）。

2017 年 12 月 13 日，河北省水利厅印发《关于北京西—石家庄 1000kV 交流特高压输变电工程水土保持方案的批复》（冀水保〔2017〕121 号）。

2017 年 12 月 27 日，国家电网公司在北京召开山东—河北环网、北京西—石家庄工程建设动员会议。

2018 年 1 月 9 日，国网交流部在石家庄召开工程规范化开工推进会。

2018 年 2 月 25 日，河北省环境保护厅印发《关于北京西—石家庄 1000kV 交流特高压输变电工程环境影响报告书的批复》（冀环辐〔2018〕105 号）。

2018 年 3 月 16 日，北京西变电站扩建工程开工。

2018 年 3 月 22 日，国家电网公司在河北省保定市召开工程规范化开工现场会，线路工程开工。

2018 年 3 月 31 日，石家庄变电站扩建工程开工。

2018 年 10 月 28 日，北京西变电站 T031 断路器间隔完成启动调试，29 日提前投运。

2018 年 11 月 21 日，国家电网公司召开胜利站电厂送出工程、北京西—石家庄工程、山东—河北环网工程启动验收委员会第一次会议。审定胜利站电厂送出工程、北京西—石家庄工程系统调试方案，以及山东—河北环网工程第一阶段系统调试方案（潍坊—临沂段），安排了相关启动调试工作。

2018 年 11 月 28 日，北京西变电站 T023 断路器间隔完成启动调试，29 日提前投运。

2018 年 12 月 11 日，石家庄变电站 T023、T073 断路器间隔完成启动调试，12 日提前投运。

2019 年 5 月 14 日，线路工程完成竣工预验收。

2019 年 5 月 22 日，石家庄变电站扩建工程通过验收。

2019 年 5 月 23 日，北京西变电站扩建工程通过验收。

2019 年 5 月 29 日，工程启动验收现场指挥部会议，宣布开始启动调试，31 日顺利完成全部系统调试工作。6 月 1～4 日，顺利通过 72h 试运行，工程正式投运。

四、建设成果

北京西—石家庄工程途经河北省南部经济发达地区，临近雄安新区，人口稠密，拆迁量为河北南网已建成“三交四直”特高压工程之和的 6 倍，跨越铁路、高速公路、220kV 及以上电力线、南水北调干渠、主要河流 50 多次。国家环保、水利部门决定将工程环保、水保批复文件从核准要件后置为开工要件之后，本工程是第一个核准建设的特高压交流工程。同时，本工程是国家电网公司推行“先签后建”、打造规范化开工的示范工程，也是国网河北电力首个按照国家电网公司基建配套改革措施实施管理的特高压工程。

2017 年 7 月 19 日工程核准之后，国家电网公司启动设计招标，开展初步设计和环水保报告编制与报审，开展工程招标采购和建设准备，2018 年 3 月全面开工，

2019 年 6 月建成投运，圆满完成了工程建设任务，成功打造了规范化建设的示范样板。图 13-4～图 13-6 为工程建成后面貌。

图 13-4　二期工程建成后 1000kV 保定变电站

图 13-5　二期工程建成后 1000kV 邢台变电站

（1）首次应用 1000kV 可控避雷器（见图 13-7）。针对系统操作过电压问题，本工程首次进行了特高压可控避雷器技术应用尝试。可控避雷器的基本原理是，通过控制开关的合/分，使部分/全部避雷器电阻片接入，从而改变避雷器的伏安特性，实现柔性限制合闸操作过电压。可以取消断路器合闸电阻，提高开关设备可靠性和经济性。特高压交流开关型可控避雷器为输电系统操作过电压限制提供了一种新的手段，进行了有益的探索。

图 13-6　输电线路

（2）首次全面应用 Q420 钢管塔及法兰。组织完成了“Q420 钢管库及锻造法兰”项目研究，顺利通过真型试验（见图 13-8），完成 Q420 钢管塔标准化设计，线路 382 基铁塔采用 Q420 钢管及法兰，与 Q345 钢管方案相比节省塔材 3580t（约占全线塔重的 5%），相应节省基础材料，减小塔基占地面积，具有显著的经济效益和环保效益。

图 13-7　特高压可控避雷器

图 13-8　Q420 钢管塔真型试验

（3）首次大批量应用 PHC 管桩基础（见图 13-9）。经过多次技术论证和试验验证，优化了 PHC 管桩通用图集之中的桩与承台连接，明确了基础的完整受力工况，从技术上保障了 PHC 管桩基础的安全性和施工可操作性。经过测算，造价比灌注桩节约 15%，大大提高了施工效率，避免了泥浆排放，具有明显的经济性和环保性，为后续工程积累了工程经验。

（4）推广应用新型导线。在工程中推广应用新型铝合金芯铝绞线（JL1/LHA1-465/210），提升节能效果，本体投资较普通钢芯铝绞线降低约 4 万元/km。

（5）创新设计双挂点地线悬垂串型式（见图 13-10）。根据国网 “三跨”要求，深化了地线悬垂串双挂点金具串研究，研究成果在本工程中得到应用，提高了 “三跨”段地线金具的安全性，列入了特高压交流工程通用设计。

图 13-9　PHC 管桩基础

图 13-10　“三跨”地线通用悬垂金具串

（6）推广应用无人机。工程复测阶段，采用无人机进行线路走廊空中航拍，并根据航拍影像资料，结合地图等资料进行施工策划。在施工过程中，利用无人机不定期进行高空作业点全方位监控，更加直接了解作业人员安全防护措施使用情况及高空作业时关键节点施工质量，极大节约了人力成本。在走廊清理工作中，采用无人机航拍照片直观准确地展示清理需求，有利于政、企、户高效协调。在工程验收阶段，采用无人机辅助巡检，减少人力资源投入，降低安全风险。

（7）采用旋挖钻机成孔工艺。旋挖钻成孔施工法利用的是机械动力，其原理是在一个可闭合开启的钻斗底部及侧边，镶焊切削的刀具，在伸缩钻杆旋转驱动下，旋转切削挖掘土层，土渣进入钻斗内，装满后提出孔外卸土，如此循环形成桩孔。机械化和智能程度高，行走移动灵活，定位简单，适用地层广，钻孔速度快，质量好，施工效率高。作业时振动小，噪声低，污染少，无泥浆循环，被誉为“绿色施工工艺”。

第十四章

潍坊—临沂—枣庄—菏泽—石家庄特高压交流工程

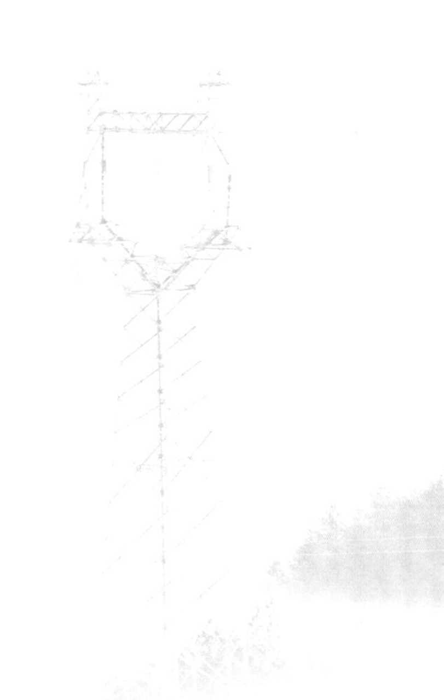

一、工程背景

“十三五”期间，山东省经济社会进入转型提升期，经济总量保持平稳较快增长态势。为满足山东省用电负荷增长需要，满足西北及东北电力送出需求，“十三五”中后期建成上海庙—山东、扎鲁特—山东两回特高压直流工程。2016 年 6 月 22 日，国家能源局印发《关于山东特高压交流环网工程协调会的纪要》（国能综电力〔2016〕381 号），文件提出：随着“十三五”期间上海庙—临沂、扎鲁特—青州等特高压直流工程投产，山东电网将形成“强直弱交”结构，受端电网运行存在较大风险。为优化华北电网网架结构，提高山东受端电网安全稳定性、解决山东电网短路电流超标等问题，有必要加强山东特高压交流电网。

2017 年 10 月 31 日，国家发展和改革委员会印发《国家发改委关于潍坊—临沂—枣庄—菏泽—石家庄特高压交流工程项目核准的批复》（发改能源〔2017〕1906 号）。建设潍坊—临沂—枣庄—菏泽—石家庄特高压交流工程（简称山东—河北环网工程），构建受端特高压交流环网，有利于加强山东及华北特高压交流网架结构，提高山东电网接受区外来电能力和系统安全稳定水平，满足山东省用电负荷增长需要。

二、工程概况

（一）核准建设规模

新建枣庄、菏泽 1000kV 变电站，扩建济南、潍坊、石家庄 1000kV 变电站；新建潍坊—临沂—枣庄—菏泽—石家庄双回 1000kV 输电线路，全长 2×819.5km，其中黄河大跨越 2×3km；建设相应无功补偿装置和二次系统工程。图 14-1 为潍坊—临沂—枣庄—菏泽—石家庄特高压交流工程系统接线示意图。工程动态总投资 140.40 亿元，由国网山东省电力公司（新建枣庄、菏泽变电站，扩建济南、潍坊变电站，新建全部输电线路工程）、河北省电力公司（扩建石家庄变电站）共同出资建设。

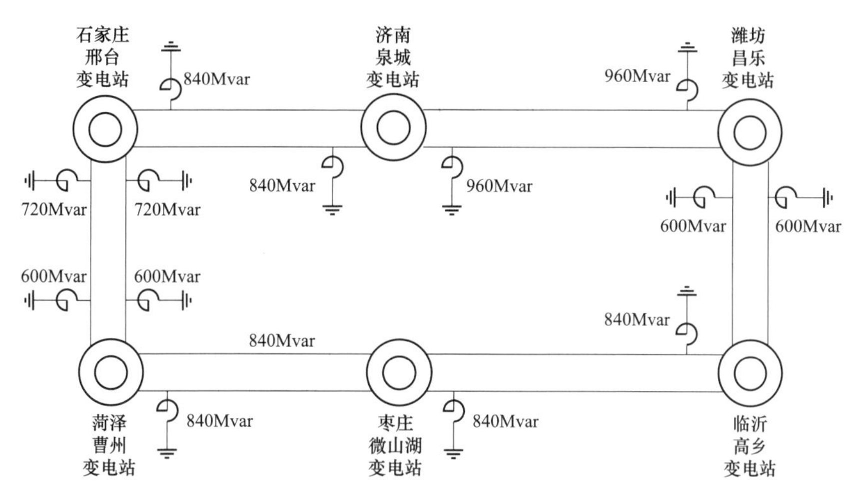

图 14-1　潍坊—临沂—枣庄—菏泽—石家庄特高压交流工程系统接线示意图

（二）建设内容

1. 枣庄变电站工程

枣庄 1000kV 变电站位于山东省枣庄市山亭区城头镇。安装变压器 2×3000MVA（1 号和 3 号主变压器）；1000kV 采用户外 GIS 组合电器设备，3/2 接线，组成 2 个完整串和 2 个不完整串，安装 10 台断路器，出线 4 回（至菏泽、临沂变电站各 2 回），至菏泽 Ⅰ 线和临沂 Ⅱ 线各装设高压并联电抗器 1×840Mvar；500kV 采用户外 GIS 设备，出线 4 回（至 500kV 枣庄变电站、峄城变电站各 2 回）；每组主变压器低压侧装设 110kV 低压电抗器 2×240Mvar 和低压电容器 2×210Mvar。变电站总用地面积 13.38 公顷（围墙内 11.33 公顷）。调度命名为“1000 千伏特高压微山湖站”。图 14-2 为枣庄（微山湖）变电站电气接线示意图。

2. 菏泽变电站工程

菏泽 1000kV 变电站位于山东省菏泽市牡丹区李村镇。安装变压器 1×3000MVA（4 号主变压器）；1000kV 采用户外 GIS 组合电器设备，3/2 接线，组成 1 个完整串和 3 个不完整串，安装 9 台断路器，出线 4 回（至石家庄、枣庄各 2 回），至石家庄 2 回线各装设高压并联电抗器 1×600Mvar，至枣庄 Ⅱ 线装设高压并联电抗器 1×840Mvar；500kV 采用户外 GIS 设备，出线 2 回（至桂陵）；主变压器低压侧装设 110kV 低压电抗器 3×240Mvar 和低压电容器 3×210Mvar。图 14-3 为菏泽（曹州）变电站电气接线示意图。变电站总用地面积 14.64 公顷（围墙内 14.05 公顷）。调度命名为“1000 千伏特高压曹州站”。

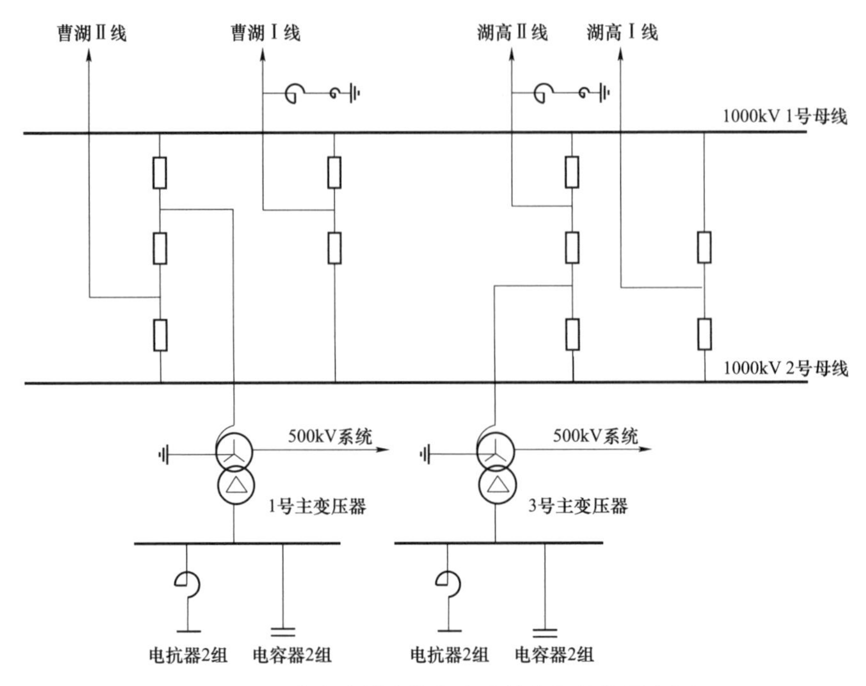

图 14-2　枣庄（微山湖）变电站电气接线示意图

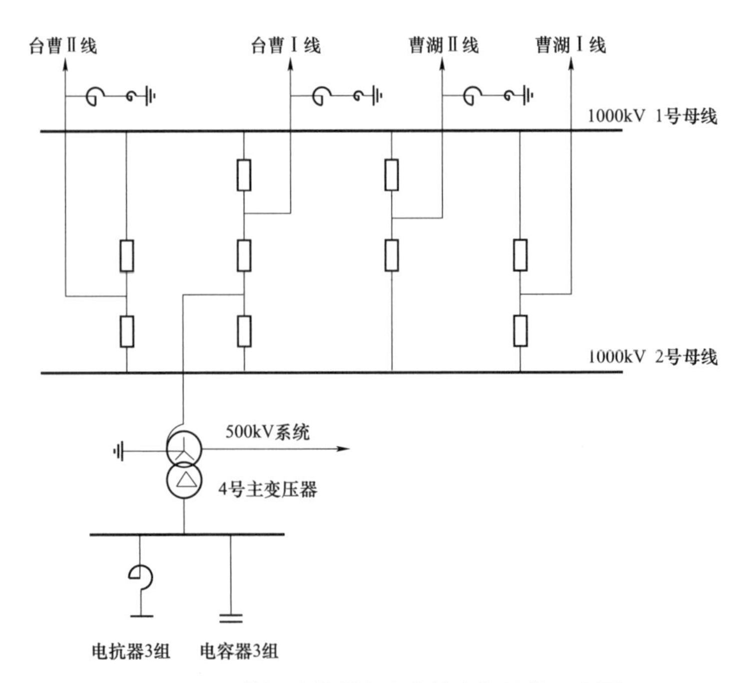

图 14-3　菏泽（曹州）变电站电气接线示意图

3. 济南变电站扩建工程

济南 1000kV 变电站位于山东省济南市济阳县仁风镇。一期工程是锡盟—山东

1000kV 特高压交流输变电工程的组成部分（济南变电站），2014 年 7 月核准，2016 年 7 月建成投运。调度命名为“1000 千伏特高压泉城站”。二期工程是榆横—潍坊 1000kV 特高压交流输变电工程的组成部分（扩建济南变电站），2015 年 5 月核准，2017 年 8 月建成投运。

已建工程规模：主变压器 2×3000MVA（1 号和 2 号主变压器）；1000kV 出线 6 回（至天津南、石家庄、潍坊各 2 回），至天津南变电站 2 回线各装设高压并联电抗器 1×720Mvar，至石家庄 II 线装设高压并联电抗器 1×840Mvar，至潍坊 II 线装设高压并联电抗器 1×960Mvar；500kV 出线 4 回（至闻韶、高青各 2 回）；每组主变压器低压侧装设 110kV 低压电抗器 3×240Mvar 和低压电容器 2×210Mvar。

本期工程规模：扩建主变压器 2×3000MVA（3 号和 4 号主变压器）；1000kV 间隔分别与已建台泉 II 线、河泉 I 线配串，安装 2 台断路器；500kV 出线 4 回（至惠民、天衍各 2 回）；新增两组主变压器低压侧各安装 110kV 低压电容器 3×210Mvar。本期工程在围墙内扩建，无新增用地。图 14-4 为本期工程扩建后济南（泉城）变电站电气接线示意图。

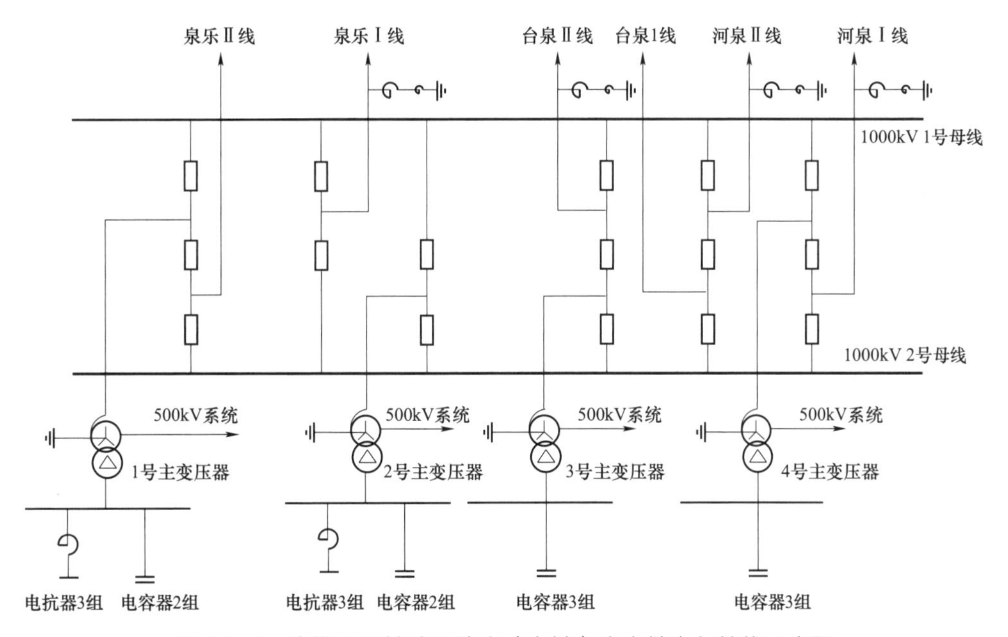

图 14-4　本期工程扩建后济南（泉城）变电站电气接线示意图

4. 潍坊变电站扩建工程

潍坊 1000kV 变电站位于山东省潍坊市昌乐县红河镇。一期工程是榆横—潍坊

1000kV 特高压交流输变电工程的组成部分（潍坊站），2015 年 5 月核准，2017 年 8 月建成投运。调度命名为“1000 千伏特高压昌乐站”。二期工程是青州换流站配套 1000kV 交流工程的组成部分（扩建潍坊站），2016 年 10 月核准，2017 年 9 月建成投运。

已建工程规模：变压器 3×3000MVA（1 号、2 号和 4 号主变压器）；1000kV 出线 4 回（至济南变电站、青州换流站各 2 回），至济南 I 线装设高压并联电抗器 1×960Mvar；500kV 出线 6 回（至临朐、密州各 2 回，至淄川、潍坊各 1 回）；1 号主变压器低压侧装设 110kV 低压电抗器 3×240Mvar 和低压电容器 3×210Mvar，2 号主变压器低压侧装设 110kV 低压电抗器 1×240Mvar 和低压电容器 2×210Mvar，4 号主变压器低压侧装设 110kV 低压电抗器 2×240Mvar 和低压电容器 2×210Mvar。

本期工程规模：1000kV 出线 2 回（至临沂变电站），新建 2 个不完整串，安装 4 台断路器，每回出线各装设高压并联电抗器 1×600Mvar；2 号主变压器和 4 号主变压器低压侧各装设 110kV 低压电抗器 1×240Mvar。本期扩建工程在围墙内进行，无新增用地。图 14-5 为本期工程扩建后潍坊（昌乐）变电站电气接线示意图。

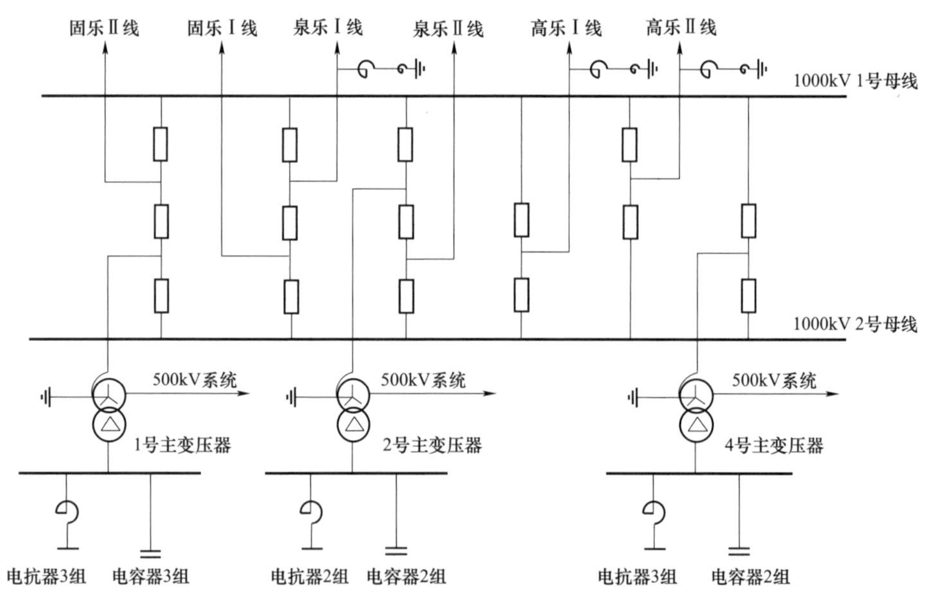

图 14-5　本期工程扩建后潍坊（昌乐）变电站电气接线示意图

5. 石家庄变电站扩建工程

石家庄 1000kV 变电站位于河北省邢台市新河县仁让里乡。一期工程是榆横—

潍坊 1000kV 特高压交流输变电工程的组成部分（石家庄变电站），2015 年 5 月核准，2017 年 8 月建成投运。调度命名为“1000 千伏特高压邢台站”。二期工程是北京西—石家庄 1000kV 交流特高压输变电工程的组成部分（扩建石家庄变电站），2017 年 7 月核准，2019 年 6 月建成投运。

已建工程规模：变压器 2×3000MVA（2 号和 4 号主变压器）；1000kV 出线 6 回（至晋中、济南、北京西各 2 回），至晋中每回出线各装设高压并联电抗器 1×720Mvar，至济南 Ⅰ 线装设高压并联电抗器 1×840Mvar，至北京西 Ⅰ 线装设高压并联电抗器 1×840Mvar；500kV 出线 6 回（至彭村、武邑、宗州各 2 回）；主变压器低压侧共装设 110kV 低压电抗器 4×240Mvar 和低压电容器 8×210Mvar。

本期工程规模：1000kV 出线 2 回（至菏泽），新建 1 个不完整串出线至菏泽 Ⅰ 线，至菏泽 Ⅱ 线与已建洪台 Ⅰ 线配串，每回出线各装设高压并联电抗器 1×720Mvar；4 号主变压器低压侧装设 110kV 低压电抗器 1×240Mvar。本期扩建工程在围墙内进行，无新增用地。图 14-6 为本期工程扩建后石家庄（邢台）变电站电气接线示意图。

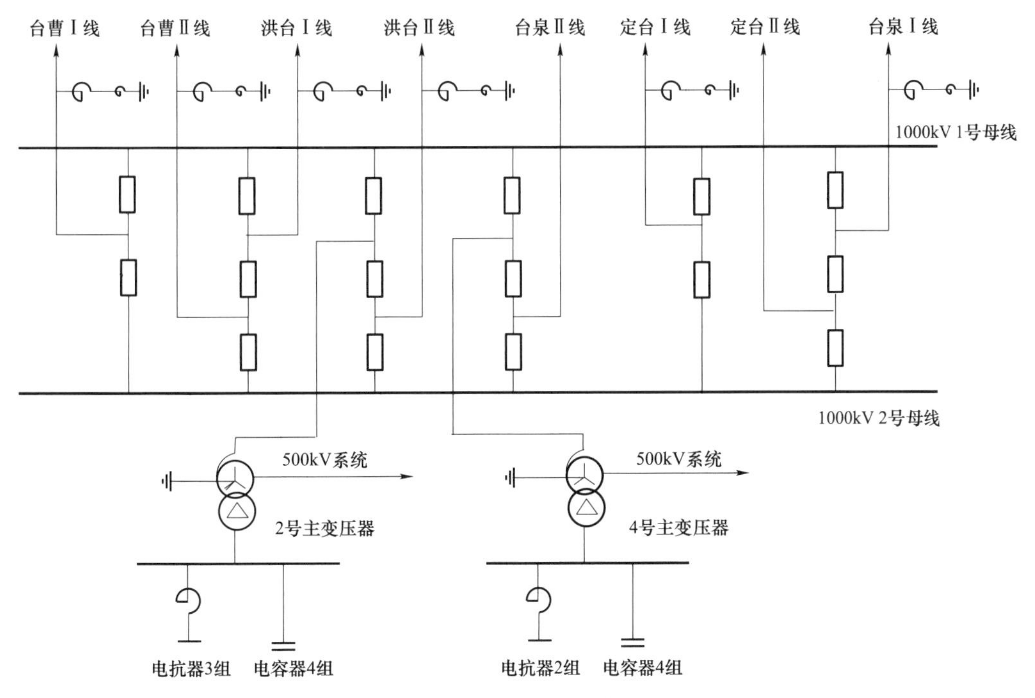

图 14-6　本期工程扩建后石家庄（邢台）变电站电气接线示意图

6. 输电线路工程

新建潍坊—临沂—枣庄—菏泽—石家庄双回 1000kV 输电线路，途经山东、河南、河北三省，全长 2×816km。其中潍坊—临沂 2×128.379km，临沂—枣庄 2×181.526km，枣庄—菏泽 2×223.038km，菏泽—石家庄 2×283.061km（含黄河大跨越 2.637km）。全线同塔双回路架设，铁塔 1632 基，其中一般线路钢管塔 1626 基，黄河大跨越钢管塔 6 基。工程沿线平地 70.4%，河网 3.9%，丘陵 12.3%，山地 13.4%。海拔 0～500m。全线分为 10mm 轻冰区、15mm 中冰区两个冰区和 27、29、30m/s 共 3 个风区。

一般线路跨越微山县南四湖段导线采用 8×JL1/G1A-630/55 钢芯铝绞线，其余均采用 8×JL1/LHA1-465/210 铝合金芯铝绞线，2 根地线均采用 OPGW-185 光缆。

线路工程在山东省菏泽市牡丹区和河南省濮阳市濮阳县交界处跨越黄河，跨越点南岸位于牡丹区西高寨村北侧，北岸位于濮阳县焦集村东侧，采用"耐—直—直—耐"方式，铁塔 6 基。耐张段全长 2637m，档距为"825m—1302m—510m"；跨越塔为双回路伞形钢管塔，呼高 135m，全高 204m，重 1638t；耐张塔为单回路干字型钢管塔，呼高 48m，全高 81m。导线采用 6×JLHA1/G4A-640/170 特强钢芯铝合金绞线，2 根地线采用 OPGW-300 光缆。图 14-7 为黄河大跨越示意图。

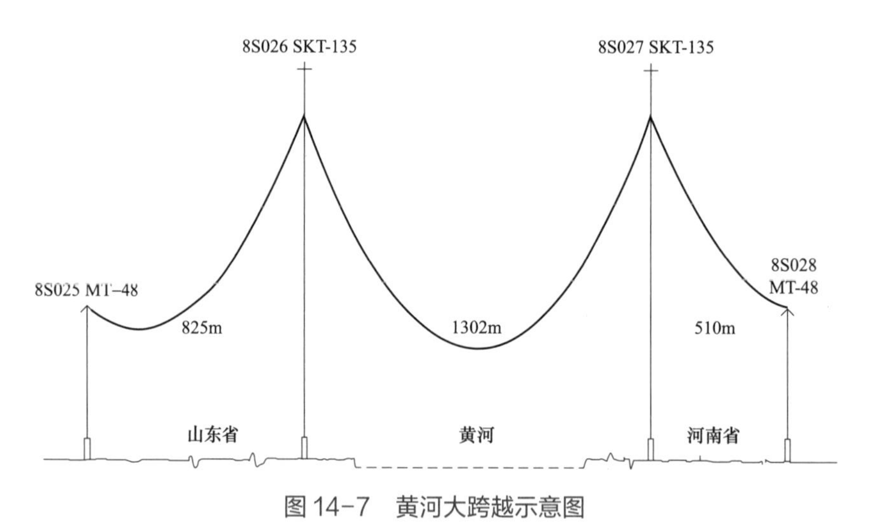

图 14-7 黄河大跨越示意图

7. 系统通信工程

在新建潍坊—临沂—枣庄—菏泽—石家庄双回 1000kV 输电线路上架设 2 根 36 芯 OPGW 光缆，其中黄河大跨越段架设 2 根 48 芯 OPGW 光缆。建设潍坊—临沂—枣庄—菏泽—石家庄的国网第一、第二光纤通信电路和华北调控分中心光纤通信电路，构成本工程新建特高压变电站至国调、华北分调、山东省调的主、备用调度通信通道。

三、工程建设情况

（一）工程管理

工程建设实行国网总部统筹协调，省公司现场建设管理，直属单位业务支撑的管理模式。

国网交流部代行项目法人职能，负责工程建设全过程统筹协调和关键环节集约管控，总部其他相关部门按职责分工履行归口管理职能。国网华北分部按照总部分部一体化运作机制，参与工程建设管理。电力规划设计总院负责初步设计评审。

国网河北、山东、河南电力公司负责属地范围内地方关系协调、线路工程路径设计管理、工程现场建设管理、生产准备工作。国网交流公司负责工程现场建设技术统筹和管理支撑，负责工程信息、环保水保和档案管理，负责线路工程物资监理管理。国网信通公司承担系统通信工程建设管理职能。国网物资公司承担物资供应管理职能，国网经研院协助国网特高压部开展工程设计的具体组织管理，中国电科院协助总部负责变电设备监理的管理、开展线路主要受力机具入场安全性评价。

（二）主要参建单位

1. 工程设计单位

变电工程：安徽电力设计院（潍坊变电站扩建）、山东电力设计院（枣庄变电站A 包）、河南电力设计院（枣庄变电站 B 包）、国核电力规划设计研究院（菏泽变电站 A 包）、东北电力设计院（菏泽变电站 B 包）、华东电力设计院（石家庄变电站扩建工程）、中南电力设计院（济南变电站扩建工程）。

输电线路工程（从潍坊站至石家庄站）：安徽电力设计院（潍坊站—日照市莒县约 76km）、河南电力设计院（日照市莒县—临沂站约 54km）、华东电力设计院（临沂站—临沂市费县约 86km）、山东电力设计院（临沂市费县—枣庄站约 97km）、浙江电力设计院（枣庄站—济宁市邹城市约 64km）、西北电力设计院（济宁市邹城市—菏泽市巨野县约 65km）、国核电力规划设计研究院（菏泽市巨野县—菏泽站约 97km）、湖南电力设计院（菏泽站—濮阳市濮阳县约 73km，含黄河大跨越 2.7km）、湖北电力设计院（濮阳市濮阳县—邯郸市大名县约 76km）、河北电力设计院（邯郸市大名县—邢台市威县约 63km），中南电力设计院（邢台市威县—石家庄站约 75km）。

系统二次工程：国核电力规划设计研究院（系统通信工程、安全自动装置）。

2. 变电工程有关参建单位

潍坊变电站扩建工程：山东诚信工程建设监理公司（施工监理）、山东送变电公司（施工）、国网山东电科院（特殊交接试验）、中国电科院（计量试验、系统调试）。山东电工电气日立高压开关有限公司（1100kV GIS 开关设备）、西电变压器有限公司（1000kV 电抗器），南阳金冠电气有限公司（1000kV 避雷器）、西电电力电容器有限公司（1000kV 电容式电压互感器）。

枣庄变电站：河南立新监理公司（施工监理）、山东送变电公司（土建工程、电气安装工程 A 包）、江西省送变电公司（电气安装工程 B 包）、国网山东电科院（特殊交接试验），中国电科院（计量试验、系统调试）；新东北电气高压开关有限公司（1100kV GIS 开关设备）、特变电工沈阳变压器有限公司（1000kV 变压器）、天威保变电气股份有限公司（1000kV 电抗器）、西电避雷器有限公司（1000kV 避雷器）、日新电机（无锡）有限公司（1000kV 电容式电压互感器）。

菏泽变电站：山东诚信工程建设监理公司（施工监理）、天津电力建设公司（土建工程）、河南省第二建筑工程公司（桩基工程）、河南送变电公司（电气安装工程）、国网山东电科院（特殊交接试验）、中国电科院（计量试验、系统调试）、平高电气股份有限公司（1100kV GIS 开关设备）、重庆 ABB 变压器有限公司（1000kV 变压器）、特变电工衡阳变压器有限公司（1000kV 电抗器 7×200Mvar）、天威保变电气股份有限公司（1000kV 电抗器 3×280Mvar）、抚顺电瓷制造有限公司（1000kV 避雷器）、桂林电力电容器有限公司（1000kV 电容式电压互感器）。

石家庄变电站扩建工程：河南立新监理公司（施工监理）、河北送变电公司（施工）、国网河北电科院（特殊交接试验）、中国电科院（计量试验、系统调试）；西电开关电气有限公司（1100kV GIS 开关设备）、西电变压器有限公司（1000kV 电抗器）、平高东芝（廊坊）避雷器有限公司（1000kV 避雷器）、西电电力电容器有限公司（1000kV 电容式电压互感器）。

济南变电站扩建工程：安徽电力工程监理公司（施工监理）、河北送变电公司（土建工程）、山东送变电公司（电气安装工程）、国网山东电科院（特殊交接试验）、中国电科院（计量试验、系统调试）。山东电工电气日立高压开关有限公司（1100kV GIS 开关设备）、特变电工衡阳变压器有限公司（1000kV 变压器）、南阳金冠电气有限公司（1000kV 避雷器）、桂林电力电容器有限公司（1000kV 电容式电压互感器）。

3. 输电线路工程有关参建单位

施工监理和施工单位（从潍坊站至石家庄站）：江苏宏源电力工程监理公司（潍坊站—临沂站约 132km）、吉林送变电公司（1 标段）、天津输变电公司（2 标段）、安徽送变电公司（3 标段）；湖北环宇工程建设监理公司（临沂站—临沂市费县约 86km）、山东送变电公司（4 标段）、上海送变电公司（5 标段）；山东诚信工程建设监理公司（临沂市费县—枣庄站约 97km）、湖南送变电公司（6 标段）、山西供电承装公司（7 标段）、山西送变电公司（8 标段）；安徽电力工程监理公司（枣庄站—菏泽市巨野县约 128km）、甘肃送变电公司（9 标段）、广东电网能源发展工程公司（10 标段）、吉林送变电公司（11 标段）、重庆送变电公司（12 标段）；湖南电力建设监理咨询公司（菏泽市巨野县—菏泽市牡丹区约 106km）、北京电力工程公司（13 标段）、湖北送变电公司（14 标段）、黑龙江送变电公司（15 标段）；北京华联电力工程监理公司（菏泽市牡丹区—濮阳市约 95km）、河南送变电公司（16 标段、含黄河大跨越）、青海送变电公司（17 标段）；河北电力工程监理公司（邯郸市约 38km）、北京送变电公司（18 标段）；湖南电力建设监理咨询公司（聊城市约 29km）、云南送变电公司（19 标段）；河北电力工程监理公司（邯郸市—石家庄站约 109km）、四川送变电公司（20 标段）、河北送变电公司（21 标段）。

铁塔供货商：常熟风范电力设备有限公司、湖南景明电力器材有限公司、成都铁塔有限公司、河北宁强钢构集团有限公司、安徽宏源铁塔有限公司、湖州飞剑杆塔制造有限公司、青岛汇金通电力设备有限公司、江苏电力装备有限公司、江苏华电铁塔制造有限公司、江苏振光电力设备制造有限公司、南京大吉铁塔制造有限公司、青岛东方铁塔有限公司、青岛豪迈钢结构有限公司、青岛武晓集团股份有限公司、潍坊五洲鼎益铁塔有限公司、潍坊长安铁塔有限公司、浙江盛达铁塔有限公司、山东中铁华盛机械有限公司、重庆江电电力设备有限公司、重庆瑜煌电力设备有限公司、山东鲁能泰山铁塔有限公司。

导线供货商：杭州电缆股份有限公司、江苏亨通电力电缆有限公司、江苏中天科技股份有限公司、青岛汉缆股份有限公司、上海中天铝线有限公司、新远东电缆有限公司、河南科信电缆有限公司、江苏通光强能输电线科技有限公司、特变电工山东鲁能泰山电缆有限公司、航天电工集团有限公司。

OPGW 供货商：江苏宏图高科有限公司、深圳市特发信息有限公司、中天电力光缆有限公司。

绝缘子供货商：大连电瓷集团输变电材料有限公司、内蒙古精诚高压绝缘子有限公司（盘式绝缘子）。襄阳国网合成绝缘子有限公司、长园高能电气股份有限公司、扬州市双宝电力设备有限公司、江苏祥源电气设备有限公司、江苏神马电力股份有限公司、淄博泰光电力器材厂（复合绝缘子）。

金具供货商：成都电力金具有限公司、四平线路器材有限公司、江苏天南电力器材有限公司、南京线路器材有限公司、河南电力器材公司、浙江泰昌实业有限公司、江苏双汇电力发展股份有限公司、江苏捷凯电力器材有限公司、江东金具设备有限公司、湖州泰仑电力器材有限公司。

（三）建设历程

2017 年 10 月 31 日，国家发展和改革委员会印发《国家发改委关于潍坊—临沂—枣庄—菏泽—石家庄特高压交流工程项目核准的批复》（发改能源〔2017〕1906 号）。

2017 年 1 月 16～17 日，电力规划设计总院受国网交流部委托，在北京主持召开了工程（预）初步设计评审会议，并以电规电网〔2017〕44 号印发会议纪要。11 月 21～22 日，在北京召开菏泽变电站新建工程初步设计评审会议，并以电规电网〔2017〕409 号印发会议纪要。2017 年 12 月 20～21 日，在北京召开初步设计收口会议，2018 年 2 月 13 日印发《关于潍坊—临沂—枣庄—菏泽—石家庄特高压交流工程初步设计的评审意见》（电规电网〔2018〕50 号）。2018 年 5 月 18 日，国家电网有限公司印发《国家电网有限公司关于潍坊—临沂—枣庄—菏泽—石家庄特高压交流工程初步设计的批复》（国家电网基建〔2018〕433 号）。

2017 年 12 月 27 日，国家电网公司在北京召开山东—河北环网、北京西—石家庄工程建设动员会议。

2018 年 1 月 5 日，国家电网公司印发《潍坊—临沂—枣庄—菏泽—石家庄特高压交流工程建设管理纲要》（国家电网交流〔2018〕4 号）。

2018 年 3 月 1 日，枣庄变电站场平工程开工；5 月 20 日，土建工程开工；10 月 28 日，电气安装工程开工。2019 年 10 月 10 日，完成竣工预验收。

2018 年 3 月 1 日，菏泽变电站场平工程开工；7 月 1 日，土建工程开工；12 月 16 日，电气安装工程开工。2019 年 10 月 30 日，完成竣工预验收。

2018 年 4 月 25 日，北京送变电公司开工建设线路工程 18 标段、四川送变电公司开工建设线路工程 20 标段，标志着线路工程开工建设。7 月 20 日，山西送变电公司开工建设线路工程 8 标段，全线进入全面建设阶段。2018 年 9 月 30 日，山东送变电公司开始线路工程 4 标段组塔施工。2018 年 10 月 10 日，吉林送变电公司开始线路工程 1 标段架线施工。

2018 年 5 月 2 日，石家庄变电站三期扩建土建工程开工；12 月 21 日，电气安装工程开工。2019 年 11 月 6 日，完成竣工预验收。

2018 年 5 月 29 日，国网交流部在山东省日照市组织召开山东—河北环网工程规范化开工现场会议。

2018 年 7 月 13 日，潍坊变电站三期扩建土建工程开工；9 月 30 日，电气安装工程开工。2018 年 12 月 8 日，完成竣工预验收。

2018 年 8 月 6 日，济南变电站三期扩建土建工程开工；10 月 15 日，电气安装工程开工。2019 年 1 月 18 日，T043 间隔完成竣工预验收，1 月 25 日完成启动调试，1 月 26 日投运。2019 年 4 月 7 日，T061 间隔完成竣工预验收，4 月 10 日完成启动调试，4 月 11 日投运。2019 年 9 月 18 日，完成工程整体竣工预验收。

2018 年 11 月 21 日，国家电网公司召开胜利变电站电厂送出工程、北京西—石家庄工程、山东—河北环网工程启动验收委员会第一次会议。审定胜利变电站电厂送出工程、北京西—石家庄工程系统调试方案，以及山东—河北环网工程第一阶段系统调试方案（潍坊—临沂段），安排了相关启动调试工作。

2018 年 12 月 5 日，系统通信工程潍坊—临沂段完成竣工预验收。12 月 11 日，线路工程潍坊—临沂段完成竣工预验收。12 月 10 日，潍坊—临沂段整体通过启动验收。

2018 年 12 月 13～14 日，潍坊—临沂段完成启动调试；12 月 15 日开始 72h 试运行，12 月 18 日投入运行。

2019 年 10 月 29 日，系统通信工程临沂—枣庄段完成竣工预验收；11 月 12 日，枣庄—石家庄段完成竣工预验收；11 月 28 日，黄河大跨越段完成竣工预验收。

2019 年 10 月 29 日，蒙西—晋中工程启动验收委员会第一次会议、山东—河北环网工程启动验收委员会第二次会议在北京召开，审议通过了两项工程系统调试方案和启动调试工作安排。

2019 年 11 月 8 日，山东段线路工程通过验收。2019 年 12 月 6 日，河南段线路通过验收。2019 年 11 月 7 日，河北段线路通过验收。

2019年11月5~8日，完成临沂—石家庄段启动调试。

2019年11月7~9日，完成济南变电站扩建两组主变压器系统调试。11月14日，顺利通过72h试运行，投入运行。

2019年11月11日，完成了菏泽变电站1000kV设备带电试验。

2019年11月16~17日，完成临沂—枣庄站间系统调试。

2019年12月27~30日，完成枣庄—菏泽—石家庄段系统调试。

2020年1月4日，顺利通过72h试运行考核，工程全面建成投运。

四、建设成果

从2017年10月31日项目核准到2020年1月4日工程投运，历时26个月，潍坊—临沂—枣庄—菏泽—石家庄特高压交流工程全面建成。本工程跨越冀鲁豫三省，与已建成的锡盟—山东、蒙西—天津南、榆横—潍坊、胜利—锡盟，北京西—石家庄特高压交流工程，以及当时在建的蒙西—晋中、张北—雄安特高压交流工程一起，构成了我国最大规模的区域特高压交流网架，形成了京津冀鲁负荷中心坚强电力交互平台，大幅提高了华北电网接受区外来电能力和安全稳定水平，具有重要经济社会效益。图14-8~图14-16为各工程建成后面貌。

图14-8　三期工程建成后1000kV昌乐变电站

图 14-9　1000kV 高乡变电站

图 14-10　1000kV 微山湖变电站

图 14-11　1000kV 曹州变电站

图 14-12　三期工程建成后 1000kV 邢台变电站

图 14-13　输电线路山东省微山县南四湖段

图 14-14　输电线路平地段

图 14-15　黄河大跨越组塔施工

图 14-16　特高压输电线路工程跨越冀鲁豫三省

第十五章

蒙西—晋中特高压交流工程

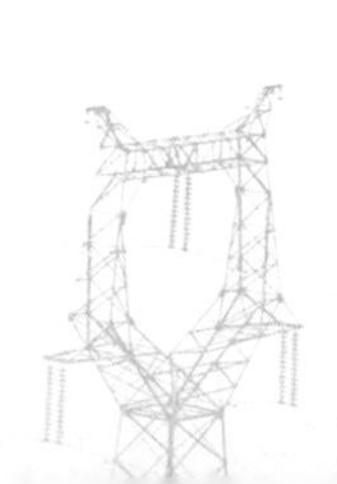

一、工程背景

蒙西—晋中特高压交流工程是《电力发展“十三五”规划（2016～2020 年）》明确的主网架优化重点工程。本工程是构建华北两纵两横特高压交流网架的重要组成部分，有利于加强西部煤电基地之间的结构联系，加强蒙西—天津南、榆横—潍坊两个通道之间的联络，提升特高压西电东送通道的输送能力和安全稳定性，提升系统抵御严重故障的能力，保障煤电基地电源的安全可靠送出。2018 年 3 月 16 日，国家发展和改革委员会印发《国家发展改革委关于蒙西—晋中特高压交流工程核准的批复》（发改能源〔2018〕427 号）。

二、工程概况

（一）核准建设规模

扩建蒙西、晋中 1000kV 变电站；新建蒙西—晋中双回 1000kV 输电线路 2×304km；建设相应的无功补偿装置和通信、二次系统工程。工程动态投资 49.55 亿元，由国家电网公司（蒙西变电站扩建、内蒙古境内线路）、国网山西省电力公司（晋中变电站扩建、山西省境内线路）共同出资建设。图 15-1 为蒙西—晋中特高压交流工程系统接线示意图。

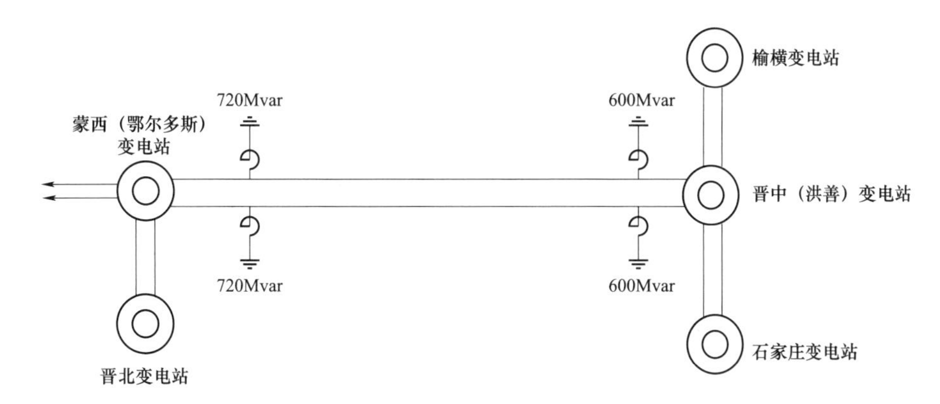

图 15-1　蒙西—晋中特高压交流工程系统接线示意图

（二）建设内容

1. 蒙西变电站扩建工程

蒙西 1000kV 变电站位于内蒙古自治区鄂尔多斯市准格尔旗魏家峁镇。一期工程是蒙西—天津南 1000kV 特高压交流输变电工程的组成部分（蒙西变电站），2015 年 1 月核准，2016 年 11 月建成投运。调度命名为“1000 千伏特高压鄂尔多斯站”。

已建工程规模：变压器 2×3000MVA（1 号和 2 号主变压器）；1000kV 出线 2 回（至晋北），至晋北 I 线装设高压并联电抗器 1×720Mvar；500kV 出线 2 回（至魏家峁电厂）；1 号主变压器低压侧装设 110kV 低压电抗器 2×240Mvar 和低压电容器 2×210Mvar，2 号主变压器低压侧装设 110kV 低压电抗器 2×240Mvar 和低压电容器 1×210Mvar。

本期工程规模：扩建 1000kV 出线 2 回（至晋中），新建 2 个不完整串，安装 4 台断路器，每回出线各装设高压并联电抗器 1×720Mvar；2 号主变压器低压侧装设 110kV 低压电容器 1×210Mvar。本期工程在围墙内扩建，无新增用地。图 15-2 为本期工程扩建后蒙西（鄂尔多斯）变电站电气接线示意图。

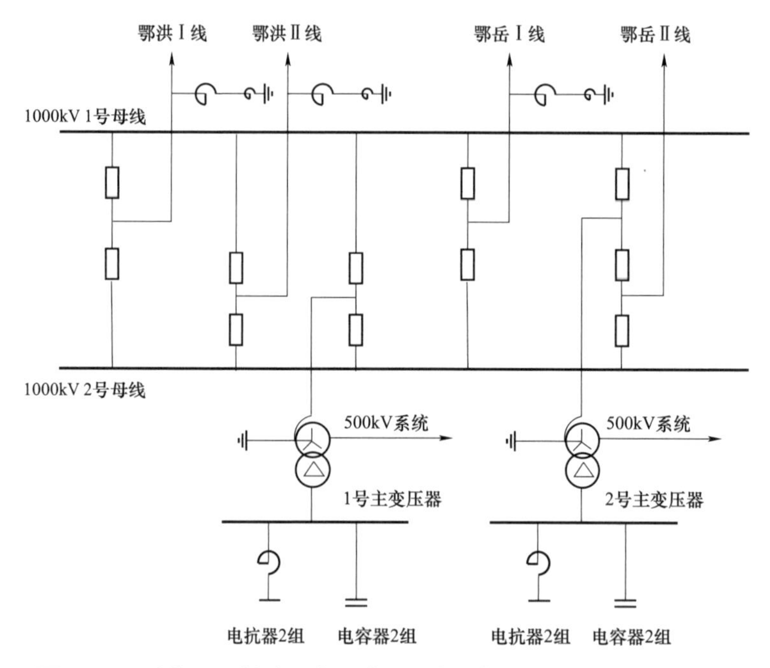

图 15-2　本期工程扩建后蒙西（鄂尔多斯）变电站电气接线示意图

2. 晋中变电站扩建工程

晋中 1000kV 变电站位于山西省晋中市平遥县洪善镇。一期工程是榆横—潍坊

1000kV 特高压交流输变电工程的组成部分（晋中变电站），2015 年 5 月核准，2017 年 8 月建成投运。调度命名为“1000 千伏特高压洪善站”。

已建工程规模：变压器 1×3000MVA（1 号主变压器）；1000kV 出线 4 回（至榆横、石家庄各 2 回），每回出线各装设高压并联电抗器 1×720Mvar；500kV 出线 2 回（至古交博明电厂）；主变压器低压侧装设 110kV 低压电抗器 3×240Mvar 和低压电容器 4×210Mvar。

本期工程规模：扩建 1000kV 出线 2 回（至蒙西），分别与已建洪台Ⅰ线和洪台Ⅱ线配串，安装 2 台断路器，每回出线各装设高压并联电抗器 1×600Mvar；1 号主变压器低压侧装设 110kV 低压电抗器 1×240Mvar。本期工程在围墙内预留场地扩建，无新增用地。图 15-3 为本期工程扩建后晋中（洪善）变电站电气接线示意图。

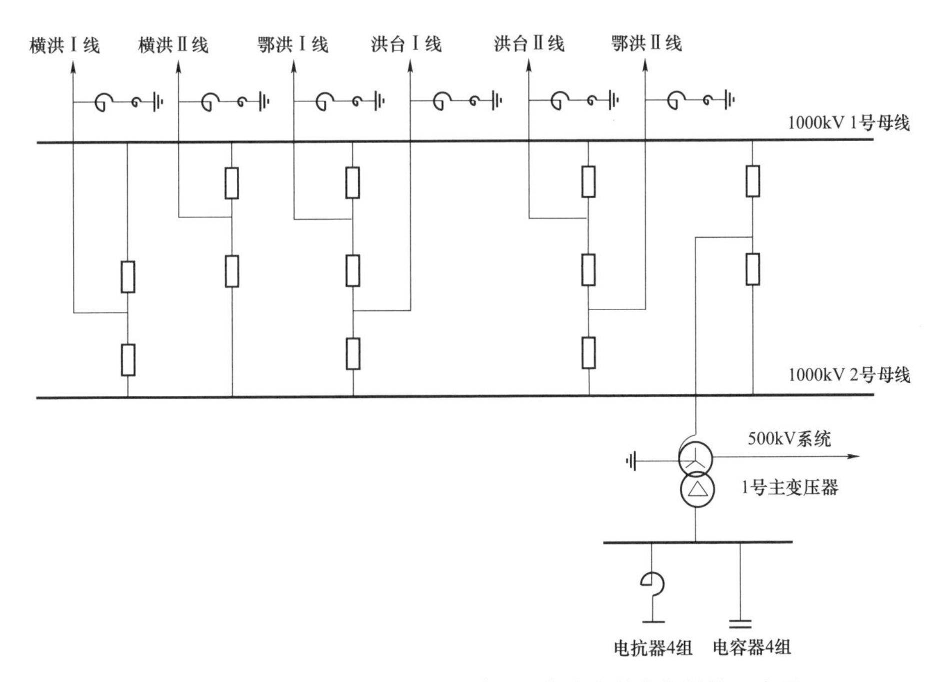

图 15-3　本期工程扩建后晋中（洪善）变电站电气接线示意图

3. 输电线路工程

新建蒙西—晋中双回 1000kV 输电线路，途经内蒙古自治区和山西省，全长 2×308.1km（其中同塔双回路 42.1km），铁塔 1072 基。其中内蒙古境内 2×8.967km，双回路钢管塔 19 基；山西省境内 2×299.128km（含黄河跨越 1.615km），单回路和同塔双回路混合架设，铁塔 1053 基。线路在黄河万家寨水利枢纽下游 6.7km 处跨越黄河（档距 888m），采用耐—直—耐的独立耐张段方式，耐张段长度 1615m，档距为 727～888m，钢管塔呼高为 43.5m—60m—45m，全高 95m—104m—97m。

工程沿线平地 10.3%，丘陵 3.4%，一般山地 85.7%，高山大岭 0.6%。海拔 700～2400m。全线分为 10mm 轻冰区、15mm 中冰区、20mm 中冰区共 3 个冰区。全线分为 27、30、32m/s 共 3 个风区。

同塔双回路导线采用 8×JL/G1A-630/45 钢芯铝绞线（山地段）、8×JL1/LHA1-465/210 铝合金芯铝绞线（平地段），单回路导线采用 8×JL/G1A-630/45 钢芯铝绞线（10mm 冰区）、8×JL/G1A-630/55 钢芯铝绞线（15mm、20mm 冰区）。同塔双回路 2 根地线均采用 OPGW-185 光缆；单回路 10mm、15mm 冰区地线 1 根采用 OPGW-170 光缆，另 1 根采用 JLB20A-170 铝包钢绞线；单回路 20mm 冰区地线 1 根采用 OPGW-240 光缆，另 1 根采用 JLB20A-240 铝包钢绞线。

4. 系统通信工程

在新建蒙西—晋中双回 1000kV 输电线路上架设 2 根 24 芯 OPGW 光缆，建设蒙西—晋中光纤通信电路，接入国网光纤通信传输网和华北网光纤通信传输网，构成本工程至国调和华北调控分中心的第一、第二通道以及线路主保护应急第三通道。

三、工程建设情况

（一）工程管理

工程建设实行国网总部统筹协调，省公司、国网交流公司、国网信通公司现场建设管理，直属单位业务支撑的管理模式。

国网交流部（特高压部）代行项目法人职能，负责工程建设全过程统筹协调和关键环节集约管控，总部其他相关部门按职责分工履行归口管理职能。国网华北分部按照总部分部一体化运作机制，参与工程建设管理。电力规划设计总院负责初步设计评审。

国网蒙东、山西电力公司负责属地范围内地方关系协调、工程现场建设管理（蒙西站扩建除外）、生产准备工作。国网交流公司负责蒙西站扩建现场建设管理，负责工程现场建设技术统筹和管理支撑，负责工程信息、环保水保和档案管理，负责线路工程物资监理的管理。国网信通公司承担系统通信工程建设管理职能。国网物资公司承担物资供应管理职能。国网经研院协助国网特高压部开展工程设计的具体组织管理。中国电科院协助总部负责变电设备监理的管理。

（二）主要参建单位

1. 工程设计单位

变电工程：浙江电力设计院（蒙西变电站扩建）、东北电力设计院（晋中变电站扩建）。

输电线路工程：内蒙古电力设计院（蒙西站—忻州市偏关县约 47km）、山西电力设计院（忻州市偏关县—岢岚县约 82km）、西南电力设计院（忻州市岢岚县—古交县约 53km）、江苏电力设计院（古交县约 35km）、华北电力设计院（古交县—晋中站约 88km）。设计监理为天津电力设计院（内蒙古院、山西院）、四川电力设计院（西南院、江苏院、华北院）。

系统二次工程：国核电力规划设计研究院（系统通信工程、安全自动装置）。

2. 变电工程有关参建单位

蒙西变电站扩建工程：内蒙古康远工程建设监理有限公司（施工监理）、安徽电力建设第二工程公司（土建工程）、湖南送变电公司（电气安装工程）、国网蒙东电科院（特殊交接试验）、中国电科院（计量试验、系统调试）。平高电气股份有限公司（1100kV GIS 开关设备）、山东电力设备有限公司（1000kV 电抗器）、西电避雷器有限公司（1000kV 避雷器）、日新电机（无锡）有限公司（1000kV 电容式电压互感器）。

晋中变电站扩建工程：山西锦通工程项目管理咨询有限公司（施工监理）、山西送变电公司（土建工程、电气安装工程）、国网山西电科院（特殊交接试验）、中国电科院（计量试验、系统调试）。新东北电气高压开关有限公司（1100kV GIS 开关设备）、西电变压器有限公司（1000kV 电抗器）、南阳金冠电气有限公司（1000kV 避雷器）、西电电力电容器有限公司（1000kV 电容式电压互感器）。

3. 输电线路工程有关参建单位

施工监理和施工单位：甘肃光明电力工程监理公司（蒙西站—忻州市静乐县约 148km）、山西送变电公司（1 标段）、上海送变电公司（2 标段）、山东送变电公司（3 标段）、河南送变电公司（4 标段）；山西锦通工程项目管理咨询有限公司（忻州市静乐县—晋中站约 156km）、辽宁送变电公司（5 标段）、陕西送变电公司（6 标段）、湖南送变电公司（7 标段）、山西供电承装公司（8 标段）。

铁塔供货商：安徽宏源铁塔有限公司、常熟风范电力设备有限公司、河北宁强钢构集团有限公司、河南鼎力杆塔有限公司、湖州飞剑杆塔制造有限公司、江苏电力装备有限公司、江苏华电铁塔制造有限公司、江苏翔宇电力装备制造公司、江苏振光电力设备制造有限公司、南京大吉铁塔制造有限公司、青岛东方铁塔有限公司、青岛汇金通电力设备有限公司、青岛武晓集团股份有限公司、山东华安铁塔有限公司、山东建兴铁塔制造有限公司、山东齐星铁塔有限公司、绍兴电力设备有限公司、潍坊五洲鼎益铁塔有限公司、潍坊长安铁塔有限公司（含黄河大跨越）、浙江盛达江东铁塔有限公司、浙江盛达铁塔有限公司、武汉铁塔有限公司、青岛豪迈钢结构有限公司、鞍山铁塔有限公司、重庆广仁铁塔有限公司、重庆顺泰铁塔有限公司、重庆瑜煌电力设备有限公司。

导地线供货商：航天电工集团有限公司、青岛汉缆股份有限公司、上海中天铝线有限公司、绍兴电力设备有限公司、特变电工山东鲁能泰山电缆有限公司、重庆泰山电缆有限公司、江苏南瑞银龙电缆有限公司、特变电工新疆线缆厂（导线）。江苏中天科技股份有限公司（地线）。

OPGW 供货商：江苏藤仓亨通光电有限公司。

绝缘子供货商：大连电瓷集团输变电材料有限公司、山东高亚绝缘子有限公司（瓷绝缘子）。南京电气绝缘子有限公司、三瑞科技（江西）有限公司（玻璃绝缘子）。广州市迈克林电力有限公司、武汉莱恩输变电设备有限公司、襄阳国网合成绝缘子有限公司、扬州市双宝电力设备有限公司、长园高能电气股份有限公司（复合绝缘子）。

金具供货商：湖州泰仑电力器材有限公司、江苏捷凯电力器材有限公司、江苏双汇电力发展股份有限公司、上海永固电力器材有限公司、成都电力金具有限公司、河南电力器材公司、南京线路器材有限公司、江苏天南电力器材有限公司。

（三）建设历程

2018 年 3 月 16 日，国家发展和改革委员会印发《国家发展改革委关于蒙西—晋中特高压交流工程核准的批复》（发改能源〔2018〕427 号）。

2018 年 7 月 31 日～8 月 1 日，在北京召开蒙西—晋中工程初步设计评审会议。2018 年 9 月 18 日，召开初步设计收口会议。2018 年 10 月 15 日，电力规划设计总院印发《关于蒙西—晋中 1000kV 特高压交流输变电工程初步设计的评审意见》

（电规电网〔2018〕356号）。2018年11月2日，国家电网有限公司印发《国家电网有限公司关于蒙西—晋中1000千伏特高压交流输变电工程初步设计的批复》（国家电网基建〔2018〕981号）。

2018年9月29日，国家电网有限公司印发《蒙西—晋中特高压交流工程建设管理纲要》（国家电网特〔2018〕855号）。

2018年11月6日，国网特高压部在山西忻州召开蒙西—晋中工程开工动员大会和建设协调会议。

2018年11月15日，山西送变电公司在线路工程1标段1L029塔位进行基础首基试点，标志着线路工程开工。

2019年3月29日，蒙西变电站扩建工程开工。4月17日，构架基础开始施工。

2019年3月31日，晋中变电站扩建工程开工。5月10日，设备基础开始施工。

2019年6月4日，线路工程铁塔组立首基试点。

2019年9月10日，线路工程架线首段试点。

2019年10月22日，晋中变电站T031断路器间隔完成启动调试，23日投运。

2019年10月29日，蒙西—晋中工程启动验收委员会第一次会议、山东—河北环网工程启动验收委员会第二次会议在北京召开，审议通过了两项工程系统调试方案和启动调试工作安排。

2019年11月22日，晋中变电站T043断路器间隔、1121L低抗，蒙西变电站1131C低容完成启动调试，23日投运。

2020年9月6日，湖南送变电公司7标段线路架通，标志着线路工程全线贯通。

2020年9月24日，工程启动验收现场指挥部在晋中变电站召开会议，宣布开始启动调试。26日，完成1000kV鄂洪Ⅰ线启动调试，29日顺利通过72h试运行后投运。

2020年10月28日，完成1000kV鄂洪Ⅱ线启动调试。10月31日，顺利通过72h试运行，工程全面建成投运。

工程建成后面貌如图15-4～图15-9所示。

图 15-4 二期工程建成后 1000kV 鄂尔多斯变电站

图 15-5 二期工程建成后 1000kV 洪善变电站

图 15-6 蒙西一晋中线路跨越黄河

图 15-7　输电线路一

图 15-8　输电线路二

图 15-9　输电线路三

第十六章

驻马店—南阳 1000kV 交流特高压输变电工程

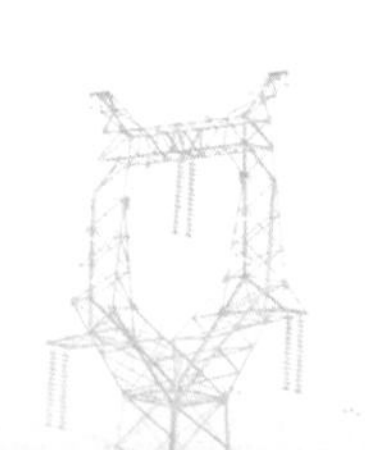

一、工程背景

2018 年 9 月 3 日，国家能源局印发《国家能源局关于加快推进一批输变电重点工程规划建设工作的通知》（国能发电力〔2018〕70 号）。文件指出，为了落实绿色发展理念，加大基础设施领域补短板力度，发挥重点电网工程在优化投资结构、清洁能源消纳、电力精准扶贫等方面的重要作用，满足经济社会发展的电力需求，加快推进青海至河南特高压直流等 9 项重点输变电工程建设。其中，建设 ±800kV 青海—河南特高压直流工程，落点河南驻马店，配套建设驻马店—南阳、驻马店—武汉特高压交流工程，以满足青海省清洁能源送出及河南省用电负荷需要。

2018 年 10 月 22 日，国家发展和改革委员会印发《国家发展改革委关于青海—河南士 800 千伏特高压直流输电工程核准的批复》（发改能源〔2018〕1526 号），文中明确了工程规划配套系统方案。其中，受端河南侧配套建设驻马店 1000kV 变电站（与换流站合建）、驻马店—南阳双回 1000kV 线路工程、驻马店—武汉双回 1000kV 线路工程。

2018 年 11 月 23 日，河南省发展和改革委员会印发《河南省发展和改革委员会关于驻马店—南阳 1000 千伏交流特高压输变电工程项目核准的批复》（豫发改能源〔2018〕956 号）。建设本工程，有利于提高豫东南地区电网供电可靠性，支撑青海—河南特高压直流输电工程的送出和接入，满足经济社会发展需要。

二、工程概况

1. 核准建设规模

新建驻马店 1000kV 变电站，扩建南阳 1000kV 变电站，新建驻马店—南阳双回 1000kV 线路 2×190.3km，建设相应无功补偿装置及二次系统工程。工程动态总投资 508 305 万元，由国家电网有限公司（南阳变电站扩建）、国网河南省电力公司（驻马店变电站、输电线路）共同出资建设。图 16-1 为驻马店—南阳交流特高压输变电工程系统接线示意图。

2. 建设内容

（1）驻马店变电站工程。

驻马店 1000kV 变电站位于河南省驻马店市上蔡县蔡沟乡，与驻马店 ±800kV

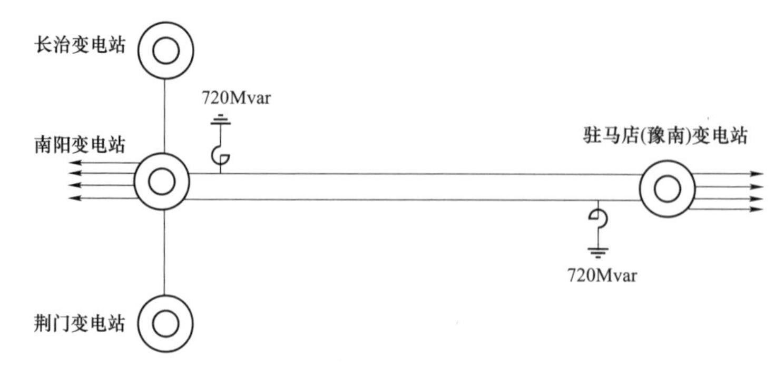

图 16-1　驻马店—南阳 1000kV 交流特高压输变电工程系统接线示意图

换流站合址建设，布置于换流站东侧，两站合用站前区及进站道路。安装变压器 2×3000MVA（1 号和 4 号主变压器）；1000kV 采用户外 GIS 组合电器设备，3/2 接线，组成 2 个完整串和 2 个不完整串，安装 10 台断路器，出线 4 回（至南阳、武汉各 2 回），至南阳 II 线安装高压并联电抗器 1×720Mvar，至武汉双回各安装高压并联电抗器 1×600Mvar；500kV 采用户内 GIS 组合电器设备，母线三分段并与换流站 500kV 母线连接，出线 4 回（至周口、挚亭各 2 回）；主变压器低压侧共安装 110kV 低压电抗器 5×240Mvar 和低压电容器 2×210Mvar。图 16-2 为驻马店（豫南）变电站电气接线示意图。变电站总用地面积 14.81 公顷（围墙内 14.51 公顷）。调度命名为“特高压豫南换流变电站”。

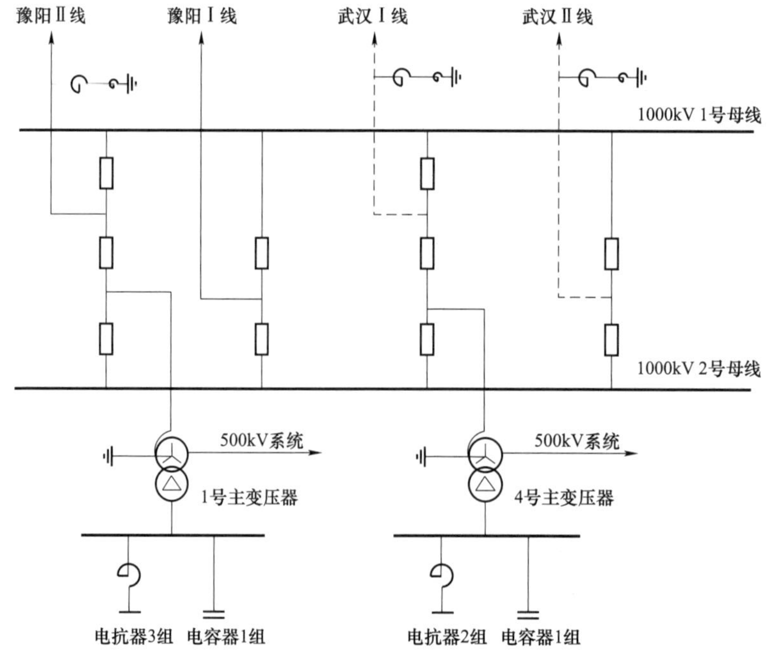

图 16-2　驻马店（豫南）变电站电气接线示意图

（2）南阳变电站扩建工程。

南阳 1000kV 变电站位于河南省南阳市方城县赵河镇。一期工程是晋东南至荆门特高压交流试验示范工程的组成部分（南阳开关站），2006 年 8 月核准，2009 年 1 月建成投运。调度命名为“1000 千伏特高压南阳站”。二期工程是晋东南—南阳—荆门特高压交流试验示范工程扩建工程的组成部分（扩建南阳开关站），2010 年 12 月核准，2011 年 12 月建成投运。

已建工程规模：变压器 2×3000MVA（1 号和 2 号主变压器）；1000kV 出线 2 回（至晋东南、荆门各 1 回），每回出线各装设高压并联电抗器 1×720Mvar 和 1 套串补装置；500kV 出线 5 回（至白河、香山各 2 回，至玉都 1 回）；每组主变压器低压侧安装 110kV 低压电抗器 2×240Mvar 和低压电容器 4×210Mvar。

本期工程规模：1000kV 出线 3 回（至驻马店 2 回，至荆门 1 回），扩建 2 个不完整串分别出线至驻马店Ⅰ线和至荆门Ⅱ线，至驻马店Ⅱ线与已建 2 号主变压器配串，安装 5 台断路器，至驻马店Ⅰ线和至荆门Ⅱ线各安装高压并联电抗器 1×720Mvar。至驻马店Ⅰ线通过 1000kV 特高压 GIL 分支母线引接至 1000kV 配电装置东侧出线（总长度 1340m）。本期工程新增用地面积 7.70 公顷（围墙内 6.92 公顷）。图 16-3 为本期工程扩建后南阳变电站电气接线示意图。

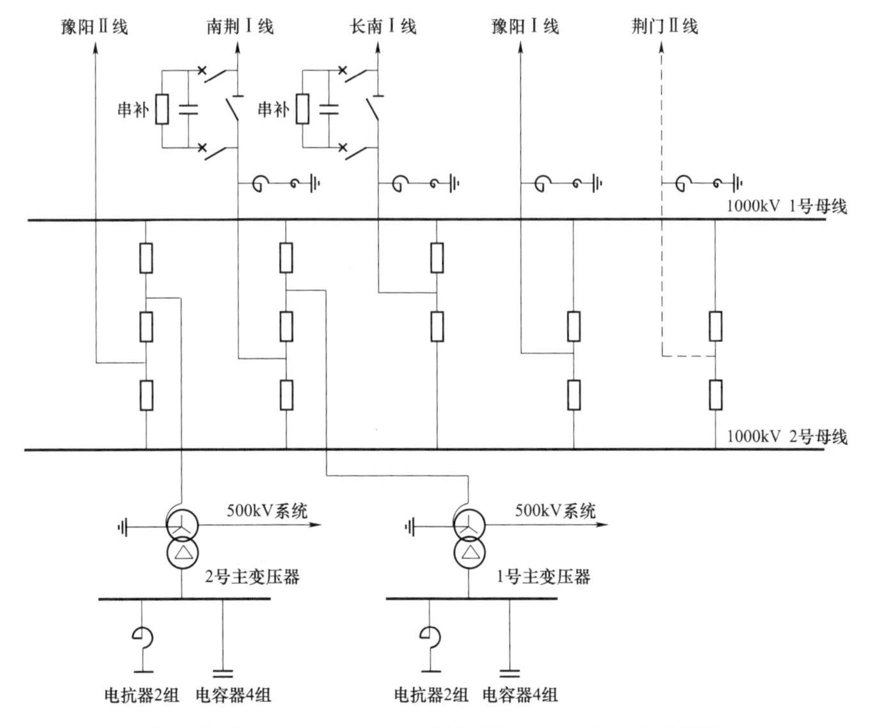

图 16-3　本期工程扩建后南阳变电站电气接线示意图

（3）输电线路工程。

新建驻马店—南阳双回 1000kV 输电线路，途经河南省驻马店市、平顶山市和南阳市，全长 2×186.7km，除南阳变电站进线采用两个单回路终端塔，其余采用同塔双回路架设，全线铁塔 377 基，其中双回路钢管塔 375 基，单回路塔 2 基。双回路导线采用 8×JL/G1A-630/45 钢芯铝绞线，地线 1 根采用 JLB20A-185 铝包钢绞线，另 1 根采用 OPGW-185 光缆。

工程沿线平地 86.4%，河网 1.3%，丘陵 7.4%，一般山地 4.9%。海拔 0～500m。全线为 10mm 轻冰区。全线分为 27、29m/s 共 2 个风区。

（4）系统通信工程。

在新建驻马店—南阳双回 1000kV 输电线路上架设 1 根 48 芯 OPGW 光缆。建设驻马店—南阳光纤通信电路，接入国网光纤传输网，构成本工程第一通道。建设驻马店—玉都直流光缆/玉都交流光缆—南阳光纤通信电路，构成本工程第二通道。利用华中网光纤传输网，构成本工程第三通道。

三、工程建设情况

（一）工程管理

实行国网总部统筹协调，省公司、国网交流公司、国网信通公司现场建设管理，直属单位业务支撑的管理模式。

国网特高压部负责工程建设全过程统筹协调和关键环节集约管控，总部其他相关部门按照职责分工履行归口管理职能。国网华中分部按照总部分部一体化运作机制，参与工程建设管理。电力规划设计总院负责初步设计评审。

国网河南电力公司负责属地范围内地方关系协调、线路工程和南阳站扩建“四通一平”工程现场建设管理，以及生产准备工作。国网交流公司负责南阳变电站扩建主体工程现场建设管理，同时负责工程现场建设技术统筹和管理支撑，负责工程信息、环保水保和档案的统一管理。国网信通公司承担系统通信工程建设管理职能。国网物资公司承担物资供应管理职能。国网经研院协助国网特高压部开展工程设计的具体组织管理。中国电科院协助总部负责变电设备、线路材料监理的管理。

（二）主要参建单位

1. 工程设计单位

变电工程：河南电力设计院（驻马店变电站 A 包）、西北电力设计院（驻马店变电站 B 包）、华东电力设计院（南阳变电站扩建）。

输电线路工程：河南电力设计院（驻马店站—舞钢市/西平县界约 102km），安徽电力设计院（舞钢市/西平县界—南阳站约 88km）。

系统二次工程：中南电力设计院（系统通信工程、安全自动装置）。

2. 变电工程有关参建单位

驻马店变电站工程：河南立新监理咨询有限公司（施工监理）、河南送变电公司（土建工程、电气安装工程）、国网河南电科院（特殊交接试验）、中国电科院（计量试验、系统调试）。平高电气股份有限公司（1100kV GIS 开关设备）、山东电力设备有限公司（1000kV 变压器）、天威保变电气股份有限公司（1000kV 电抗器 3×240Mvar）、特变电工沈阳变压器有限公司（1000kV 电抗器 6×200Mvar）、平高东芝（廊坊）避雷器有限公司（1000kV 避雷器）、桂林电力电容器有限公司（1000kV 电容式电压互感器）。

南阳变电站扩建工程：武汉中超电网建设监理有限公司（施工监理）、湖北送变电公司（土建工程）、黑龙江送变电公司（电气安装工程）、国网河南电科院（特殊交接试验）、中国电科院（计量试验、系统调试）。新东北电气高压开关有限公司（1100kV HGIS 开关设备）、西电变压器有限公司（1000kV 电抗器）、抚顺电瓷制造有限公司（1000kV 避雷器）、西电电力电容器有限公司（1000kV 电容式电压互感器）。

3. 输电线路工程有关参建单位

施工监理和施工单位（驻马店—南阳）：河南立新监理咨询有限公司、河南送变电公司（1 标段）、内蒙古送变电公司（2 标段）、江苏送变电公司（3 标段）、浙江送变电公司（4 标段）。

铁塔供货商：潍坊五洲鼎益铁塔有限公司、河北宁强钢构集团有限公司、河南鼎力杆塔有限公司、青岛豪迈钢结构有限公司、江苏华电铁塔制造有限公司、南京大吉铁塔制造有限公司、青岛武晓集团股份有限公司、潍坊长安铁塔有限公司、温州泰昌铁塔制造有限公司。

导地线供货商：上海中天铝线有限公司、重庆泰山电缆有限公司、航天电工集团有限公司、特变电工新疆线缆厂。

OPGW 供货商：江苏通光光缆有限公司。

绝缘子供货商：大连电瓷集团输变电材料有限公司（瓷绝缘子）。襄阳国网合成绝缘子有限公司、扬州市双宝电力设备有限公司（复合绝缘子）。

金具供货商：江东金具设备有限公司、上海永固电力器材有限公司、江苏双汇电力发展股份有限公司、江苏天南电力器材有限公司。

（三）建设历程

2018 年 11 月 23 日，河南省发展和改革委员会印发《河南省发展和改革委员会关于驻马店—南阳 1000 千伏交流特高压输变电工程项目核准的批复》（豫发改能源〔2018〕956 号）。

2018 年 11 月 29～30 日，电力规划设计总院受国网特高压部委托，在北京召开驻马店—南阳 1000kV 交流特高压输变电工程初步设计原则及设计专题评审会议，并以电规电网〔2018〕423 号、电规电网〔2018〕425 号印发会议纪要。12 月 10～11 日，在北京主持召开初步设计评审会议，并以电规电网〔2018〕428 号印发会议纪要。12 月 14 日，电力规划设计总院印发《关于驻马店—南阳 1000kV 交流特高压输变电工程初步设计的评审意见（技术部分）》（电规电网〔2018〕430 号）。12 月 25 日，国家电网有限公司印发《国家电网有限公司关于驻马店—南阳 1000 千伏交流特高压输变电工程初步设计（技术部分）的批复》（国家电网基建〔2018〕1188 号）。

2019 年 1 月 22～23 日，在北京召开了初步设计收口会议。3 月 14 日，电力规划设计总院印发《关于驻马店—南阳 1000kV 交流特高压输变电工程初步设计的评审意见》（电规电网〔2019〕89 号）。2019 年 8 月 12 日，国家电网有限公司印发《国家电网有限公司关于驻马店—南阳 1000 千伏交流特高压输变电工程初步设计的批复》（国家电网基建〔2019〕633 号）。

2019 年 2 月 2 日，国家电网有限公司印发《驻马店至南阳 1000 千伏交流特高压输变电工程建设管理纲要》（国家电网特〔2019〕159 号）。

2019 年 2 月 21 日，国网特高压部在北京召开工程开工建设协调会。

2019 年 3 月 15 日，南阳变电站扩建场平工程开工。4 月 29 日，土建工程开工。8 月 11 日，电气安装工程开工。

2019 年 3 月 25 日，线路工程基础浇筑首基试点。7 月 24 日，铁塔组立首基试点。9 月 5 日，导地线架设首段试点。

2019 年 4 月 24 日，驻马店变电站新建工程正式开工。6 月 18 日，土建工程开工。9 月 13 日，电气安装工程开工。

2020 年 6 月 2 日，国家电网有限公司在北京召开驻马店—南阳工程、东吴主变压器扩建工程启动验收委员会第一次电视电话会议，审议通过了“两交”工程系统调试方案和启动调试相关工作安排。

2020 年 6 月 6 日，线路工程全线贯通。

2020 年 6 月 21 日，南阳变电站扩建工程 T013 断路器间隔完成启动调试，6 月 22 日通过 24h 试运行后投运。

2020 年 6 月 23 日，驻马店变电站 500kV 系统启动调试完成。

2020 年 7 月 10 日，驻马店—南阳站工程通过启动验收。

2020 年 7 月 11 日，工程启动调试现场指挥部第一次会议，宣布开始启动调试。2020 年 7 月 15 日，系统调试工作全部完成。

2020 年 7 月 31 日，工程（除豫阳 1 线外）完成系统调试，进入 72h 试运行。8 月 3 日，顺利通过 72h 试运行，正式投运。

2020 年 12 月 17 日，豫阳 1 线进入 72h 试运行。12 月 20 日，顺利通过 72h 试运行，工程全面建成投运。

图 16-4～图 16-7 为工程建成后面貌。

图 16-4　特高压豫南换流变电站

图 16-5　三期扩建后 1000kV 南阳变电站

图 16-6　特高压 GIL 在南阳变电站内应用（新东北电气）

图 16-7　输电线路

第十七章

张北—雄安 1000kV 特高压交流输变电工程

一、工程背景

2018 年 9 月 3 日，国家能源局印发《国家能源局关于加快推进一批输变电重点工程规划建设工作的通知》（国能发电力〔2018〕70 号）。文件指出，为了落实绿色发展理念，加大基础设施领域补短板力度，发挥重点电网工程在优化投资结构、清洁能源消纳、电力精准扶贫等方面的重要作用，满足经济社会发展的电力需求，加快推进青海至河南特高压直流等 9 项重点输变电工程建设。其中，建设张北—雄安 1000kV 双回特高压交流工程，以满足张北地区清洁能源外送及雄安地区清洁能源供电需要。

2018 年 11 月 29 日，河北省发展和改革委员会印发《河北省发展和改革委员会关于张北至雄安 1000 千伏特高压交流输变电工程项目核准的批复》（冀发改能源〔2018〕1600 号）。建设本工程，有利于提高张家口地区可再生能源送出消纳能力，保障雄安地区清洁电力供应，避免加重北京 500kV 环网“北电南送”潮流穿越，保证北京电网供电可靠性。

二、工程概况

（一）核准建设规模

张北 500kV 开关站升压扩建为 1000kV 变电站，扩建雄安（北京西）1000kV 变电站，新建张北—雄安双回 1000kV 特高压交流线路 2×319.9km，配套建设相应无功补偿、保护、自动化及通信装置。图 17-1 为张北—雄安 1000kV 特高压交流

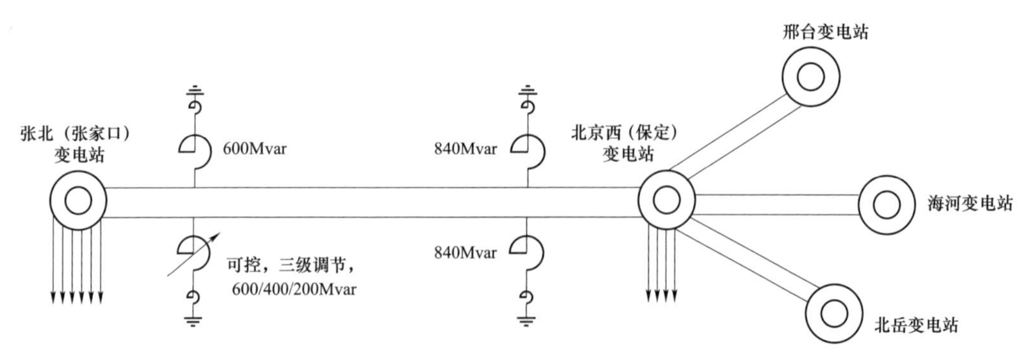

图 17-1　张北—雄安 1000kV 特高压交流输变电工程系统接线示意图

输变电工程系统接线示意图。工程动态总投资 598 232 万元，由国家电网有限公司（输电线路）、国网冀北电力有限公司（张北变电站扩建）、国网河北省电力有限公司（北京西变电站扩建）共同出资建设。

（二）建设内容

1. 张北变电站扩建工程

张北 1000kV 变电站位于河北省张家口市张北县二泉井乡，原来是一座 500kV 开关站（500kV 张家口开关站），已建 500kV 出线 6 回（至张南 2 回，至康保、尚义、解放、张北中都柔直站各 1 回）。

本期扩建为 1000kV 变电站，安装变压器 2×3000MVA（1 号和 2 号主变压器）；1000kV 采用户内 GIS 组合电器设备，3/2 接线，组成 1 个完整串和 2 个不完整串，安装 7 台断路器，出线 2 回（至雄安），至雄安 I 线安装高压并联电抗器 1×600Mvar，至雄安 II 线安装首次示范应用的可控高压并联电抗器 1×600Mvar；主变压器低压侧共安装 110kV 低压电抗器 3×240Mvar 和低压电容器 6×210Mvar。500kV 采用 HGIS 设备，本期无新增出线。本期工程新增用地面积 15.88 公顷（围墙内 14.67 公顷）。调度命名为“1000 千伏特高压张家口站”。图 17-2 为本期工程扩建后张家口站电气接线示意图，图 17-3 可控高抗电气接线示意图。

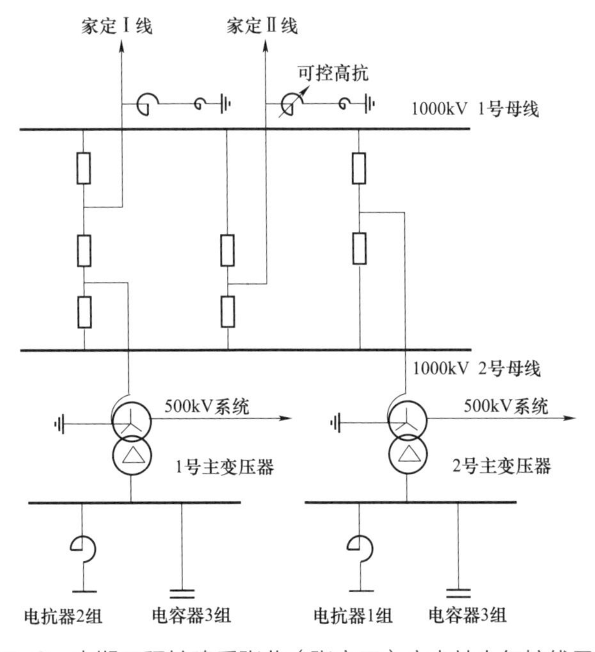

图 17-2　本期工程扩建后张北（张家口）变电站电气接线示意图

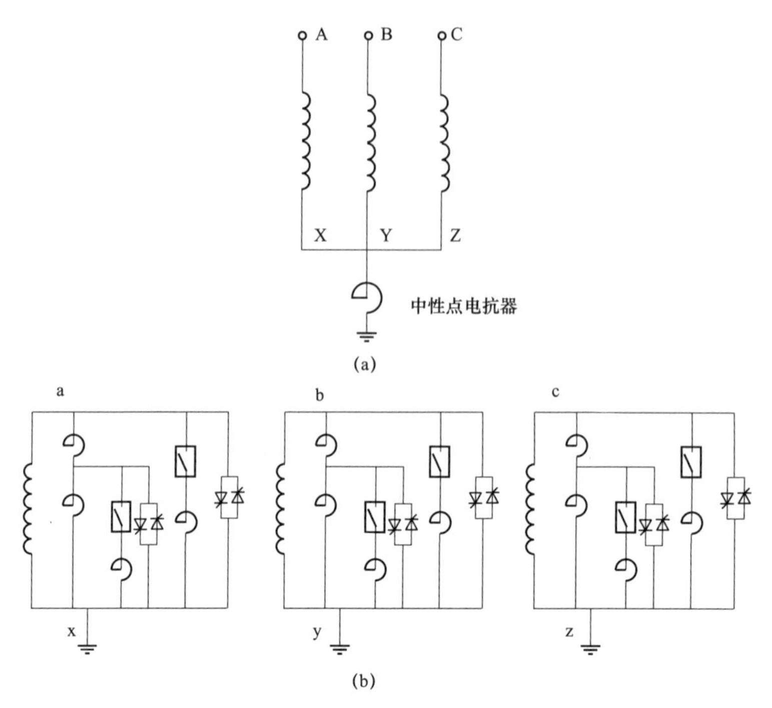

图 17-3 可控高抗电气接线示意图

（a）高压侧；（b）低压侧

2. 北京西变电站扩建工程

北京西 1000kV 变电站位于河北省保定市定兴县固城镇。一期工程是蒙西—天津南 1000kV 特高压交流输变电工程的组成部分（北京西变电站），2015 年 1 月核准，2016 年 11 月建成投运。调度命名为“1000 千伏特高压保定站”。二期工程是北京西—石家庄 1000kV 交流特高压输变电工程的组成部分（扩建北京西变电站），2017 年 7 月核准，2019 年 6 建成投运。

已建工程规模：主变压器 2×3000MVA（1 号和 2 号主变压器），1000kV 出线 6 回（至晋北、天津南、石家庄各 2 回），至晋北站双回均装设高压并联电抗器 1×480Mvar，至天津南 I 线装设高压并联电抗器 1×840Mvar，至石家庄 II 线装设高压并联电抗器 1×840Mvar；500kV 出线 4 回（至易水、固安各 2 回）；主变压器 110kV 侧共安装低压电抗器 5×240Mvar 和低压电容器 8×210Mvar。

本期工程规模：1000kV 出线 2 回（至张北），新建 2 个不完整串，安装 4 台断路器，2 回出线各安装高压并联电抗器 1×840Mvar；1 号主变压器低压侧扩建 110kV 低压电抗器 1×240Mvar。本期扩建工程在围墙内进行，无新增用地。图 17-4 为本期工程扩建后北京西（保定）变电站电气接线示意图。

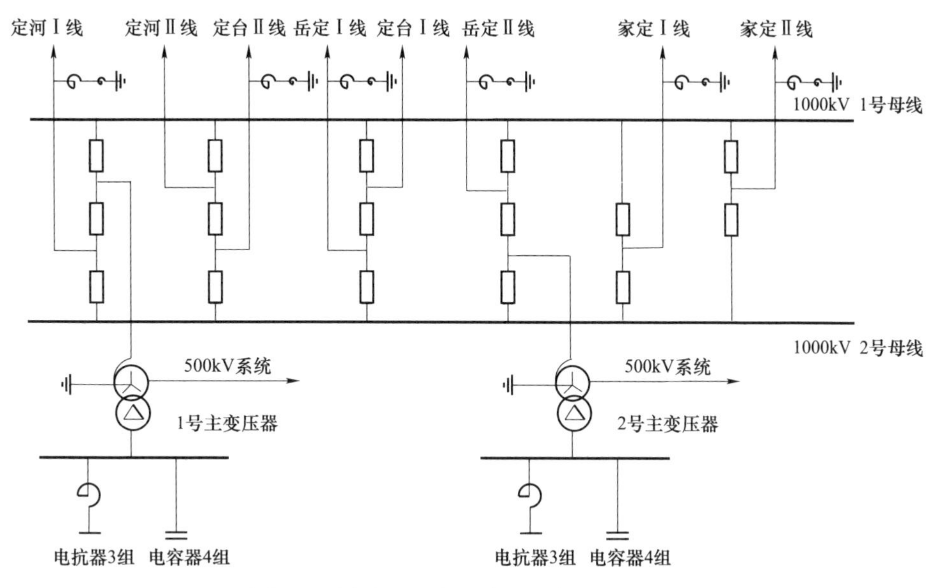

图 17-4　本期工程扩建后北京西（保定）变电站电气接线示意图

3. 输电线路工程

新建张北—雄安（北京西）双回 1000kV 输电线路，途经河北省张家口市和保定市，全长 2×314.75km，采用两个单回路和同塔双回路混合架设，铁塔共 792 基。其中，单回路 240.454km，铁塔 431 基；同塔双回路 194.239km，铁塔 361 基。

工程沿线平地 33.21%，丘陵 32.14%，一般山地 32.61%，高山 2.04%。海拔 0～2000m。全线分为 10mm 轻冰区、15mm 中冰区两个冰区。全线分为 27、29、30、31m/s 共 4 个风区。

10mm 冰区单、双回路平丘段导线采用 8×JL1/LHA1-465/210 铝合金芯铝绞线，山地段导线采用 8×JL/G1A-630/45 钢芯铝绞线；15mm 冰区单回路段导线采用 8×JL/G1A-630/55 钢芯铝绞线。同塔双回路段 2 根地线均采用 OPGW-185 光缆；单回路段地线 1 根采用 OPGW-170 光缆，另 1 根采用 JLB20A-170 铝包钢绞线。

4. 系统通信工程

新建张北—雄安（北京西）双回 1000kV 输电线路上架设 2 根 36 芯 OPGW 光缆。建设张北—雄安（北京西）光纤通信电路，接入国网光纤传输网，构成本工程第一通道和第二通道。建设张北—雄安（北京西）、张北—雄安（北京西）—固安光纤通信电路，接入华北光纤传输网，利用其中一条电路构成本工程第三通道。

三、工程建设情况

（一）工程管理

实行国网总部统筹协调，省公司、国网交流公司、国网信通公司现场建设管理，直属单位业务支撑的管理模式。

国网特高压部负责工程建设全过程统筹协调和关键环节集约管控，总部其他相关部门按照职责分工履行归口管理职能。国网华北分部按照总部分部一体化运作机制，参与工程建设管理。电力规划设计总院负责初步设计评审。

国网冀北电力、河北电力公司负责属地范围内地方关系协调、工程现场建设管理（张北站主体工程由国网交流公司负责），以及生产准备工作。国网交流公司负责张北站主体工程现场建设管理，同时负责工程现场建设技术统筹和管理支撑，负责工程信息、环保水保和档案的统一管理。国网信通公司承担系统通信工程建设管理职能。国网物资公司承担物资供应管理职能。国网经研院协助国网特高压部开展工程设计的具体组织管理。中国电科院协助总部负责变电设备、线路材料监理的管理。

（二）主要参建单位

1. 工程设计单位

变电工程：华北电力设计院（张北变电站）、西南电力设计院（北京西变电站扩建）。

输电线路工程：华北电力设计院（张北站—万全区/怀安县界约 89km）、山西电力设计院（万全区/怀安县界—阳原县/蔚县界约 71km）、国核电力规划设计研究院（阳原县/蔚县界—蔚县/涞源县界约 63km）、河北电力设计院（蔚县/涞源县界—北京西站约 97km）。

系统二次工程：华北电力设计院（系统通信工程、安全自动装置）。

2. 变电工程有关参建单位

张北变电站工程：河北电力工程监理公司（施工监理）、北京送变电公司（土建工程、电气安装工程）、国网冀北电科院（特殊交接试验）、中国电科院（计量试验、系统调试）。山东电工电气日立高压开关有限公司（1100kV GIS 开关设备）、天威保变电气股份有限公司（1000kV 变压器）、山东电力设备有限公司（1000kV 电抗器 4×200Mvar）、中电普瑞科技有限公司（1000kV 可控电抗器 3×200Mvar）、西电避雷器有限公司（1000kV 避雷器）、日新电机（无锡）有限公司（1000kV 电容式电压互感器）。

北京西变电站扩建工程：湖北环宇工程建设监理公司（施工监理）、河北送变电公司（土建工程、电气安装工程）、国网河北电科院（特殊交接试验）、中国电科院（计量试验、系统调试）。西电开关电气有限公司（1100kV HGIS 开关设备）、特变电工衡阳变压器有限公司（1000kV 电抗器）、南阳金冠电气有限公司（1000kV 避雷器）、江苏思源赫兹互感器有限公司（1000kV 电容式电压互感器）。

3. 输电线路工程有关参建单位

施工监理和施工单位（驻马店—南阳）：北京华联电力工程监理公司（张北站—张家口市怀安县约 129km、北京送变电公司（1 标段）、北京电力工程公司（2 标段）；山西锦通工程项目管理咨询有限公司（张家口市阳原县、蔚县约 88km）、吉林送变电公司（3 标段）、天津送变电公司（4 标段）；河北电力工程监理公司（保定市涞源县—北京西站约 97km）、安徽送变电公司（5 标段）、河北送变电公司（6 标段）。

铁塔供货商：安徽宏源铁塔有限公司、常熟风范电力设备有限公司、广州增立钢管结构有限公司、湖州飞剑杆塔制造有限公司、江苏电力装备有限公司、青岛东方铁塔有限公司、青岛汇金通电力设备有限公司、山东华安铁塔有限公司、浙江盛达铁塔有限公司、重庆江电电力设备有限公司、重庆瑜煌电力设备有限公司、鞍山铁塔有限公司、成都铁塔有限公司、德州广鑫铁塔有限公司、江苏齐天铁塔有限公司、青岛强力钢结构有限公司、绍兴电力设备有限公司、武汉铁塔有限公司、浙江盛达江东铁塔有限公司、山东中铁华盛机械有限公司、重庆广仁铁塔有限公司、重庆顺泰铁塔有限公司。

导地线供货商：青岛汉缆有限公司、特变电工鲁能泰山电缆有限公司、沈阳力源电缆有限公司、无锡华能电缆有限公司、绍兴电力设备有限公司、上海中天铝线有限公司、江苏中天科技有限公司、江苏藤仓亨通光电有限公司。

OPGW 供货商：中天电力光缆有限公司。

绝缘子供货商：内蒙古精诚高压绝缘子有限公司、四川宜宾环球有限公司、塞迪维尔玻璃绝缘子（上海）有限公司（盘式绝缘子）。江苏神马电力股份有限公司、长园高能电气股份有限公司、江苏祥源电气设备有限公司（复合绝缘子）。

金具供货商：南京线路器材有限公司、江苏捷凯电力器材有限公司、河南电力器材有限公司、湖州泰仑电力器材有限公司、浙江泰昌实业有限公司、成都电力金具有限公司。

（三）建设历程

2018 年 11 月 29 日，河北省发展和改革委员会印发《河北省发展和改革委员会关于张北至雄安 1000 千伏特高压交流输变电工程项目核准的批复》（冀发改能源〔2018〕1600 号）。

2018 年 11 月 29～30 日，电力规划设计总院受国网特高压部委托，在北京召开张北—雄安 1000kV 特高压交流输变电工程初步设计原则及设计专题评审会议，并以电规电网〔2018〕421 号、电规电网〔2018〕424 号印发会议纪要。12 月 10～11 日，在北京主持召开初步设计评审会议，并以电规电网〔2018〕427 号印发会议纪要。12 月 14 日，电力规划设计总院印发《关于张北—雄安 1000kV 特高压交流输变电工程初步设计的评审意见（技术部分）》（电规电网〔2018〕429 号）。12 月 25 日，国家电网有限公司印发《国家电网有限公司关于张北—雄安 1000 千伏特高压交流输变电工程初步设计（技术部分）的批复》（国家电网基建〔2018〕1186 号）。

2019 年 1 月 22～23 日，在北京召开了初步设计收口会议。3 月 15 日，电力规划设计总院印发《关于张北—雄安 1000kV 特高压交流输变电工程初步设计的评审意见》（电规电网〔2019〕92 号）。2020 年 1 月 20 日，国家电网有限公司印发《国家电网有限公司关于张北—雄安 1000 千伏等 4 项特高压交流输变电工程初步设计的批复》（国家电网基建〔2020〕31 号）。

2019 年 1 月 24 日，国家电网有限公司印发《张北至雄安 1000 千伏特高压交流输变电工程建设管理纲要》（国家电网特〔2019〕106 号）。

2019 年 2 月 28 日，国网特高压部在北京召开工程建设推进会。4 月 29 日，召开工程开工建设协调会。

2019 年 3 月 15 日，线路工程基础浇筑首基试点。

2019 年 4 月 26 日，雄安（北京西）变电站土建工程开工。

2019 年 5 月 10 日，张北变电站土建工程开工。

2019 年 7 月 24 日，线路工程铁塔组立首基试点。

2019 年 11 月 19 日，线路工程导地线架设首段试点。

2020 年 5 月 25 日，线路工程基础浇筑全部完成。

2020 年 7 月 11 日，线路工程铁塔组立全部完成。

2020 年 7 月 21 日，线路工程导地线架设全部完成。

2020 年 7 月 24 日，国网特高压部组织开展张北变电站第一阶段（5011、5031 开关）启动调试。

2020 年 8 月 10 日，国家电网有限公司在北京召开张北—雄安、长治电厂送出、芜湖主变压器扩建工程启动验收委员会第一次电视电话会议，审议通过了相关工程系统调试方案和启动调试工作安排。

2020 年 8 月 12 日，雄安变电站扩建工程完成竣工预验收。13 日通过单项工程验收。

2020 年 8 月 13 日，线路工程完成参数测试。

2020 年 8 月 16 日，张北变电站完成竣工预验收。17 日通过单项工程验收。

2020 年 8 月 17 日，系统通信工程通过验收。

2020 年 8 月 18 日，工程整体通过启动验收。

2020 年 8 月 20 日，工程启动验收现场指挥部第一次会议，宣布开始启动调试，25 日完成全部系统调试工作。26 日进入 72h 试运行。

2020 年 8 月 29 日，工程通过 72h 试运行，正式投运。

图 17-5～图 17-12 为工程建成后面貌。输电线路张家口市蔚县上山段，线路档距 787m、高差 446m，创山区特高压工程高差最大施工记录。输电线路在保定市涞源县跨越乌龙沟长城，跨越塔高分别为 211.6、208.6m，塔重分别为 740、730t，创山区特高压铁塔高度、质量的记录。

图 17-5　1000kV 张家口变电站

图 17-6　张家口变电站首次应用特高压可控高抗（本体部分）

图 17-7　张家口变电站首次应用特高压可控高抗（控制调节部分）

图 17-8　三期扩建后的 1000kV 保定变电站

图 17-9　输电线路张家口市蔚县上山段（线路档距 787m、高差 446m）

图 17-10　输电线路在保定市涞源县跨越乌龙沟长城
（跨越塔高 211.6、208.6m，塔重 740、730t）

图 17-11　输电线路山区段

图 17-12 输电线路平丘段

第十八章

山西漳泽电厂、长子高河电厂、长子赵庄电厂送出工程

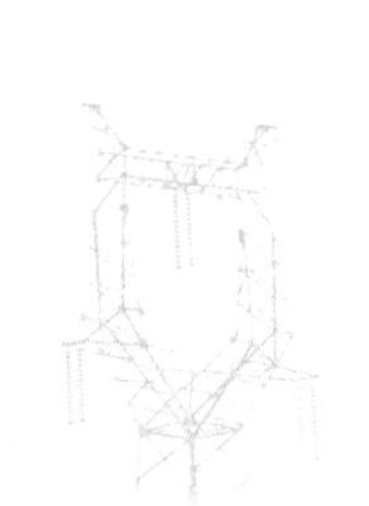

一、工程背景

长治 1000kV 变电站（晋东南变电站）位于山西省长治市长子县石哲镇。一期工程为 1000kV 晋东南—南阳—荆门特高压交流试验示范工程的组成部分，2006 年 8 月核准，2009 年 1 月建成投运，调度命名为“1000 千伏特高压长治站”。二期工程扩建长治变电站，是晋东南—南阳—荆门特高压交流试验示范工程扩建工程的组成部分，2010 年 12 月核准，2011 年 12 月建成投运。

为了满足山西漳泽电厂 2×100 万 kW 机组、长子高河电厂 2×66 万 kW 机组、长子赵庄电厂 2×66 万 kW 机组等三个燃煤发电项目送出的需要，2016 年 8 月 11 日山西省发展和改革委员会印发《山西省发展和改革委员会关于国网山西省电力公司漳泽电厂 2×1000 兆瓦机组扩建项目 1000 千伏送出工程核准的通知》（晋发改能源发〔2016〕574 号），2016 年 10 月 21 日印发《山西省发展和改革委员会关于国网山西省电力公司长子高河 2×660 兆瓦低热值煤发电项目 1000 千伏送出工程核准的通知》（晋发改能源发〔2016〕732 号），2016 年 12 月 20 日印发《山西省发展和改革委员会关于国网山西省电力公司长子赵庄 2×660 兆瓦低热值煤发电项目 1000 千伏送出工程核准的通知》（晋发改能源发〔2016〕914 号），三个电厂项目均以 1000kV 电压等级送出，接入特高压长治变电站。

2017 年 1 月，国家能源局要求控制山西“十三五”煤电投产规模；2017 年 7 月，国家发改委等 16 个部委联合发文要求防范化解煤电产能过剩风险；部分电厂项目因之缓建，上述三个送出工程相应缓建。2018 年 10 月 31 日，山西省发改委印发晋发改能源函〔2018〕791 号和 792 号通知，同意长子高河 2×660MW 低热值煤发电项目和漳泽电厂 2×1000MW 机组扩建项目 1000kV 送出工程的核准文件有效期均延期一年。2018 年 11 月 1 日，山西省发改委印发晋发改能源函〔2018〕789 号通知，同意长子赵庄 2×660MW 低热值煤发电项目 1000kV 送出工程的核准文件有效期延期一年。

2019 年 2 月之后，相关电厂项目相继移出缓建名单。2019 年 6 月 24 日，国家电网有限公司组织专题会议，研究决定启动送出工程建设。

二、工程概况

（一）长治 1000kV 变电站已建工程规模

主变压器 2×3000MVA（1 号和 2 号主变压器）；1000kV 出线 1 回（至南阳），装设 1000kV 高压并联电抗器 1×960MVA 和串补 1 套（补偿度 20%，1500Mvar），GIS 开关 5 台；500kV 出线 5 回（至晋城 2 回，久安 3 回），HGIS 开关 14 台；每组主变压器低压侧安装 110kV 低压并联电抗器 2×240Mvar 和低压并联电容器 4×210Mvar。

（二）漳泽电厂送出工程

1. 核准建设规模

长治 1000kV 变电站扩建 1000kV 出线间隔 1 个；新建漳泽电厂至长治 1000kV 变电站单回 1000kV 线路约 66km；配套建设相关光纤通信工程。工程动态投资 68 674 万元，由国网山西省电力公司出资建设。

2. 建设内容

长治 1000kV 变电站扩建 1000kV 出线间隔 1 个（至漳泽电厂），扩建 1 个不完整串，安装 GIS 断路器 2 台，在围墙内预留位置扩建。

新建漳泽电厂至长治 1000kV 变电站单回 1000kV 线路 62.844km，途经长治市潞州区、屯留区、长子县，铁塔 145 基，导线采用 8×JL/G1A-500/35 钢芯铝绞线，2 根地线均采用 OPGW-170 光缆，在漳泽电厂出线段和长治站出线段 2km 加装第 3 根地线 JLB20A-170 铝包钢绞线。工程沿线平地 16.7%，丘陵 45.4%，山地 37.9%。海拔 930～1100m。全线设计覆冰厚度 10mm，基本风速 29m/s。

随输电线路架设 2 根 48 芯 OPGW 光缆，建设漳泽电厂—长治站光纤通信电路，接入华北调控分中心、山西省调光纤传输网。

（三）高河电厂送出工程

1. 核准建设规模

新建高河电厂至赵庄电厂 1000kV 线路约 22km；配套建设相关光纤通信工程。

工程动态投资 17 239 万元，由国网山西省电力公司出资建设。

2. 建设内容

新建高河电厂至赵庄电厂单回 1000kV 线路 21.261km，位于长治市长子县境内，铁塔 45 基，导线采用 8×JL/G1A-500/35 钢芯铝绞线，2 根地线均采用 OPGW-170 光缆，在高河电厂出线段和赵庄电厂出线段 2km 加装第 3 根地线 JLB20A-170 铝包钢绞线。工程沿线平地 73%，丘陵 27%。海拔 880～1100m。全线为 10mm 轻冰区，29m/s 风区。

随输电线路架设 2 根 48 芯 OPGW 光缆，在赵庄电厂侧设置三通，最终形成高河—赵庄 2×24 芯光缆、高河—长治 2×24 芯光缆，建设高河电厂—长治站光纤通信电路，接入华北调控分中心、山西省调光纤传输网。

（四）赵庄电厂送出工程

1. 核准建设规模

长治 1000kV 变电站扩建 1000kV 出线间隔 1 个；新建赵庄电厂至长治 1000kV 变电站单回 1000kV 线路 20km；配套建设光纤通信等工程。工程动态投资 67 920 万元，由国网山西省电力公司出资建设。

2. 建设内容

长治 1000kV 变电站扩建 1000kV 出线间隔 1 个（至赵庄电厂），扩建 1 个不完整串，安装 GIS 断路器 2 台，新增用地面积 3.40 公顷（围墙内新增 3.15 公顷）。

新建赵庄电厂至长治 1000kV 变电站单回 1000kV 线路 17.683km，位于长治市长子县境内，铁塔 41 基，导线采用 8×JL/G1A-500/35 钢芯铝绞线，2 根地线均采用 OPGW-170 光缆，在赵庄电厂出线段和长治站出线段 2km 加装第 3 根地线 JLB20A-170 铝包钢绞线。工程沿线平地 42.3%，丘陵 57.7%。海拔 880～1100m。全线为 10mm 轻冰区，设计基本风速 29m/s。

随输电线路架设 2 根 48 芯 OPGW 光缆，建设赵庄电厂—长治站光纤通信电路，接入华北调控分中心、山西省调光纤传输网。

图 18-1 为本期工程扩建后长治变电站电气接线示意图。

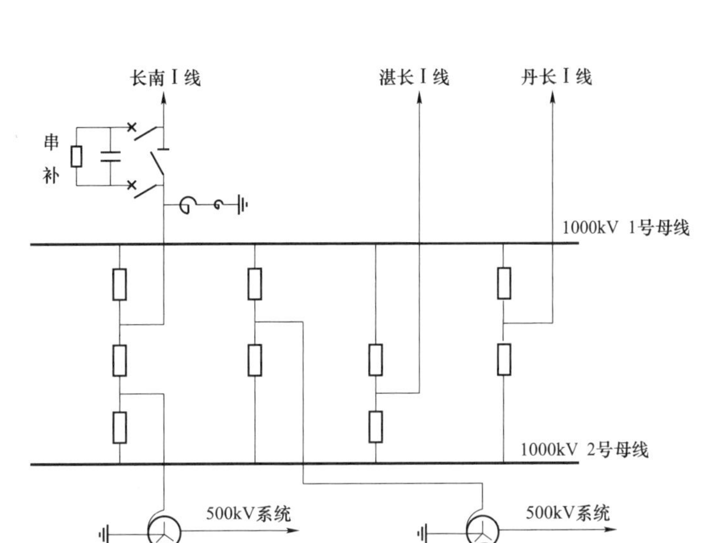

图 18-1　本期工程扩建后长治变电站电气接线示意图

三、工程建设情况

（一）工程管理

实行国网总部统筹协调，国网山西电力、国网交流公司、国网信通公司现场建设管理，公司直属单位业务支撑的管理模式。

国网特高压部负责工程建设全过程统筹协调和关键环节集约管控，总部其他相关部门按照职责分工履行归口管理职能。国网华北分部按照总部分部一体化运作机制参与工程建设管理。电力规划设计总院负责初步设计评审。

国网山西电力负责地方关系协调、线路工程现场建设管理、长治变电站扩建工程“四通一平”建设管理、环保水保验收、生产准备工作。国网交流公司负责长治变电站扩建本体工程现场建设管理、线路工程现场建设技术统筹和管理支撑、工程信息和档案的统一管理。国网信通公司负责系统通信工程现场建设管理。国网物资公司承担物资供应管理职能。国网经研院协助国网特高压部开展工程设计的具体组织管理。中国电科院协助总部负责变电设备和线路材料监理的管理。

（二）主要参建单位

1. 工程设计单位

华北电力设计院有限公司（长治变电站扩建工程）。

天津电力设计院有限公司（高河电厂—赵庄电厂—长治变电站线路工程），山西省电力勘测设计院有限公司（漳泽电厂—长治变电站线路工程）。

2. 长治站扩建工程有关参建单位

河北电力工程监理有限公司、山西送变电工程有限公司（土建和电气安装工程）、国网山西电力科学研究院（特殊交接试验）、中国电力科学研究院（计量试验、系统调试）。河南平高电气有限公司（1100kV GIS）、西电避雷器有限公司（1000kV 避雷器）、桂林电力电容器有限公司（1000kV 电容式电压互感器）。1000kV 线路保护（北京四方、南瑞继保）、1000kV 断路器保护（南瑞继保）。

3. 线路工程有关参建单位

监理和施工单位：黑龙江安泰电力工程建设监理公司（高河电厂—赵庄电厂—长治站线路工程）、山西锦通工程项目管理咨询公司（漳泽电厂—长治站线路工程）。河北送变电公司（高河电厂—赵庄电厂—长治站线路工程）、山西送变电公司（漳泽电厂—长治站线路工程）。

铁塔供货商：青岛武晓集团有限公司、南京大吉铁塔制造有限公司、重庆江电电力设备有限公司、浙江盛达铁塔有限公司、青岛东方铁塔有限公司、成都铁塔有限公司。

导地线供货商：无锡华能电缆有限公司、江苏藤仓亨通光电有限公司（高河—赵庄）、杭州电缆股份有限公司、江苏亨通电力电缆有限公司（赵庄—长治）、上海中天铝线有限公司、江苏藤仓亨通光电有限公司（漳泽—长治）。

OPGW 供货商：江苏藤仓亨通光电有限公司。

绝缘子供货商：襄阳国网合成绝缘子有限公司、塞迪维尔玻璃绝缘子（上海）有限公司、大连电瓷集团输变电材料有限公司（高河—赵庄—长治）、襄阳国网合成绝缘子有限公司、南京电气绝缘子有限公司、大连电瓷集团输变电材料有限公司（漳泽—长治）。

金具供货商：成都电力金具有限公司（高河—赵庄）、江苏捷凯电力器材有限公司（赵庄—长治）、江苏双汇电力发展有限公司、南京线路器材有限公司（漳泽—长治）。

（三）建设历程

2016 年 8 月 11 日，山西省发展和改革委员会印发《山西省发展和改革委员会关于国网山西省电力公司漳泽电厂 2×1000 兆瓦机组扩建项目 1000 千伏送出工程核准的通知》（晋发改能源发〔2016〕574 号）。

2016 年 10 月 21 日，山西省发展和改革委员会印发《山西省发展和改革委员会关于国网山西省电力公司长子高河 2×660 兆瓦低热值煤发电项目 1000 千伏送出工程核准的通知》（晋发改能源发〔2016〕732 号）。

2016 年 12 月 20 日，山西省发展和改革委员会印发《山西省发展和改革委员会关于国网山西省电力公司长子赵庄 2×660 兆瓦低热值煤发电项目 1000 千伏送出工程核准的通知》（晋发改能源发〔2016〕914 号）。

2018 年 10 月 31 日，山西省发展和改革委员会印发《关于同意国网山西省电力公司长子高河 2×660 兆瓦低热值煤发电项目 1000 千伏送出工程核准文件有效期延期的通知》（晋发改能源函〔2018〕791 号）和《关于同意国网山西省电力公司漳泽电厂 2×1000 兆瓦机组扩建项目 1000 千伏送出工程核准文件有效期延期的通知》（晋发改能源函〔2018〕792 号）。

2018 年 11 月 1 日，山西省发展和改革委员会印发《关于同意国网山西省电力公司长子赵庄 2×660 兆瓦低热值煤发电项目 1000 千伏送出工程核准文件有效期延期的通知》（晋发改能源函〔2018〕789 号）。

2019 年 6 月 24 日，国网特高压部在北京组织召开长治站配套电厂 1000kV 送出工程建设协调会议，鉴于有关电厂建设的进展情况，决定加快推进相关送出工程后续设计和建设工作。7 月 4～5 日，国网特高压部在山西省组织高河电厂、赵庄电厂现场调研，并在长治市召开建设协调会议，安排有关重点工作。10 月 12 日，国网特高压部在太原召开建设推进会议，布置全面开工建设有关工作。

2019 年 6 月 27～8 日，电力规划设计总院主持召开初步设计审查会，7 月 15 日印发《关于山西长子高河 2×660MW 低热值煤发电项目 1000kV 送出工程初步设计的评审意见（技术部分）》（电规电网〔2019〕293 号）、《关于山西长子赵庄 2×660MW 低热值煤发电项目 1000kV 送出工程初步设计的评审意见（技术部分）》（电规电网〔2019〕294 号）、《关于山西漳泽电厂 2×1000MW 机组扩建项目 1000kV 送出工程初步设计的评审意见（技术部分）》（电规电网〔2019〕295 号）。2019 年 8 月 9 日，国家电网有限公司印发《国家电网有限公司关于山西长子高河

2×660兆瓦低热值煤发电项目1000kV送出等3项工程初步设计技术部分的批复》（国家电网基建〔2019〕612号）。

2019年12月9~10日，电力规划设计总院主持召开初步设计收口评审会。12月16日印发《关于山西长子高河2×660MW低热值煤发电项目1000kV送出工程初步设计的评审意见》（电规电网〔2019〕511号）、《关于山西长子赵庄2×660MW低热值煤发电项目1000kV送出工程初步设计的评审意见》（电规电网〔2019〕512号）、《关于山西漳泽电厂2×1000MW机组扩建项目1000kV送出工程初步设计的评审意见》（电规电网〔2019〕513号）。2020年1月20日，国家电网有限公司印发《国家电网有限公司关于张北—雄安1000千伏等4项特高压交流输变电工程初步设计的批复》（国家电网基建〔2019〕31号）。

2019年8月10日，线路工程进场开工。10月8日，基础浇筑首基试点。2020年4月3日，铁塔组立首基试点。2020年4月22日，导地线架设首段试点。

2019年11月9日，长治变电站扩建工程开工。2020年4月8日，电气安装工程开工。

2020年7月2日，系统调试方案通过专家会议审查。

2020年8月10日，国家电网有限公司在北京召开张北—雄安、长治电厂送出、芜湖主变压器扩建工程启动验收委员会第一次电视电话会议，审议通过了相关工程系统调试方案和启动调试工作安排。

2020年10月16日，长治变电站扩建工程通过验收。10月20日，线路工程通过验收。10月22日，系统通信工程通过验收。

2020年10月22日，工程整体通过启动验收。

2020年11月9日，工程启动验收现场指挥部会议，宣布开始启动调试，当日完成系统调试项目及测试工作。

11月10日，T061及丹长Ⅰ线（丹朱电厂—长治站）顺利通过24h试运行后正式投运；T062于11月15日投运。

11月12日，T052及湛长Ⅰ线（湛上电厂—长治站）顺利通过24h试运行后正式投运；T053于11月25日投运。

2021年1月12日，丹朱电厂（高河电厂）2号机成功并网。

2021年2月28日，湛上电厂（漳泽电厂）1号机成功并网。

图18-2为1000kV长治变电站扩建区域。图18-3为工程建成后输电线路。

图 18-2　1000kV 长治变电站扩建区域

图 18-3　输电线路

第十九章

东吴 1000kV 变电站江苏侧第三台主变压器扩建工程

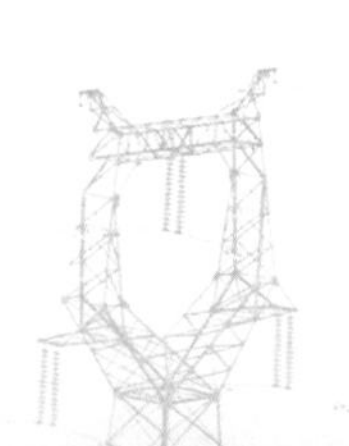

一、工程背景

东吴 1000kV 变电站位于江苏省苏州市昆山市花桥镇。一期工程为淮南一南京一上海 1000kV 交流特高压输变电工程的组成部分（苏州变电站），2014 年 4 月核准，2016 年 9 月建成投运，调度命名为“1000 千伏特高压东吴站”。为适应地区经济和社会发展需求，二期工程扩建东吴变电站 2 组主变压器，2016 年 8 月核准，2018 年 5 月建成投运。

2019 年 6 月 19 日，江苏省发展和改革委员会印发《省发展改革委关于江苏苏州东吴一吴江南 500 千伏线路等电网项目核准的批复》（苏发改能源发〔2020〕570 号），扩建东吴变电站江苏侧第三组 1000kV 主变压器，提高华东电网内部电力交换能力，提升苏南电网供电能力和电网运行可靠性。

二、工程概况

（一）已建工程规模

主变压器 4×3000MVA（江苏侧 1 号和 3 号、上海侧 4 号和 6 号），1000kV 出线 4 回（至泰州变电站、练塘变电站各 2 回），500kV 出线 6 回（江苏侧至全福变电站、太仓变电站各 2 回，上海侧至黄渡变电站 2 回），1 号和 4 号主变压器 110kV 侧安装低压电抗器 2×240Mvar 和低压电容器 2×210Mvar，3 号和 6 号主变压器 110kV 侧安装低压电抗器 1×240Mvar 和低压电容器 2×210Mvar。

（二）核准建设规模

本期扩建江苏侧第三组主变压器 1×3000MVA（2 号主变压器）及其 1000kV 进线间隔，新建 1 个不完整串，装设 2 台 GIS 断路器；扩建 2 号主变压器 500kV 进线间隔，装设 2 台 GIS 断路器；扩建 2 号主变压器 110kV 侧低压电容器 3×210Mvar。项目动态总投资 42 884 万元，由国网江苏电力出资。本期工程新增用地 0.199 2 公顷。图 19-1 为本期工程扩建后东吴变电站电气接线示意图。

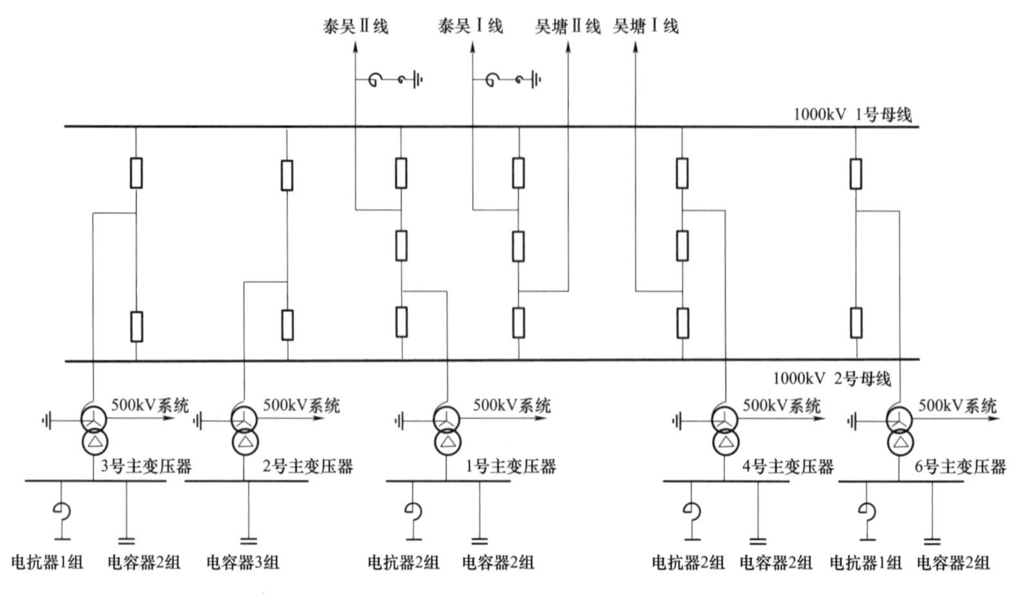

图 19-1　本期工程扩建后东吴变电站电气接线示意图

三、工程建设情况

（一）工程管理

实行国网总部统筹协调，国网江苏电力现场建设管理，直属单位业务支撑的管理模式。

国网特高压部负责工程建设全过程统筹协调和关键环节集约管控，总部其他相关部门按职责分工履行归口管理职能。国网华东分部按照总部分部一体化运作机制参加工程管理。电力规划设计总院负责初步设计评审。

国网江苏电力负责地方关系协调、现场建设管理、环保水保验收、生产准备工作。国网交流公司负责工程现场建设技术统筹和管理支撑，国网信通公司负责通信专业业务支撑，国网物资公司承担物资供应管理职能，国网经研院协助国网特高压部开展工程设计的具体组织管理，中国电科院协助总部负责变电设备监理的管理。

（二）主要参建单位

工程设计单位：江苏省电力设计院有限公司。

施工监理单位：国网江苏省电力工程咨询有限公司。

场平和桩基施工单位：江苏省电力建设第一工程有限公司。

土建和电气安装施工单位：江苏省送变电有限公司。

特殊交接试验单位：国网江苏电力科学研究院。

系统调试单位：中国电力科学研究院。

设备监理单位：中国电力科学研究院。

主要设备供货单位：特变电工沈阳变压器公司（主变压器）、西安西电开关电气有限公司（1000kV GIS 组合电器）、平高东芝（廊坊）避雷器有限公司（1000kV 避雷器）、日新电机（无锡）有限公司（1000kV CVT）、西电高压开关有限公司（110kV 专用开关）、北京宏达日新电机有限公司（110kV HGIS）、上海思源电力电容器有限公司（110kV 电容器）。1000kV 变压器保护（南瑞继保、北京四方）、1000kV 断路器保护（南瑞继保）。

（三）建设历程

2019 年 6 月 19 日，江苏省发展和改革委员会印发《省发展改革委关于江苏苏州东吴—吴江南 500 千伏线路等电网项目核准的批复》（苏发改能源发〔2020〕570 号）。

2019 年 7 月 23 日，电力规划设计总院主持召开初步设计审查会。11 月 7～8 日和 12 月 6 日召开初步设计收口评审会。2020 年 1 月 14 日印发《关于东吴 1000kV 变电站江苏侧第三台主变扩建工程初步设计的评审意见》（电规电网〔2020〕26 号）。

2019 年 10 月 20 日，工程开工建设。

2019 年 11 月 1 日，国家电网有限公司印发《国家电网有限公司关于印发东吴 1000 千伏变电站江苏侧第三台主变扩建工程建设管理纲要的通知》（国家电网特〔2019〕789 号）。

2020 年 3 月 11 日，国家电网有限公司印发《国家电网有限公司关于东吴 1000 千伏变电站江苏侧第三台主变扩建工程初步设计的批复》（国家电网特〔2020〕129 号）。

2020 年 6 月 2 日，国家电网有限公司召开驻马店—南阳工程、东吴主变压器扩建工程启动验收委员会第一次电视电话会议，审议通过了两项工程系统调试方案和启动调试工作安排。

2020 年 6 月 23 日，完成竣工预验收。6 月 24 日通过启动验收。

2020 年 6 月 27 日，启动验收现场指挥部召开会议，开始系统调试，6 月 28

日 1 时 36 分开始 72h 试运行。

2020 年 7 月 1 日 1 时 36 分，工程正式投入运行。

图 19-2 为三期扩建后的 1000kV 东吴变电站。

图 19-2　三期扩建后 1000kV 东吴变电站

第二十章

芜湖 1000kV 变电站主变压器扩建工程

一、工程背景

芜湖 1000kV 变电站位于安徽省芜湖市芜湖县红杨镇。一期工程为皖电东送淮南至上海特高压交流输电示范工程的组成部分（皖南变电站），2011 年 9 月核准，2013 年 9 月建成投运，调度命名为“1000 千伏特高压芜湖站”。二期工程扩建芜湖站，作为准东—华东（皖南）±1100kV 特高压直流输电工程的配套工程，2016 年 9 月核准，2018 年 4 月建成投运。随着准东—皖南 ±1100kV 特高压直流送电容量增加及省内用电负荷的增长，芜湖特高压主变压器下网潮流逐年增加。2020 年 3 月 23 日，安徽省发展和改革委员会印发《安徽省发展改革委关于国网安徽省电力有限公司芜湖 1000 千伏变电站主变扩建工程项目核准的批复》（皖发改能源函〔2020〕127 号）。建设本工程，可提高芜湖站下受能力，有利于准东—皖南特高压直流工程实现 1200 万 kW 满功率输送，提升电网抵御严重故障能力，为安徽电网受入更多电力创造条件。

二、工程概况

（一）已建工程规模

1 号主变压器 1×3000MVA，1000kV 出线 6 回（至淮南变电站、安吉变电站、吉泉换流站各 2 回），500kV 出线 2 回（至楚城变电站），110kV 侧安装低压电抗器 4×240Mvar 和低压电容器 4×210Mvar。

（二）核准建设规模

本期扩建 1×3000MVA 主变压器（2 号主变压器），中性点直接接地，装设电容型隔直装置，预留中性点小电抗位置；扩建 2 号主变压器 1000kV 进线间隔，与已建湖泉 I 线配串，安装 1 台 GIS 断路器；扩建 2 号主变压器 500kV 进线间隔，安装 2 台 GIS 断路器。将现有 1 号主变压器 110kV 侧 3 号、4 号低压电抗器改接至 2 号主变压器低压侧，3 号低压电容搬迁至新增 2 号主变压器低压侧。项目动态总投资 30 617 万元，由国网安徽电力出资。扩建工程在已建芜湖变电站内进行，无新增用地。图 20-1 为本期工程扩建后芜湖变电站电气接线示意图。

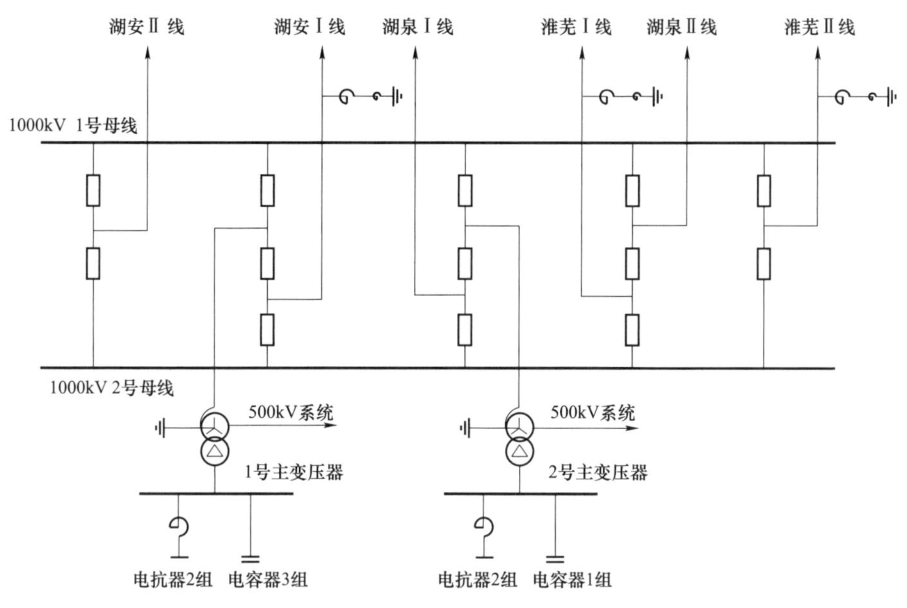

图 20-1　本期工程扩建后芜湖变电站电气接线示意图

三、工程建设情况

（一）工程管理

实行国网总部统筹协调，国网安徽电力属地协调，国网交流公司现场建设管理，直属单位业务支撑的管理模式。

国网特高压部负责工程建设全过程统筹协调和关键环节集约管控，总部其他相关部门按职责分工履行归口管理职能。国网华东分部按照总部分部一体化运作机制参加工程管理。电力规划设计总院负责初步设计评审。

国网安徽电力负责地方关系协调、大件设备二程运输、环保水保验收、生产准备工作。国网交流公司承担工程现场建设管理职责，国网物资公司承担物资供应管理职能，国网经研院协助国网特高压部开展工程设计的具体组织管理，中国电科院协助总部负责变电设备监理的管理。

（二）主要参建单位

工程设计单位：安徽电力设计院有限公司。

施工监理单位：安徽电力工程监理有限公司。

施工单位：华东送变电工程有限公司。

特殊交接试验单位：国网安徽电力科学研究院。

系统调试单位：中国电力科学研究院。

设备监理单位：中国电力科学研究院。

主要设备供货单位：西安西电变压器有限公司（主变压器），西安西电开关电气有限公司（1000kV GIS 组合电器），西安西电避雷器有限责任公司（1000kV 避雷器），桂林电力电容器有限责任公司（1000kV 电容式电压互感器），西电高压开关有限公司（110kV 专用开关）。1000kV 变压器保护（南瑞继保、北京四方），1000kV 断路器保护（许继电气）。

（三）建设历程

2020 年 3 月 23 日，安徽省发展和改革委员会印发《安徽省发展改革委关于国网安徽省电力有限公司芜湖 1000 千伏变电站主变扩建工程项目核准的批复》（皖发改能源函〔2020〕127 号）。

2020 年 4 月 8 日，电力规划设计总院主持召开初步设计审查会，4 月 21 日召开收口评审会，5 月 26 日印发《关于安徽芜湖 1000kV 变电站主变扩建工程初步设计的评审意见》（电规电网〔2020〕356 号）。6 月 19 日，国家电网有限公司印发《国家电网有限公司关于芜湖 1000 千伏变电站主变扩建工程初步设计的批复》（国家电网特〔2020〕365 号）。

2020 年 4 月 16 日，国家电网有限公司印发《芜湖 1000 千伏变电站主变扩建工程建设管理纲要》（国家电网特〔2020〕223 号）。

2020 年 5 月 24 日，工程开工建设。

2020 年 8 月 10 日，国家电网有限公司在北京召开张北—雄安、长治电厂送出、芜湖主变压器扩建工程启动验收委员会第一次电视电话会议，审议通过了相关工程系统调试方案和启动调试工作安排。

2020 年 12 月 7 日，完成竣工预验收。12 月 11 日通过启动验收。

2020 年 12 月 14 日，工程启动验收现场指挥部会议，宣布开始启动调试，15 日完成系统调试。12 月 19 日，通过 72h 试运行后正式投运。

2021 年 2 月 4 日，T041 断路器完成补充带电调试，2 月 5 日投运。

图 20-2 为三期扩建后的 1000kV 芜湖变电站。

图 20-2　三期扩建后 1000kV 芜湖变电站

第二十一章

2021 年在建和投运工程

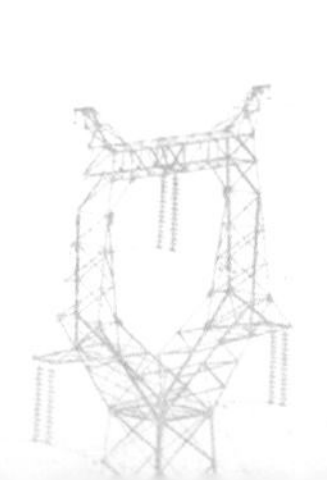

2021 年，已经获得政府核准的在建特高压交流工程共 10 项。其中，晋中 1000kV 变电站主变压器扩建工程、晋北 1000kV 变电站主变压器扩建工程、南昌一长沙特高压交流工程已经在 2021 年底之前建成投运。本章对上述 10 项工程作简要描述。

一、红墩界电厂 1000kV 送出工程

（一）工程背景

2016 年 4 月 8 日，陕西省发展和改革委员会印发《陕西省发展和改革委员会关于红墩界煤电一体化发电工程项目核准的批复》（陕发改煤电〔2016〕392 号），同意在榆林市靖边县红墩界镇建设煤电一体化发电工程，2×66 万 kW 燃煤发电机组以 1000kV 一级电压接入系统（榆横塔湾 1000kV 开关站）。

2019 年 5 月 29 日，陕西省发展和改革委员会印发《陕西省发展和改革委员会关于泛海红墩界电厂 1000 千伏等 2 项送出工程项目核准的批复》（陕发改煤电〔2019〕583 号），同意由国网陕西省电力公司作为项目法人建设泛海红墩界电厂 1000kV 送出工程。

（二）工程概况

1. 核准建设规模

新建红墩界电厂至榆横开关站（特高压横山站）1000kV 单回线路 32km；扩建榆横 1000kV 开关站 1 个 1000kV 出线间隔至红墩界电厂；建设相应无功补偿装置和二次系统工程。工程动态总投资 34 505 万元，由国网陕西省电力公司出资。

2. 工程建设情况

由于红墩界煤电一体化发电工程项目工期延迟（2021 年 3 月开工，计划 2023 年 6 月 1 号机投运），1000kV 送出工程建设计划因之相应推迟。2021 年 5 月 7 日，陕西省发展和改革委员会印发《陕西省发展和改革委员会关于同意泛海红墩界电厂 1000 千伏送出工程项目核准文件延期的批复》（陕发改能电力〔2021〕601 号），核准文件有效期延长至 2022 年 5 月 29 日。计划 2022 年 2 月开工建设，2023 年 5 月建成投运。

二、晋北 1000kV 变电站主变压器扩建工程

（一）工程背景

山西省是我国的重要煤电基地，且晋北地区风电、太阳能等新能源资源较为丰富，山西电网富裕电力通过特高压“两横”通道，实现“北电南送”及外送华北东部负荷中心具有现实需求。昱光电厂 2×300MW+2×350MW 发电机组，以及神二电厂 2×500MW 发电机组共计 2300MW 均以 500kV 电压等级接入晋北特高压变电站，两台主变压器运行时，上送功率超过 6000MW 已过载，亟须扩建一台主变压器。

2018 年 6 月 27 日，国家能源局印发《国家能源局关于进一步完善“十三五”电网主网架规划工作的通知》（国能发电力〔2018〕54 号），晋北 1000kV 变电站扩建工程列入其中。国家电网有限公司启动了工程前期工作，2019 年 12 月 13 日，电力规划设计总院印发《关于印发晋北 1000kV 变电站主变扩建工程可行性研究报告评审意见的通知》（电规规划〔2019〕442 号），审定了工程方案。2020 年 6 月 28 日，国网山西电力向山西省能源局报送《国网山西省电力公司关于核准晋北 1000 千伏变电站主变扩建工程的请示》（晋电发展〔2020〕469 号）。其后，山西省能源局向山西省发展和改革委员会上报《关于申请核准国网山西省电力公司晋北 1000 千伏变电站主变扩建工程项目的报告》（晋能源规字〔2020〕378 号）。2020 年 7 月 30 日，山西省发展和改革委员会印发《山西省发展和改革委员会关于国网山西省电力公司晋北 1000kV 变电站主变扩建工程项目核准的批复》（晋发改审批发〔2020〕356 号），以优化山西电网网架结构，提高电网整体外送能力。

（二）工程概况

1. 核准建设规模

扩建晋北（北岳）1000kV 变电站，新增 1 台 3000MVA 容量主变压器，配套建设相应的系统及二次工程。项目总投资为 48 834 万元，由国网山西省电力公司出资。

2. 建设内容

本期工程规模：扩建变压器 1×3000MVA（4 号主变压器）；1000kV 扩建 4

号主变压器进线间隔，增加 1 个不完整串，户外 GIS 设备，安装 2 台断路器；500kV 扩建 4 号主变压器进线间隔，户外 GIS 设备，安装 1 台断路器；110kV 新增 4 组 210Mvar 低压电容器，其中本期扩建的 4 号主变压器低压侧装设 3 组 210Mvar 低压电容器，现有 3 号主变压器低压侧增加 1 组 210Mvar 低压电容器。新增用地面积 1.528 2 公顷（围墙内 1.453 3 公顷）。

3. 工程建设情况

2020 年 8 月 24 日，国家电网有限公司印发《晋北、晋中 1000 千伏变电站主变扩建工程建设管理纲要》（国家电网特〔2020〕508 号）。2020 年 10 月 10 日，国家电网有限公司印发《国家电网有限公司关于晋北 1000 千伏变电站主变扩建工程初步设计的批复》（国家电网特〔2020〕603 号）。2020 年 9 月 23 日，国网特高压部在山西平遥召开工程开工建设推进会，2020 年 12 月变电站“四通一平”工程开工，2021 年 4 月本体工程开工，2021 年 12 月完成全部施工任务，12 月 14 日通过启动验收。2021 年 11 月 9 日召开启委会，12 月 15～16 日完成启动调试，12 月 16～19 日顺利通过 72h 试运行，2021 年 12 月 19 日正式投运。图 21-1 为二期扩建后的 1000kV 北岳变电站。

图 21-1　二期扩建后的 1000kV 北岳变电站

主要参建单位：华北电力设计院（设计）、山西锦通工程项目管理咨询有限公司（施工监理）、山西送变电工程公司（施工）。特变电工沈阳变压器有限公司（1000kV 变压器）、平高电气有限公司（1000kV GIS）、西电避雷器有限公司（1000kV 避雷器）、桂林电力电容器有限公司（1000kV CVT）。

本工程与晋中变电站扩建主变压器工程同批首次在特高压变压器上应用国产内油式金属波纹膨胀储油柜（沈阳海为），在环境适应性及寿命、密封性、油位指示、释压性能和维护成本方面，优于原来采用的进口胶囊式储油柜，有利于进一步提升变压器可靠性。首次在工程中整体应用平高电气 1100kV 改进型 GIS 产品，断路器通流能力、年漏气率、各元件机械寿命、整机绝缘裕度等产品技术参数全面提升。首次在特高压变压器上应用国产无励磁分接开关（上海华明），分接开关触头载流能力比国外同类产品增加了 20%，在绝缘试验参数上提高了 15%以上的绝缘裕度。

三、晋中 1000kV 变电站主变压器扩建工程

（一）工程背景

山西电网是华北电网的重要送端，电源建设发展较快，电力供应一直呈现富余状态。晋北地区风电、太阳能等新能源资源开发，更加大了山西外送的压力。因此计划开展“西电东送”通道调整系列工程，将晋北、晋中特高压变电站接入山西 500kV 电网，同时解开山西与京津冀电网之间的 1000/500kV 电磁环网，将山西与京津冀之间 4 个网对网“西电东送”通道调整为“点对网”，通过晋北、晋中特高压变电站汇集山西网内的盈余电力，进一步发挥华北“两横”特高压通道的作用。晋中变电站接入山西电网后，现有一台特高压主变压器上送功率接近满载，为提高山西电网整体外送电能力，提高电网运行安全可靠性，急需扩建晋中特高压变电站。

2018 年 6 月 27 日，国家能源局印发《国家能源局关于进一步完善“十三五”电网主网架规划工作的通知》（国能发电力〔2018〕54 号），晋中 1000kV 变电站扩建工程列入其中。国家电网有限公司启动了工程前期工作，2019 年 12 月 17 日，电力规划设计总院印发《关于印发晋中 1000kV 变电站主变扩建工程可行性研究报告评审意见的通知》（电规规划〔2019〕450 号），审定了工程可研方案。2020 年 6 月 28 日，国网山西电力向山西省能源局报送《国网山西省电力公司关于核准晋北 1000 千伏变电站主变扩建工程的请示》（晋电发展〔2020〕468 号）。其后，山西省能源局向山西省发展和改革委员会上报《关于申请核准国网山西省电力公司晋中 1000 千伏变电站主变扩建工程项目的报告》（晋能源规字〔2020〕380 号）。2020 年 7 月 30 日，山西省发展和改革委员会印发《山西省发展和改革委员会关于国网山西省电力公司晋中 1000 千伏变电站主变扩建工程项目核准的批复》（晋发改审批

发〔2020〕357号），以优化山西电网网架结构，提高电网整体外送能力。

（二）工程概况

1. 核准建设规模

扩建晋中（洪善）1000kV变电站，新增1台3000MVA容量主变压器，配套建设相应的系统及二次工程。项目总投资为 43 445 万元，由国网山西省电力公司出资。

2. 建设内容

本期工程规模：扩建变压器 1×3000MVA（2 号主变压器）；1000kV 扩建 2 号主变压器进线间隔，增加1个不完整串，户外GIS设备，安装2台断路器；500kV扩建4号主变压器进线间隔，户外GIS设备，安装1台断路器；本期扩建的2号主变压器低压侧装设1组240Mvar低压并联电抗器、1组210Mvar低压并联电容器及一台容量为5000kVA的站用变压器。新增用地面积1.062 6公顷（围墙内1.016 3公顷）。

3. 工程建设情况

2020年8月24日，国家电网有限公司印发《晋北、晋中1000千伏变电站主变扩建工程建设管理纲要》（国家电网特〔2020〕508号）。2020年10月10日，国家电网有限公司印发《国家电网有限公司关于晋中 1000 千伏变电站主变扩建工程初步设计的批复》（国家电网特〔2020〕604号）。2020年9月23日，国网特高压部在山西平遥召开工程开工建设推进会，2020年10月变电站“四通一平”工程开工，11月本体工程开工。2021年11月完成全部施工任务，11月11日通过启动验收。2021年11月9日召开启委会，11月12～13日顺利完成启动调试，11月14～17日顺利通过72h试运行，2021年11月17日正式投运。图21-2为三期扩建后的1000kV洪善变电站。

主要参建单位：东北电力设计院（设计）、山西锦通工程项目管理咨询有限公司（施工监理）、河南送变电建设公司（施工）、天威保变电气股份有限公司（1000kV变压器）、新东北电气有限公司（1000kV GIS）、平高东芝（廊坊）避雷器有限公司（1000kV避雷器）、西电电力电容器有限公司（1000kV CVT）。

本工程首次在特高压变压器上应用国产内油式金属波纹膨胀储油柜（沈阳海为），在环境适应性及寿命、密封性、油位指示、释压性能和维护成本方面，优于原来采用的进口胶囊式储油柜，有利于进一步提升变压器可靠性。

图 21-2　三期扩建后的 1000kV 洪善变电站

四、汇能长滩电厂 1000kV 送出工程

（一）工程背景

根据国家能源局批复的《关于内蒙古鄂尔多斯煤电基地蒙西至天津南输电通道配套电源建设规划有关事项的复函》（国能电力〔2016〕303 号），在内蒙古鄂尔多斯为蒙西至天津南输电通道规划煤电规模 6600MW，新建 5 个 2×660MW 煤电项目。2017 年 10 月 27 日，汇能长滩电厂 2×660MW 新建工程获得内蒙古自治区发改委核准（内发改能源字〔2017〕1269 号），2018 年 8 月开工建设。根据接入系统评审意见，以 1000kV 一级电压接入系统（1000kV 蒙西变电站）。2020 年 4 月 1 日，国家能源局印发《国家能源局关于完善 2020 年电网主网架规划工作的通知》（国能发电力〔2020〕25 号），汇能长滩电厂送出工程列入其中，以满足蒙西至天津南特高压输电通道配套煤电项目接入和送出需求。

国网内蒙古东部电力有限公司向内蒙古自治区能源局上报《国网内蒙古东部电力有限公司关于核准内蒙古汇能长滩电厂送出工程的请示》（蒙东电发策〔2020〕267 号）后，2020 年 9 月 22 日，内蒙古自治区能源局印发《内蒙古自治区能源局关于汇能长滩电厂 1000 千伏送出工程核准的批复》（内能电力字〔2020〕502 号），同意由国网内蒙古东部电力有限公司作为项目法人建设汇能长滩电厂 1000kV 送出工程。

（二）工程概况

1. 核准建设规模

新建汇能长滩电厂至蒙西 1000kV 变电站（特高压鄂尔多斯站）的单回 1000kV 线路 26km；扩建蒙西 1000kV 变电站 1 个 1000kV 出线间隔至汇能长滩电厂。工程动态总投资 33 966 万元，由国家电网有限公司出资。

2. 工程建设情况

2020 年 11 月 17 日，国家电网有限公司印发《汇能长滩电厂 1000 千伏送出工程建设管理纲要》（国家电网特〔2020〕706 号）。2021 年 9 月 6 日，国家电网有限公司印发《国家电网有限公司关于南昌—长沙特高压交流和内蒙古汇能长滩电厂送出等 2 项工程初步设计的批复》（国家电网特〔2021〕460 号）。变电工程 2021 年 3 月开工，10 月完成施工任务，10 月 15 日成立工程启委会，10 月 20 日通过启动验收。10 月 20 日完成蒙西站内扩建部分启动调试，10 月 21 日通过 24h 试运行后投运。线路工程计划 2022 年 12 月建成投运。

主要参建单位：山东电力工程咨询院（蒙西站扩建工程设计）、内蒙古电力勘测设计院（线路工程设计）、山西锦通工程项目管理咨询有限公司（变电和线路工程施工监理）、黑龙江送变电工程公司（变电和线路工程施工）。平高电气有限公司（1000kV GIS）、西电避雷器有限公司（1000kV 避雷器）、日新电机（无锡）有限公司（1000kV CVT）。

五、北京东 1000kV 变电站扩建工程

（一）工程背景

华北电网由京津唐电网、河北南部电网、山西电网、山东电网和内蒙古西部电网组成，供电区域包括北京市、天津市和河北、山西、山东三省及内蒙古自治区西部地区，呈现“西电东送”格局，以内蒙西部电网、山西电网为送端，以京津冀区域为受端负荷中心，“十三五”末形成“两横三纵一环网”的 1000kV 交流特高压网架。根据电网规划研究成果，“十四五”期间京津及冀北电网存在较大的电力缺口。

北京东（廊坊）1000kV 变电站一期工程是锡盟—山东工程的组成部分，2016年 7 月建成投运。其功能一是满足京津及冀北电网负荷发展的需要，二是将锡盟电力接力南送，三是支撑京津冀负荷中心受端电网。已建主变压器 2×3000MVA，500kV 线路已建 4 回、在建 4 回。在夏季大潮流方式下，北京东变电站发生主变压器 *N*-1，另一台主变压器将过载。建设北京东变电站主变压器扩建工程，可加强北京东站下电能力，提升电网抵御严重故障能力，提高电网安全可靠性。

2018 年 6 月 27 日，国家能源局印发《国家能源局关于进一步完善“十三五”电网主网架规划工作的通知》（国能发电力〔2018〕54 号），北京东 1000kV 变电站扩建工程列入其中。国家电网有限公司启动了工程前期工作，2020 年 4 月 24 日，电力规划设计总院印发《关于印发北京东 1000kV 变电站主变扩建工程可行性研究报告评审意见的通知》（电规规划〔2020〕88 号），审定了工程可研方案。国网冀北电力有限公司向河北省发展和改革委员会上报《关于北京东 1000 千伏变电站扩建工程项目核准的请示》（冀北电发展〔2020〕398 号）后，2020 年 9 月 29 日，河北省发展和改革委员会印发《河北省发展和改革委员会关于北京东 1000 千伏变电站扩建工程项目核准的批复》（冀发改能源核字〔2020〕44 号）。

（二）工程概况

1. 核准建设规模

扩建主变压器 2×3000MVA，扩建的 2 台主变压器低压侧各装设 110kV 电容器组 4×210Mvar，已建的 2 台主变压器低压侧各装设 110kV 电容器组 4×210Mvar，建设相应二次系统工程。工程动态总投资 90 615 万元，由国网北京市电力有限公司出资。国网冀北电力有限公司承担工程建设、运行和管理。

2. 工程建设情况

2020 年 12 月 21 日，国家电网有限公司印发《北京东 1000 千伏变电站扩建工程建设管理纲要》（国家电网特〔2020〕773 号）。工程初步设计及评审已完成。2021 年 3 月开工，计划 2022 年建成投运。

主要参建单位：华北电力设计院（设计）、北京华联电力工程监理有限公司（施工监理）、北京送变电工程公司（施工）。天威保变电气股份有限公司（1000kV 变压器）、平高电气有限公司（1000kV GIS）、平高东芝（廊坊）避雷器有限公司（1000kV 避雷器）、西电电力电容器有限公司（1000kV CVT）。

六、南昌—长沙特高压交流工程

（一）工程背景

2018 年 9 月 3 日，国家能源局印发《国家能源局关于加快推进一批输变电重点工程规划建设工作的通知》（国能发电力〔2018〕70 号）。文件指出，为了落实绿色发展理念，加大基础设施领域补短板力度，发挥重点电网工程在优化投资结构、清洁能源消纳、电力精准扶贫等方面的重要作用，满足经济社会发展的电力需求，加快推进青海至河南特高压直流等 9 项重点输变电工程建设。其中，建设 ±800kV 雅中—江西特高压直流工程，落点江西南昌，配套建设南昌—武汉、南昌—长沙特高压交流工程，以"满足四川水电外送需要及江西、湖南等华中地区用电需求。"

2019 年 8 月 23 日，国家发展和改革委员会印发《国家发展改革委关于雅中—江西士 800 千伏特高压直流输电工程核准的批复》（发改能源〔2019〕1403 号），文中再次明确了工程规划配套系统方案。其中，受端南昌侧配套建设南昌 1000kV 变电站、南昌—武汉双回 1000kV 线路工程、南昌—长沙双回 1000kV 线路工程。

2018 年 11 月 21 日，国家电网有限公司在北京召开荆门—武汉、南阳—荆门—长沙、驻马店—武汉、武汉—南昌—长沙特高压交流工程可研启动会议。2020 年 3～6 月，电力规划设计总院组织开展了南昌—长沙工程可行性研究报告评审，6 月 22 日印发评审意见（电规规划〔2020〕154 号）。由于工程调整，7 月底开始再次组织评审，8 月 14 日印发评审意见（电规规划〔2020〕236 号）。2020 年 7 月 29 日，国家电网有限公司向国家发展和改革委员会上报《国家电网有限公司关于南昌—长沙特高压交流工程项目核准的请示》（国家电网发展〔2020〕460 号）。2020 年 12 月 15 日，国家发展和改革委员会印发《国家发展改革委关于南昌—长沙特高压交流工程核准的批复》（发改能源〔2020〕1893 号）。建设本工程，有利于"优化加强江西、湖南电网的网架结构，提升电网安全稳定运行水平，保障雅中—江西特高压直流输电工程的高效稳定输电，满足区域电力发展需求。"

（二）工程概况

1. 核准建设规模

新建南昌 1000kV 变电站，安装 2 组 300 万 kVA 主变压器，建设 1000kV 出线间隔 2 个，装设 72 万 kvar 高抗 2 组。新建长沙 1000kV 变电站，安装 2 组 300 万 kVA 主变压器，建设 1000kV 出线间隔 2 个，装设 72 万 kvar 高抗 2 组。新建南昌—长沙双回 1000kV 线路 2×345.2km，其中单回路架设 2×100.4km（导线截面积为 8×500mm^2），同塔双回路架设 2×244.8km（导线截面积为 8×630mm^2）。建设相应的低压无功补偿和通信、二次系统工程。工程动态总投资 104.17 亿元，其中南昌—长沙双回线路工程由国家电网有限公司出资，南昌 1000kV 变电站由国网江西省电力有限公司出资，长沙 1000kV 变电站由国网湖南省电力有限公司出资。

2. 建设内容

1000kV 南昌变电站位于江西省南昌市进贤县白圩乡。安装变压器 2×3000MVA（2 号主变压器、3 号主变压器）；1000kV 配电装置采用户外 GIS 组合电器设备，3/2 接线，出线 2 回（至长沙），每回出线装设高压电抗器 1×720Mvar，本期 2 线 2 变组成 1 个完整串和 2 个不完整串，安装 7 台断路器；500kV 采用户外 GIS 设备，出线 7 回（至南昌换流站 3 回、进贤 2 回、东乡 2 回）；每组主变压器低压侧均装设 110kV 电抗器 2×240Mvar 和电容器组 2×210Mvar。用地面积按终期规模办理，共 14.81 公顷（围墙内 11.94 公顷）。调度命名为“1000 千伏特高压赣江站”。

1000kV 长沙变电站位于湖南省长沙市长沙县安沙镇。安装变压器 2×3000MVA（2 号主变压器、3 号主变压器）；1000kV 配电装置采用户外 GIS 组合电器设备，3/2 接线，出线 2 回（至南昌），每回出线装设高压电抗器 1×720Mvar，本期 2 线 2 变组成 1 个完整串和 2 个不完整串，安装 7 台断路器；500kV 采用户外 GIS 设备，出线 7 回（至罗城 1 回、鼎功 2 回、星城 2 回、浏阳 2 回）；每组主变压器低压侧均装设 110kV 电抗器 2×240Mvar 和电容器组 2×210Mvar。用地面积按终期规模办理，共 18.09 公顷（围墙内 12.74 公顷）。调度命名为“1000 千伏特高压潇湘站”。

线路工程途经江西省南昌市、抚州市、宜春市和湖南省长沙市，全长 2×341.4km（其中同塔双回路 2×243.414km，单回路 2×97.94km），铁塔 970 基。其中江西省境内 2×227.5km，铁塔 531 基；湖南省境内 2×113.9km，铁塔 439 基。沿线地形为河网 9.2%、泥沼 14.4%、平地 11.3%、丘陵 25.3%、一般山地 32.7%、高山大岭 7.1%，海拔 0~850m。全线分为 27、30m/s 两个风区，10、15、20、30、40mm 五个冰区（特高压交流线路首次穿越 40mm 重冰区）。双回路段导线采用

8×630 钢芯铝绞线，单回路段导线采用 8×500 钢芯铝绞线，30、40mm 重冰区导线采用特高强钢芯铝绞线。双回路段地线采用 2 根 OPGW 复合光缆，单回路段地线采用 1 根 OPGW 复合光缆和 1 根普通地线。

在南昌一长沙双回线路上架设 2 根 72 芯 OPGW 复合光缆，在 500kV 锦江变电站设置光纤中继站。利用本工程新建的光纤通信通道和国网、华中分部、相关省公司已有的电路组织，分别构成长沙变电站、南昌变电站至国调中心、华中调控分中心、湖南省调、江西省调的主、备用调度通信通道。

3. 工程建设情况

2021 年 3 月 1 日，国家电网有限公司印发《南昌一长沙特高压交流工程变电工程建设管理纲要》《南昌一长沙特高压交流工程线路工程建设管理纲要》（国家电网特〔2021〕141 号）。2021 年 9 月 6 日，国家电网有限公司印发《国家电网有限公司关于南昌一长沙特高压交流和内蒙古汇能长滩电厂送出等 2 项工程初步设计的批复》（国家电网特〔2021〕460 号）。2020 年 12 月变电工程开工，2021 年 3 月线路工程开工。2021 年 11 月 30 日～12 月 1 日，长沙变电站 500kV 系统完成带电调试（鼎功 I 回及浏阳双回投运），12 月 5～7 日，南昌变电站 500kV 系统完成带电调试（7 回出线全部投运）。2021 年 12 月 9 日召开工程启委会，12 月 10 日南昌站、长沙站同步开展站内启动调试，12 日完成南昌站内系统调试，13 日完成长沙站内系统调试。2021 年 12 月 20～21 日完成南昌一长沙工程站间启动调试，24 日顺利通过 72h 试运行。2021 年 12 月 26 日国家电网有限公司举行竣工投产大会，工程正式投入运行。工程投运后面貌如图 21-3～图 21-7 所示。

图 21-3 1000kV 赣江变电站

图 21-4　1000kV 潇湘变电站

图 21-5　线路工程山区段

图 21-6　线路工程跨越高铁

图 21-7　线路工程跨越赣江

南昌变电站主要参建单位：国核电力规划设计研究院（设计 A）、江西电力设计院（设计 B）、江西诚达工程咨询监理公司（施工监理）、江西送变电公司（土建工程、电气安装工程）。特变电工沈阳变压器公司（1000kV 变压器）、新东北电气高压开关公司（1000kV GIS）、天威保变电气股份有限公司（1000kV 电抗器）。

长沙变电站主要参建单位：东北电力设计院（设计 A）、湖南电力设计院（设计 B）、湖南电力工程咨询有限公司（施工监理）、湖南送变电公司（土建工程 B、电气安装工程）、天津电力建设公司（土建工程 A）。特变电工衡阳变压器公司（1000kV 变压器）、山东电工日立开关有限公司（1000kV GIS）、西电变压器有限公司（1000kV 电抗器）。

线路工程主要参建单位（南昌—长沙）：福建永福电力设计有限公司、江西电力设计院、安徽电力设计院（江西段设计）、湖南电力设计院、四川电力设计院（湖南段设计）。江西科能工程建设咨询监理公司、江西诚达工程咨询监理公司（江西段施工监理）、吉能电力工程咨询公司（湖南段施工监理）。山东送变电公司、北京送变电公司、华东送变电公司、江西送变电公司、陕西送变电公司（江西段施工）、安徽送变电公司、河南送变电公司、青海送变电公司、湖南送变电公司（湖南段施工）。

七、荆门—武汉 1000kV 特高压交流输变电工程

（一）工程背景

2018 年 9 月 3 日，国家能源局印发《国家能源局关于加快推进一批输变电重点

工程规划建设工作的通知》（国能发电力〔2018〕70 号）。其中，建设 ±800kV 陕北—湖北特高压直流工程，落点湖北武汉，配套建设荆门—武汉特高压交流工程，以“满足陕北能源基地送出及湖北负荷需要。”

2019 年 1 月 4 日，国家发展和改革委员会印发《国家发展改革委关于陕北—湖北 ±800 千伏特高压直流输电工程核准的批复》（发改能源〔2019〕25 号），文中再次明确了工程规划配套系统方案。其中，受端武汉换流站配套建设武汉 1000kV 变电站（与换流站合建）、武汉—荆门双回 1000kV 线路工程。

2018 年 11 月 21 日，国家电网公司在北京召开荆门—武汉、南阳—荆门—长沙、驻马店—武汉、武汉—南昌—长沙特高压交流工程可研启动会议。2019 年 1 月 27～28 日，电力规划设计总院组织召开了荆门—武汉工程可行性研究报告评审会，3 月 7～8 日召开了收口会，4 月 28 日印发评审意见（电规规划〔2019〕148 号）。由于工程调整，2020 年 9 月 14 日开始再次组织评审，10 月 20 日印发评审意见（电规规划〔2020〕355 号）。2020 年 11 月 30 日，国网湖北省电力有限公司向湖北省发展和改革委员会上报《国网湖北省电力有限公司关于荆门—武汉特高压交流输变电工程项目核准的请示》（鄂电司发展〔2020〕88 号）。2020 年 12 月 21 日，湖北省发展和改革委员会印发《省发改委关于荆门—武汉 1000 千伏特高压交流输变电工程核准的批复》（鄂发改审批服务〔2020〕257 号）。建设本工程，有利于“提高湖北省西电东送通道送电能力，为陕北至武汉特高压直流工程达到额定功率运行奠定基础。”

（二）工程概况

1. 核准建设规模

新建 1000kV 武汉变电站，变电容量 2×300 万 kVA；扩建 1000kV 荆门变电站出线间隔 2 个至武汉变电站；新建荆门—武汉 1000kV 双回线路 2×238km，同塔双回路架设（导线截面积 $8\times630mm^2$），其中王家滩汉江大跨越导线采用 6×JLHA1/G4A-640/170 特强钢芯铝合金绞线。建设相应的无功补偿和二次系统工程。工程动态总投资 653 534 万元，由国家电网有限公司出资。

王家滩汉江大跨越位于湖北省钟祥市和沙洋县交界处，采用“耐—直—直—耐”方式，跨越塔全高 130m。

2. 工程建设情况

2021 年 4 月 14 日，国家电网有限公司印发《荆门—武汉 1000 千伏特高压交流输变电工程建设管理纲要》（国家电网特〔2021〕215 号）。工程初步设计及评审已完成。2021 年 3 月开工，计划 2022 年建成投运。

荆门站扩建主要参建单位：中南电力设计院（设计）、山西锦通工程项目管理咨询有限公司（施工监理）、天津送变电公司（施工）。西开电气有限公司（1000kV GIS）、西电变压器有限公司（1000kV 电抗器）。

武汉站主要参建单位：中南电力设计院（设计 A）、湖北电力设计院（设计 B）、武汉中超监理公司（施工监理）、湖北送变电公司（土建工程、电气安装工程）。山东电力设备有限公司（1000kV 变压器）、平高电气有限公司（1000kV GIS）、西电变压器有限公司（1000kV 电抗器 7×160Mvar）、特变电工沈阳变压器有限公司（1000kV 电抗器 6×200Mvar）。

线路工程主要参建单位（荆门—武汉）：设计单位为福建电力设计院、江苏电力设计院、湖北电力设计院，施工监理单位为河北电力工程监理有限公司、江苏省电力工程咨询有限公司，施工单位为天津送变电公司、湖北送变电公司（汉江大跨越）、中电建重庆工程公司、山西送变电公司、辽宁送变电公司、福建送变电公司，湖北送变电公司。

八、南阳—荆门—长沙特高压交流工程

（一）工程背景

2018 年 9 月 3 日，国家能源局印发《国家能源局关于加快推进一批输变电重点工程规划建设工作的通知》（国能发电力〔2018〕70 号），其中包括南阳—荆门—长沙特高压交流工程。文件中指出：华中大规模受入多回直流后，需对华中电网网架结构进行加强，提高受端电网的安全稳定水平。

2018 年 11 月 21 日，国家电网公司在北京召开荆门—武汉、南阳—荆门—长沙、驻马店—武汉、武汉—南昌—长沙特高压交流工程可研启动会议。2021 年 1 月 11 日，国家电网有限公司向国家发展和改革委员会上报《国家电网有限公司关于南阳—荆门—长沙特高压交流工程项目核准的请示》（国家电网发展〔2021〕12 号）。2021 年 4 月 12 日，国家发展和改革委员会印发《国家发展改革委关于南阳—荆门—长沙特高压交流工程核准的批复》（发改能源〔2021〕509 号）。文中指出“为落实能源安全新战略，优化加强华中区域电网网架结构，提升电力系统互补互济能力，保

障区域在运及后续投产特高压直流高效稳定输电，满足区域电力发展需求”，建设本工程。

（二）工程概况

1. 核准建设规模

扩建荆门 1000kV 变电站，建设 3 个 1000kV 出线间隔；至长沙站双回线路装设高抗 2×72 万 kvar，至南阳站单回线路装设高抗 1×60 万 kvar。扩建长沙 1000kV 变电站，建设 2 个 1000kV 出线间隔；至荆门站双回线路装设高抗 2×72 万 kvar。新建南阳—荆门单回 1000kV 线路 290.5km，导线截面积 8×500mm^2。新建荆门—长沙双回 1000kV 线路 2×347km，导线截面积 8×630mm^2。建设相应的通信、二次系统工程。工程动态投资 81.65 亿元，由国家电网有限公司出资建设。

南阳—荆门段线路在湖北省钟祥市境内跨越汉江，沿山头汉江大跨越采用“耐—直—直—耐”方式，跨越塔全高 182m。荆门—长沙段线路在湖北省洪湖市和湖南省岳阳市交界处跨越长江，螺山长江大跨越采用“耐—直—直—耐”方式，跨越塔全高 371m。

2. 工程建设情况

2021 年 9 月 6 日，国家电网有限公司印发《南阳—荆门—长沙特高压交流工程建设管理纲要》（国家电网特〔2021〕461 号）。工程初步设计及评审已完成。2021 年 5 月开工，计划 2022 年建成投运。

荆门变电站扩建主要参建单位：中南电力设计院（设计）、山西锦通工程项目管理咨询有限公司（施工监理）、天津送变电公司（施工）、西开电气有限公司（1000kV GIS）、山东电力设备有限公司（1000kV 电抗器 7×240Mvar）、特变电工衡阳变压器有限公司（1000kV 电抗器 3×200Mvar）。

长沙变电站扩建主要参建单位：东北电力设计院（设计）、湖南电力工程咨询有限公司（施工监理）、湖南送变电公司（电气安装工程）、天津电力建设公司（土建工程）、山东电工日立开关有限公司（1000kV GIS）、西电变压器有限公司（1000kV 电抗器）。

线路工程主要参建单位（南阳—荆门—长沙）：河南段设计单位为湖南电力设计院，湖北段设计单位为湖北电力设计院、山东电力设计院、浙江电力设计院（湖北院任务中包括汉江大跨越，浙江院任务中包括长江大跨越），湖南段设计单位为国核电力规划设计院、新疆电力设计院。湖北环宇监理公司（河南段施工监理）、山东诚信监理公司（湖北段施工监理，含汉江大跨越）、湖北鄂电监理公司（湖北段施工监理，含长江大跨越）、湖南电力工程咨询有限公司（湖南段施工监理）、河南送变电公司（河南段施工）、上海送变电公司、浙江送变电公司（包含汉江大跨越）、甘肃送变电公司、吉林送变电公司、北京电力工程公司、新疆送变电公司（湖北段施工）、山东送变电公司（长江大跨越）、四川送变电公司、陕西送变电公司、华东送变电公司、湖南送变电公司（湖南段施工）。

九、京泰酸刺沟电厂 1000kV 送出工程

（一）工程背景

2016 年 6 月，内蒙古自治区能源局完成《鄂尔多斯煤电基地蒙西至天津南特高压输电通道配套电源建设规划》，建议安排 5 个 2×66 万 kW 机组，提出京泰酸刺沟电厂二期、国电长滩电厂、华电十二连城电厂、北联电魏家峁电厂、汇能长滩电厂、珠江朱家坪电厂 6 个备选电源。2016 年 11 月 10 日，国家能源局印发《关于内蒙古鄂尔多斯煤电基地蒙西至天津南输电通道配套电源建设规划有关事项的复函》（国能电力〔2016〕303 号），同意配套煤电规划建设规模为 660 万 kW。2017 年 8 月 15 日，内蒙古自治区发展和改革委员会印发《内蒙古自治区发展改革委员会关于内蒙古京泰发电有限责任公司酸刺沟电厂二期项目核准的批复》（内发改能源字〔2017〕1040 号），同意建设内蒙古京泰发电有限责任公司酸刺沟电厂二期项目 2×66 万 kW 机组。根据接入系统评审意见，以 1000kV 接入系统（蒙西 1000kV 变电站）。2020 年 4 月 1 日，国家能源局印发《国家能源局关于完善 2020 年电网主网架规划工作的通知》（国能发电力〔2020〕25 号），京泰酸刺沟电厂二期送出工程列入其中，满足蒙西至天津南特高压输电通道配套煤电项目接入和送出需求。

国网内蒙古东部电力有限公司向内蒙古自治区能源局上报《关于核准内蒙古京泰酸刺沟电厂二期送出工程的请示》（蒙东电发策〔2021〕304 号）后，2021 年 7 月 22 日，内蒙古自治区能源局印发《内蒙古自治区能源局关于内蒙古京泰酸刺沟电厂二期送出工程核准的批复》（内能电力字〔2021〕472 号），同意由国网内蒙古东部电力有限公司作为项目单位，建设内蒙古京泰酸刺沟电厂二期 1000kV

送出工程。

（二）工程概况

1. 核准建设规模

新建蒙西1000kV变电站1个出线间隔至内蒙古京泰酸刺沟电厂，新建内蒙古京泰酸刺沟电厂二期至蒙西1000kV变电站（特高压鄂尔多斯站）单回1000kV线路33.5km；工程动态总投资39 696万元，由国家电网有限公司出资。

2. 工程建设情况

工程初步设计及评审已完成。计划2022年开工。

十、驻马店—武汉特高压交流工程

（一）工程背景

2018年9月3日，国家能源局印发《国家能源局关于加快推进一批输变电重点工程规划建设工作的通知》（国能发电力〔2018〕70号）。文件指出，为了落实绿色发展理念，加大基础设施领域补短板力度，发挥重点电网工程在优化投资结构、清洁能源消纳、电力精准扶贫等方面的重要作用，满足经济社会发展的电力需求，加快推进青海至河南特高压直流等9项重点输变电工程建设。其中，建设±800kV青海—河南特高压直流工程，落点河南驻马店，配套建设驻马店—南阳、驻马店—武汉特高压交流工程，以满足青海省清洁能源送出及河南省用电负荷需要。

2018年10月22日，国家发展和改革委员会印发《国家发展改革委关于青海—河南±800千伏特高压直流输电工程核准的批复》（发改能源〔2018〕1526号），文中明确了工程规划配套系统方案。其中，受端河南侧配套建设驻马店1000kV变电站（与换流站合建）、驻马店—南阳双回1000kV线路工程、驻马店—武汉双回1000kV线路工程。

2021年11月18日，国家发展和改革委员会印发《国家发展改革委关于驻马店—武汉特高压交流工程核准的批复》（发改能源〔2021〕1652号）。为落实能源安全新战略，优化加强华中区域电网网架结构，提升电力系统互补互济能力，保障青海—河南等特高压直流工程高效稳定输电，满足区域电力发展需求，建设本工程。

（二）工程概况

1. 核准建设规模

新建驻马店—武汉双回 1000kV 线路 2×286.5km，导线截面积采用 8×630mm^2。建设相应的通信、二次系统工程。工程静态投资 37.28 亿元，动态投资 37.98 亿元，由国家电网有限公司出资建设。

2. 工程建设情况

工程初步设计及评审已完成。计划 2022 年开工。

附录一 国家电网公司特高压工程建设管理部门的历史沿革

从中国第一个特高压工程——1000kV 晋东南—南阳—荆门特高压交流试验示范工程开始，国家电网公司范围内的特高压工程都是在国家电网公司统一领导和指挥下，由总部特高压主管部门承担项目法人职能，全面负责特高压输电科研攻关、工程设计、设备研制和工程建设实施有关工作的统筹组织和集约管控。

2005 年 8 月，国家电网公司首次在总部设立专门的特高压工作部门——特高压办公室。下设交流处、直流处和综合计划处，负责统筹协调和落实特高压有关工作，同时担负特高压电网工程领导小组办公室职责。

2006 年 2 月，特高压办公室与建设运行部重组为建设运行部（特高压办公室）。下设计划经营处、前期处、工程管理处、运行管理处、交流处、直流处、财务审计处、综合处。原特高压办公室的交流处、直流处成建制转入建设运行部（特高压办公室），综合计划处与建设运行部相关处室重组。

2006 年 8 月 9 日，1000kV 晋东南—南阳—荆门特高压交流试验示范工程获得国家核准。9 月，国家电网公司总部成立特高压建设部。下设交流处、直流处、计划处、财务审计处、综合处，其中交流处、直流处从建设运行部中成建制转入特高压建设部。

随着时光流转，特高压建设部机构和人员不断调整。2009 年 1 月 6 日，1000kV 晋东南—南阳—荆门特高压交流试验示范工程正式投运。2009 年 3 月，财务审计处撤销，职能并入总部相应管理部门。2010 年 7 月 8 日，向家坝—上海 ±800kV 特高压直流输电示范工程正式投运。

2011 年 4 月，特高压建设部直流处并入建设部（建设运行部中运行管理处划转生产技术部后，更名为建设部），特高压直流工程由建设部负责组织实施。特高压建设部负责特高压交流工程，交流处拆分为变电处和输电处。2011 年 11 月，特高压建设部更名为交流建设部，建设部更名为直流建设部。

2018 年 8 月，交流建设部和直流建设部合并重组为特高压建设部，下设计划处、技术处、线路处、变电处、换流站处、综合处。2020 年 4 月，特高压建设部改制为特高压事业部。

附录二 《用户（业主）主导的特高压交流输电工程创新管理》

刘振亚，孙昕，韩先才，王绍武，袁骏，毛继兵，郭铭群，修建，苏秀成，宋继明

（第二十届全国企业管理现代化创新成果一等奖，2013 年 12 月）

用户（业主）主导的特高压交流输电工程创新管理

国家电网公司

2013 年 10 月

目　录

用户（业主）主导的特高压交流输电工程创新管理

国家电网公司成立于 2002 年 12 月 29 日，以建设和运营电网为核心业务，承担着为经济社会发展提供安全、经济、清洁、可持续的电力供应的基本使命，是关系国家能源安全和国民经济命脉的国有重要骨干企业。公司经营区域覆盖 26 个省（自治区、直辖市），覆盖国土面积的 88%，供电人口超过 11 亿人。2012 年，完成售电量 3.25 万亿 kWh，营业收入 1.89 万亿元。2013 年，公司名列《财富》世界企业 500 强第 7 位，是全球最大的公用事业企业。

2004 年底，国家电网公司根据我国经济社会发展对电力需求不断增长以及能源资源与消费逆向分布的基本国情，研究提出了发展特高压输电战略。面对这一在世界上没有先例可循的重大系统性创新工程的挑战，国家电网公司提出并成功实施了用户（业主）主导的特高压交流输电工程创新管理，在特高压交流输电关键技术、设备研制和工程应用方面领先世界取得全面突破。本报告是对这一管理创新实践的总结。

一、用户（业主）主导的特高压交流输电工程创新管理背景

特高压交流输电是指交流 1000kV 及以上电压等级的输电，与常规 500kV 交流输电相比，1000kV 交流输电线路自然输送功率为 4～5 倍，输电距离为 2～3 倍，输送相同容量时的损耗只有 1/3～1/4、走廊宽度只有 1/2～1/3，具有大容量、远距离、低损耗、省占地的突出优势。推动实施“用户（业主）主导的特高压交流输电工程创新管理”关系国家电网公司的基本使命和社会责任，是由我国能源电力领域和电工装备制造业的现状、发展需要等基本国情以及特高压交流输电创新难度所决定的。

（一）保证我国电力安全可靠供应的需要

我国处于工业化、城镇化快速发展阶段，全社会用电量从 2005 年到 2011 年已经翻了一番，预计到 2020 年还将再翻一番，电力需求增长空间巨大。全国电力需

求的 70%以上集中在中东部，但可用资源却远离电力需求中心，76%的煤炭集中在北部和西北部、80%的水能资源集中在西南部、绝大部分可开发的风能和太阳能也集中在西部和北部，供需相距 800～3000km，必须远距离、大规模输送能源。

目前我国电网的骨干网架为 500kV 超高压系统。尽管国家电网公司经营范围内 500kV 变电站已达 353 座、线路超过 10 万 km、平均站间距已接近 90km，但受固有输电能力限制，无法满足大规模、远距离输电需求，继续扩展面临短路电流和土地资源等刚性约束，迫切需要发展特高压输电，从根本上提高电网输电能力，确保电力安全可靠供应。

（二）推动我国电力发展方式转变的需要

我国电力发展长期采用分省就地平衡模式，哪里缺电就在哪里建电厂的方式已难以为继：一是中东部人口密集、经济发达地区发电厂布局过于集中（燃煤电厂占全国 70%），导致土地资源紧张、大气环境恶化，土地、环境承载能力已近极限；二是能源输送过度依赖输煤，晋陕蒙宁等煤炭主产区就地发电外送比例不足 5%，全国近一半的铁路运力用于输煤，导致“煤电运”紧张局面频繁发生，随着可用能源不断西移、北移，矛盾将更突出。

特高压输电容量大、距离远、损耗低，可连接煤炭主产区和中东部负荷中心，使得西北部大型煤电基地及风电、太阳能发电的集约开发成为可能，实现能源供给和运输方式多元化，既可满足中东部的用电需求、缓解土地和环保压力，又可推动能源结构调整和布局优化、促进东西部协调发展。加快推动特高压输电创新并推广应用，是实现能源资源在全国范围内优化配置、保障能源安全的战略途径。

（三）攻克特高压交流输电技术世界难题的需要

2004 年底国家电网公司提出发展特高压输电之时，世界上没有商业运行的工程，没有成熟的技术和设备，也没有相应的标准和规范。特高压输电代表了国际高压输电技术研究、设备制造和工程应用的最高水平，研究开发工作在时间维上涉及高压输电的基础研究、规划设计、设备研制、施工安装、调试试验、运行维护全过程，在逻辑维上涉及问题提出、方案设计、模型化和最优化、方案决策、计划安排、组织实施全流程，在知识维上涉及电、磁、热、力等自然科学和项目管理、技术经济等管理科学，是一个复杂的系统工程。作为一个世界级的创新工程，我们必须要系统开发特高压交流输电从规划设计、设备制造、施工安装、调试试验到运行维护的全套技术并通过工程实际运行验证，面临着全面的严峻的挑战和风险。

我国电力技术和电工装备制造长期处于跟随西方发达国家的被动局面。特高压启动之初，国内 500kV 工程设备及关键原材料、组部件仍主要依赖进口，技术、标准和设备均建立在引进、消化、吸收基础上，创新基础薄弱，关键环节受制于人。基于我国相对薄弱的基础工业水平，在世界上率先自主研究开发一个全新的、最高电压等级所需的全套技术和设备，实现从模仿者、追赶者向引领者的角色转换，极具挑战和风险。国内设备制造商、设计单位和科研单位均有抓住机遇参与特高压交流输电技术研发、实现跨越式发展的强烈意愿，但受自身创新能力制约，难以独立完成这一艰巨的创新任务。国外大型跨国公司在市场前景不明朗、研发难度巨大的情况下，则普遍持观望态度。

国务院在 2005 年初听取国家电网公司汇报后，特别指出“特高压输变电技术在国际上没有商业运行业绩，我国必须走自主开发研制和设备国产化的发展道路”。对于国家电网公司而言，迫切需要的特高压交流输电技术面临既“不能买”也“买不来”的难题。作为发展特高压交流输电技术的倡导者和用户，国家电网公司拥有国内最系统最先进的电力技术研发资源、工程建设资源和调度运行管理资源，积累了一系列组织实施超高压交直流输电重大工程建设运行经验，具有在全国范围内集中科研、设计、制造、建设和运行维护优质资源的能力和影响力。为在较短时间内攻克特高压交流输电技术这一世界难题、实现特高压交流输电技术的创新突破，需要也必须由国家电网公司承担起整合国内电力、机械等相关行业的创新资源、主导特高压交流输电创新的重任。

二、用户（业主）主导的特高压交流输电工程创新管理主要做法

在政府大力支持下，国家电网公司打破常规管理模式，发挥主导作用，组织国内电力、机械等相关行业的科研、设计、制造、施工、试验、运行单位和高等院校，集中优势资源和力量，依托试验示范工程建设，组建了创新联合体，实施联合攻关，在世界上率先全面攻克了特高压交流输电技术难关，建成了商业化运行的试验示范工程，带动我国电力科技和输变电设备制造产业实现了全面升级和跨越式发展，在国际高压输电领域实现了“中国创造”和“中国引领”。主要做法如下：

（一）确立用户（业主）主导的自主创新思路

在对特高压交流输电创新难度、国内电力科技和输变电设备创新能力系统研究的基础上，为在较短时间内突破特高压交流输电创新难题，满足能源电力发展的迫切需要，国家电网公司研究提出了“科学论证、示范先行、自主创新、扎实推进”的总体原则，确立了国家电网公司主导的特高压交流输电自主创新思路：首先建设

示范工程，依托工程、国家电网公司主导、产学研联合开发特高压交流输电技术，提高国内电力科技和输变电装备制造水平，验证特高压交流输变电系统性能和设备运行可靠性，在成功基础上扎实推进规模化应用。主要体现在四个方面，核心是用户（业主）主导：

一是“用户（业主）主导”。打破常规输变电工程多主体分阶段负责的管理模式，由特高压交流输电技术的用户（业主）主导创新全过程。特高压“创新在中国”“市场在中国”，由用户（业主）主导创新可在最大程度上充分发挥国家电网公司在电力技术研发和工程建设运行方面的整体优势、充分调动创新链各利益相关方的积极性、充分集中国内外的优势资源和力量，拉近创新成品与实际需求之间的距离，为创新过程赋予强大动力。

二是“依托工程”。打破先行科技攻关、再推动科技成果转化的常规模式，在工程整体目标统领下，直接以工程需求为中心组织科技攻关、以科技攻关成果支撑工程建设，运用工程项目的系统管理方法组织创新，有利于保证创新各环节、各方面、各要素特别是各阶段的有机衔接，有利于保证创新所需的资源和力量投入，有利于破解“资金短缺”“创新孤岛”“成果转化”“首台首套设备使用”等问题。

三是“自主创新”。不走国外研发、国内引进消化吸收的路子，立足国内，自主研发、设计、制造、建设和运营。将试验示范工程作为特高压交流输电技术和设备自主化的依托工程，推动国内电力科技和电工装备制造产业升级和跨越式发展，为特高压交流输电技术的推广应用奠定基础。

四是“产学研联合”。打破上下游技术壁垒、加强同行技术交流合作、关键共性技术协同攻关，千方百计、调用一切力量，充分发挥国内科研、制造、设计、试验、建设、运行、高校和专家团队的各方优势，弥补各单位独立研究开发普遍面临的创新能力不足困难，通过开放式创新凝聚资源、集中智慧，形成创新合力。

（二）构建用户（业主）主导的自主创新体系

在国家的大力支持下，国家电网公司主导建立了密切协同的特高压交流输电工程创新联合体（见图1），集中了国内高压输电领域科研、设计、设备和工程建设运行等方面的主力军（100 余家单位），得到了政府

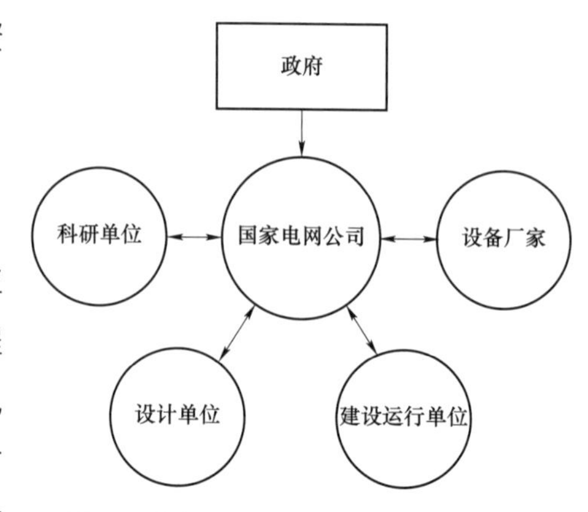

图1 特高压交流输电工程创新联合体

的大力支持。国家电网公司是创新链的发起者，创新目标的提出者，创新过程的组织者、参与者和决策者，创新成果的首次应用及规模化应用的推动者，是创新联合体的核心主体。

研究确定了创新联合体的总体目标（图 2），即全面掌握特高压交流输电系统关键技术，实现科研、规划、系统设计、工程设计、设备制造、施工调试和运行维护的自主创新，建设“安全可靠、自主创新、经济合理、环境友好、国际一流”的优质精品工程。构建了集约管控的组织体系（图 3）和高效协同的运转机制，为特高压交流输电创新提供重要保障。

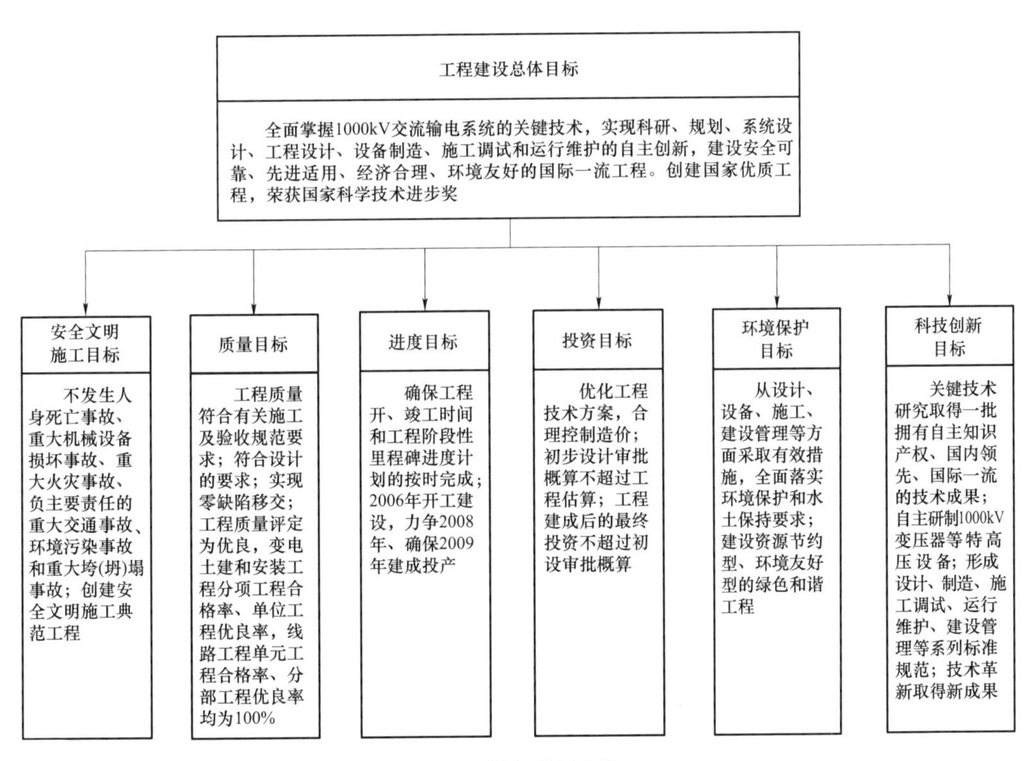

图 2 创新总体目标

1. 科学严谨的决策机制

国家电网公司成立由时任总经理刘振亚负责的特高压电网工程领导小组、试验示范工程建设领导小组，决定特高压输电重大事项，审查重大技术方案和重大专题研究成果，协调指导工程建设各项工作。设立专家委员会，集中特高压输电相关领域院士和专家，负责重大技术原则和方案的审查把关，保证决策科学性。成立特高压交流输电标准化技术工作委员会，依托工程建立特高压交流输电国家标准和行业标准体系。公司总部组建特高压建设部，行使项目法人职能，负责工程建设全过程管理和监督；在相关省级电力公司组建特高压工作机构、在工程现场成立指挥部，形成工程建设三级组织指挥体系、最大程度集中各方资源和力量；在科研、设计、设备各环节成立专项领导小组，具体负责组织相关领域的集中攻关；各创新主体内部均成立由主要领导负责的专门机构，直接组织特高压交流输电创新工作；通过严密组织和周密策划，形成了高效民主科学的决策机制，为推动创新进程奠定了坚实基础。

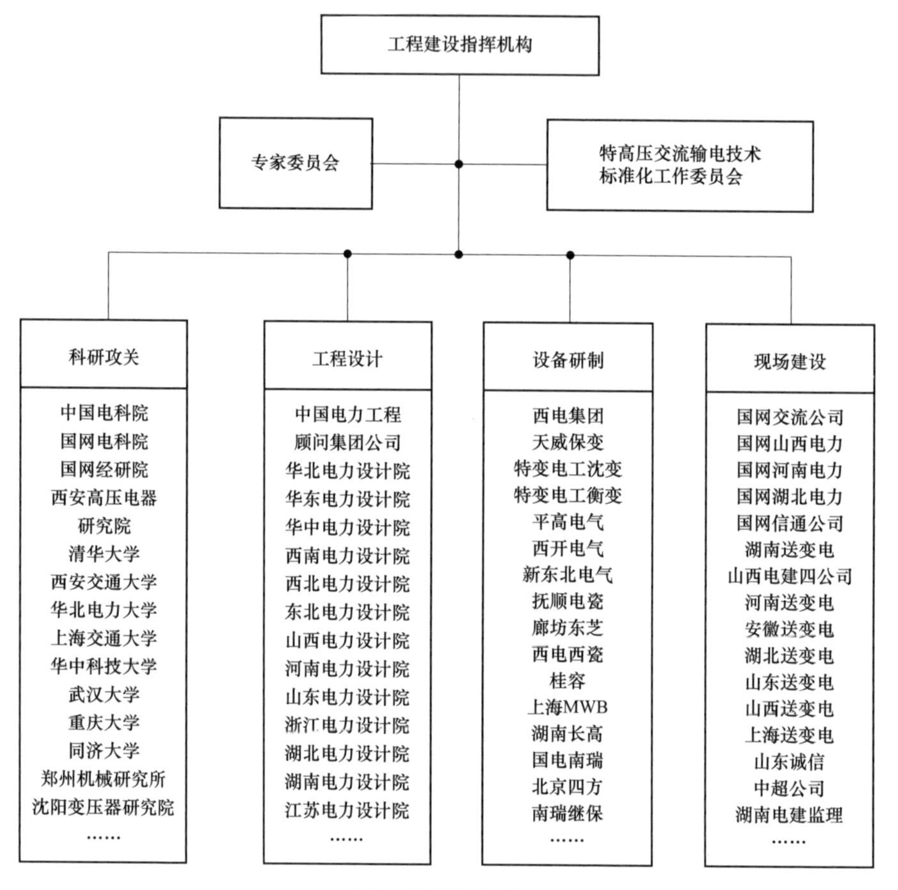

图3 创新组织体系

2. 协同高效的工作机制

研究提出了“基础研究—工程设计—设备研制—试验验证—系统集成—工程示范”的创新技术路线，在总结国家电网公司实施重大工程经验基础上，以工程项目管理方法组织特高压交流输电创新活动，以工程里程碑计划统领全局，坚持集团化运作抓工程推进、集约化协调抓工程组织、精益化管理创精品工程、标准化建设技术体系的“四化”基本原则，坚持科研为先导、设计为龙头、设备为关键、建设为基础的“二十字工作方针”，在科研攻关、工程设计、设备研制、建设运行各环节均创新建立了针对各环节特点的工作机制，以及贯穿各环节的协同高效的工作机制，实现了对这一世界级重大创新活动安全、质量、进度和资金的有效管控。

3. 系统严格的管控机制

全面采用合同方式固化国家电网公司与各创新主体之间的责权利，用合同管理的要求来强力推动科研、设计、设备、建设各方的创新进程。建立由建设管理纲要、专项工作大纲和实施方案组成的三级管理制度体系（见图 4），包括工程总体策划，科研管理、线路设计、变电设计、设计监理、设备监造、计划管理、财务管理、现场建设、系统通信、生产准备、工程档案和系统调试工作大纲及各创新主体的实施方案，统一管理程序和工作流程，保证了各环节目标一致和有效衔接。

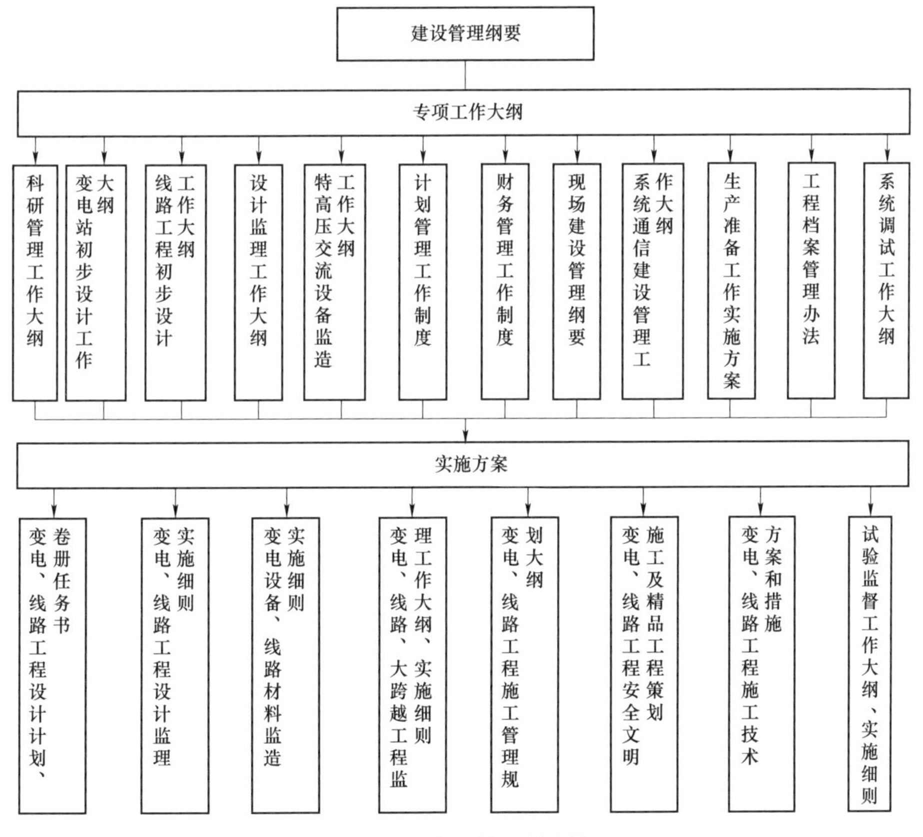

图 4　工程建设管理制度体系

4. 推动创新的保障机制

一方面，国家从资金、政策方面给予大力支持，国家电网公司安排专项资金，组织全面的科研攻关，建立特高压交流试验基地，推动国内骨干企业建成世界领先的全套高电压、强电流试验平台和厂房设备，为科研、设计、设备研发打下重要基础。另一方面，通过专家委员会集中各方智慧，强化技术、信息交流和知识共享，大力推动关键共性技术协同攻关，为特高压交流技术创新提供了重要技术支撑和保障。

5. 创新过程监督机制

坚持安全可靠第一原则，全面总结国际特高压交流前期研究及国内常规工程经验，大量组建固定专家团队，系统开展创新风险分析，特别重视从源头控制风险，重大科研课题、重大技术原则和重大工程方案组织两方甚至多方进行背靠背研究，组织多层次多轮次专家审查，反复研究、反复论证，追求最优化，采用专家指导检查、第三方校核、设计监理、设备监造、试验监督、工程监理等方式强化创新全过程的监督。

6. 合作共赢的激励机制

国家电网公司主导下的创新联合体各方均是国内相关领域的领先者，合同约定双方在特高压交流输电创新中取得的成果和知识产权共享。创新成功带来创新能力升级、影响力提升、改变与跨国公司竞争中的弱势局面、确立在特高压新市场位置等方面的正激励，以及创新不成功导致不利影响甚至危及常规市场已有地位的负激励，是激励联合体各方攻坚克难的强大动力。占领高压输电技术制高点、彻底扭转长期跟随西方发展局面的精神信念以及国家在科技立项、资金支持、税费减免等方面激励政策也发挥了十分重要的推动作用。

（三）全面科学论证，达成广泛共识

国家电网公司是特高压交流输电创新链的发起者，首次示范及规模化应用的推动者。在这一创新战略的形成和推动中，坚持了全面、科学、广泛、民主论证和决策的原则，严格执行了国家有关法律法规和基本建设程序的规定。

2005 年 1 月，国家电网公司成立了特高压电网工程领导小组，以及由院士和资深专家组成的特高压电网工程顾问小组，联合电力、机械等相关行业的科研、设计、制造、协会及高校等单位，全面开展特高压交流输电研究论证。国家发展改革委、中国工程院、国务院发展研究中心、中国电机工程学会、中国机械工业联合会等单位同步开展了专项论证。

国家电网公司组织了国外特高压前期研究经验的全面调研考察，开展了我国 500、750kV 电网建设运行经验的全面总结，会同国内各行业、高校、有关部门和单位等方面，针对发展特高压输电的必要性、技术可行性、关键技术原则、设备国产化方案、示范工程选择和远景规划等重大问题进行了全面、系统、深入的研究论证，充分听取了各方意见，社会各界达成广泛共识，认为我国发展特高压输电十分必要、技术可行、非常紧迫。据不完全统计，2000 多名专家学者直接参与了前期研究论证。其中院士 30 多人，教授及教授级高工 300 多人，高级工程师及博士 800 多人，其他技术专家超过 1000 人。仅国家发展改革委、国家电网公司、中国电力工程顾问集团公司、中国机械工业联合会就先后召开了 200 多次专题论证会，与会专家代表超过 7000 人次。

在广泛咨询论证和深入优化比选的基础上，国家电网公司提出了建设 1000kV 晋东南—南阳—荆门特高压交流试验示范工程的建议。2005 年 9 月工程可行性研究通过评审，同时按照国家有关法规开展了水保、环评、用地预审、文物、地灾、压矿、地震等专题评估，并全部在 2005 年内取得了政府有关批件。2006 年 8 月 9 日，国家发展改革委正式核准建设 1000kV 晋东南—南阳—荆门特高压交流试验示范工程，线路全长 640km，起于山西晋东南变电站，经河南南阳开关站，止于湖北荆门变电站。

国家在确定特高压交流试验示范工程为发展特高压交流输电技术和设备自主化依托工程并提出明确目标的同时，在政策方面对特高压输电自主创新给予了大力支持：研究开发特高压输电技术与装备列入《国家中长期科学和技术发展规划纲要（2006～2020 年）》（国发〔2005〕44 号）和《中国应对气候变化国家方案》（国发〔2007〕17 号）；开展特高压输变电成套设备的研制列入《国务院关于加快振兴装备制造业的若干意见》（国发〔2006〕8 号）；建设特高压输变电与电力系统安全关键技术开发和试验设施列入《国家自主创新基础能力建设“十一五”规划》（国办发〔2007〕7 号）。

（四）以科研为先导，攻克关键技术

坚持以科研为先导，提出并贯彻“三结合”（自主创新与国外咨询交流、技术协作相结合，中间成果审查、专题审查与重大成果公司级审查相结合，关键技术研究与工程设计专题应用相结合）思想，集合资源、全面覆盖、强化支撑、推动互动印证、分步分级评审，动态协同推进科研攻关。

特高压交流输电技术不是超高压交流输电技术的简单“放大样”，工程规划设计、设备研制、建设运行的技术原则都必须建立在科研攻关的基础之上。我国发展特高压交流输电，既面临高电压、强电流下的电磁与绝缘关键技术世界级难题，又需应对重污秽、高海拔等特有严酷自然环境挑战，主要表现在：一是电压控制难度大，特高压交流系统输送容量大、距离远，正常运行时，最高电压应控制在 1100kV 以下，沿线稳态电压接近平衡分布，但故障断开时，电压分布发生突变、受端电压大幅抬升，这些电压升高直接威胁到系统和设备安全；二是外绝缘配置难度大，特高压交流系统外绝缘尺度大，空气间隙的耐受电压随间隙距离增大不再线性增加，呈现明显饱和效应，线路铁塔高、雷电绕击导线概率明显增加，我国大气环境污染严重、导致绝缘子在污秽情况下的沿面闪络电压大幅降低；三是电磁环境控制难度大，特高压交流线路、变电站构成的多导体系统结构复杂、尺度大，导体间相互影响显著，带电导体表面及附近空间的电场强度增大，电晕放电产生可听噪声和无线电干扰影响；四是设备研制难度大，特高压交流设备包括变压器、开关等 9 大类 40 余种，额定参数高，电、磁、热、力多物理场协调复杂，按现有技术线性放大，会使得设备体积过大、造价过高，且部分设备无法运输，研制难度极大。为全面突破特高压交流关键技术难题，国家电网公司重点开展了以下工作：

1. 充分集合科研资源

采用“国家电网公司主导、产学研联合攻关”的开放式创新模式，打破了各科研单位之间的壁垒和行业壁垒，组织中国电科院、武高院、电建院、南自院等电力行业科研机构，西高院、沈变所、郑州机械研究所等机械行业科研机构，以及清华大学、西安交通大学等高等院校联合开展科研攻关，挖掘我国在电力科技及电工装备研制领域的创新潜能，发挥全国各方面专家的聪明才智，高度重视与国际同行特别是前苏联等国的交流合作，最大程度集中资源和力量，形成了创新合力，为突破特高压交流输电这一世界级难题、在更高水平上实现创新发展奠定了基础。

2. 全面覆盖工程需求

在深入进行国内外技术调研基础上，围绕特高压交流输电技术特征，国家电网公司研究制定了由 180 项课题组成的特高压交流输电关键技术研究框架，组织各科研单位系统开展了覆盖工程前期—建设—后期全过程的规划、系统、设计、设备、施工、调试、试验、调度和运行等 9 大方面的科研攻关（见图 5、表 1），其中“特高压输电系统开发与示范”等 16 个课题为“十一五”国家科技支撑计划重大项目。在全面推进特高压交流

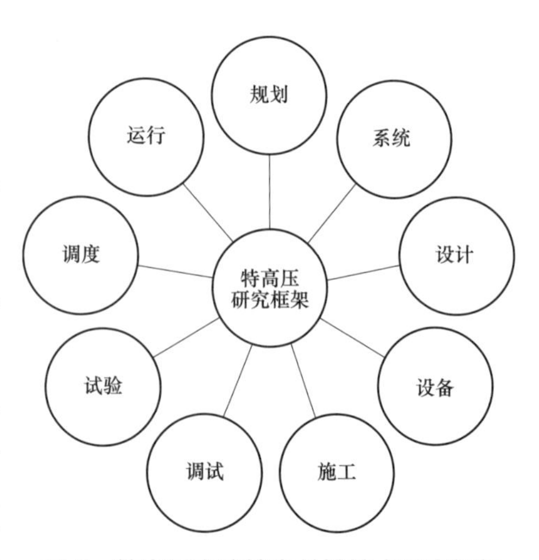

图 5　特高压交流输电关键技术研究框架

系统大尺度、非线性电、磁、热、力多物理场作用下各类电工基础研究的同时，特别强化了工程应用研究，用于推动基础研究成果转化为工程应用的专项课题占到总课题数的 40%。

表 1　　重要技术攻关项目及参与单位

类别	关键技术攻关项目	参与单位
规划	特高压交直流输电系统网架电气计算数据平台研究 1000kV 级交流输电系统最高运行电压选择的研究 国家电网特高压骨干网架经济性分析 特高压典型网络结构的系统稳定与无功控制研究 1000kV 级交流输电工程规程框架研究	中国电力工程顾问集团公司，国网经研院，中国电科院，国网电科院，华北、中南电力设计院，华北电力大学等
系统	特高压交流工程稳态过电压研究 特高压交流工程电磁暂态研究 特高压交流工程外绝缘特性研究 1000kV 交流系统动态模拟及继电保护试验研究 特高压交流工程无功补偿配置方案研究 特高压线路对西气东输埋地管线电磁影响研究	中国电科院，国网电科院，清华大学，中南电力设计院，东南大学，合肥工业大学等
设计	1000kV 级交流系统工程设计研究 1000kV 交流输变电工程送电线路和变电站设计规范研究 1000kV 特高压变电站母线结构及配套金具的优化研究 1000kV 交流输变电工程线路及变电站设备电晕特性研究 1000kV 交流输变电工程电磁环境的研究 1000kV 交流输变电工程杆塔方案及基础型式研究	中国电力工程顾问集团公司，中国电科院，国网电科院，华北、中南、华东电力设计院，清华大学，西安交通大学，洛斯达航测有限公司等
设备	1000kV 级交流输变电主设备规范的研究 1000kV 级交流输变电工程设备外绝缘特性研究 1000kV 交流输变电工程 GIS 核心技术的研究 1000kV 交流输变电工程变压器核心技术的研究 1000kV 交流输变电工程电抗器核心技术的研究 特高压保护与控制设备电磁兼容研究	中国电科院，西电集团，天威保变，特变电工沈变，西电西气，西安高压电器研究所，上海交通大学，华北电力大学，北京四方等
施工	1000kV 变电站母线/跳线施工工艺及工器具研究 1000kV 变电站大型设备安装方案的研究 1000kV 变电站构架组立施工方案的研究 1000kV 线路大直径多分裂导线张力放线的研究 1000kV 线路铁塔组立施工工艺研究	国网交流公司，中国电科院，国网经研院，电力工程造价与定额管理总站，国网电力建设定额站等

续表

类别	关键技术攻关项目	参与单位
调试	1000kV 特高压工程系统调试方案研究	中国电科院，国调中心，国网交流公司等
	特高压工程启动及竣工验收规程研究	
	特高压工程快速暂态过电压（VFTO）特性研究	
	特高压交流变压器剩磁影响及去磁技术研究	
试验	特高压交流试验基地建设研究	中国电科院，国网电科院，湖北试研院，河南试研院，山西试研院，西安高压电器研究所，西安交通大学等
	1000kV 级交流输电设备交接及预防性试验的研究	
	特高压断路器型式试验方法研究	
	1000kV 主设备现场交接验收试验方法研究	
	特高压变压器现场局放试验设备研制	
调度	1000kV 交流系统运行特性及控制技术的研究	中国电科院，国调中心等
	特高压交流工程电压控制技术研究	
	特高压联络线功率控制技术研究	
运行	1000kV 级交流工程带电作业的研究	中国电科院，国网电科院，国网运行公司，国网湖北、河南、山西电力等
	1000kV 特高压输变电设备安全工器具的研制	
	1000kV 级交流输电设备运行检修技术的研究	
	变压器、并联电抗器和开关设备运行情况研究	
	特高压电气设备故障定位技术研究	

3. 大力强化科研支撑

为支撑科研攻关、掌握技术规律，适应高压输电作为试验性学科的客观需要，国家电网公司组织设计研制了高参数、高性能的高电压、强电流等试验检测设备，投资建设了武汉特高压交流试验基地、北京工程力学试验基地、西藏高海拔试验基地和国家电网仿真中心，推动改造了西安高电压、强电流试验站，推动升级了国内各主力设备制造厂的试验检测能力，在我国建成了世界上功能最完整、技术水平最先进的特高压试验研究平台，为高水平开展科研攻关奠定实证基础，彻底解决了缺乏高等效性试验手段这一长期困扰我国科研、设计和设备基础研究难题，打破荷兰KEMA、意大利 CESI 在高端试验领域的“硬”垄断。

4. 着力推动互动印证

根据工程设计、设备研制和现场建设需要，按照工程管理方法，全过程跟踪、统筹协调科研进展，制定相关科研课题、相关工程环节之间的科研资料交换与成果需求网络进度计划，通过科研设计例会、专题技术交流研讨、成果评审机制，一抓科研攻关与工程应用的互动印证，二抓不同科研课题之间的互动印证，三抓相同科研课题之不同科研承担单位之间的互动印证，动态协调、及时优化调整研究边界条件和思路方法，有效解决了各研究结果之间互相依赖、互相制约、互相迭代的难题，为在较短时间内高水平突破特高压交流输电关键技术难题创造了条件。

5. 实施分步分级评审

在课题研究各阶段，组织相关专业权威专家进行专项审查，紧密结合工程实践和试验验证结果反复研究论证，重大技术问题由国家电网公司领导主持公司级审查。通过专家研讨、中间评审、专项验收和公司级审查等多重把关形式，保证了科研成果的质量和水平。

（五）以设计为龙头，统领系统集成

坚持以设计为龙头，创新设计管理，采用“联合设计、集中攻关、专题研究、分步分级评审”工作模式，坚持设计全过程优化，严把设计质量关，充分发挥设计的系统集成作用，统领科研攻关、设备研制和现场建设。

1. 采用联合设计体系

建立以国家电网公司为主导，中国电力顾问集团公司及华北、华东、中南、东北、西北、西南六大电力设计院与相关科研、设备、施工、运行单位和专家组成的设计联合体。成立设计工作组，全面负责工程设计管理和协调工作，组织主要设计技术原则和重大方案评审，打破了各设计院独立进行设计的传统模式，最大限度地集中了优质设计资源和智慧。

2. 组织集中攻关

特高压交流工程设计在国际上没有可供借鉴的技术标准和工程实践经验，需要在关键技术研究成果基础上进行系统集成，以系统性能总体最优为目标，协同系统各相关边界条件、不同设备的制造难度、不同施工环节的实施难度、运行维护和检修难度及相互之间的关系，多方案比较，实现安全可靠性、经济性和运行灵活性的有机统一。从中国电力顾问集团公司及华北、华东、中南、东北、西北、西南六大电力设计院抽调技术骨干在北京集中工作，主要负责研究提出关键设计技术原则和重大方案，经过审查确定后由各设计院直接应用到工程设计中；同时各设计院也各自组织集中工作，以便于统一具体设计原则和协调专业接口。由此改变了传统的设计独立工作方式，集中了设计智慧，提高了设计效率。

3. 开展设计专题研究

在初步设计中将工程主要设计原则和重大方案分解成变电和线路工程各 20 余

项设计专题（见表2），与特高压交流输电关键技术科研攻关课题形成呼应，在科研成果的基础上结合工程设计的具体应用，实现科研成果向设计技术原则的转化。关键技术研究成果为工程设计提供理论依据，设计专题研究将科研成果转化为安全可靠、经济合理的设计原则。以特高压金具设计为例，在理论研究与电晕特性试验确定金具表面电场强度计算方法和控制值的基础上，系统集成中需要进行专题研究，综合考虑工程的海拔、空气湿度、风速、覆冰覆雪、抗地震、金具制造水平、施工安装难度等因素影响，合理确定金具材料选择与结构设计并留有裕度，确保实现电磁环境控制指标。

表2　　　　重要设计专题

序号	线路工程设计专题	变电工程设计专题
1	导线方案研究	1000kV 变电站导体选择
2	煤矿开采区路径及基础方案研究	1000kV 变电站绝缘子串选型及配串方式研究
3	风速设计标准研究	1000kV 变电站金具型式开发研究
4	绝缘子选型及污秽绝缘设计研究	1000kV 变电站 1000kV 构架设计研究
5	空气间隙选择研究	1000kV 变电站大型油浸设备消防方案研究
6	绝缘子串均压及防晕方案研究	1000kV 变电站电气主接线研究
7	防雷保护研究	1000kV 配电装置设计选型
8	合成绝缘子技术条件研究	1000kV 变电站雷电过电压研究
9	电气不平衡度及换位方式研究	1000kV 变电站直击雷保护设计
10	地线电量及地线绝缘方式研究	1000kV 变电站接地研究
11	导线对地及交叉跨越距离研究	1000kV 变电站低压无功参数选择
12	刚性跳线及线路金具研究	1000kV 变电站站用电设计
13	导地线位移及档距中央距离研究	1000kV 变电站保护小室设置及屏蔽效能的研究
14	杆塔规划及经济档距研究	1000kV 变电站直流系统配置研究
15	杆塔荷载设计研究	1000kV 变电站大件设备运输专题研究
16	杆塔结构设计优化研究	1000kV 变电站地基处理和构架基础选型研究
17	塔材选型及高强钢应用研究	1000kV 变电站母线及分支通流能力研究
18	基础方案优化及环保措施研究	1000kV 变电站边坡设计研究
19	大跨越设计技术方案研究	安全自动装置专题研究
20	塔线耦联对结构的安全影响评价	500kV 出线同塔双回接地刀闸专题研究
21	导地线微风振动分析与对策研究	500kV 雷电侵入波过电压研究
22	高塔风振控制研究	

4. 推行分步分级评审

改变一次集中评审初步设计的传统模式，研究制定设计进度与科研进展的协调配合计划，采取分步、分级评审原则；分步评审是分专题、分阶段组织的审查方式，逐步审定各专题的科研、设计中间成果和最终成果，逐一逐步确定工程方案和技术原则；分级评审是根据技术专题的难度和重要性分级审查，顾问集团公司组织设计专题报告内审，重要技术原则采用专家评审会确定，重大设计原则由国家电网公司组织公司级评审确定。

5. 坚持设计全过程优化

追求技术、经济指标总体最佳的设计方案，引入全场域三维电场分析、全场域抗地震仿真计算、可靠度分析等新的基于系统整体性能最优化的新理念和新方法，创造条件、采用缩尺模型试验、真型试验验证设计，发现并解决了复杂大系统难以用现有科学方法解释的电磁、力学特性及可靠性难题，从设计源头保障了本质安全。

6. 严把设计质量关

创新引入设计监理制度，施工图阶段狠抓事先指导、中间检查、成品校审三个环节，设计内部审核比常规工程提高一个等级。落实强条、反措要求，吸收常规工程建设运行经验，组织施工图大检查，严格执行施工图会审制度，严格履行设计变更制度，通过强化工艺设计在细节上体现优质精品工程的要求。

（六）以设备为关键，聚焦设备研制

坚持以设备为关键，研究提出“依托工程、业主主导、专家咨询、质量和技术全过程管控的产学研用联合”创新模式，以及坚持把安全可靠放在首要位置、从设计源头抓设备质量、严格过程控制和试验验证的指导思想，提出并实施“设备研制与监造三结合”（国内和国外相结合、驻厂监造与专家组重点检查相结合、全程监造与关键点监督见证相结合），为成功开发研制全套领先世界的特高压交流设备并实现“一次投运成功、长期安全运行”的目标提供了重要的保障。

1. 提出并实施产学研用联合创新模式

打破用户与厂家、厂家与厂家之间的技术壁垒，国家电网公司主导组建由西电集团、特变电工、保定天威、平高电气、新东北电气等国内主力输变电设备制造厂、专家委员会和科研、设计、试验、建设、运行单位以及高校组成的常态设备研制工作体系，加强技术交流与合作，注重借鉴国内外同类设备研制的经验和教训，调动一切可能的资源和力量，组织关键共性技术联合攻关，推进开放式创新。综合运用市场、政策、资金、技术等各种手段，形成了创新合力。

以特高压交流变压器研制为例，研制初期国家电网公司就在国内外大量调研的基础上，牵头组织联合攻关、提出技术规范、确定总体技术方案和核心设计原则；设备招标采购阶段，以方案安全可靠性作为主要评价标准，打破常规大幅提高预付款比例缓解厂家资金压力，合同划分为研制和工程供货两个阶段并以产品通过型式试验作为研制阶段成功标志，研制不成功合同终止、厂家返还除材料成本外的合同资金，同时在合同中明确了联合研制、知识产权共享原则；联合申请国家给予科研立项、税费减免等政策支持，同时在中间产品挂网运行、常规设备市场竞争等方面予以支持；产品设计阶段，组织国内资深专家和学者对产品设计进行全面审查，并针对一些设计关键点委托国外试验结构和国内专业机构进行独立校核，确保方案可靠；设备制造阶段，开展全过程监造控制质量，尤其是在试验过程中出现重大问题时，组织联合研制工作组与厂家共同进行故障分析和研究，对局部环节设计进行背靠背复核，及时研究解决存在问题，提高了国内对电力变压器技术规律的掌握深度，并最终研制成功，大幅提升了国内厂家常规设备的市场竞争力。

2. 坚持把安全可靠放在首要位置

高度重视特高压交流设备研制任务的艰巨性、复杂性和挑战性，突出强调风险意识，动态进行风险的辨识、分析、评估和控制，将安全可靠第一的原则落实到设备选型采购、技术路线选择与设备设计的每个细节，落实到人员选拔与培训、原材料选型与检验、加工环境、加工设备、生产制造、试验检验、运输安装和现场调试试验的每个环节，落实到参与设备研制的每个人员。

3. 大力开展科研攻关

由国家电网公司组织开展关键共性技术攻关，共享研究成果和开发经验，特别重视对计算机模拟计算结果和设计方案的试验验证，创造条件开展组部件试验、关键结构模型试验、裕度试验和特殊试验，组织中间产品在特高压交流试验基地和500、750kV 电网挂网试运行、积累经验，掌握典型结构、材料在特高压、强电流电磁作用下的特性规律，验证新结构和新材料和新设计。

4. 坚持从设计源头抓质量

确保国产设备先天具有“强健”的体质。国家电网公司强势介入，高度重视设计过程的质量管理，从功能需求、设计原则、技术路线、产品结构抓起，全面调研、认真借鉴国内外同类设备研制的经验和教训，组织系统特性和设备特性多方案联合优选，统一技术路线和重大设计原则，组织厂家互校产品设计、优势互补，组织第三方专业机构进行专题设计校核，大量组建特定专业方向的固定专家团队进行设计审查，反复研究、反复论证，确定合理的设计方案，实现了设计的高可靠性和最优化。

5. 严格设备质量全过程管控

强力推进“三结合”（国内监造和国外监造相结合，驻厂监造与专家组重点检查相结合，全过程监造与关键点监督见证相结合），质量管控涵盖从原材料检验、生产制造、出厂试验到运输、现场安装和交接试验的各个环节。高度重视一线人员的选用、培训和管理，严格控制原材料组部件来源，严密控制加工设备和生产环境状态，加强工艺过程质量控制和检查试验，强力推广由工厂技术负责人带队的设计、工艺、生产和质监例行联合检查，全过程驻厂监造并延伸监造至关键原材料、组部件，高度重视设备成品运输和现场安装、试验阶段的质量管控。

6. 严把试验验证关口

推动提升高电压、强电流试验能力，研制高精度检测分析仪器，采用严格的型式试验、出厂试验标准与判据，开展真型试验和大比例抽样试验，进行极端工况安全裕度试验和长时间带电考核，研究开发现场试验技术和试验设备，严格把关。在技术复杂性、制造难度大幅提升情况下，特高压交流设备实现了比常规 500、750kV 设备更高的性能指标和质量稳定性，全面达到了设计预期。

（七）以建设为基础，组织试验示范

坚持以建设为基础，采用专业化和属地化相结合的管理模式，大力推动工程管理规范化和科学化，开展施工管理创新和技术创新，坚持调度运行全过程介入的原则，确保了工程安全优质如期建成投运、实现试验示范目标。

在工程建设方面，一是采用专业化和属地化相结合的管理模式，由公司系统的专业建设单位负责组织现场建设，由属地省电力公司负责征地、赔偿等地方关系协调处理，充分发挥各方优势，集中主要力量解决施工技术难题。二是推动工程管理规范化和科学化，开工前编写形成了“一大纲、五纲要、两策划、两方案”等十项制度，形成了系统的现场建设管理制度体系。三是大力开展管理创新，创新引入 A/B 角项目经理制、A/B 角总监制和交接试验监督制，实现了质量控制、资源保障和人才培养的有机统一，为特高压交流后续工程建设储备了技术力量。四是大力开展施工技术创新，组织研发了专用施工机械和工器具，解决了大体积混凝土浇注及预埋件精准定位、特高压交流设备现场安装及试验、大型铁塔组立、大截面多分裂导线架线等施工难题，推动输变电施工技术水平迈上新台阶。五是以里程碑计划统领全局，建立工程管理信息系统，以及周例会、月调度会、专题会议协调机制和“时限预警”的进度管理机制，保证了各项工作协调有序推进。六是建立健全安全质量管理体系和机制，坚持安全第一、质量至上，狠抓针对性的危险点源辨识和预控措施及其落实，坚持样板引路、试点先行，确保了工程安全和质量。七是科学严谨组织启动调试，开展启动竣工验收规程、系统调试方案、线路参数测试方案等专题研究，经过多次专家会议论证和启委会审查把关后实施，对特高压交流联网系统和特高压交流设备性能进行了全面严格考核。

在调度运行管理方面，一是高标准组建运行维护队伍，研究制定特高压交流运行、检修定员标准，按标准择优选拔管理、技术人员，组建了高素质运行维护队伍。二是开展特高压交流运行检修技术研究，完成“1000kV 级交流输变电设备运行检修技术的研究”等 19 个子课题的研究任务以及“1000kV 交流特高压架空输电线路检修工器具的研制”等 4 个科技项目，为生产运行提供了技术保证。三是开展形式多样的技能培训，从安全生产、业务技术和管理培训三个方面，开展专家讲座、制造厂技术培训、特高压交流技术专题培训，通过考试后核发运检人员上岗资格证。四是建立健全生产规章制度，制定运行检修规程、规范、标准，超前完成专用工器具研制和生产准备工作。五是运行人员提前介入科研、设计、设备和建设全过程，提出合理化建议，为工程安全稳定运行提供了保障。六是创新调度工作协调机制，编制《特高压交流试验示范工程调度生产准备工作方案》，加强了专业管理工作和各级调度间的协调配合，完善了整体调度的常态工作机制。七是制定调度运行规程规定及技术标准，根据技术攻关成果，结合实际制定颁发了调度运行、运行方式、继电保护、通信等专业的标准、规程、规定。八是深化细化运行方式分析与校核，成立联合计算工作组，依托数字/模拟混合仿真系统试验和实际电网试验，对联网系统运行方式、联络线功率控制、无功电压控制等进行了全面系统研究，为工程运行和大电网安全奠定了基础。

（八）创立国家和行业标准、推广创新成果

在试验示范工程建设伊始，基于创新成果规模化应用的需要，提出“科研攻关、工程建设和标准化工作同步推进”的原则，依托工程、自主创新，在世界上率先建立了全面系统的特高压交流标准体系。

在国家电网公司推动下，国家标准化委员会批准在特高压试验示范工程建设领导小组下设立标准化工作机构，2007 年 2 月成立了特高压交流输电标准化技术工作委员会，由国家电网公司、中电联、中机联、国内各方面的专家学者组成，依托工程建设，结合关键技术研究和工程应用，开展特高压交流标准化工作。

结合科研攻关成果和工程实践，研究提出了由七大类 77 项国家标准和能源行业标准构成的特高压交流技术标准体系，全面涵盖系统集成、工程设计、设备制造、施工安装、调试试验和运行维护等各方面内容。目前，已发布了国家标准 29 项、能源行业标准 29 项，形成标准（报批稿）14 项。2009 年 12 月，工程被国标委授予以“工程实践与标准化的有效结合，科研、工程建设与标准化的同步发展”为内容的“国家重大工程标准化示范”称号。

“特高压交流技术标准体系”已经在皖电东送淮南至上海特高压交流输电示范工程、浙北至福州特高压交流工程中全面采用。国际大电网委员会（CIGRE）和国际电气电子工程师协会（IEEE）先后成立由我国主导的 8 个特高压工作组推动特高压交流标准国际化，我国的特高压交流标准电压已成为国际标准，为中国电力技术和设备走向世界创造了良好条件，为特高压交流输电技术的规模化应用奠定坚实基础。

三、用户（业主）主导的特高压交流输电工程创新管理效果

国家电网公司依托用户（业主）主导的特高压交流输电工程创新管理，在世界上率先实现了特高压交流输电从理论研究到工程实践的全面突破，占领了国际高压输电技术制高点，彻底扭转了我国电力技术和设备制造长期跟随西方发达国家发展的被动局面，在国际高压输电领域实现了“中国创造”和“中国引领”，对保障电力可靠供应和国家能源安全，推动国内电力工业和装备制造业科学发展具有重大意义。

特高压交流输电工程的创新成就得到了国内外高度评价和充分肯定，被授予 2012 年“国家科学技术进步奖特等奖”“中国电力科学技术一等奖（最高奖项）”“中国机械工业科学技术特等奖”“国家优质工程金质奖”“中国工业大奖”“新中国成立 60 周年百项经典暨精品工程”“国家重大工程标准化示范”等重要奖项和荣誉，被国际大电网委员会（CIGRE）等权威国际组织认为是“一个伟大的技术成就”“世界电力工业发展史上的重要里程碑”。

（一）建成世界最高电压等级的输电工程

2009 年 1 月，1000kV 晋东南—南阳—荆门特高压交流试验示范工程正式建成投运，成为世界上运行电压最高、技术水平最先进、我国具有完全自主知识产权的交流输电工程。工程投运至今，已连续安全运行近 5 年，经受了雷雨、大风和高温、严寒等恶劣条件考验，系统运行稳定、设备状态正常。截至 2012 年底，已累计输送电量 419.25 亿 kWh，发挥了重要的送电和水火互济联网功能，已经成为世界上输

电能力最强、我国南北方向的一条重要能源输送大通道。

依托工程，我国全面掌握了特高压交流输电从规划设计、设备制造、施工安装、调试试验到运行维护的全套核心技术，成功研制了代表国际高压设备制造最高水平的全套特高压交流设备，具备了国际上功能最全、可试参数最高的高电压、强电流试验能力，建立了特高压交流输电技术标准体系，确立了在国际高压输电领域的领先优势。特高压交流输电创新的全面成功，为推动我国电力和能源发展方式转变、在全国范围内优化配置能源资源提供了重要战略途径。发展特高压输电已列入国家“十二五”规划纲要和国家能源科技“十二五”规划，预计可支撑中东部地区受入电力约 2 亿 kW，节约土地资源 3400 公顷，每年节约供电成本 600 亿元。

（二）带动电力和电工装备制造产业升级

通过特高压交流输电自主创新，我国电力科技水平和创新能力显著增强，电工基础研究水平迈上新台阶，在特高压交流输电领域形成技术优势，国际话语权和影响力大幅提升。特高压交流创新成果已全面反哺超高压系统，推动了超高压输电技术和设备的改造升级。

通过特高压交流输电自主创新，我国输变电设备制造企业实现了产业升级，研发设计、生产装备、质量控制、试验检测能力达到国际领先水平，形成核心竞争力，彻底扭转了长期跟随国外发展的被动局面，不仅取代了跨国公司在国内市场的主导地位，而且全面进军国际市场、实现了高端产品出口零突破。特高压交流业绩已成为我国特高压交流主设备制造企业打开国际市场的金色名片。2009 年以来，虽然受到国际金融危机不利影响，但国内特高压设备制造商的设备出口不降反升，500kV 以上产品的出口总额超过 100 亿元、年增长率超过 40%。

（三）形成用户（业主）主导的创新管理新模式

国家电网公司探索提出并成功实践了以依托工程、用户（业主）主导、自主创新、产学研联合攻关为基本特征的、支撑在较短时间内完成世界级重大创新工程建设的“用户（业主）主导的创新管理”新模式。根据我国基本国情和电力发展需要，国家电网公司提出了发展特高压输电战略，在政府大力支持下，依托试验示范工程建设，作为特高压交流输电创新链的发起者，创新目标的提出者，创新过程的组织者、参与者和决策者，创新成果的首次及规模化应用的推动者，主导整合了国内电力、机械等相关行业的科研、设计、制造、施工、试验、运行单位和高校的资源和力量，形成了巨大创新合力。

采用这一创新模式，国家电网公司用不到 4 年时间，全面攻克了特高压交流输电技术难关，在特高压交流输电技术和装备制造领域取得重大创新突破，占领了国际高压输电技术制高点，并迅速在±800kV特高压直流输电、特高压交流串联补偿、特高压交流同塔双回路输电、高端输变电设备制造等高技术领域领先世界取得一系列重大创新成果，创造了一大批世界纪录，进一步巩固、扩大了我国在高压输电技术开发、装备制造和工程应用领域的国际领先优势，特高压交流输电的创新实践对于我国工业领域其他行业的跨越式创新发展具有重要借鉴意义。

附录三 《中国特高压交流输电工程技术发展综述》

《中国电机工程学报》2020 年 7 月 20 日 第 14 期（总第 649 期）

韩先才，孙昕，陈海波，邱宁，吕铎，王宁华，王晓宁*，张甲雷

（国家电网有限公司，北京市 西城区 100031）

The Overview of Development of UHV AC Transmission Technology in China

HAN Xiancai，SUN Xin，CHEN Haibo，QIU Ning，LYU Duo，WANG Ninghua，WANG Xiaoning*，ZHANG Jialei

（State Grid Corporation of China，Xicheng District，Beijing 100031，China）

ABSTRACT: Many ultra high voltage (UHV) AC power transmission projects have been put into commercial operation successfully in China. By the end of 2019, a backbone of UHV AC power grid has been built in the vast area of Sanhua (North, Central and East China). China proposed the target of developing UHV transmission technology at the end of 2004. The first UHV AC transmission project was put into service in January 2009 named as Jindongnan-Nanyang-Jingmen UHV AC demonstration project. At present, a lot of UHV AC transmission projects have been finished step by step in China which has experienced three stages of technological breakthrough, scale construction and improvement. Relying on engineering practice, China has mastered a full set of core technologies for UHV AC transmission from planning and design, equipment manufacturing, construction, installation, commissioning and testing to operation and maintenance, and a complete set of UHV AC equipment representing the highest level of international electrical equipment manufacturing has been successfully developed, and established the high voltage and strong current test capability with the most complete function and the highest test parameters as well as the standard system of UHV AC transmission technology. In this paper, China's UHV AC transmission technology and its engineering application achievements were presented including the UHV AC engineering design, equipment development, construction and standard system construction etc.

KEY WORDS: ultra high voltage AC; project design;equipment development; construction; standard system

摘要：截至 2019 年，中国已成功投运多个特高压交流输变电工程，在广阔的三华（华北、华中、华东）地区已经初步建成特高压交流电网骨干网架。中国 2004 年底提出发展特高压输电技术，首个特高压交流输电工程——晋东南—南阳—荆门特高压交流试验示范工程于 2009 年 1 月投运，至今已陆续建成多个工程，经历了技术突破、规模化建设和完善提升 3 个阶段。依托工程实践，中国全面掌握了特高压交流输电从规划设计、设备制造、施工安装、调试试验到运行维护的全套核心技术，成功研制了代表国际电工装备制造最高水平的全套特高压交流设备，具备了国际上功能最全、试验参数水平最高的高电压、强电流试验能力，建立了特高压交流输电技术标准体系。该文从特高压交流工程设计、设备研制、施工建设和标准体系建设等方面介绍了中国特高压交流输电技术及其工程应用成果。

关键词：特高压交流；工程设计；设备研制；施工建设；标准体系

0 引言

特高压交流输电是指交流 1000kV 及以上电压等级的输电技术，与常规 500kV 交流输电相比，1000kV 交流输电线路自然输送功率为 4～5 倍，输电距离为 2～3 倍，输送相同容量时的损耗只有 1/3～1/4、走廊宽度只有 1/2～1/3，具有大容量、远距离、低损耗、省占地的突出优势[1-2]。

20 世纪 60 年代末、70 年代初，美国、前苏联、意大利、日本、加拿大等国在大规模建设超高压输电网的同时，根据电力需求持续快速增长需要下一代更高电压等级输电的预期，先后启动了特高压输电的技术基础及规划、设计等工程应用研究。这一研究热潮在国际电力工业界持续了近 20 年时间，后因石油危机等因素影响，这些国家的经济增速大幅放缓、电力需求萎缩，特高压输电研究热潮减退，没能发展出成熟的技术和设备、建成商业化运行的工程。而近年经济增长较快的印度、巴西、南非等国则开始积极研究特高压输电技术[3-8]。

经过 30 多年的前期研究，特别是几个试验、示范项目的推动，国外对特高压交流线路和设备在各种电压、各种环境因素作用下的机电性能和电磁环境特性等进行了大量试验研究，一批特高压设备样机通过了长时间带电考核，初步证明了特高压输电的技术可行性，积累了宝贵经验。国际大电网委员会（CIGRE）成立专门工作组对各国特高压输电技术研究和工程应用成果进行了持续跟踪研究，1988 年国际大电网委员会 38 委员会发布正式报告，明确提出："可以确认，特高压交流输电技术现在已经可用于实际应用"[9]。

中国自 1986 年起开始启动特高压交流输电技术研究，先后经历了技术突破、规模化建设和完善提升等 3 个发展阶段。技术突破阶段以试验示范工程、试验示范工程扩建工程、皖电东送工程为标志，重点是技术研发；规模化建设阶段以浙北—福州、淮南—南京—上海、平圩电厂三期送出、锡盟—山东、蒙西—天津南、榆横—潍坊等一批工程为标志，重点是检验技术成熟度、批量设备稳定性和规模化建设能力；完善提升阶段则包括其后的锡盟—胜利、直流配套以及电源接入等工程，重点是网架的完善、特高压输电技术和建设管理水平的提升。

作为世界能源消费大国，中国的发电能源分布和经济发展极不均衡，水能、煤炭和风能等主要分布在西部和北部，能源和电力负荷需求主要集中在东部和中部经济发达地区，能源产地与能源消费地区之间的能源输送距离远，主要能源基地距离负荷中心约 800～3000km，同时经济高速发展对能源的需求也越来越大。

具有送电距离远、输送功率大、输电损耗低、走廊占地少、联网能力强等优点的特高压交流输电技术可连接煤炭主产区和中东部负荷中心，使得西北部大型煤电基地及风电、太阳能发电的集约开发成为可能，实现能源供给和运输方式多元化，既可满足中东部的用电需求、缓解土地和环保压力，又可推动能源结构调整和布局优化、促进东西部协调发展。通过建设以特高压电网为核心的坚强国家电网，有力促进了煤电就地转化和水电大规模开发，实现了跨地区、跨流域水火互济，将清洁的电能从西部和北部大规模输送到中、东部地区，满足了中国经济快速发展对电力增长的巨大需求，实现了能源资源在全国范围内的优化配置，成为保障能源安全的战略途径。

1 特高压交流工程发展情况

2004 年底，国家电网公司提出发展特高压输电技术、建设坚强国家电网的战略发展目标。在全面论证的基础上，国家发改委于 2006 年 8 月 9 日核准建设晋东南—南阳—荆门特高压交流试验示范工程，并于 2009 年 1 月 6 日建成投运。截至 2019 年 12 月，中国已陆续建成投运 23 项特高压交流工程，在建 5 项，线路总长度超过 1.4 万 km，已建和在建变电站（含开关站、串补站）32 座。在广阔的三华（华北、华中、华东）地区已经初步建成特高压交流电网骨干网架，对于保障中国能源安全、推动绿色发展、促进雾霾治理发挥了重大作用。中国特高压交流工程简要情况见表 1。

表 1 中国已建和在建的特高压交流工程列表

Tab. 1 List of UHV AC transmission projects already built and under construction in China

序号	工程项目	线路长度（km）	变电容量（MVA）	投运时间
1	特高压交流试验示范工程	640	6000	2009.01
2	试验示范工程扩建工程	—	12000	2011.12
3	皖电东送工程	2×649	21000	2013.09
4	浙北—福州工程	2×603	18000	2014.12
5	平圩电厂三期送出工程	4.8	—	2015.04
6	锡盟—山东工程	2×730	15000	2016.07
7	淮南—南京—上海工程	2×780	12000	2016.09
8	蒙西—天津南工程	2×616	24000	2016.11
9	榆横—潍坊工程	2×1059	15000	2017.08
10	锡盟—胜利工程	2×240	6000	2017.07
11	青州换流站—潍坊工程	2×74	3000	2017.09
12	临沂—临沂换流站工程	2×56	6000	2017.12
13	泰州站主变扩建工程	—	3000	2018.02
14	苏州站主变扩建工程	—	6000	2018.05
15	皖南换流站—皖南工程	2×5.5	—	2018.04
16	赵石畔电厂送出工程	19.5	—	2018.06
17	横山电厂送出工程	41.5	—	2018.06

续表

序号	工程项目	线路长度（km）	变电容量（MVA）	投运时间
18	大唐锡林浩特电厂送出工程	14	—	2018.12
19	神华胜利电厂送出工程	18.5	—	2018.12
20	北方胜利电厂送出工程	20	—	2018.12
21	苏通 GIL 综合管廊工程	2×6	—	2019.09
22	北京西一石家庄工程	2×224.9	—	2019.06
23	山东一河北环网工程	2×825.9	15000	2019.12
24	蒙西一晋中工程	2×304	—	在建
25	张北一雄安工程	2×319.9	6000	在建
26	驻马店一南阳工程	2×190.3	6000	在建
27	长治站配套电厂送出工程	105	—	在建
28	苏州站第三台主变扩建工程	—	3000	在建
	合计	14230.3	177000	

1.1 技术突破阶段

1.1.1 特高压交流试验示范工程

1000kV 晋东南一南阳一荆门特高压交流试验示范工程起于山西晋东南（调度名长治，下同）变电站，经河南南阳开关站，止于湖北荆门变电站，线路全长 640km，单回路架设。该工程是中国首个特高压交流输电工程。依托工程，中国研发、掌握了全套特高压交流输电技术，建立了世界最高参数的高电压、强电流试验能力和大电网安全稳定分析能力，研制了全套特高压交流设备，实现了科研、设计、设备、施工、调试和运行的全面自主化，全面验证了特高压交流输电技术的工程应用可行性。

1.1.2 特高压交流试验示范工程扩建工程

试验示范工程 2009 年 1 月投运后，为进一步发挥输电能力，验证特高压交流大容量、远距离、低损耗的输电优势，国家发改委于 2010 年 12 月核准建设特高压交流试验示范工程扩建工程。工程在世界上首次研制了特高压串补装置，晋东南至南阳段线路装设补偿度 40%的串补（两侧各 20%），南阳至荆门段线路装设 40%的串补（集中布置于南阳侧）。投运后进行了大负荷试验，最大输送功率达 572 万 kW，创造了单回交流输电工程输送能力的世界纪录。

1.1.3 皖电东送工程

皖电东送工程包括淮南、皖南（芜湖）、浙北（安吉）、沪西（练塘）4 个变电站，线路全线采用钢管塔和同塔双回架设，是世界上首个商业运行的同塔双回特高压输电工程。依托皖电东送工程建设，全面掌握了特高压交流同塔双回路输电技术，实现特高压设备大批量稳定生产，工程建设的组织管理、科研、设计、制造、施工和运行等各环节实现了新的提升，为特高压工程规模化建设奠定了坚实基础。

1.2 规模化建设阶段

1.2.1 浙北—福州工程

浙北—福州工程扩建浙北（安吉）站，新建浙中（兰江）、浙南（莲都）、福州（榕城）3 个变电站，全线单、双回路混合架设。工程首次因地制宜混合应用同塔双回、两个单回路，进一步丰富、完善了系统研究、工程设计、设备研制、施工和运行维护技术。

1.2.2 “四交”工程

2014 年 5 月，国家能源局围绕国务院发布的《大气污染防治行动计划》出台配套措施，建设 12 条贯穿我国东西部的输电通道，其中包含 4 个特高压交流双回工程，即淮南—南京—上海、锡盟—山东、蒙西—天津南和榆横—潍坊工程。

淮南—南京—上海工程扩建淮南、沪西（练塘）变电站，新建南京（盱眙）、泰州、苏州（东吴）3 个变电站，与皖电东送工程组成华东特高压交流环网，提高华东地区接纳区外电力的能力。锡盟—山东工程包括锡盟、承德（隆化）、北京东（廊坊）、济南 4 站，其中承德为串补站，装设补偿度为 40%的串补装置，集中布置在锡盟—北京东段线路距锡盟变电站 68km 处。蒙西—天津南工程包括蒙西（鄂尔多斯）、晋北（北岳）、北京西（保定）、天津南（海河）4 站，并将锡盟—山东工程的北京东—济南线路开断环入天津南站。榆横—潍坊工程包括榆横（横山）、晋中（洪善）、石家庄（邢台）、济南（泉城）、潍坊（昌乐）站，其中榆横为开关站，济南为扩建。3 个工程通过济南、天津南站实现了相互联通，奠定了华北特高压交流电网的基础。同时期，平圩电厂三期送出工程扩建淮南站，建设双回线路（导线单回架设），是世界上首个发电厂直接升压至 1000kV 接入特高压交流电网的工程，减少输变电中间环节，提高电源送出通道输送能力，具有重要示范意义。

从淮南—南京—上海工程 2014 年 4 月核准，到榆横—潍坊工程 2017 年 8 月投运，用三年多时间建成了 4 个大规模工程，标志着中国特高压交流工程应用技术已经成熟。

1.3 完善提升阶段

1.3.1 苏通 GIL 综合管廊工程

淮南—南京—上海工程泰州—苏州段在苏通大桥上游穿越长江，原工程可研方案为大跨越（江中立塔 2 基），位于长江下游黄金水道，工程难度大，行政审批困难。经综合论证，2016 年 1 月决定采用特高压 GIL（刚性气体绝缘输电线路）替代架空线方案，在江底隧道中敷设特高压 GIL。隧道工程穿越长距离密实砂层和有害气体地层，是穿越长江的大直径、长距离隧道之一，也是国内最深的水下隧道，隧道总长 5468.5m，水土压力超过 0.9MPa。GIL 双回路敷设，全长约 34200m（单相米），是目前世界上电压等级最高、输送容量最大、输送距离最长、技术水平最先进的 GIL 工程，工程已于 2019 年 9 月建成投运。

1.3.2 山东—河北环网工程

山东—河北环网工程新建枣庄和菏泽变电站，扩建石家庄、潍坊、济南变电站，全线同塔双回架设。工程于 2019 年 12 月投运，建成后将优化华北电网结构，满足多个特高压直流工程分层接入要求，提高系统安全稳定水平。

1.3.3 其他工程

锡盟—胜利工程扩建锡盟站，新建胜利站，目前胜利站周边大唐锡林浩特、神华胜利和北方胜利 3 个电厂送出工程，通过 1000kV 输电线路接入胜利站。青州换流站—潍坊、皖南换流站—皖南、临沂—临沂换流站工程分别扩建潍坊和皖南站，新建临沂站，是相关特高压直流输电工程的配套工程。泰州站主变扩建工程和苏州站主变扩建工程分别扩建泰州和苏州站的主变，提高电力交换和消纳能力。扩建榆横站，榆横站周边赵石畔和横山两个电厂送出工程通过 1000kV 输电线路接入榆横站。蒙西—晋中、北京西—石家庄工程分别扩建蒙西、晋中、北京西、石家庄站，加强了蒙西—天津南、榆横—潍坊两个输电通道之间的联络，提高了送电能力。张北—雄安工程可满足张北地区清洁能源外送及雄安地区清洁能源供电需要。驻马店—南阳工程是华中“日”字型环网的重要组成部分，为河南乃至华中电网安全稳定运行和大规模接受区外来电做好系统支撑和网架基础。扩建长治站，将漳泽、高河和赵庄 3 个电厂通过 1000kV 输电线路接入长治站。

2 特高压交流工程设计关键技术

2.1 特高压交流系统设计

2.1.1 无功平衡及稳态电压控制

特高压输电线路长、潮流变化范围大，系统无功平衡及稳态电压控制问题更突出。长度较长的特高压线路配置特高压并联电抗器，限制工频过电压；主变第三绕组配置低压感性和容性无功补偿设备，控制电网电压水平。采用高抗可降低线路轻载时的感性无功需求，但增加了重载时的无功损耗。特高压高抗补偿度一般为80%～90%，系统较强区域补偿度可适当降低。特高压系统的无功容量按分层分区平衡原则配置，高、低压感性无功补偿度按 100%配置，容性无功补偿可保证线路重载时与外部系统的无功交换最小[10]。

通过变压器低压侧无功补偿设备投切和变压器分接头调整，可实现系统稳态电压控制，电压控制范围为 1000～1100kV。

2.1.2 过电压与绝缘配合

特高压系统操作冲击电压进入空气间隙放电特性饱和区，设备内绝缘耐压水平的提高也受到极限尺寸限制，需深度控制过电压，降低设备和线路绝缘水平，节省工程投资[11-12]。

1）工频过电压限制：主要措施是特高压线路装设高抗。限值为：线路断路器变电站侧不大于 1.3p.u.，线路侧不大于 1.4p.u.（1p.u.=1100/$\sqrt{3}$ ）。

2）操作过电压限制：主要措施是采用断路器合闸电阻和金属氧化物避雷器。相对地操作过电压的限值为：线路沿线不大于 1.7p.u.，变电站不大于 1.6p.u.，相间操作过电压不大于 2.9p.u.（1p.u.=$\sqrt{2}$ ×1100/$\sqrt{3}$ ）。

3）雷电过电压限制：采用金属氧化物避雷器限制雷电侵入波过电压，避雷器保护水平与其额定电压有关。避雷器额定电压的选择主要取决于工频过电压的大小和持续时间。母线侧避雷器的额定电压按母线侧最大工频过电压 1.3p.u.（826kV）选为 828kV；线路侧最大工频过电压为 1.4p.u.（889kV），但持续时间较短（不超过0.5s），因此线路侧避雷器的额定电压也可选为 828kV，从而降低了特高压变电站设备的绝缘水平要求。

4）VFTO 限制：VFTO 是由于隔离开关操作产生的特快速瞬态过电压。VFTO 的幅值、频率受多种因素影响。通过开展特高压 GIS 中 VFTO 的真型试验研究，确定了 VFTO 特性和规律，以此提出了有效的仿真计算方法。特高压交流系统采用带投切电阻的隔离开关以及慢速隔离开关，有效限制了 VFTO[13-14]。

5）绝缘配合：特高压系统的绝缘配合方法与超高压系统相比有一定变化，一是引入了线路和变电站并联间隙数对空气间隙放电电压的影响，单个间隙的 50%放电电压要求值需相应提高；二是采用真型塔或仿真塔试验得出的工频、操作冲击和雷电冲击下空气间隙放电电压试验曲线用于线路绝缘配合。特高压系统操作过电压的波前时间在 1500μs 左右，考虑试验设备条件限制及裕度，操作冲击试验电压波形采用波前时间 1000μs 下的长波前试验波形，与采用波前时间 250μs 的标准电压波形相比，在满足技术要求的同时，提高了经济性。安装地点海拔 1000m 及以下 1000kV 系统用主要电气设备的绝缘水平见表 2。

表 2 1000kV 设备额定绝缘水平

Tab. 2 Rated insulation level of 1000kV equipment kV

	变压器	开关设备	开关设备断口间
操作冲击耐受（峰值）	1800	1800	1675+900
雷电冲击耐受（峰值）	2250	2400	2400+900
短时工频耐受（有效值）	1100（5min）	1100（1min）	1100+635（1min）

2.1.3 电磁环境

与超高压变电站相比，特高压系统运行电压高、设备容量大，电磁环境影响控制问题更突出。通过全场域电磁场仿真分析与试验研究，提出了工频电场、工频磁场、无线电干扰和可听噪声等电磁环境限值，明确了 1000kV 输电电磁环境影响不超过现有 500kV 输电影响的基本原则。为满足上述要求，从导线选型和排列方式、导线对地高度、线路和变电站金具表面场强及型式优化、设备噪声水平、辅助降噪等各方面提出了控制措施。现场实测结果表明，交流特高压电磁环境指标与常规超高压工程水平相当[15-17]。

2.1.4 串补设计

采用串补装置可有效提升特高压系统输电能力，图 1 是承德站特高压串补原理图。通过开展串补过电压控制策略、电磁暂态、串补对线路断路器瞬态恢复电压影响等研究，确定了串补装置绝缘水平、串补度等关键参数。在特高压线路上安装串补装置，会影响沿线稳态电压分布、单相重合闸过程中的潜供电流、断路器瞬态恢复电压（TRV）、线路工频过电压和操作过电压、合空载变压器谐振过电压等电磁暂态问题，需研究相应解决措施，为安全运行提供依据[18]。

2.2 特高压变电站设计

2.2.1 电气主接线

综合考虑设备制造能力和运行灵活性、扩建方便等要求，1000kV 和 500kV 采用一个半断路器接线；110kV 采用以主变为单元的单母线接线，受 110kV 开关能力限制，进线侧装设 2 台总断路器，对应每台总断路器各设置一段 110kV 母线。

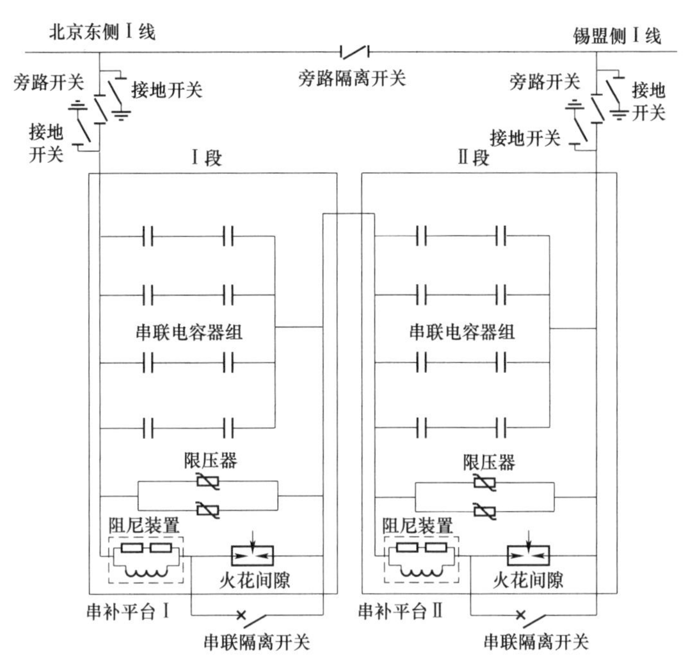

图1 承德站特高压串补原理图

Fig. 1 Schematic diagramof UHV AC series capacitor in Chengde substation

2.2.2 主设备选型

为简化设计、提高可靠性，并考虑运输尺寸和重量限制，特高压变压器采用单相自耦变压器，主体和调压补偿两部分采用分箱设计，主体变压器和调压补偿变压器通过套管在外部相连。

经站址占地、地质条件、建设环境、设备制造能力、可靠性和经济性等综合比选，特高压开关设备采用 GIS/HGIS 方案，否定了 AIS 方案。除试验示范工程晋东南站采用 GIS，南阳和荆门站采用 HGIS 外，其他各站综合考虑土地资源，环境影响、抗震水平等因素，均采用了 GIS 设备。

2.2.3 总平面及 1000kV 配电装置布置

特高压变电站的总体布置为 1000kV 配电装置、主变压器及 110kV 配电装置、500kV 配电装置三列式格局。

经过对一个半断路器接线 GIS 设备“单列式”和“一字形”布置的对比分析，特高压 GIS 一般均采用户外 GIS 母线集中外置、断路器“一字形”布置。为压缩特高压 GIS 横向布置尺寸，提出了远期规划无预留扩建时端部断路器采用折叠布置方式，节约了占地面积，从浙北一福州工程起全面应用了这一设计。苏州站为适应 1000kV 六变四线、两侧进出线要求，采用了断路器双列布置型式，减少了母线投资。当站址年最低温度在-25℃及以下时，如蒙西、晋北、榆横站，对 GIS 采取加装伴热带等措施解决了 SF_6 气体低温液化问题；锡盟、胜利、张北站极端最低气温已低于-35℃，除上述措施外，还采用了特高压 GIS 户内布置方案。

试验示范工程采用全线单回路架设，为满足过电压保护和抗震设计要求，1000kV 出线回路采用“GIS 套管—CVT—支柱绝缘子—避雷器—支柱绝缘子—敞开式接地开关—高抗套管”的“七元件”设计方案。皖电东送工程为全线同塔双回路架设，且抗震设防烈度较试验示范工程提高 1 度，根据过电压和抗震设计研究结果，提出了 1000kV 出线回路采用“GIS 套管—避雷器—CVT—高抗套管”的“四元件”设计，取消支柱绝缘子和敞开式接地开关，纵向尺寸减少，既节省占地，又提高了回路抗震水平，后续工程均全面沿用了这一设计方案。从浙北—福州工程开始，1000kV 间隔宽度从 54m 优化至 51m。枣庄站采用了 110kV 单塔电容器，可进一步减少占地。

特高压并联电抗器布置在靠近变电站围墙侧，有的变电站为满足噪声控制标准要求，需根据噪声计算结果，采取围墙上加装隔声屏障、电抗器加装隔声罩等特殊降噪措施。

2.2.4 抗震设计

特高压设备高、大、柔、重，抗震问题比超高压设备更突出。在参照国内外电气设备抗震设计规范、原则和方法基础上，提出了特高压电气设备抗震设防的新要求，开展了真型抗震试验，验证了设备和连接系统的抗震能力，提出了设备隔、减震技术，提升了抗震水平[19-23]。

特高压变电站抗震设防标准由“50 年超越概率为 10%”提高到“50 年超越概率为 2%”。根据特高压变电站配电装置全场域互联系统抗震计算的结果提出了相关技术要求，瓷外套避雷器额定弯曲负荷不低于 34kN、瓷外套 CVT 额定弯曲负荷不低于 23kN，设备支架采用钢管格构式、动力放大系数不大于 1.4。优化了 1000kV 设备布置和连线方案，并相应开发了新型金具。

为满足不同工程的抗震设防烈度要求，根据试验结果，确定了特高压设备减、隔震装置设计和安装工艺要求，对体形细长、重心高、重量大的特高压支柱类电气设备，如避雷器、电压互感器等可采用减震技术，对主变压器、高压电抗器等可安装隔震装置。

2.3 特高压线路设计

2.3.1 导地线选择

综合考虑经济电流密度、导线最高允许温度和电磁环境限值等，结合线路的系统条件、导线的电气和机械特性，综合计算不同导线型号和分裂根数组合对应的工程本体投资和功率损耗，通过年费用最小法选定导线型号和分裂根数。单回线路主要采用 8 分裂 JL/G1A-500/45 钢芯铝绞线，同塔双回线路主要采用 8 分裂 JL/G1A-630/45 钢芯铝绞线。在锡盟—胜利、山东—河北环网、北京西—石家庄等工程中推广应用 8 分裂 JL1/LHA1-465/210 铝合金芯铝绞线[24]。

2.3.2 绝缘配合

通过现场污秽调查，结合污区分布图、沿线已建线路污区及运行情况，进行污区划分。对比不同型式绝缘子的绝缘性能、机电性能、耐气候性能等，确定选用绝缘子的型式；并结合线路的杆塔规划及导地线型式相关结论确定绝缘子强度配置方案；采用爬电比距法和人工污耐压法，确定绝缘子片数。悬垂串主要采用 210kN、300kN 和 420kN 复合绝缘子，结构高度一般为 9m。耐张串主要采用 300kN、420kN、550kN 瓷和玻璃绝缘子。以 1000m 海拔、d 级污区耐张串为例，根据承力情况，一般采用 60 片 420kN 双伞型绝缘子或 50 片 550kN 三伞型绝缘子[25]。

从皖电东送工程开始研究新型复合绝缘子方案，在保证整塔绝缘安全的前提下，成功实现杆塔小型化设计。绝缘子串长从 9.75m 成功压缩至 9m，缩短 7.7%，并通过十字联板等配套金具优化，铁塔横担宽度减小 4～5m，单、双回路铁塔塔高分别降低约 2m、4m，塔重降低约 8%。

2.3.3 防雷接地

特高压交流输电线路杆塔的高度和宽度均较超高压输电线路增加较多，因此线路遭雷击的概率也会增加。通过研究，交流特高压输电线路的防雷保护应以防雷电绕击为主。采用电气几何模型法等方法对特高压线路的雷击跳闸率进行了计算研究，得出合理的地线保护角，有效降低雷电绕击率。全线架设双地线，地线保护角取值：双回路线路保护角，在平原丘陵地区不宜大于–3°，在山区不宜大于–5°；单回路线路保护角，平原丘陵地区不宜大于 6°，在山区不宜大于–4°；耐张塔地线对跳线保护角，平原单回路不大于 6°，山区单回路和双回路不大于 0°；变电站 2km 进出线段地线保护角不宜大于–4°，单回路采用三地线方案加强对中相的保护[26-28]。

2.3.4 铁塔设计

特高压工程铁塔设计包含塔型选择、材质选择、节点及布置优化等方面内容，随着近年来多条特高压工程的建成投运，已形成较为完备的设计体系并积累了丰富的工程经验[29]。

同塔双回线路采用钢管塔。为提高钢管塔加工效率，并充分保障加工质量，特高压钢管塔改变以往相贯焊、加劲法兰连接的传统构造方式，全面采用锻造法兰和插板连接，每基塔大幅降低焊接工作量 60%以上，并且主要焊缝质量均可有效检测，有效提升了钢管塔产能、保障了钢管塔加工质量。目前特高压钢管塔已形成标准钢管库以及典型节点库，极大地提高了设计和加工效率。随着加工工艺和生产能力的提高，高强度钢材在钢管塔中规模化应用。在山东—河北环网、北京西—石家庄工程中大批量应用 Q420 钢管 18.6 万吨，占总量 54%，降低塔重约 5%。特高压钢管塔平均单基塔重约 190 吨。

单回线路主要采用角钢塔。随着电压等级提高和生产能力的进步，角钢塔设计历经四代塔型变化，普通采用 Q420 高强度大角钢，经济性进一步提升。特高压角钢塔平均单基塔重约 136 吨。

3 特高压交流设备研制

依托特高压交流工程建设，自主研制了世界上技术参数最高的全套特高压设备，带动国内骨干制造厂的硬件条件（厂房规模、工装设备、环境条件、试验设备等）和软实力（设计、制造、检验、试验水平，质量管控水平，人员队伍建设）大幅提升，形成了特高压设备批量生产能力。

3.1 特高压变压器

特高压交流工程采用的 1000MVA 特高压变压器（图 2）是世界上电压最高、单体容量最大的变压器，在运输条件的严格限制下，解决了全场域电场控制、无局放绝缘设计、减振降噪、漏磁和温升控制等一系列技术难题。2009 年 1 月投运的试验示范工程特高压变压器采用了三柱设计，单柱容量 330MVA，已达当时世界最高水平。在此基础上，又集中解决漏磁控制难题，2010 年研制成功双柱 1000MVA 特高压变压器，进一步提升单柱容量至 500MVA，成功应用于 2011 年 12 月投运的试验示范工程扩建工程。双柱产品难度更大，但尺寸、重量、成本均优于三柱产品，逐步成为主流方案，从榆横—潍坊工程起全面替代三柱方案。皖电东送工程皖南站应用有载调压，其他均采用无载调压。目前特高压交流工程已采用特高压变压器 193 台[30-34]。

在主流产品研制经验基础上，还研制了一系列新产品：解体运输、现场组装式特高压变压器[35]，为运输特别困难地区应用提供了解决方案，已在晋中站应用；1000kV/400MVA 升压变压器[36]，可将 20kV 级的发电机输出电压直接升至 1000kV 级，使发电厂可一级升压、直发直送，以 1000kV 直接接入特高压变电站，已在多

图 2 试验中的特高压变压器（左）和并联电抗器（右）
Fig. 2 UHV transformer (left) and shunt reactor (right) in testing

个电厂工程应用；1000kV/1500MVA 三柱特高压变压器[37]，进一步大幅提升单体容量，为变电站设计提供了新选择。特高压变压器和并联电抗器采用的特高压套管、出线装置[38]、硅钢片等关键组部件最初均为进口，试验示范工程后组织开展了国产替代产品研制，从皖电东送工程起试用并逐步增加，目前均已实现了大比例替代进口。

3.2 特高压并联电抗器

特高压并联电抗器（图 2）是世界上电压最高、容量最大的并联电抗器。特高压交流试验示范工程研制应用了 320Mvar、240Mvar 和 200Mvar 三种额定容量的产品。此后根据不同工程需求，研制了额定容量 280Mvar 和 160Mvar 的产品，实现了从 160Mvar～320Mvar 全系列产品的研制应用。按照不同的设计理念，有单柱、双柱单器身和双柱双器身等不同结构。目前特高压交流工程已采用特高压并联电抗器 251 台[33-34]。此外，还研制成功本体额定容量 200Mvar、三级容量可调的特高压可控并联电抗器，并计划在张北站示范应用，为实现特高压柔性输电提供了技术基础[39]。

3.3 特高压开关设备

特高压 GIS 开关设备（图 3）的研制，解决了高电压绝缘、高效能灭弧室、大容量高可靠性分合闸电阻装置、大功率操作机构、VFTO 控制等技术难题。最初采用了中外合作研发制造的技术路线，试验示范工程成功投运后，国内开关厂基于各自不同情况，分别提出了自主化设计方案并通过型式试验，从皖电东送工程开始试用并逐步扩大比例。目前特高压交流工程共采用 296 间隔特高压 GIS/HGIS/GIL，其中约 20%为自主化设计方案[40-44]。

图 3 运行中特高压 GIS 开关设备
Fig. 3 UHV GIS in operation

特高压 GIS 额定电流 6300A（母线 8000A），断路器额定短路开断电流最初为 50kA，从试验示范工程扩建工程起全部提升采用 63kA 断路器。断路器有双断口和四断口两种方案，双断口方案合闸电阻与灭弧室在同一罐体内，四断口方案合闸电阻与灭弧室在不同罐体内、合闸电阻合后即分。隔离开关有立式带电阻和卧式无电阻两种方案，卧式无电阻隔离开关合闸速度相对较慢，有效解决了无电阻合闸的 VFTO 问题。

特高压 GIS 用盆式绝缘子最初均采用进口产品，在试验示范工程后成功实现了国产化研制，并通过皖电东送工程组织开展的专项提升工作，产品机械和绝缘特性和稳定性方面显著提高、超越了进口产品，从“四交”工程开始，特高压 GIS 绝大部分盆式绝缘子采用了国产产品。

3.4 特高压串补

为了提高特高压交流线路输电能力，依托特高压交流试验示范工程扩建工程研制了特高压串补装置（图 4）[45]。串补装置是由多种设备构成的系统，在研制过程中解决了关键技术参数优化选取，超大容量电容器组的设计和保护，控制保护和测量系统的强抗电磁干扰能力，串补火花间隙动作可靠性和通流能力，限压器均流性能和压力释放能力，旁路开关快速开合能力，以及阻尼装置、光纤柱、电流互感器的结构设计等关键技术问题。在试验示范工程扩建工程后，锡盟—山东工程也应用了特高压串补。特高压串补为特高压电网的经济运行和系统稳定水平提升提供了有力支撑。

图 4　运行中的特高压串补

Fig. 4　UHV series capacitors in operation

3.5　特高压避雷器

特高压避雷器（图 5）研制采用了通流能力大、残压比低、非线性及抗老化性能优异的金属氧化物电阻片；采用四柱并联结构大幅降低残压水平，与 750kV 和 500kV 避雷器相比，压比分别降低 9%和 16%，能量吸收能力达 40MJ；通过外部均压环和内部均压电容，把避雷器电压分布不均匀系数控制在 1.10 以内[46-48]。为满足 1000kV 出线回路“四元件”设计中，避雷器兼做支柱绝缘子的要求，优化了瓷套设计，提升了特高压避雷器抗弯和抗震性能，通过了 0.3g 地震试验。此外还研制了适用于 e 级污秽地区特高压避雷器、复合外套特高压避雷器、特高压线路避雷器等，已投入运行；研制了特高压可控避雷器，采用开关控制避雷器，实现了正常工况下低荷电率和暂态工况下低残压，可深度抑制操作过电压、替代断路器合闸电阻方案，将在北京西—石家庄工程中示范应用。

3.6　特高压 CVT（电容式电压互感器）

特高压 CVT（图 5）额定电容量 5000pF，计量用准确级 0.2 级、测量及保护组合准确级 0.5/3P 级、保护用准确级 3P 级。每绕组额定二次容量 15VA。电磁单元设外部调节端子，方便检修调试[49]。在变电站 1000kV 出线“四元件”方案中，

图 5　运行中的特高压避雷器和 CVT
Fig. 5　UHV arresters and CVTs in operation

特高压 CVT 兼作支柱，瓷套型通过了 0.2g（无减震器）和 0.4g（带减震器）抗震试验，复合外套型通过了 0.3g（无减震器）和 0.5g（带减震器）抗震试验。

3.7　低压无功补偿和开关设备

特高压变电站低压无功补偿设备主要有 110kV 并联电抗器、电容器和专用开关（图 6）。

图 6　运行中的 110kV 电容器组、电抗器、专用开关
Fig. 6　110kV capacitor banks, shunt reactors and special-use switches in operation

特高压变电站 110kV 并联电抗器单组容量 240Mvar，采用单相两台电抗器串联设计，单台容量 40Mvar，连续最高工作电压 115/$\sqrt{3}$ kV，额定电流 1320A，损

耗不大于2.45W/kvar。采用特殊的“轴向并列导线分级起绕”的线圈绕法和独特的环流调整技术，使各支路不均衡电流严格控制在 5%以内；采用全绝缘换位导线有效降低了电抗器的涡流损耗和附加损耗；严格准确控制各层绕组的几何尺寸，制造误差在±1.5%之内，每组单相产品电抗与三相平均值偏差在±2%以内；通过了水平加速度0.5*g*抗震真型试验。

特高压变电站110kV并联电容器装置单组容量240Mvar、单台电容556kvar。电容器组电容偏差控制在 3%以内。为满足不平衡保护性能要求，各串联段的容差由常规的1%减少到5‰，各臂间容差由5‰降到1‰，并采用国际首创的双桥差不平衡电流保护，有效提高了不平衡保护整定值及抗扰能力。电容器单元采用高灵敏、高可靠的内熔丝保护技术，有效动作电压范围较常规提升46%，解决了电容器单元外熔丝性能差而无熔丝电容器内部元件串联数要求大等问题。电容器组一直采用双塔结构，为进一步减小占地，还研制了单塔结构、每组电容器占地减少约40%，将在山东—河北环网工程试用。

特高压变电站110kV开关主要用于投切110kV电容器和电抗器。为满足频繁投切需要，要求电气寿命大于5000 次，且额定电容器组开断电流1600A，关合电容器组涌流高达9.3 kA，远大于常规要求。工程采用了瓷柱式断路器和HGIS负荷开关两种技术方案，断路器方案配选相控制器、通过选择分合闸相位减少触头烧蚀，负荷开关方案采用高耐烧蚀的触头、但不能切除故障短路电流。产品性能经过5000次连续开合电寿命试验的严格考核。

3.8 控制保护设备

特高压交流工程均采用我国自主研发的全数字化保护控制装置。特高压交流输电系统的分布电容大、线路阻抗小、相间耦合作用强，电磁暂态过程十分复杂，呈现新的电气特性，与常规电压等级工程有明显区别。为此，根据工程设计方案，基于对暂态电容电流、高频分量、非周期分量等电气特征量的仿真分析，研发了保护新原理和新算法，优化完善系统设计，改进硬件结构、处理技术及加工工艺，提高装置采样精度、抗干扰性能和可靠性，解决了保护动作快速性和可靠性、分布电容电流特别是暂态电容电流对保护的影响、高频分量特别是非整次谐波对保护的影响、短路过程中衰减缓慢的非周期分量对保护的影响、特高压变压器保护配置、特高压变压器励磁涌流的影响、电抗器保护匝间短路灵敏度、串补装置联动线路保护以及二次系统的电磁兼容性能等一系列关键技术难题。特高压交流工程控制保护设备在运行中表现良好，发挥了重要作用[50]。

3.9 特高压 GIL

苏通 GIL 综合管廊工程是世界上首个特高压 GIL 工程，与特高压 GIS 母线相比，特高压 GIL 的技术难度主要体现在：技术要求显著提升，1min 工频耐受电压从 1100kV 提升至 1150kV，气体年泄漏率从 0.5%提升至 0.01%，伸缩节机械寿命从 10000 次提高到 15000 次；单相长度达 5.7km，约为 GIS 母线的 20 倍；标准气室长 108m，约为 GIS 母线的 3 倍；需沿着不断三维变角的江底隧道敷设，两端还有 20～30m 深的竖井，工程设计、施工难度大。世界上尚没有成熟的特高压 GIL 技术方案，我国依托淮南—南京—上海工程研制试用了特高压 GIL，确认了基本的技术可行性，但其技术水平实际仍不满足苏通工程要求。

苏通工程特高压 GIL 采用了中外合作技术路线，以发挥各自技术优势。与 GIS 盆式绝缘子法兰外置的常规设计不同，特高压 GIL 的盆式绝缘子均采用内置式，外部仅有筒体之间的密封面，从而大幅减少密封面、改善泄漏率。双回路特高压 GIL 分别采用了两种技术路线，一种是导体固定、支持绝缘子（三柱形）可滑动，另一只是支持绝缘子（三叉星形、盆形交替）固定、导体可滑动[51]。工程已于 2019 年 9 月建成投运。通过特高压 GIL 的研制供货，将显著提升国内设备厂在国内外各电压等级 GIL 市场上的竞争力。

4 特高压交流工程建设

4.1 施工安装

特高压交流工程建设过程中高度重视施工管理和技术创新，解决了制约工程建设的核心技术难题，形成了完整的施工工艺导则、施工及验收规范、施工质量检验及评定规程、标准工艺等技术标准体系，为工程建设及启动投运提供了一整套技术标准，为规模化、标准化建设提供了支撑。

4.1.1 变电工程安装施工关键技术

与 500kV 设备相比，特高压设备尺寸大、质量重、工艺要求高，现场施工难度更大。

特高压交流工程主设备基础体积大、精度要求高。如特高压 GIS 基础要求表面平整度控制在 3mm 范围内、任意两块预埋件标高偏差不大于 2mm，因此在混凝土浇筑过程中，用水准仪严格跟踪控制顶面标高和预埋件标高，为设备安装提供无垫铁施工条件，保证设备安装后稳定运行。

1000kV 构架安装高度最高达 77.9m，要求整体垂直度不大于 $H/1500$（H 为构架柱总高），且不大于 30mm，根开偏差不大于 5mm，构架柱组立的精度控制和钢梁的就位安装是两大难点。通过必须注意合理调整构件组装顺序、优化构件组合方式。

特高压变压器与高抗现场安装工艺要求十分严格，各项指标对确保设备安全稳定运行十分关键，必须严格确保绝缘油的颗粒度、微水及含气量指标，抽真空真空度和维持时间、注油速度、热油循环油温和循环量、静置时间等要求。现场需配备全封闭的变压器油处理系统，和高性能的真空滤油机、真空泵等设备。在高寒地区开展安装，需采用保温棚保温和防风沙，必要时还需采用加热装置加热油箱，保证热油循环温度。特高压变压器套管最重达 6t，长约 14m，采用瓷外套，细长结构，吊装风险大，必须严格遵守制造厂规定，采用专用工装进行吊装，确保不损坏瓷套。

特高压 GIS 在现场对接，对温湿度和降尘量等环境条件要求高。GIS 对接安装时，一般在对接处搭设简易塑料安装棚，难以保证环境控制效果。为此，依托浙北—福州工程创新研发了特高压 GIS 现场安装用移动式装配厂房，厂房为硬质全封闭，可同时横跨三相 GIS 串内设备和六相主母线，可在轨道上沿 GIS 安装方向移动，内设行车用于吊装，车间内的温湿度、降尘量可控制达到工厂车间的水平，完全实现了“工厂化”安装。该方法从浙北—福州国内工程起全面应用，对确保特高压 GIS 安装质量起到了重要作用[52]。

4.1.2 线路施工关键技术

特高压交流工程双回路钢管塔平均每个塔腿 50m^{3}混凝土，塔高平均 110m、塔重 190 余吨，采用八分裂导线，安全风险大、精度要求高，施工技术总体呈现机械化、自动化、装备化趋势[53-54]。

1）基础施工关键技术。

重点针对人工掏挖（挖孔）等高风险作业基础，研制应用新型旋挖钻机等专用施工装备实现机械开挖、机械成孔，积极探索推进山区基础施工装备的轻型化、小型化。基础钢筋全面采用工厂化（集中）加工、配送，主筋连接采用机械连接工艺。混凝土浇筑全面采用预拌混凝土（商混或集中搅拌）。积极研发应用 PHC 管桩、锚杆基础、微型桩基础等新型环保基础相应施工工艺。

2）组塔施工关键技术。

针对同塔双回路钢管塔铁塔高、重、大，组立技术难、安全风险大、质量要求高的特点，全面推广使用落地抱杆（含落地双平臂抱杆、落地摇臂抱杆、单动臂抱杆等），严控安全风险、确保施工质量，提高组塔施工机械化水平。

针对山区地形酒杯型角钢塔窗口高度大、组立技术难度和安全风险大的特点，开展了系列化研究，提出了改进型落地双平臂抱杆、高强辅助臂架、辅助人字抱杆在酒杯型角钢塔横担上移动技术等，解决酒杯型直线塔超长横担吊装难题，提高施工安全可靠性和效率。针对特殊困难地段，研制应用附着式自提升抱杆技术，为解决高山大岭、无法打拉线等特殊施工难题提供了解决方案。

组织实施了“直升机组塔”试点应用，为规模化推广应用直升机辅助电力工程建设，解决特殊困难地区组塔难题积累了经验，在交通条件较好的地区，广泛应用大吨位汽车起重机组塔技术。

同时，针对 8.8 级大扭矩螺栓紧固难题研发了电动扭矩扳手，满足紧固力矩、保证紧固精度、降低劳动强度；针对铁塔过高、作业人员登高困难的情况，研发了轻型升降机，降低劳动强度、提高施工安全水平；针对铁塔高、通讯困难，开发了高塔组立施工通信指挥系统，实现了高处作业点位的可视化，提高了指挥人员指令下达的及时性和准确性；研究了“悬浮抱杆受力监控系统”，实现监控参数的自动预警和过载保护功能。

3）架线施工关键技术。

针对八分裂导线放线施工，全面采用导引绳腾空展放技术，并研制应用了 2×一牵四、一牵八、二牵八等放线工艺，解决了特高压导线展放和质量控制难题。研究应用了直升机展放导引绳施工技术，研究探索了直升机展放导引绳直接入滑车技术和过酒杯型直线塔中相技术。

针对“三跨”等重要交叉跨越，开展跨越重要设施新技术研究，在设计优化、施工方案优化、装备提升等方面系统提出解决方案。发布《跨越重要输电通道和重要铁路设计与施工指导意见》，明确设计边界条件、施工组织与技术原则；形成标准化跨越施工工艺；形成《跨越施工边界条件与方案优化原则意见》等；组织研制旋转臂式、吊桥式、伸缩臂式跨越装置，解决快速封网、带电跨越等难题，具有安全可靠、机械化程度高、施工效率高等特点，在工程中试点应用并推广，实现了跨越施工的规范化和标准化。

研制了“多轮组合式放线滑车”，体积小、质量轻，两种类型的多轮组合式滑车可覆盖目前所有类型的导线，提高机具利用率，降低整体成本。研制了“液压紧线器（液压葫芦）”，实现了导地线提升、收紧等作业的机械化，显著提高了施工效率。

4）材料运输关键技术。

针对河网、泥沼地区，研制了轻轨、气囊、旱船等配套机具解决塔材运输问题；

针对山区，研究了标准化货运索道、履带式运输车等，解决了塔材运输难题，并制定了索道管理规定、索道部件标准化图册等，实现索道运输的规范化和标准化；在无人区等运输特别困难的地带，研究探索了直升机大规模运输物料工艺。

5）施工培训关键技术。

开发应用了覆盖索道运输、铁塔组立、放线施工等环节的虚拟现实仿真培训系统，将主要施工技术、工艺和安全质量要求可视化，并实现人机交互，有效提升了技术培训和安全教育效果。

4.2 现场交接试验

特高压设备的交接试验中难度较大的主要有特高压变压器局部放电试验、特高压 GIS 现场耐压试验和特高压 CVT 准确度测量。

4.2.1 特高压变压器局部放电试验

特高压变压器的现场长时感应耐压带局部放电试验，电压略低于出厂试验电压，激发电压为 953kV（$1.5\times1100/\sqrt{3}$ kV）激发时间按 120s×额定频率/试验频率做频率折算，局放测试电压 826kV（$1.3\times1100/\sqrt{3}$ kV），测试时间为 60min（不做频率折算）。试验示范工程采用发电机组加压，试验示范工程扩建工程的南阳站扩建工程首次采用了变频电源法，由于设备轻便、可靠性高，从皖电东送工程开始，绝大多数工程均采用变频电源法。最初并未严格规定局放测试时间是否进行频率折算，从锡盟—山东工程后，严格规定了测试时间为 60min、不做折算[55-57]。

4.2.2 特高压 GIS 现场耐压试验

特高压 GIS 单元数量多、现场安装施工周期长，因此现场耐压试验采用分阶段方式，每三到四间隔进行一次耐压试验。试验电压最初为出厂试验电压（1100kV）的 80%。皖电东送工程特高压 GIS 现场耐压试验放电极少，但系统调试时放电较多，为此从浙北—福州工程起，将试验电压提升至 1100kV，与出厂相同，试验把关作用更明显，实践证明有效解决了系统调试放电率高的问题，并引导了设备质量提升。此外，为排除在分阶段耐压后开关的多次传动操作可能导致在系统调试时开关气室内部异物放电的隐患，从浙北—福州工程起，明确在系统调试前增加全站带电试验，对全站特高压 GIS 进行 762kV/1h 耐压试验[58-59]。

4.2.3 特高压 CVT 准确度测量

特高压 CVT 准确度试验采用差值法，在 80%、100%和 105%额定电压下进行测量，核心试验设备是适合现场使用的 1000kV、准确级 0.05 级标准电压互感器。在试验示范工程之前，国际上尚无此类设备，为满足现场试验需要，先后研制出准确级 0.05 级液压升降的单极式标准电压互感器和便于运输、组装的串级式标准电压互感器。皖电东送工程开始，开展了特高压 CVT 准确度在线测试技术研究，研发出了全套新型的在线校验装置，以在线比对的方式对高抗侧 CVT 进行校准，这样既解决了高抗侧 CVT 全电压下误差测试问题，又减小了邻近效应影响，使测试结果更符合实际情况[60-61]。

4.3 系统调试

特高压系统调试的作用是考核检验工程各项功能和设备状态正常。特高压交流试验示范工程系统调试项目包括 3 大类[62]：零起试验类，包括零起升流和零起升压试验；设备投切试验类，包括投切空载变压器、空载线路、高抗和低压无功补偿设备等；联网试验类，包括线路并、解列试验，联络线功率控制试验，联网方式下拉环流试验，人工短路接地试验，系统动态扰动试验，大负荷试验，二次系统抗干扰试验。在各类试验中，开展交流电气量和谐波测试、线路人工单相接地试验测试、CVT 暂态响应特性测试、继电保护核相测试、电磁环境测试、架空地线感应电压测试、暂态电压/电流测量、主变高抗振动测试、变电设备红外和紫外测试、计量装置测试等测试项目。

后续特高压交流工程，根据系统及工程特点，不再开展零起类试验；简化了联网类试验，从浙北—福州工程起不再进行地线感应电压测试，从淮南—南京—上海工程起不再开展大负荷试验、且除串补和 GIL 工程外不再开展人工短路接地试验；部分工程增设 VFTO 测试、断路器选相测试、特高压同塔双回线路感应电压电流测试等项目。

5 特高压交流技术标准体系建设

依托特高压交流试验示范工程建设，我国全面掌握了特高压交流输电从规划设计、设备制造、施工安装、调试试验到运行维护的全套核心技术，成功研制了代表国际高压设备制造最高水平的全套特高压交流设备，具备了国际上功能最全、试验参数水平最高的高电压、强电流试验能力，建立了特高压交流输电技术标准体系[63]。

2007 年 2 月国家电网公司依托试验示范工程建设成立了特高压交流输电标准化技术工作委员会，研究提出了由七大类 79 项国家标准和行业标准组成的特高压交流技术标准体系，全面涵盖系统研究、工程设计、设备制造、施工安装、调试试验到运行维护等内容。

2014 年 6 月在国际电工委员会（IEC）第二次全体会议上成立了 TC122 特高

压交流系统技术委员会，由中国担任主席。2015 年 6 月在瑞士进行的 TC122 第二次全体会议及技术研讨会中，首批成立特高压交流输电系统规划与设计、变电站与线路设计以及调试 3 个工作组，推动特高压交流标准国际化工作。

2017 年 10 月，国家标准委批准成立全国特高压交流输电标准化技术委员会，主要负责 800kV 以上特高压交流系统（包括规划、设计、技术要求、可靠性、建设、调试、运行检修等）的标准体系建设、制定/修订、标准宣贯等工作，同时承担 IEC/TC122 对口的标准化技术业务工作，有利于特高压交流输电标准体系完善，相关标准制定和维护，标准国际化等相关工作开展。

6 结论

1）基于中国主要能源资源与需求中心呈远距离逆向分布的国情，满足经济社会发展对电力不断增长的需求，2004 年底提出了发展特高压输电技术、建设坚强电网的战略。

2）2009 年初特高压交流试验示范工程建成投运，至 2019 年 12 月已陆续建成投运 23 项特高压交流工程，经历了技术突破、规模化建设和完善提升 3 个阶段。

3）依托工程建设，中国全面掌握并不断优化提升工程设计、设备研制、施工安装、调试试验等全套特高压交流输变电技术，解决了特高压技术大规模工程应用的各种难题，形成了工程设计的典型方案和施工安装的标准工艺，研制了世界上最高电压等级、最高参数的全套特高压设备，建立了完整的特高压交流技术标准体系。

4）中国特高压交流工程的成功实践充分验证了特高压交流输变电技术规模化应用的可行性，为特高压交流输电技术未来的进一步发展和应用储备了技术和人才，奠定了坚实基础。

参考文献

[1] 刘振亚. 特高压电网［M］. 北京：中国经济出版社，2005：1-19.
Liu Zhenya. Ultra-high voltage grid［M］. Beijing：China Economic Publishing House，2005：1-19（in Chinese）.

[2] 关志成，朱英浩，周小谦，等. 中国电气工程大典　第 10 卷　输变电工程［M］. 北京：中国电力出版社，2010：727-738.
Guan Zhicheng，Zhu Yinghao，Zhou Xiaoqian，et al. China electrical engineering canon—vol.10，transmission and distribution engineering［M］. Beijing：China Electric Power Press，2010：727-738（in Chinese）.

[3] 刘振亚．国家电网观点：特高压输电是必然选择［ J ］.瞭望新闻周刊，2006，49：20-21.
Liu Zhenya. View of State Grid Corporation of China：UHV transmission is the inevitable choice [J]. Outlook Weekly，2006，49：20-21 (in Chinese).

[4] 王凤鸣．苏联 1150kV 输电的现状［ J ］．高电压技术，1991，4：80-83.
Wang Fengming. Current status of 1150kV transmission in the Soviet Union[J]. High Voltage Engineering，1991，4：80-83 (in Chinese).

[5] 中国电工技术学会特高压输变电技术考察团．俄罗斯、乌克兰超、特高压输变电技术发展近况［ J ］．电力设备，2003，4（2）：49-56.
Delegation on UHV Power Transmission and Transformation technology of China Electrotechnical Society. Recent development of EHV and UHV power transmission and transformation technologies in Russia and Ukraine [J]. Electrical Equipment，2003，4 (2)：49-56 (in Chinese).

[6] 陆宠惠，万启发，谷定燮，等．日本 1000kV 特高压输电技术［ J ］．高电压技术，1998，24（2）：47-49.
Lu Chongyu，Wan Qifa，Gu Dingxi，et al. The 1000kV UHV Transmission Technology in Japan [J]. High Voltage Engineering，1998，24 (2)：47-49 (in Chinese).

[7] 贺以燕．意、日、俄、乌特高压输变电设备科研、制造及输电系统简介（上）［ J ］．变压器，2003，40（1）：26-30.
He Yiyan. Introduction to research，manufacture of UHV transmission and transformation equipment and transmission system in Italy，Japan，Russia and Ukraine (Part one) [J]. Transformer，2003，40 (1)：26-30 (in Chinese).

[8] 贺以燕．意、日、俄、乌特高压输变电设备科研、制造及输电系统简介（下）［ J ］．变压器，2003，40（2）：26-28.
He Yiyan. Introduction to research，manufacture of UHV transmission and transformation equipment and transmission system in Italy，Japan，Russia and Ukraine (Part two) [J]. Transformer，2003，40 (2)：26-28 (in Chinese).

[9] Manzoni G，Annestrand S A，Cardoso R，et al. Electric power transmission at voltages of 1000 kV AC or ±600 kV DC and above——network problems and solutions peculiar to UHV AC transmission[R]. CIGRE：Working Group 38.04，1988.

[10] Shen Hong，Ban Liangeng，Zhang Jian，et al. Study on reactive power balance and steady voltage control of large-scale long-distance AC Transmission System [C] // Proceedings of 2009 International Conference on UHV Transmission. Beijing，2009.

[11] 谷定燮，周沛洪，修木洪，等．交流 1000kV 输电系统过电压和绝缘配合研究［ J ］．高电压技术，2006，32（12）：1-6.
Gu Dingxie，Zhou Peihong，Xiu Muhong，et al. Study on overvoltage and insulation coordination for 1000 kV AC transmission system [J]. High Voltage Engineering，

2006，32（12）：1-6（in Chinese）.

[12] Lin Jiming，Wang Shaowu，Ban Liangeng，et al. Limitation of the overvoltages in 1000 kV pilot project in China［C］//Proceedings of International Symposium on International Standards for Ultra High Voltage. Beijing，2007.

[13] Ban Liangeng，Xiang Zutao，Wang Sen，et al. Estimation of VFTO for GIS and HGIS of China 1000 kV UHV pilot project and its suppressing counter measures［C］// Proceedings of IEC/CIGRE UHV Symposium . Beijing : IEC/CIGRE UHV Symposium，2007.

[14] Gu Dingxie，Zhou Peihong，Dai Min，et al. Study on VFTO characteristics of 1000 kV GIS transformer substation［C］//Proceedings of 2009 International Conference on UHV Transmission. Beijing，2009.

[15] Zhao Luxing，Wu Guifang，Lu Jiayu，et al. Measurement and analysis on electromagnetic environments of 1000 kV UHV AC transmission line［C］//Proceedings of 2009 International Conference on UHV Transmission. Beijing，2009.

[16] Liu Yunpeng，You Shaohua，Wan Qifa，et al. Study on corona loss of China's 1000kV UHV AC power transmission demonstration project［C］//Proceedings of 2009 International Conference on UHV Transmission. Beijing，2009.

[17] Zhao Zhibin，Cui Xiang，Zhang Xiaowu，et al. Calculation and analysis of passive interference from UHV AC transmission line［C］//Proceedings of 2009 International Conference on UHV Transmission. Beijing，2009.

[18] 武守远，戴朝波，等. 特高压串联电容器补偿装置电容器研究报告［R］. 北京：中国电力科学研究院，2010.
Wu Shouyuan，Dai Chaobo，et al. Research report on capacitor of compensation device of UHV series capacitor ［R］. Beijing：China Electric Power Research Institute，2010（in Chinese）.

[19] 程永锋，王海菠，卢智成，等. 特高压电抗器-套管体系抗震性能及本体动力放大作用计算方法研究［J］. 中国电机工程学报，2017，37（20）：6109-6117.
Cheng Yongfeng，Wang Haibo，Lu Zhicheng，et al. Seismic performance and calculation method of dynamic amplification of body research of UHV reactor-bushing system［J］. Proceedings of the CSEE，2017，37（20）：6109-6117（in Chinese）.

[20] 孙宇晗，程永锋，卢智成，等. 1100kV 复合外绝缘套管地震模拟振动台试验研究［J］. 高电压技术，2017，43（10）：3224-3230.
Sun Yuhan，Cheng Yongfeng，Lu Zhicheng，et al. Study on earthquake simulation shaking table test of 1100 kV composite external insulation bushing［J］. High Voltage Engineering，2017，43（10）：3224-3230（in Chinese）.

[21] 孙宇晗，卢智成，刘振林，等. 1100kV 特高压套管地震模拟振动台试验 [J]. 高电压技术，2017，43 (12): 4139-4144.
Sun Yuhan，Lu Zhicheng，Liu Zhenlin，et al. Earthquake simulation shaking table test for 1100kV UHV bushing [J]. High Voltage Engineering，2017，43 (12): 4139-4144 (in Chinese).

[22] 孙宇晗，程永锋，王晓宁，等. 1100kV 气体绝缘封闭开关复合外绝缘套管地震模拟振动台试验研究 [J]. 中国电机工程学报，2018，38 (7): 2179-2187.
Sun Yuhan，Cheng Yongfeng，Wang Xiaoning，et al. Studies on earthquake simulation shaking table tests of 1100kV gas insulated switchgear composite external insulation bushings[J]. Proceedings of the CSEE，2018，38(7): 2179-2187 (in Chinese).

[23] 孙宇晗，程永锋，卢智成，等. 特高压 GIS 瓷质套管与复合套管抗震性能试验研究 [J]. 高电压技术，2019，45 (2): 541-548.
Sun Yuhan，Cheng Yongfeng，Lu Zhicheng，et al. Experimental research on seismic performance of UHV GIS porcelain bushing and composite bushing [J]. High Voltage Engineering，2019，45 (2): 541-548 (in Chinese).

[24] Li Yongwei，Liang Zhengping，Yuan Jun，et al. Design of 1000kV UHV transmission line [C] //Proceedings of IEC/CIGRE International Symposium on International Standards for Ultra High Voltage. Beijing，2007.

[25] Su Zhiyi，Zhou Jun. Pollution external insulation design for UHV AC project in China [C] //Proceedings of IEC/CIGRE International Symposium on International Standards for Ultra High Voltage. Beijing，2007.

[26] Ge Dong，Zhang Cuixia，Yin Yu，et al. Lightning performance estimation on river crossing of UHVAC transmission line [C] //Proceedings of 2009 International Conference on UHV Transmission. Beijing，2009.

[27] He Hengxin，Chen Jiahong，He Junjia，et al. Study on the lightning shielding performance of double circuit UHVAC overhead transmission line[C]//Proceedings of 2009 International Conference on UHV Transmission. Beijing，2009.

[28] Feng Wanxing，Chen Jiahong，Fang Yuhe，et al. Design of lightning detection network for transmission line of 1000kV UHV AC demonstration Project [C] //Proceedings of 2009 International Conference on UHV Transmission. Beijing，2009.

[29] Chen Haibo，Li Qinghua，Li Maohua，et al. Load consideration of the Chinese UHV AC transmission towers [C] //Proceedings of IEC/CIGRE International Symposium on International Standards for Ultra High Voltage. Beijing，2007.

[30] Li Guangfan，Wang Xiaoning，Li Peng，et al. Insulation level and test technology of UHV transformers [C] // Proceedings of 2006 International UHV Power

Transmission Technology. Beijing，2006.
[31] Zhong Juntao，Wang Xiaoning，Luo Jun. Development of UHV AC transformers [C] //Proceedings of International Symposium on Standards for Ultra High Voltage Transmission. New Delhi，India，2009.
[32] 李光范，王晓宁，李鹏，等. 1000kV 特高压电力变压器绝缘水平及试验研究 [J]. 电网技术，2008，32（3）：1-6，40.
Li Guangfan，Wang Xiaoning，Li Peng，et al. Insulation level and test technology of 1000kV power transformers [J]. Power System Technology，2008，32（3）：1-6，40（in Chinese）.
[33] Han X C，Wang X N，Wang N H，et al. Research and application of UHV AC transformers and shunt reactors [C]//Proceedings of 2016 CIGRE Session. Paris，France：CIGRE，2016.
[34] 王晓宁，王绍武，韩先才，等. 特高压变压器及并联电抗器研制及应用 [C] //2015 年（第二届）全国电网技术交流会论文集. 北京：中国电力规划设计协会，2015：5-9.
Wang Xiaoning，Wang Shaowu，Han Xiancai，et al. R&D and engineering application of UHV AC transformers and shunt reactors [C] //Beijing，2015：5-9（in Chinese）.
[35] Wang X，Wu J，Sun G，et al. A study on key technology and demonstration application of UHV AC site assembled transformers [C] //Proceedings of 2018 CIGRE Session. Paris，France：CIGRE，2018.
[36] 王绍武，孙昕，王晓宁，等. 发电机用特高压交流升压变压器研制 [C] //2015 年（第二届）全国电网技术交流会论文集. 北京：中国电力规划设计协会，2015：1-4.
Wang Shaowu，Sun Xin，Wang Xiaoning，et al. R&D of UHV AC step-up transformers for generators [C] //Beijing，2015：1-4（in Chinese）.
[37] 王宁华，王晓宁，王绍武，等. 大容量特高压交流变压器关键技术研究 [C] //2015 年（第二届）全国电网技术交流会论文集. 北京：中国电力规划设计协会，2015：10-14.
Wang Ninghua，Wang Xiaoning，Wang Shaowu，et al. Key technology study on UHV AC transformers with large capacity [C]//Beijing，2015：10-14（in Chinese）.
[38] 王晓宁，陈维江，孙建涛，等. 特高压出线装置国产化研制及工程应用 [C] //2015 年（第二届）全国电网技术交流会论文集. 北京：中国电力规划设计协会，2015：15-17.
Wang Xiaoning，Chen Weijiang，Sun Jiantao，et al. R&D and engineering application of home-made UHV AC lead exits [C] //Beijing，2015：15-17（in Chinese）.
[39] 韩先才，王晓宁，孙岗，等. 特高压交流可控并联电抗器关键技术及工程应用研究 [C] //中国工程院/国家能源局第四届能源论坛暨“能源革命与电力创新”国际工程科技发展战略高端论坛. 北京，2017.
Han Xiancai，Wang Xiaoning，Sun Gang，et al. Study on key technology and

engineering application of UHV AC controlled shunt reactors [C] //The 4th Energy Forum and "Energy Revolution and Power Innovation" International High-End Forum on Engineering Technology Development Strategy, Jointly Organized by Chinese Academy of Engineering and National Energy Administration. Beijing, 2017 (in Chinese).

[40] 姚斯立. 1100kV 高压交流断路器的开断型式试验研究 [C] //2009 特高压输电技术国际会议论文集. 西安：IEEE，2009：181-185.

Yao Sili. Power test of 1100kV high-voltage alternating-current circuit-breakers[C] //2009 UHV Electric Power Transmission Technique Conference. Xi'an：IEEE，2009：181-185 (in Chinese) .

[41] Zhong Lei, Feng Jianqiang, Hao Yuliang, et al. Research on combined voltage test techniques for UHV switchgear [C] //Proceedings of 2009 International Conference on UHV Transmission. Beijing，2009.

[42] Zhang Meng，Xia Wen，Li Xinyi，et al. Testing for the 1100 kV gas-insulated metal-enclosed switchgears [C] // Proceedings of 2009 International Conference on UHV Transmission. Beijing，2009.

[43] Holaus W，Xia Wen，Sologuren D，et al. Development of 1100kV GIS equipment：up-rating of existing design VS. specific UHV design [C] //Proceedings of IEC/CIGRE International Symposium on International Standards for Ultra High Voltage. Beijing，2007.

[44] Han Shumo，Fang Yuying，Tan Shengwu，et al. Development，manufacturing and commissioning of 1100kV gas insulated switchgear [C] //Proceedings of 2009 International Conference on UHV Transmission. Beijing，2009.

[45] Dai Chaobo，Yang Jingqi，Wu Shouyuan. Review on UHV series compensation installation [C] //Proceedings of 2009 International Conference on UHV Transmission. Beijing，2009.

[46] Wang Baoshan, Xiong Yi, Tang Lin, et al. The summary and conclusion of Chinese 1000 kV ultra high voltage porcelain housed metal oxide surge arrester's development and type test [C] //Proceedings of 2009 International Conference on UHV Transmission. Beijing，2009.

[47] Che W，Chiba T，Zhang X，et al. The potential distribution research of 1000 kV metal-oxide surge arresters with porcelain housings [C] //Proceedings of 2009 International Conference on UHV Transmission. Beijing，2009.

[48] Li Minggang，Song Jijun，Han Shumo，et al. Development and application of tank type surge arrester for 1100 kV system in China [C] //Proceedings of 2009 International Conference on UHV Transmission. Beijing，2009.

[49] Lu Youmeng，Wang Zengwen，Li Xiaoyan. Development on 1000kV ultra-high

voltage capacitor voltage transformer [C] //Proceedings of 2009 International Conference on UHV Transmission. Beijing，2009.
[50] 詹荣荣，周泽昕，杜丁香，等. 特高压交流动态模拟系统的研制 [J]. 电网技术，2009，33 (15): 71-75.
Zhan Rongrong, Zhou Zexin, Du Dingxiang, et al. Development of UHV AC dynamic simulation system [J]. Power System Technology，2009，33 (15): 71-75 (in Chinese).
[51] Sun G, Ban L, Wang N, et al. Determination of the main parameters of UHV AC GIL [C] //Proceedings of 2018 CIGRE Session. Paris，France: CIGRE，2018.
[52] Zhang Jiankun，Sun Zhusen，Zheng Huaiqing，et al. Research and application of key construction techniques for 1000 kV Jindongnan-Nanyang-Jingmen UHV AC demonstration project [C] //Proceedings of 2009 International Conference on UHV Transmission. Beijing，2009.
[53] Miao Qian，Jiang Ming. The study of tower crane for assembly and erection in UHV steel towers construction [C] //Proceedings of 2009 International Conference on UHV Transmission. Beijing，2009.
[54] Liang Zhengping，Li Xilai，Chen Haibo，et al. Target reliability evaluation of UHV tower structures [C] // Proceedings of 2009 International Conference on UHV Transmission. Beijing，2009.
[55] 胡晓岑，贺虎，连建华，等. 1000kV 变压器带局部放电测量的长时感应耐压现场试验[J]. 电网技术，2009，33 (10): 34-37.
Hu Xiaocen, He Hu, Lian Jian-hua, et al. On-site long-duration induced AC voltage withstand test with partial discharge measurement of 1000kV transformer [J]. Power System Technology，2009，33 (10): 34-37 (in Chinese).
[56] Li Bo，Chao Hui，Li Guangfan，et al. P1861™/D5.1-draft guide for on-site acceptance tests of electrical equipment and system commissioning of 1000 kV AC and above [R]. Ultra-High Voltage AC Standards Working Group of the IEEE Power and Energy Society，2013.
[57] Li Guangfan，Li Jinzhong，Li Bo，et al. Study on site ACLD test and PD measurement technology of UHVAC transformers [C] //Proceedings of 2009 International Conference on UHV Transmission. Beijing，2009.
[58] Zhang Hai，Lian Jianhua，Hu Xiaocen，et al. Study on 1100kV GIS main circuit insulation on-site test [C] // Proceedings of 2009 International Conference on UHV Transmission. Beijing，2009.
[59] Jun Chen，Ling Ruan，Jun Wang，et al. Research and application on the UHVAC GIS on-site insulation test [C] //Proceedings of 2009 International Conference on UHV Transmission. Beijing，2009.

[60] Wu Shipu，Wang Xiaoqi，Li Xuan，et al. Research on site test method of error for 1000kV capacitor voltage transformer [C] //Proceedings of 2009 International Conference on UHV Transmission. Beijing，2009.

[61] Wang Xiaoqi，Jiao Baoli，Li Gang，et al. Development and application of 1000 kV standard voltage transformer for field test [C] //Proceedings of 2009 International Conference on UHV Transmission. Beijing，2009.

[62] Wang Xiaogang，Yin Yonghua，Ban Liangeng，et al. Commissioning test summary of 1000 kV UHV AC pilot project[C]//Proceedings of 2009 International Conference on UHV Transmission. Beijing，2009.

[63] Fan Jianbin，Yu Yongqing，Liu Zehong，et al. Standardization of UHV AC transmission technology field [C] //Proceedings of IEC/CIGRE International Symposium on International Standards for Ultra High Voltage. Beijing，2007.

作者简介：

韩先才（1963），男，正高级工程师，研究方向高电压技术建设管理，现从事特高压交流工程建设管理工作。

孙昕（1955），男，博士，教授级高工，国务院特殊津贴专家，长期从事电力工程技术和建设管理工作。

陈海波（1976），男，高级工程师（教授级），研究方向输电线路设计与优化，现从事特高压交流工程及抽水蓄能工程建设管理工作。

邱宁（1973），男，高级工程师，研究方向变电站设计与优化，现从事特高压交流工程建设管理工作。

吕铎（1978），男，高级工程师，研究方向土木工程，现从事特高压工程建设管理工作。

王宁华（1978），男，博士，高级工程师，研究方向高电压与绝缘技术，曾长期从事特高压交流工程开关设备技术管理和特高压交流工程建设管理工作。

*通信作者：王晓宁（1971），男，工学博士，高级工程师，长期从事特高压设备研制质量、科研攻关、工程建设及调试等管理工作。

张甲雷（1980），男，高级工程师，研究方向为工程管理和输电线路建设施工，现从事电网规划管理工作。